高职高专土建类“十三五”规划教材

建筑CAD

Building Engineering CAD

（第四版）

主　编　史　岩
副主编　韩　剑　葛志华　李凤伟
主　审　张树峰

华中科技大学出版社
中国·武汉

内容提要

本书以建筑应用为核心，以典型建筑工程图为范例，系统介绍了 AutoCAD 软件在建筑领域的应用技术和使用技巧。本书强调绘图、出图的规范化，突出系统性、专业性、实用性和可操作性，结构清晰，循序渐进，教学范例典型全面。

本书共分为 11 章：AutoCAD 绘图基础，绘制建筑基本图元，建筑工程图注释，表格与字段的应用，块与参数化绘图，图形信息查询与样板文件，工程图打印输出，绘制建筑平面图，绘制建筑立面图，绘制建筑剖面图，绘制建筑总平面图。

本书可作为高职高专院校土建类专业 CAD 课程的教材，同时，也可作为相关从业人员的自学用书。

图书在版编目(CIP)数据

建筑 CAD/史岩主编．—4 版．—武汉：华中科技大学出版社，2020.8（2024.1 重印）
高职高专土建类“十三五”规划教材
ISBN 978-7-5680-6389-0

Ⅰ．①建…　Ⅱ．①史…　Ⅲ．①建筑设计-计算机辅助设计-AutoCAD 软件-高等职业教育-教材　Ⅳ．TU201.4

中国版本图书馆 CIP 数据核字(2020)第 139068 号

建筑 CAD(第四版)　　　　史　岩　主编
Jianzhu　CAD　Disiban

策划编辑：金　紫
责任编辑：陈　骏
封面设计：原色设计
责任校对：陈　骏
责任监印：朱　玢
出版发行：华中科技大学出版社(中国·武汉)　　电话：(027)81321913
　　　　　武汉市东湖新技术开发区华工科技园　　邮编：430223
录　　排：武汉楚海文化传播有限公司
印　　刷：武汉科源印刷设计有限公司
开　　本：850mm×1065mm　1/16
印　　张：16.5
字　　数：432 千字
版　　次：2024 年 1 月第 4 版第 5 次印刷
定　　价：49.80 元

華中出版

第四版前言

本书是在高职高专土建类“十三五”规划教材《建筑 CAD》(第三版)的基础上修订的。《建筑 CAD》(第一版)自 2009 年 11 月出版以来,以其典型、实用、可操作性强的特点,成为很多高职高专院校土木、建筑类专业的 CAD 教材。《建筑 CAD》(第四版)以 AtuoCAD 2017 为平台,按照教、学、练、战一体化的教学模式编写,本版内容编排如下。

第 1 章:AutoCAD 绘图基础,主要介绍 AutoCAD 的工作环境、命令与参数的输入、对象显示、构造选择集、对象特性与图层、绘图区域和精确绘图工具等内容。

第 2 章:绘制建筑基本图元,主要通过绘制 7 个建筑工程典型图元,介绍 AutoCAD 二维绘图与编辑命令以及如何创建绘图环境、管理和组织图形。这 7 个建筑图元全部来自实际工程,并经过作者的精心润饰,内容既有建筑图元,又有结构图元,编排上由易到难、由简单到复杂,循序渐进。

第 3 章:建筑工程图注释,主要介绍文字样式、文字的书写与编辑、标注样式、标注命令、编辑标注、多重引线标注等内容。

第 4 章:表格与字段的应用,主要介绍表格的创建与应用,字段的应用。

第 5 章:块与参数化绘图,主要介绍块的创建与应用、块的编辑、块的属性、动态块和参数化绘图等内容。

第 6 章:图形信息查询与样板文件,主要介绍查询工具、边界与面域、样板文件等内容。

第 7 章:工程图打印输出,主要介绍如何从模型空间和图纸空间打印工程图。

第 8 章～第 11 章:建筑施工图绘制,重点介绍绘图的思路和步骤,对于前面几章已经重点介绍的具体命令着墨不多,编写精炼,适合实战教学。

本书特色在于结合建筑工程图典型案例讲解 AutoCAD 知识,力求知识与技能、工与学的有机结合,注重绘图、出图的规范化,专业性、实用性和可操作性强。

本书由张树峰(高级工程师、国家一级注册结构师)审阅。在本书编写过程中,得到了河北拓为工程设计有限公司、中国石油管道工程有限公司等单位及其专家的大力支持与帮助,在此表示感谢。修订本书时,还参考了列于书后的参考文献,在此也向这些文献的作者表示感谢。

本书由河北石油职业技术学院史岩主编(修订第 2 章、第 5～10 章),参加修订工作的还有:河南城建学院韩剑(修订第 3、4 章)、沧州职业技术学院葛志华(修订第 1 章)、北京农业职业学院李凤伟(修订第 11 章),本书部分插图由河北拓为工程设计有限公司高松同志绘制。

根据目前高职高专院校的教学需要,我们提供了本书的电子教案、教学课件和案例的原始素材。相关内容请在华中科技大学出版社网站下载。

虽然我们希望努力将本书修订成一本工学结合、利于教学、分量适当的教材,但由于时间仓促书中难免存在缺点和疏漏,恳请读者批评指正。

编　者

2020 年 8 月

目　　录

第1章　AutoCAD绘图基础

【本章主要内容】

本章主要介绍AutoCAD 2017的工作环境、命令及参数的输入、对象的显示、构造选择集、图层与对象特性、设置绘图区域、精确绘图工具等内容。

【本章重点】

命令及参数的输入；

图层与对象特性；

对象捕捉、追踪。

1.1　AutoCAD 2017的工作环境

工作环境也称为工作空间，是一个基于任务的绘图环境，提供菜单栏、工具栏、选项板、功能面板等访问命令的方式，以及绘制和组织图形的区域。AutoCAD 2017提供了三种工作空间，分别为“草图与注释”、“三维基础”和“三维建模”。根据需要，用户也可以创建适合于自己的工作空间。启动AutoCAD 2017简体中文版后，默认的工作空间是“草图与注释”，这个工作空间主要提供二维绘图的工具和界面，如图1-1所示。

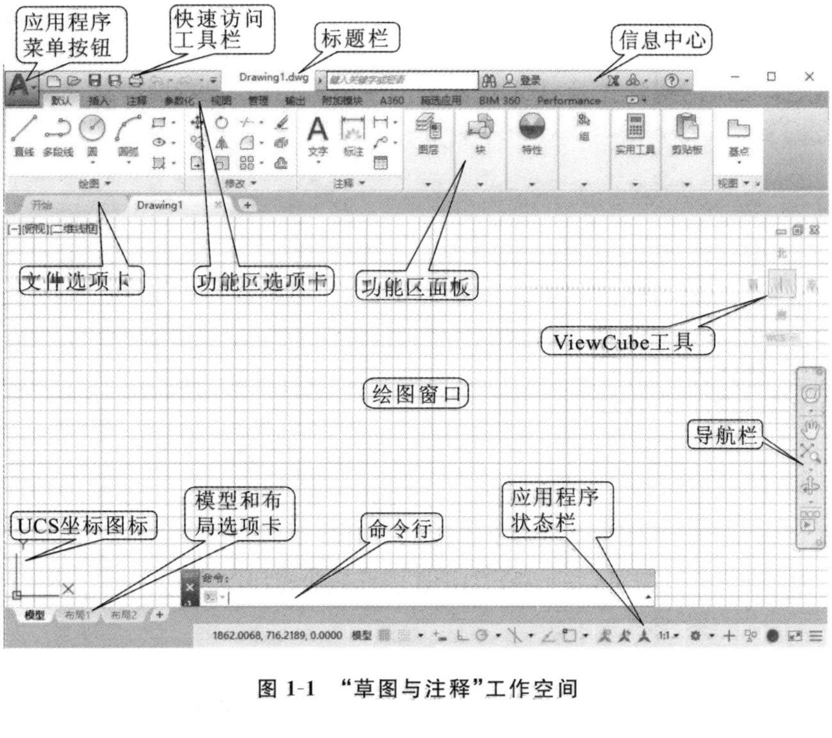

图1-1　“草图与注释”工作空间

下面对“草图与注释”工作空间中的工作界面进行介绍。

1. 标题栏

与其他 Windows 应用程序类似，标题栏用于显示 AutoCAD 2017 的程序图标以及当前所操作图形文件的名称，AutoCAD 默认的图形文件格式为“. dwg”。

2. 快速访问工具栏

快速访问工具栏位于应用程序窗口顶部左侧，如图 1-2 所示。默认情况下，快速访问工具栏包括新建、打开、保存、另存为、打印、放弃、重做等命令，单击其右侧的下拉按钮，还可以在快速访问工具栏上添加工作空间、特性匹配等命令。

图 1-2　快速访问工具栏

3. 功能区

功能区按逻辑分组来组织工具，它由一系列选项卡组成，这些选项卡包括默认、插入、注释、参数化、视图、管理、输出等。这些选项卡被组织到面板，切换不同的选项卡，会显示不同的面板。面板上集合了逻辑上相似的命令和工具，如“默认”选项卡的“绘图”面板上集合了“直线”、“多段线”、“圆”等常用的二维绘图命令。单击面板上的按钮▼会弹出隐藏的功能列表，单击面板上的按钮↘会弹出对话框。功能区默认情况下水平固定在绘图窗口的顶部。

说明：对于使用 AutoCAD 的老用户，可能不习惯使用功能区来调用命令，而更习惯于使用工具栏启动命令，含工具栏的工作空间在 AutoCAD 2014 及更早版本中称为“AutoCAD 经典”工作空间，下面简单介绍 AutoCAD 2017 自定义“AutoCAD 经典”工作空间的方法。

单击“快速访问工具栏”右侧的下拉按钮▼，在下拉菜单中单击“显示菜单栏”，在功能区上方出现了一行菜单栏。单击“工具”菜单的“选项板”→“功能区”，将功能区关闭。单击“工具”菜单的“工具栏”→“AutoCAD”→“标准”，会发现在菜单栏下方出现了“标准”工具条，用同样方法打开“样式”、“图层”、“特性”、“绘图”、“修改”等工具条，此时的工作界面如图 1-3 所示。

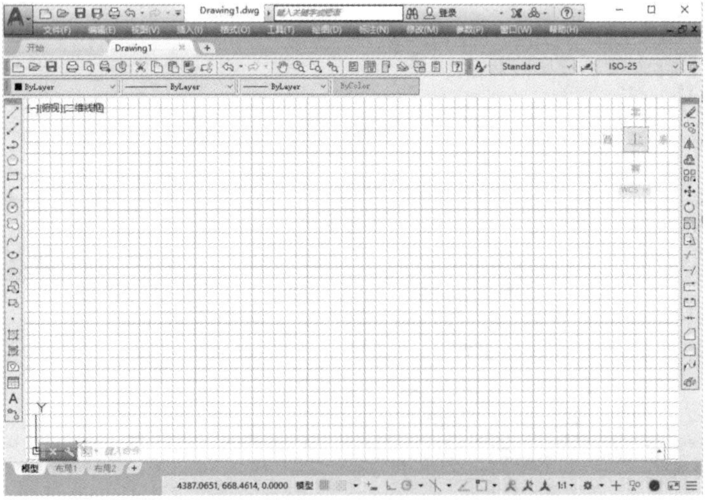

图 1-3　自定义的“AutoCAD 经典”工作界面

单击绘图窗口下方的“应用程序状态栏”上的“切换工作空间”按钮，在弹出的菜单中选中“将当前工作空间另存为”，在弹出的“保存工作空间”对话框中输入“AutoCAD 经典”并保存，再次点击“切换工作空间”按钮，在快捷菜单中可以看到刚刚自定义的工作空间，通过单击不同的工作空间标签，在工作空间之间进行切换。

4. 绘图窗口

绘图窗口类似于手工绘图时的图纸，是用户用 AutoCAD 绘制、编辑并显示所绘图形的区域。绘图窗口是一个无限大的工作区域，可根据实际需要进行缩放和平移操作，以显示图形的一部分或全部。

当光标位于 AutoCAD 的绘图窗口时为十字形状，所以又称其为十字光标。十字线的交点为光标的当前位置。当绘制图形时，光标显示为十字形，当拾取编辑对象时，光标显示为正方形的拾取框。

5. 坐标系图标

坐标系图标通常位于绘图窗口的左下角，表示当前绘图所使用的坐标系的形式以及坐标方向等。

6. 命令窗口

命令窗口是激活命令和显示命令提示信息的区域，如图 1-4 所示。AutoCAD 的所有命令和系统变量都可以通过命令行启动，这需要记住命令的名称或快捷方式。

图 1-4　命令窗口

命令窗口是 AutoCAD 重要的人机交互的窗口，除了可以激活命令，还可以根据窗口中的提示设定选项和绘图参数，以完成图形的绘制。

7. 应用程序状态栏

应用程序状态栏位于绘图窗口的下方，用于显示或设置当前的操作状态，如图 1-5 所示。状态栏上位于左侧的一组数字反映当前光标的坐标；“模型”是显示当前工作空间是模型空间还是图纸空间，如果是在图纸空间，则显示为“图纸”；状态栏上还有用于帮助快速、精确绘图的辅助工具，用于显示注释比例及可见性的注释工具，用来切换工作空间的工作空间菜单等。可以通过状态栏上的最后一个按钮自定义状态栏上的显示内容。

状态栏上的按钮亮显时表明该功能打开，暗显时表明关闭，可以单击按钮切换开关状态。

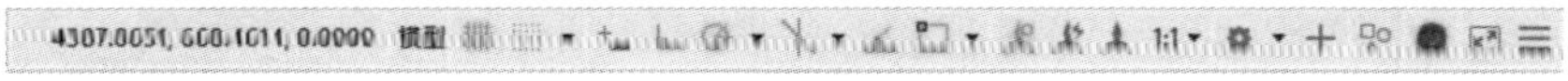

图 1-5　应用程序状态栏

8. 模型/布局选项卡

模型/布局选项卡用于实现模型空间与图纸空间的切换。

1.2　命令的使用

在 AutoCAD 中，用户选择某一项或单击某个工具，在大多数情况下都相当于执行了一个带选项的命令（通常情况下，每个命令都不止一个选项），因此，命令是AutoCAD的核心。在绘图中，基本上都以命令形式来进行的。

1.2.1 命令的激活

可以有多种激活命令的方式,在“草图与注释”工作空间,主要采用以下方式:

· 在功能区的面板上单击相应的命令按钮;

· 在命令行中直接输入命令;

· 在右键快捷菜单中选择相应的命令。

1.2.2 命令的响应

命令被激活后,需要进一步的操作,比如给定坐标、选取对象、执行命令选项等,这些可以通过键盘键入、鼠标选取或右键快捷菜单等来响应。

1. 通过动态输入响应

AutoCAD 2017 版增加了动态输入工具,使响应命令快速而直接。当状态栏上的“动态输入”按钮打开时(如果状态栏上没有显示“动态输入”按钮,可以单击自定义按钮选中动态输入工具),在激活某一命令后,屏幕上会出现动态的提示窗口,在窗口中可以直接输入数值或选项,也可以使用键盘上的“↓”键调出菜单以选择选项。如绘制一个圆,当激活“圆”命令后,按键盘上的“↓”键,则出现绘制圆时可执行的选项,如图 1-6 所示。

图 1-6 动态输入

2. 通过命令行响应

无论是否打开动态输入工具,都可以通过命令行进行响应。在出现指定点的提示下,可以在命令行输入点的坐标;如果键入命令行提示文字后面的[ ]内的内容,可以执行命令的选项。如在绘制圆时,当激活“圆”命令后,命令行出现如下提示:

命令: _circle 指定圆的圆心或 [三点(3P)/两点(2P)/切点、切点、半径(T)]:

如果需要给定圆心,可以直接输入圆心的坐标,如果需要采用“三点”方式绘制圆时,则输入“3P”并按回车键,AutoCAD 会要求给出圆周上的三个点。

3. 通过鼠标响应

(1)在命令行中出现指定点的提示下,可以用鼠标在绘图窗口拾取一个点,这个点的坐标便是响应的坐标值。

(2)在出现选择对象的提示下,可以通过鼠标结合选择对象的方法选取对象。

(3)在激活一个命令后或在命令执行过程中,在绘图窗口单击鼠标右键,会弹出快捷菜单,可以在快捷菜单中选择相应的操作。

4. 重复执行上一个命令

如果要重复执行刚刚执行过的命令，按回车键即可。

5. 命令的终止

有些命令当执行完操作后便自动结束，如圆命令，有些命令需要回车后才能结束，如果在命令执行过程中需要终止命令，可以按“Esc”键，有时需要按几次才能完全终止某个命令。

1.2.3　快捷键操作

快捷键是 Windows 系统提供的功能键或普通键组合，目的是为用户快速操作提供条件。AutoCAD 中同样包括 Windows 系统自身的快捷键和 AutoCAD 设定的快捷键。表 1-1 列出了常用快捷键及其功能。

表 1-1　快捷键及功能

快　捷　键	功　　能	快　捷　键	功　　能
F1	CAD 帮助	F11	对象捕捉追踪开关
F2	打开文本窗口	Del	删除对象
F3	对象捕捉开关	Ctrl+1	特性管理器
F4	数字化开关	Ctrl+2	CAD 设计中心
F5	等轴测平面转换	Ctrl+N	新建文件
F6	动态 UCS 开关	Ctrl+O	打开文件
F7	栅格开关	Ctrl+S	保存文件
F8	正交开关	Ctrl+P	打印文件
F9	捕捉开关	Ctrl+C	复制
F10	极轴开关	Ctrl+V	粘贴

1.2.4　透明命令

透明命令是指在执行命令过程中可以执行的某些命令。

当在绘图过程中需要透明执行某一命令时，可直接选择对应的菜单命令或单击工具栏上的对应按钮，而后根据提示执行对应的操作。透明命令执行完毕后，AutoCAD 会返回到执行透明命令之前的命令提示，即继续执行以前的命令。

通过键盘执行透明命令的方法为：在当前提示信息后输入“ ' ”符号，再输入对应的透明命令后按回车键，就可以根据提示执行该命令的对应操作，执行后 AutoCAD 会返回到执行透明命令之前的提示。

常用的透明命令有视图缩放（ZOOM）、平移（PAN）、计算器（CAL）、测量两点间距离（DIST）、点样式（DDPTYPE）、图层（LAYER）、测量点坐标（ID）等。

1.3　参数的输入

当启动一个命令后，往往还需要提供执行此命令所需要的参数。这些参数包括点坐标、数值、角度、位移等。

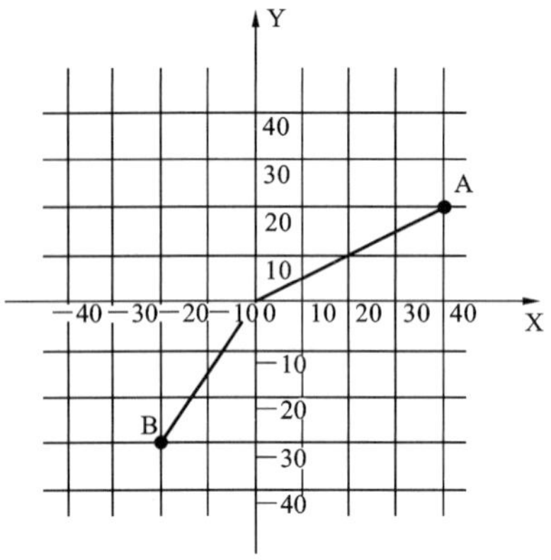

图 1-7　直角坐标系

1.3.1　坐标的输入

1. 坐标系

AutoCAD 采用直角坐标系(笛卡尔坐标系)和极坐标系两种方式确定坐标。

直角坐标系如图 1-7 所示。X 轴为水平方向，Y 轴为竖直方向，原点的坐标为(0,0)，X 轴右方向为正方向，Y 轴上方向为正方向。如在图 1-7 中，A 点的坐标为(40,20)，B 点的坐标为(−20,−30)。

极坐标系如图 1-8 所示。极坐标系通过某点到原点(0,0)的距离及其与 0°方向(X 轴正方向)的夹角来表示该点坐标位置，角度的计量以逆时针方向为正方向。极坐标的表示方法为“距离＜角度”，距离和角度之间用小于号“＜”分隔。如在图 1-8 中，C 点的极坐标为(40＜45)，D 点的极坐标为(30＜120)，E 点的极坐标为(20＜242)，E 点的极坐标也可以表示为(20＜−118)。

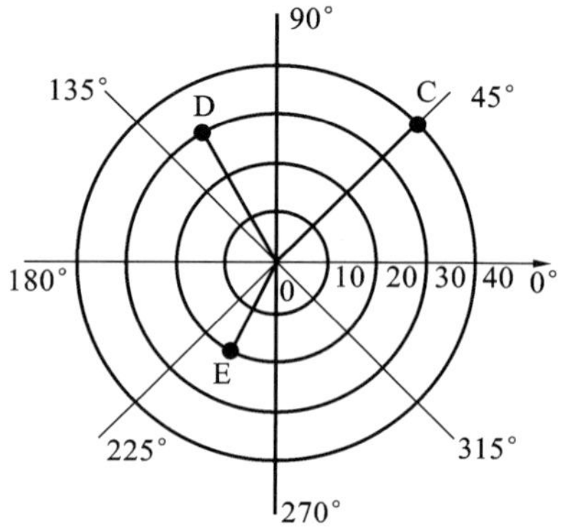

图 1-8　极坐标系

注意，在输入坐标时，不需要输入括号。

2. 绝对坐标和相对坐标

坐标又分为绝对坐标和相对坐标。

绝对直角坐标是以原点(0,0)为基点定位所有的点，如在指定点的提示下输入“50,20”，则输入了一个 X 坐标为 50，Y 坐标为 20 的点。相对直角坐标是相对于前一个点的坐标值，相对直角坐标需要在坐标前面加“@”符号，如“@30,70”。

相对直角坐标以某点相对前一点的位置确定正负方向。

绝对极坐标是以原点(0,0)为基点定位所有的点，如输入“100＜20”，则输入了一个与原点距离为 100，角度为 20°的点。相对极坐标是相对于前一个点的极坐标，表示方法为“@距离＜角度”，如“@100＜20”表示距前一个点的距离为 100，角度为 20°。

在实际绘图中，由于用户只关心图形本身的尺寸和位置关系，所以主要用相对坐标的方式。

【例 1-1】分别用绝对直角坐标和相对直角坐标方式绘制图 1-9 所示的图形。

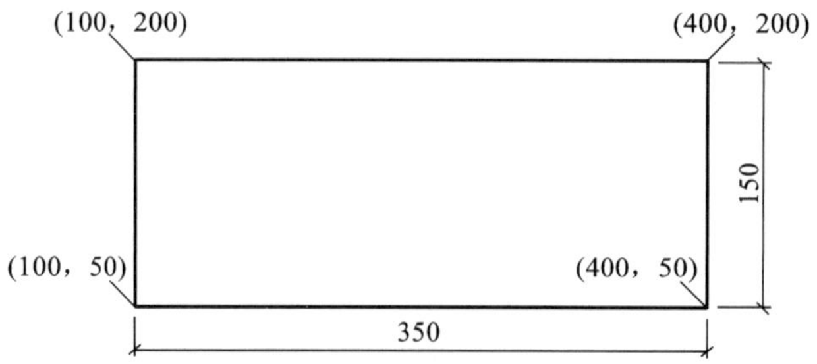

图 1-9　例 1-1 图

(1)用绝对直角坐标绘制图形，切换到功能区“默认”选项卡，单击“绘图”面板上的直线命令按钮，启动直线命令，在命令窗口中操作过程如下：

命令：_line 指定第一点：100,50(输入起点的绝对坐标并回车)

指定下一点或［放弃(U)］：400,50(输入第二点的绝对坐标并回车)

指定下一点或［放弃(U)］：400,200(输入第三点的绝对坐标并回车)

指定下一点或［闭合(C)/放弃(U)］：100,200(输入第四点的绝对坐标并回车)

指定下一点或［闭合(C)/放弃(U)］：C(输入闭合选项并回车，命令结束)

(2)用相对直角坐标绘制图形，启动直线命令，操作过程如下：

命令：_line 指定第一点：(在绘图窗口任意单击一点)

指定下一点或［放弃(U)］：@300,0(输入第二点相对第一点的坐标)

指定下一点或［放弃(U)］：@0,150(输入第三点相对第二点的坐标)

指定下一点或［闭合(C)/放弃(U)］：@－300,0(输入第四点相对第三点的坐标)

指定下一点或［闭合(C)/放弃(U)］：C(输入闭合选项并回车，命令结束)

【例 1-2】绘制图 1-10 所示的正三角形。

用相对直角坐标和相对极坐标方法绘制，执行直线命令，操作过程如下：

命令：_line 指定第一点：(在绘图窗口任意单击一点)

指定下一点或［放弃(U)］：@100,0(输入第二点相对第一点的直角坐标并回车)

指定下一点或［放弃(U)］：@100＜120(输入第三点相对第二点的极坐标并回车)

指定下一点或［闭合(C)/放弃(U)］：C(输入闭合选项并回车，命令结束)

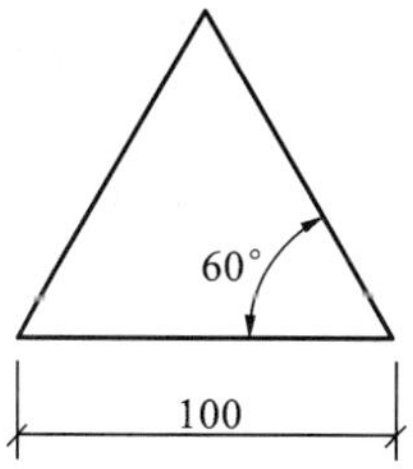

图 1-10　例 1-2 图

【例 1-3】绘制图 1-11 所示的正方形。

用相对极坐标方法绘制，执行直线命令，操作过程如下：

命令：_line 指定第一点：(在绘图窗口任意单击一点)

指定下一点或［放弃(U)］：@100＜45(输入第二点相对第一点的极坐标并回车)

指定下一点或［放弃(U)］：@100＜135(输入第三点相对第二点的极坐标并回车)

指定下一点或［闭合(C)/放弃(U)］：@100＜－135(输入第四点相对第三点的极坐标并回车)

指定下一点或［闭合(C)/放弃(U)］：C(输入闭合选项并回车，命令结束)

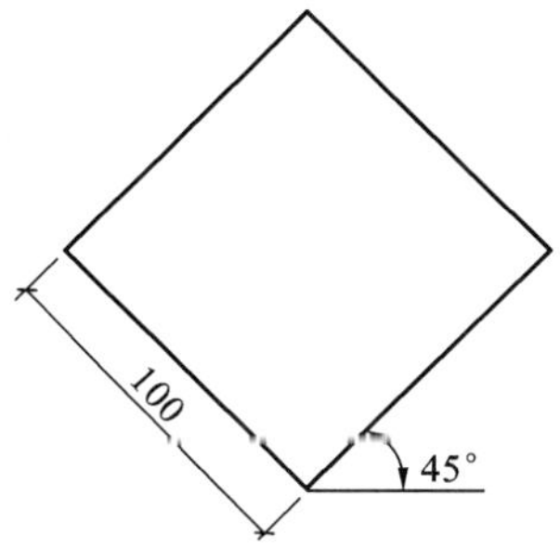

图 1-11　例 1-3 图

3. 直接输入距离

当执行某一个命令需要指定两个或多个点时，除了用绝对坐标或相对坐标指定点外，还可用直接输入距离的方式来确定下一个点。即在指定了一点后，可以通过光标来指示下一点的方向，然后输入该点与前一点的距离便可以确定下一点。这实际上就是相对极坐标的另一种表示方式。它只需要输入距离，而角度由光标的位置确定。这种方法配合正交或极轴追踪功能一起使用更为方便。

1.3.2 数值的输入方法

在使用 AutoCAD 绘图时，许多提示要求输入数值，如距离，半径等。这些数值可由键盘直接输入，例如画圆时，在确定了圆心位置后，提示要求输入圆的半径，此时可以直接输入半径值即可；也可由鼠标在绘图窗口拾取两点，将这两点的距离作为所需的数值，例如画圆时，可以先给出圆心的位置(第一点的位置)，提示要求输入圆的半径时，在绘图窗口拾取一点(第二点的位置)，这两点之间的距离就是半径值。

1.3.3 角度的输入方法

通常 AutoCAD 中的角度以十进制度数为单位，以从左向右的水平方向为 0°，逆时针为正，顺时针为负。根据具体要求，角度可设置为弧度或度、分、秒等。角度既可以像数值一样用键盘输入，又可以通过输入两点来确定，即由第一点和第二点连线方向与 0°方向所夹角度为输入的角度。

1.4 对象的显示

AutoCAD 提供给了许多命令来改变视图的显示状态。用户在绘图或编辑命令时，可以使用 PAN 和 ZOOM 命令去改变视图的显示范围，这样可以使绘图工作更加方便。本节就为用户简要介绍几个常用的视图控制方法，即视图缩放、视图平移、重生成视图。

1.4.1 视图缩放工具

视图缩放如同摄像机的变焦镜头，它可以增大或缩小对象的显示尺寸，但对象的真实尺寸保持不变。当增大对象的显示尺寸时，就只能看到视图的一个较小区域，但能看得更清楚；当缩小对象的显示尺寸时，就可以看到更大的视图区域。

1. 实时缩放

【执行方式】

(1)命令行：ZOOM(Z，Z 表示快捷方式，下同)命令的“实时”选项。

(2)快捷菜单：没有选定对象时，在绘图区域单击右键并选择“缩放”选项进行实时缩放。

(3)鼠标中键：上下滚动可以缩放视图，双击可以最大化视图。

(4)导航栏：缩放下拉菜单的“实时缩放”。

【命令操作】

启动实时缩放命令后，光标变为形状，按住鼠标左键并拖曳，向上则放大视图，向下则缩小视图。按“Esc”键或回车键，或单击鼠标右键，在快捷菜单中选择“退出”选项，则退出实时缩放命令。

2. 范围缩放

【执行方式】

(1)命令行：ZOOM(Z)命令的“E”选项。

(2)快捷菜单：没有选定对象时，在绘图区域单击右键并选择“范围缩放”选项。

(3)导航栏：缩放下拉菜单的“范围缩放”。

【命令操作】

执行范围缩放命令后，文件中所有对象完全并尽可能最大化地显示在绘图窗口中，不受图形界限的影响，这有利于整体地观察图形。

3. 全部缩放

【执行方式】

(1)命令行：ZOOM(Z)命令的"A"选项。

(2)导航栏：缩放下拉菜单的"全部缩放"。

【命令操作】

全部缩放将按图形范围或图形界限二者的较大者显示视图。当图形对象完全在图形界限内，则按图形界限设定的范围显示，当图形对象超出了图形界限，则将图形对象和图形界限都显示在绘图窗口中。所以，全部缩放也用于整体地观察图形。

4. 窗口缩放

【执行方式】

(1)命令行：ZOOM(Z)命令的"W"选项。

(2)快捷菜单：没有选定对象时，在绘图区域单击右键并选择"窗口缩放"选项。

(3)导航栏：缩放下拉菜单的"窗口缩放"。

【命令操作】

窗口缩放通过给定一个矩形窗口区域，该区域中的所有图形完全显示在绘图窗口中。矩形区域可以通过鼠标指定，也可以输入坐标确定。窗口缩放有利于局部观察图形。

5. 其他缩放工具

除了上面提到的四种常用缩放工具外，还提供了其他的缩放工具，这些工具可以通过ZOOM命令的相应选项执行，也可以从导航栏上的缩放下拉菜单中调用。

1.4.2 视图平移

用户可以使用平移(PAN)命令来移动图形在当前视图中的位置，它不会改变图形的大小，也不会改变图形之间的相对位置。平移命令用于将要观察的图形拖动到绘图窗口的适当位置以利观察。

【执行方式】

(1)命令行：PAN(P)命令。

(2)快捷菜单：没有选定任何对象时，在绘图区域单击右键然后选择"平移"。

(3)鼠标中键：按住中键并拖曳，即可进行平移操作。

(4)导航栏：平移按钮。

【命令操作】

命令激活后，光标变为手形光标，按住鼠标左键可以向各个方向拖动图形，以调整图形的显示位置。按"Esc"键或回车键，或单击鼠标右键，在快捷菜单中选择"退出"选项，则退出平移命令。

【例1-4】用缩放命令和平移命令观察图形。

打开本书配套资源"第1章"文件夹中的"图形观察.dwg"文件，然后执行如下操作：

(1)执行范围缩放命令将图形全屏显示；

(2)执行窗口缩放将楼梯间部分全屏显示；

(3)执行平移命令将厨房部分显示在绘图窗口中；

(4)执行实时缩放命令将厨房和厕所部分显示在绘图窗口中;

(5)转动鼠标中键实时缩放图形,按住鼠标中键平移图形;

(6)执行全部缩放命令将图形完全显示在绘图窗口中。

1.4.3 重生成视图

重生成命令用来重新生成当前视窗内全部图形并在屏幕上显示出来,而全部重生成命令将用来重新生成所有视窗的图形。

【执行方式】

命令行:REGEN(RE)或 REGENALL。

【命令操作】

执行该命令后,AutoCAD重新计算图形组成部分的屏幕坐标,使图形呈现理想的显示效果。例如对于圆形来说,当放大图形时,将不再平滑显示,而显示成折线,看起来像是正多边形。此时如果执行重生成命令,将会使圆重新平滑显示。

注意,当图形很复杂,图形文件很大时,重生成将会花费一定的时间。

1.5 构造选择集

在 AutoCAD 中,进行编辑修改操作,一般需要先选择对象,然后进行编辑修改操作。所选择的对象便构成了一个集合,称之为选择集。在构造选择集的过程中,被选中的对象将呈虚线显示。构造选择集的方法比较多,本节只介绍几种常用的方法。

1. 单选

将光标移动到要选择的对象上,单击鼠标左键进行点取,每次只能选取一个对象。

2. 窗选

在空白区域单击一点,然后从左向右拖曳鼠标,拖动出一个矩形窗口(矩形窗口边线为实线,内部颜色为浅蓝色),然后单击鼠标,确定矩形的另一个角点,只有完全包含在矩形窗口内的对象才被选中。

3. 窗交

在空白区域单击一点,然后从右向左拖曳鼠标,拖动出一个矩形窗口(矩形窗口边线为虚线,内部颜色为浅绿色),然后单击鼠标,确定矩形的另一个角点,完全包含在矩形窗口内的对象或与矩形窗口边线相交的对象都会被选中。

4. 圈围

在"选择对象"提示下输入"WP"并回车,然后指定一系列点以构成封闭的多边形,最后回车结束选择,只有完全包含在多边形内的对象才被选中。

5. 圈交

在"选择对象"提示下输入"CP"并回车,然后指定一系列点以构成封闭的多边形,最后回车结束选择,完全包含在多边形内的对象或与多边形相交的对象都将被选中。

6. 栏选

在"选择对象"提示下输入"F"并回车,然后绘制一条多段的折线,回车结束选择,所有与折线相交的对象将被选中。

7. 全部

使用快捷键“Ctrl＋A”，或在“选择对象”提示下输入“ALL”并回车，将会选中所有的对象。

8. 从选择集中删除

如果想把某一个或某些个对象从选择集中去除，只要按住“Shift”键，然后选择相应的对象，则对象将从选择集中被删除。

9. 取消选择

按“Esc”键，将取消构造选择集。

【例 1-5】练习构造选择集的方法。

打开本书配套资源中的“图 1-12. dwg”文件，该文件中绘制了如图 1-12 所示图形。执行如下操作：

图 1-12　例 1-5 图

(1)利用“单选”方式选择对象并删除。

命令行中输入命令 ERASE 并回车，此时命令行提示“选择对象：”，单击选择图形最下方的粗线并回车，该线被删除。

(2)利用“窗选”方式选择对象并删除。

执行 ERASE 命令，在“选择对象：”提示下，按图 1-13 所示依次单击 A 点和 B 点，然后回车结束命令，观察图形的变化。

(3)利用“窗交”方式选择对象并删除。

执行 ERASE 命令，在“选择对象：”提示下，按图 1-14 所示依次单击 C 点和 D 点，然后回车结束命令，观察图形的变化。

(4)利用“圈围”方式选择对象并删除。

执行 ERASE 命令，在“选择对象：”提示下输入 WP 并回车，然后按图 1-15 所示依次单击 1 点、2 点一直到 10 点，然后两次回车，观察图形的变化。

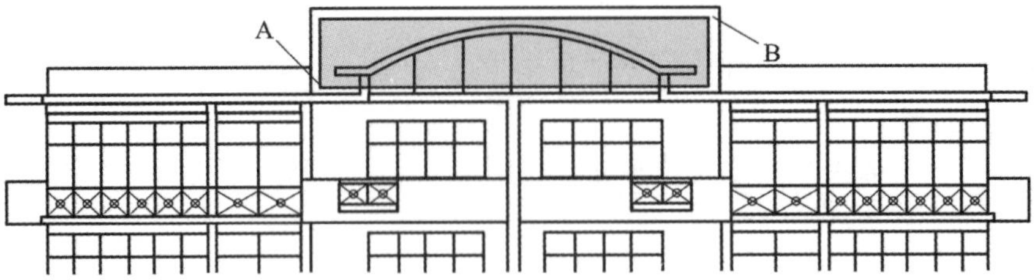

图 1-13 “窗选”方式选择对象

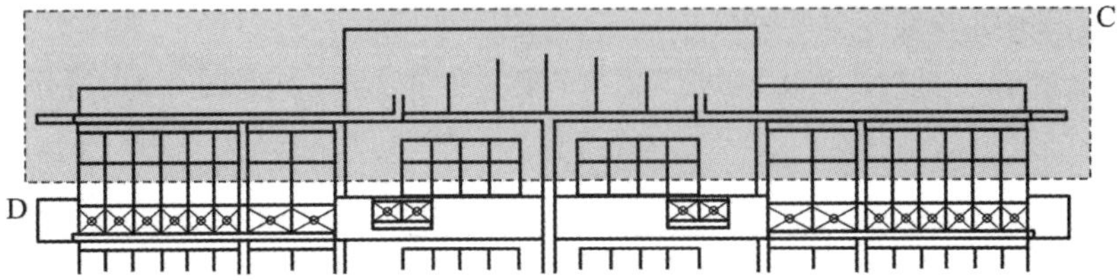

图 1-14 “窗交”方式选择对象

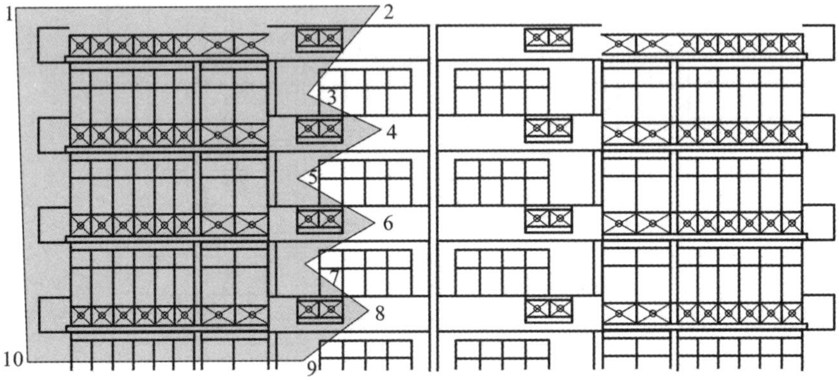

图 1-15 “圈围”方式选择对象

(5)利用“圈交”方式选择对象并删除。

执行 ERASE 命令,在“选择对象:”提示下输入 CP 并回车,然后按图 1-16 所示依次单击 1 点、2 点一直到 7 点,然后两次回车,观察图形的变化。

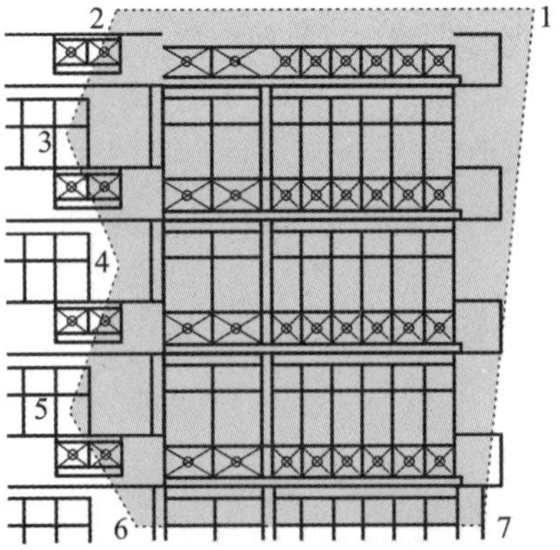

图 1-16 “圈交”方式选择对象

1.6 对象特性与图层

1.6.1 对象特性

在 AutoCAD 中，对象特性是一个比较广泛的概念，既包括颜色、图层、线型、线宽等通用特性，也包括各种几何信息，还包括与具体对象相关的附加信息，如文字的内容、样式等。这里只介绍对象的颜色、线型、线宽特性，对象的图层特性将在 1.6.2 节中介绍。

1. 颜色

(1)颜色概述。

AutoCAD 提供了如下的颜色特性：

· ByLayer(随层)：逻辑颜色，表示对象与其所在图层的颜色保持一致；

· ByBlock(随块)：逻辑颜色，表示对象与其所在块的颜色保持一致；

· 具体颜色：包括红、黄、绿等 255 种具体颜色，其中包括 9 种标准颜色和 6 种灰度颜色，如图 1-17 所示。

(2)颜色的设置。

用户可以通过颜色命令设置当前的颜色，调用该命令的方法如下：

· 命令行：COLOR；

· 功能区："默认"选项卡→"特性"面板→"对象颜色"下拉列表。

用户可以在"颜色"下拉列表中选中一种颜色，也可以单击"更多颜色"选项，在弹出的"选择颜色"对话框中选中一种颜色。选中某种颜色后，该颜色即成为当前颜色，以后所绘制的对象都具有这种颜色的特性，直至选择新的颜色为止。

利用颜色可以很好地区分不同的对象，如墙体、门窗、室内设施等可以用不同的颜色加以区分，但这要有某种标准或规则，随心所欲设置颜色，不但不利于绘图，对读图和图纸的打印输出都会造成麻烦，所以一般情况下，颜色都采用默认的设置，即"ByLayer(随层)"。

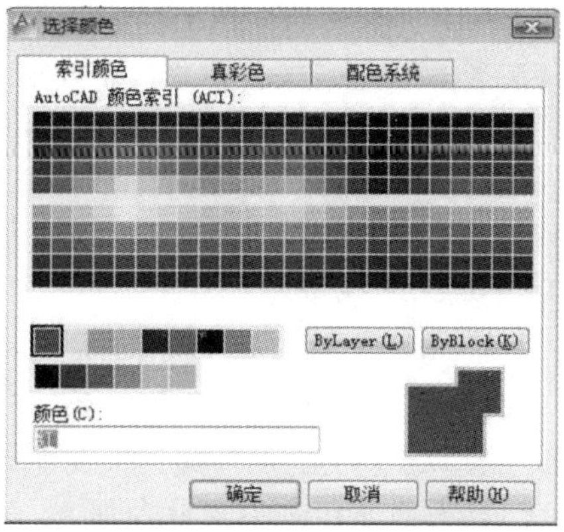

图 1-17 "选择颜色"对话框

2. 线型

(1)线型的概念。

线型是点、横线和空格等按一定规律重复出现而形成的图案，复杂线型还可以包含各种符号。

如果为图形对象指定某种线型,则图形对象将根据此线型的设置进行显示和打印。

当用户创建一个新的图形文件后,通常会包括如下三种线型。

- “ByLayer(随层)”:逻辑线型,表示对象与其所在图层的线型保持一致。
- “ByBlock(随块)”:逻辑线型,表示对象与其所在块的线型保持一致。
- “Continuous(连续)”:连续的实线。

当然,用户可使用的线型远不只这几种。AutoCAD 系统提供了公制的线型库文件“acadiso.lin”,该文件中包含了数十种的线型定义,用户可随时加载该文件,并使用其定义的各种线型。

(2)线型的设置。

【执行方式】

- 命令行:LINETYPE;
- 功能区:“默认”选项卡→“特性”面板→“线型”下拉列表。

【命令操作】

在“线型”下拉列表中单击“其他”选项,弹出如图 1-18 所示的“线型管理器”对话框。

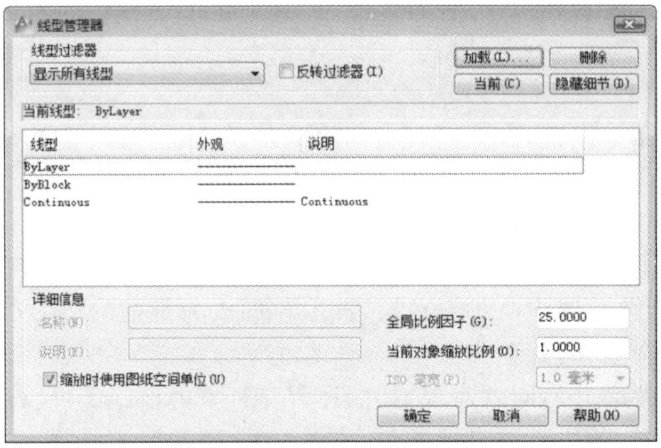

图 1-18 “线型管理器”对话框

可以看到,默认情况下在该对话框中只有前面介绍的三种线型。对话框下半部分“详细信息”选项组的内容可以通过单击“显示细节(隐藏细节)”按钮使之显示或隐藏。

下面以加载常用的点画线线型“CENTER”为例,介绍加载线型的方法。

(1)在“线型管理器”对话框中单击“加载”按钮,弹出“加载或重载线型”对话框,如图 1-19 所示。可以看到,在“文件”文本框中显示的文件名为“acadiso. lin”,这说明下面列表中显示的线型都是公制的线型库文件“acadiso. lin”中定义的线型。

> **提示:**确认线型库文件为“acadiso. lin”这一点很重要,这是因为 AutoCAD 还提供了另外一个英制的线型库文件“acad. lin”。这两个文件中的线型名称一致,极易混淆。但这两个文件定义的线型原始尺度是不同的,有近 25.4 倍的差距,所以这两个线型库中的线型不能共存于同一个文件中,否则不论线型比例设置为多少,线型的显示都不可能合理。

(2)在“加载或重载线型”对话框中的线型列表中找到点画线线型“CENTER”并选中,然后单击“确定”按钮,回到“线型管理器”对话框,此时,在“线型管理器”对话框的线型列表中就增加了“CENTER”线型,选中该线型并单击“当前”按钮,则“CENTER”线型成为当前线型,以后所绘制的对象都具有“CENTER”线型的特性,直至将其他线型置为当前线型为止。

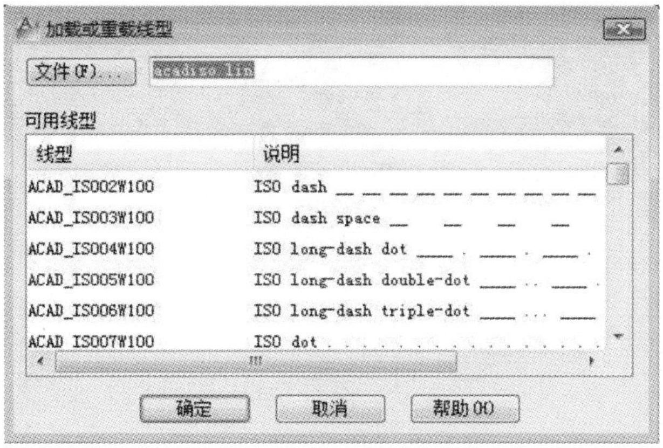

图 1-19　"加载或重载线型"对话框

(3)如果绘制的线条不能合理显示线型时，可以在"线型管理器"对话框的"详细信息"选项组中设置线型的"全局比例因子"或"当前对象缩放比例"的值。二者的区别是，如果"全局比例因子"发生变化，则当前文件中的所有线型都会按新的比例值进行更新，而"当前对象缩放比例"仅对设置后绘制的图形线型起作用，以前绘制的图形线型不发生变化。有关这两个比例的进一步说明，请参看本书第 2 章和第 7 章。

(4)在"线型管理器"对话框中单击"确定"按钮，线型设置完毕。

与设置颜色特性相同，线型特性也应遵循某种标准或规则，不要随意设置，一般情况下采用默认线型"ByLayer(随层)"。

3. 线宽

(1)线宽的概念。

线宽指的是图线打印输出时的宽度，可用于除 TrueType 字体、光栅图像、点和实体填充(二维实体)之外的所有图形对象。如果为图形对象指定线宽，则对象将根据此线宽的设置进行显示和打印。

在 AutoCAD 中可用的线宽预定义值包括 0.00 mm、0.05 mm、0.09 mm、0.13 mm、0.15 mm、0.18 mm、0.20 mm、0.25 mm、0.30 mm、0.35 mm、0.40 mm、0.50 mm、0.53 mm、0.60 mm、0.70 mm、0.80 mm、0.90 mm、1.00 mm、1.06 mm、1.20 mm、1.40 mm、1.58 mm、2.00 mm 和 2.11 mm等。

此外还包括如下几种：

"ByLayer(随层)"：逻辑线宽，表示对象与其所在图层的线宽保持一致。

"ByBlock(随块)"：逻辑线宽，表示对象与其所在块的线宽保持一致。

"默认"：创建新图层时的默认线宽设置，默认值为 0.25 mm。

(2)线宽的设置。

【执行方式】

· 命令行：LWEIGHT；

· 功能区："默认"选项卡→"特性"面板→"线宽"下拉列表。

【命令操作】

用户可以在"线宽"下拉列表中选择一种线宽作为当前线宽，也可以在"线宽"下拉列表中单击"线宽设置"选项，弹出如图 1-20 所示的"线宽设置"对话框，在该对话框中选择线宽及设置线宽的显示特性。

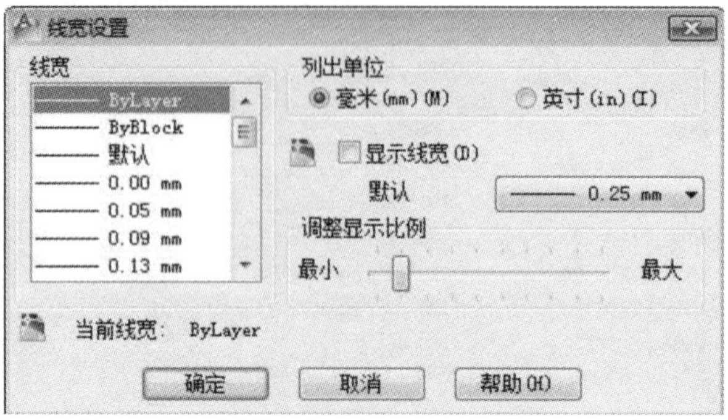

图 1-20 “线宽设置”对话框

在“线宽设置”对话框中,如果选中“显示线宽”复选框,则线宽将会在屏幕上显示出来,拖动“调整显示比例”滑块,可以调整线宽显示的粗细程度,但并不改变线宽的真实值;在“默认”下拉列表中可以改变默认的线宽值。

与设置颜色特性和线型特性相同,线宽特性也应遵循某种标准或规则,不要随意设置,一般情况下采用默认线宽“ByLayer(随层)”。

1.6.2 图层

1. 图层的概念

图层是用来组织和管理图形的一种方式。为了理解图层的概念,首先回忆一下手工制图时用透明纸作图的情景:当一幅图过于复杂或图形中各部分干扰较大时,可以按一定的原则将一幅图分解为几个部分,然后分别将每一部分按着相同的坐标系和比例画在透明纸上,完成后将所有透明纸按同样的坐标重叠在一起,最终得到一副完整的图形。当需要修改其中某一部分时,可以将要修改的透明纸抽取出来单独进行修改,而不会影响到其他部分。

AutoCAD 中的图层就相当于完全重合在一起的透明纸,用户可以任意选择一个图层绘制图形,而不会受到其他图层上图形的影响。例如在建筑施工图中,可以将承重结构、非承重结构、门窗、设施、图形注释等放在不同的图层绘制。在 AutoCAD 中每个图层都以一个名称作为标识,并具有颜色、线型、线宽等特性以及开和关、冻结和解冻、锁定与解锁等不同的状态。

2. 图层的创建

【执行方式】

· 命令行:LAYER(LA);

· 功能区:“默认”选项卡→“图层”面板→“图层特性”按钮。

【命令操作】

执行图层命令后,弹出如图 1-21 所示的“图层特性管理器”对话框。可以看到,系统自动创建一个名称为“0”的图层,“0”层不能被删除或重命名,也不要轻易更改“0”层的默认设置。“0”层除了具有一般图层的功能外,还有一些特殊的用途,如图块通常情况下要在“0”层创建。

在“图层特性管理器”对话框中,单击“新建图层”按钮可以创建新图层,在名称栏中可以给新图层命名,如果需要修改图层名称,可以先选中该图层,然后在名称上单击,名称字段被激活后输入新名称。单击“删除图层”按钮可以删除未被使用且非当前的图层,单击“置为当前”按钮,

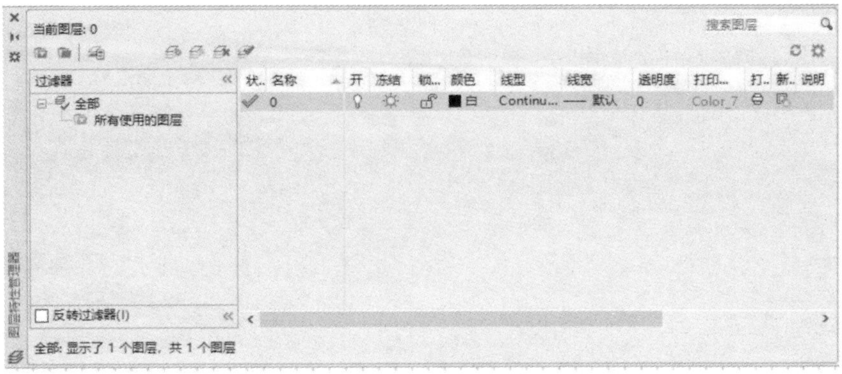

图 1-21　“图层特性管理器”对话框

可以将选中的图层置为当前图层。

3. 图层的特性

图层的特性包括图层的颜色、线型、线宽、透明度、是否打印等。

(1)图层的颜色。

在“图层特性管理器”对话框的图层列表中，单击某图层的颜色，将会弹出“选择颜色”对话框，可以从中选择所需要的图层颜色。如果文件中当前颜色为“ByLayer(随层)”，则在该图层上绘制的对象将具有该图层的颜色。

(2)图层的线型。

在“图层特性管理器”对话框的图层列表中，单击某图层的线型，将会弹出“选择线型”对话框，可以从中选择所需要的图层线型，如果该线型还没有加载，可以先加载该线型，然后再选中。如果文件中当前线型为“ByLayer(随层)”，则在该图层上绘制的对象将具有该图层的线型。

(3)图层的线宽。

在“图层特性管理器”对话框的图层列表中，单击某图层的线宽，将会弹出“线宽”对话框，可以从中选择所需要的图层线宽。如果文件中当前线宽为“ByLayer(随层)”，则在该图层上绘制的对象将具有该图层的线宽。

(4)图层的透明度。

在“图层特性管理器”对话框的图层列表中，单击某图层的透明度，将会弹出“图层透明度”对话框，如图 1-22 所示。可以从中选择或输入所需要的图层透明度。透明度为 0 时表示图层颜色正常显示，透明度越大则颜色越淡，透明度值介于 0～90 之间。

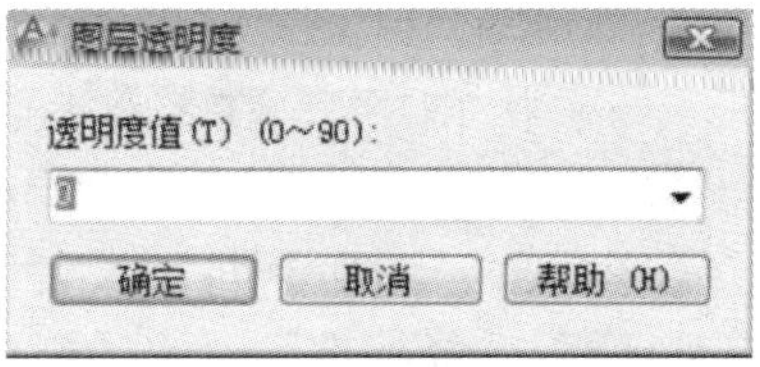

图 1-22　“图层透明度”对话框

(5)图层的打印特性。

在默认状态下，所有的图层上的对象都是可以打印的，如果需要让某一个图层上的对象不打印，可以设置该图层为禁止打印的图层，只需要在“图层特性管理器”对话框的图层列表中，单击某图层的允许打印图标，此时该图标变为禁止打印图标，图层被禁止打印。

【例 1-6】按图 1-23 所示创建图层并设置图层特性。

操作过程如下。

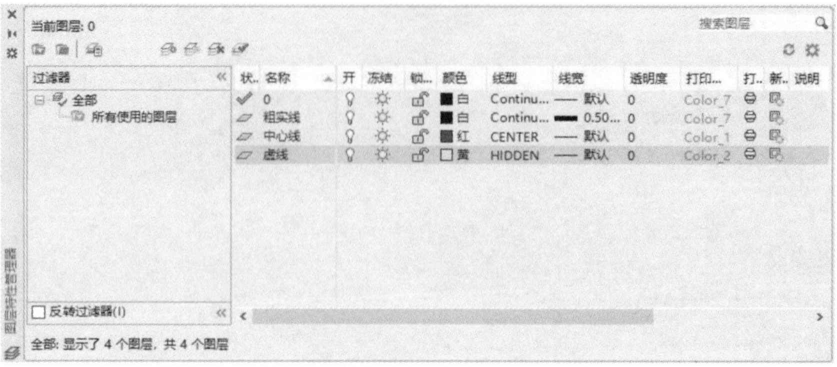

图 1-23 例 1-6 图

(1)新建一个文件。单击“快速访问工具栏”上的“新建”按钮，弹出“选择样板”对话框，单击“打开”按钮后面的下拉列表，选择“无样板打开-公制”，如图 1-24 所示，创建了一个新的 dwg 格式文件。

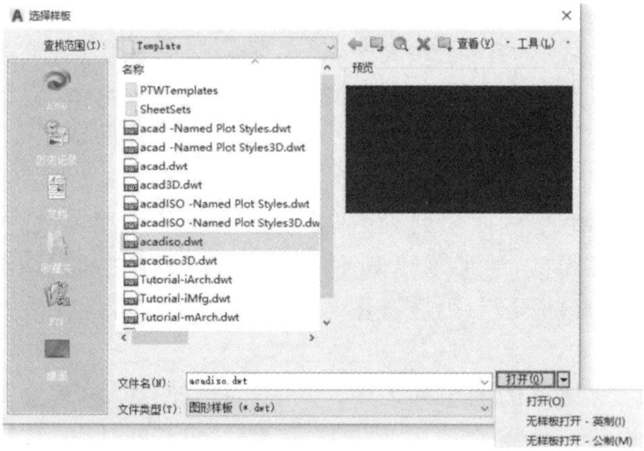

图 1-24 “选择样板”对话框

(2)单击在功能区的“默认”选项卡→“图层”面板→“图层特性”按钮，打开“图层特性管理器”对话框。单击“新建图层”按钮，新建一个图层，图层名称自动命名为“图层 1”。

(3)选中“图层 1”，在名称上单击，然后输入新的图层名称“粗实线”，单击“粗实线”层的线宽，弹出“线宽”对话框，选择“0.50 mm”线宽，单击“确定”按钮。

(4)新建一个图层，将图层名称重新命名为“中心线”。单击“中心线”层的颜色，弹出“选择颜色”对话框，选择标准颜色中的红色，单击“确定”按钮；单击图层的线型，在弹出的“选择线型”对话框中单击“加载”，弹出“加载或重载线型”对话框，选择 “CENTER”线型，单击“确定”按钮，回到“选择线型”对话框，在线型列表中选中“CENTER”线型，单击“确定”按钮；单击“中心线”层的线宽，选择“默认”选项。

(5)新建一个图层，将图层名称重新命名为“虚线”。单击“虚线”层的颜色，弹出“选择颜色”对话框，选择标准颜色中的黄色，单击“确定”按钮；单击图层的线型，在弹出的“选择线型”对话框中单击“加载”，弹出“加载或重载线型”对话框，选择 “HIDDEN”线型，单击“确定”按钮，回到“选择线型”对话框，在线型列表中选中“HIDDEN”线型，单击“确定”按钮；确保线宽特性为“默认”。

单击“图层特性管理器”左上角的“关闭”按钮，关闭“图层特性管理器”，图层创建完成。

4. 图层的状态

图层的状态包括图层的开和关、冻结和解冻、锁定和解锁。

（1）图层的开和关。

一般情况下，图层处于打开状态，图层的开关控制按钮显示为，图层上的对象可见。如果单击开关控制按钮，则图层被关闭，此时控制按钮显示为，被关闭的图层其上的对象不可见也不能被打印，但会重生成，当前图层可以被关闭。暂时关闭与当前工作无关的图层可以减少干扰，更加方便工作。

（2）图层的冻结和解冻。

一般情况下，图层处于解冻状态，图层的“冻结/解冻”控制按钮显示为，图层上的对象可见。如果单击该控制按钮，则图层被冻结，此时控制按钮显示为，被冻结的图层其上的对象不可见、不能被打印、不能重生成，当前图层不能被冻结。用户可以将长期不需要显示的图层冻结，以提高对象选择的性能，减少复杂图形的重生成时间，提高计算机的运算速度，提高绘图效率。

（3）解锁与锁定。

一般情况下，图层处于解锁状态，图层的“解锁/锁定”控制按钮显示为，图层上的对象可以被选择和编辑。如果单击该控制按钮，则图层被锁定，此时控制按钮显示为，被锁定的图层上的对象不可以被选择和编辑，但可以在被锁定的图层上绘制对象。在编辑很复杂的图形时，为了避免误操作，常将一些不需编辑的对象所在的图层锁定。

5. “图层”下拉列表

在“图层”面板上面有“图层”下拉列表，如图 1-25 所示。“图层”下拉列表具有如下功能。

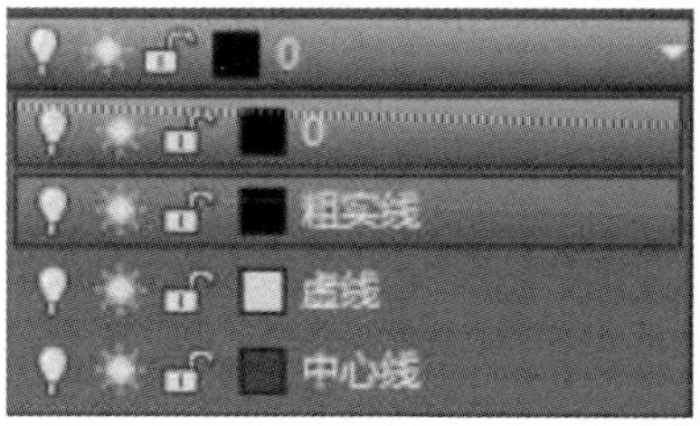

图 1-25　“图层控制”下拉列表

· 通过图层下拉列表，可以快速、便捷地控制图层的状态，包括将某一层置为当前层、图层的开关控制、图层的锁定与解锁控制、图层的冻结与解冻控制。

· 当不选择任何对象时，列表中显示当前的图层名和图层状态，如果选择了对象，列表中将显示选定对象所在的图层名及图层状态，因此，可以很方便知道当前工作在哪个图层以及选定的对象在哪个图层。

· 如果需要把某些对象从一个图层（或多个图层）转移到另一个图层，只需选中这些对象，然后单击“图层”下拉列表中目标图层的图层名称就可以了。

【例 1-7】图层状态控制练习。

打开本书配套资源中的“图 1-26. dwg”文件，该文件中有如图 1-26 所示的图形，文件中有三个使用的图层：“DIM”、“TEXT”、“剖面图”。图形部分全部在“剖面图”层，尺寸和标高标注部分全部在“DIM”层，图名和比例部分在“TEXT”层。下面对这三个图层进行状态控制，操作过程如下。

（1）关闭标注层，可以看到所有的尺寸标注和标高标注都消失了，如图 1-27 所示。

（2）保持“DIM”层关闭，用窗选或窗交的方式选择文件中显示的所有内容，然后按键盘上的“Delete”键，此时文件中没有任何对象显示，打开“DIM”层，观察绘图窗口的变化，可以看到“DIM”层上的对象还在，如图 1-28 所示。单击“标准”工具栏上的“放弃”命令按钮，或按快捷键“Ctrl＋Z”，一直退回到关闭“DIM”层以后的状态，即图 1-27 所显示的状态。

（3）在命令行输入删除命令的快捷方式 E 并回车，在“选择对象：”提示下输入 ALL 并回车，执

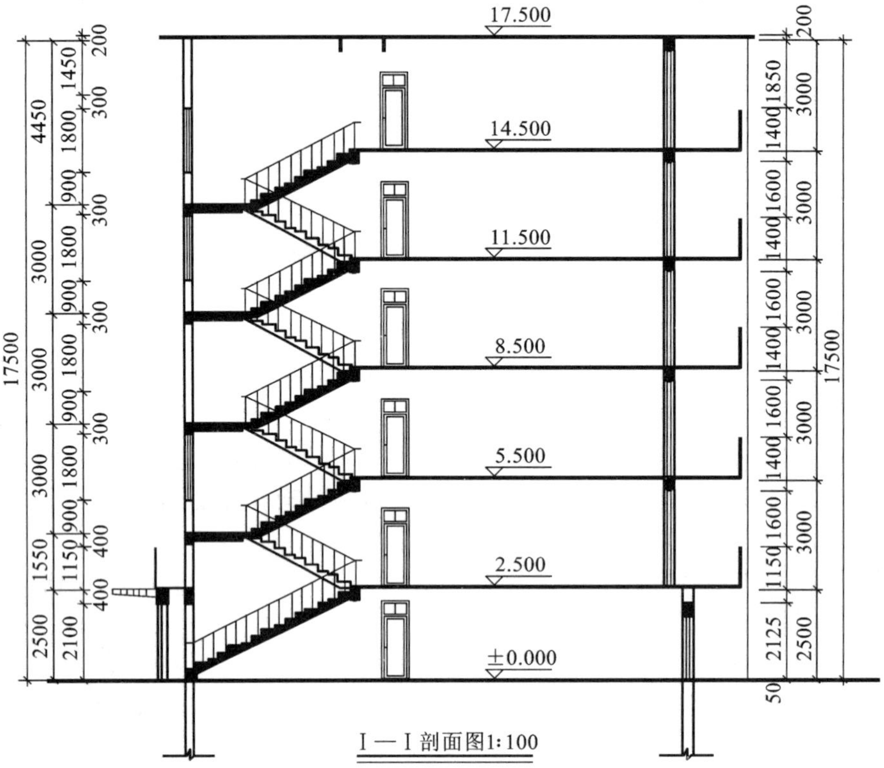

图 1-26 例 1-7 图

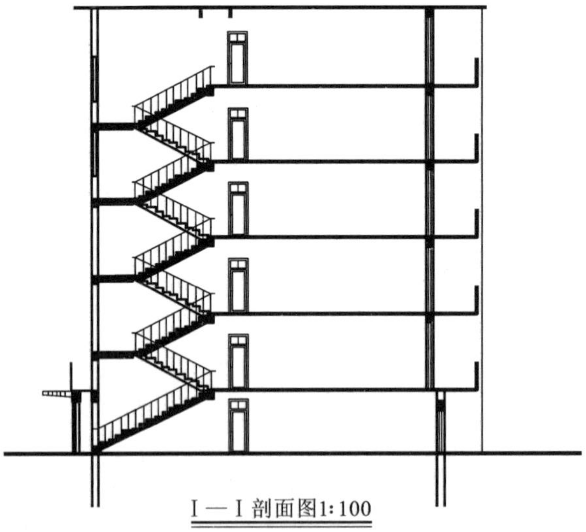

图 1-27 关闭“DIM”层

行全部选择，此时文件中的所有对象(包括被关闭的“DIM”层上的对象)都被选中，再次回车，所有对象都被删除，打开“DIM”层，可以发现“DIM”层上的对象也被删除了。执行放弃命令，一直退回到图 1-26 所示的初始状态。

(4)冻结“DIM”层，可以看到“DIM”上的对象消失，按第(3)步的方法删除所有对象，然后解冻

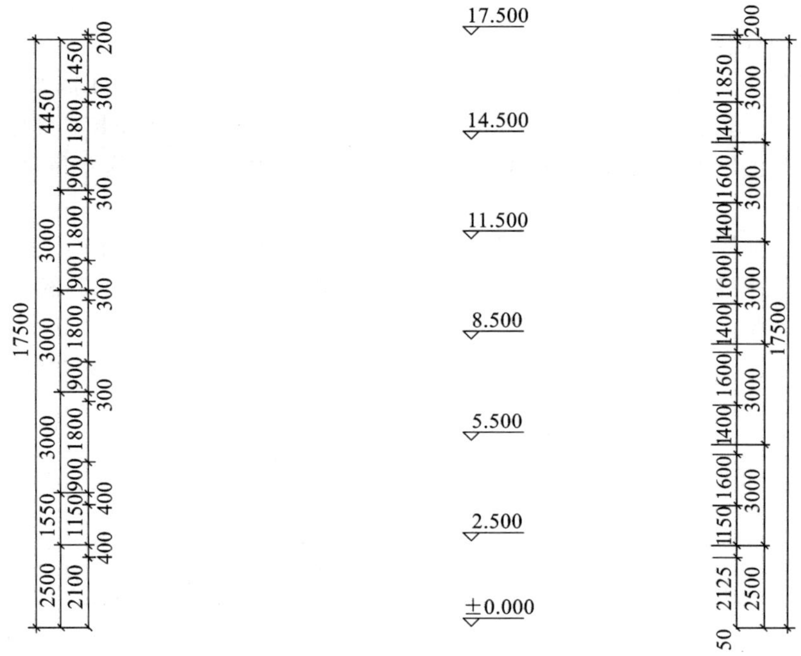

图 1-28　打开"DIM"层

"DIM"层，可以看到"DIM"层上的对象并没有被删除。执行放弃命令，一直退回到图 1-26 所示的初始状态。

(5)将"DIM"层置为当前层，然后关闭"DIM"层，会弹出一个警示框，提示"当前图层被关闭"，单击"确定"按钮即可，"DIM"层上的对象消失。这就是说当前图层是允许被关闭的。现在执行任意的绘图命令(比如直线命令 LINE)，随意的绘制一些内容，读者会发现，绘制的内容并没有显示出来，打开"DIM"层，可以看到刚刚绘制的内容。

(6)确保"DIM"层为当前层，尝试冻结"DIM"层，可以发现无法执行，也就是说当前层是无法被冻结的。现在冻结"TEXT"层，然后尝试将"TEXT"层置为当前层，可以发现无法执行，也就是说，被冻结的图层不能成为当前层。执行放弃命令，一直退回到图 1-26 所示的初始状态。

(7)锁定"剖面图"层，然后执行第(3)步的操作，可以看到，只有"DIM"层和"TEXT"层上的对象被选择并被删除，而"剖面图"层上的对象不能被选择和编辑。将"剖面图"层置为当前层，执行任意绘图命令(如直线命令 LINE)，随意绘制一些对象，可以发现，被锁定的图层是可以进行绘图操作的。

1.6.3　特性匹配

特性匹配用来复制对象的特性，类似于 Word 软件中的格式刷。可以复制的特性包括图层、颜色、线型、线型比例、线宽、透明度、厚度等。

【执行方式】

· 命令行：MATCHPROP(MA)；

· 功能区："默认"选项卡→"特性"面板→"特性匹配"按钮 。

【命令操作】

执行特性匹配命令后，首先选择源对象(只能选择一个源对象)，然后选择目标对象(可以选择多个目标对象)即可。

【例 1-8】特性匹配练习。

打开本书配套资源中的“图 1-29. dwg”文件，文件中有一个扶手轮廓图，如图 1-29 所示。图 1-29中所指的源对象位于“点画线”图层中，颜色为红色，线型为“CENTER”，目标对象位于“细实线”图层中，层的颜色为黑白色，线型为“Continuous”。下面将源对象的这些特性复制到目标对象上，操作过程如下：

单击“标准”工具栏上的“特性匹配”按钮，在命令行“选择源对象：”的提示下选择图 1-29 中所示的源对象，在“选择目标对象或［设置(S)］：”提示下，选择图 1-29 所示的目标对象，回车结束命令，结果如图 1-30 所示。

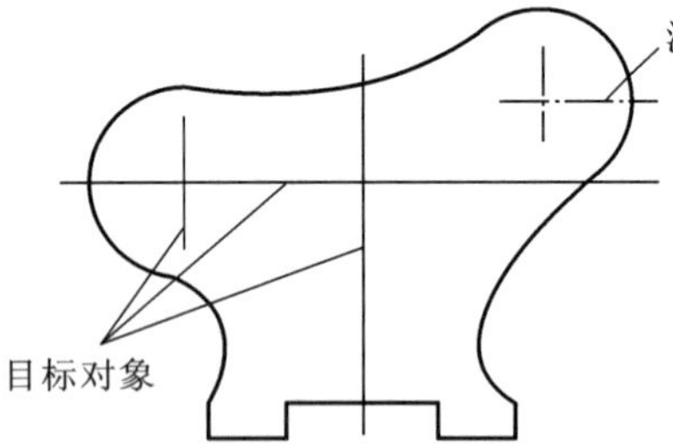

图 1-29　例 1-8 图

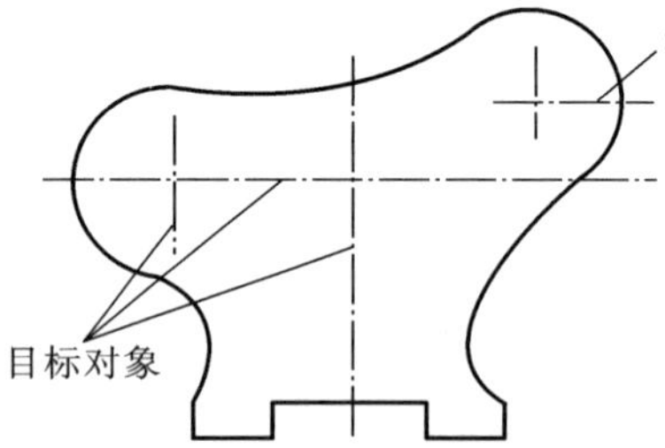

图 1-30　特性匹配后的图形

1.6.4　“特性”选项板

对象除了具有图层、颜色、线型、线宽等特性外，还具有更广泛的其他特性，如直线具有长度、角度、端点坐标等特性，圆具有圆心坐标、半径、周长、面积等特性。可以在“特性”选项板中查看或修改对象的各种特性。

图 1-31　“特性”选项板

【执行方式】

- 命令行：PROPERTIES(CH)；
- 功能区：“默认”选项卡→“特性”面板→打开对话框按钮；
- 快捷键：Ctrl＋1。

【命令操作】

执行上述命令后，便打开“特性”选项板，在没有选择任何对象的情况下，特性选项板如图 1-31 所示。“特性”选项板与 AutoCAD 绘图窗口相对独立，在打开“特性”选项板的同时可以在 AutoCAD 中输入命令、使用菜单和对话框等。因此，如果有需要，在 AutoCAD 中工作时可以一直将“特性”选项板打开。

如果在绘图区域中选择某一对象，“特性”选项板中将显示此对象所有特性的当前设置，用户可以修改任何允许修改的特性。根据所选择的对象种类的不同，其特性内容也有所变化。

【例 1-9】通过“特性”选项板修改对象特性练习。

打开本书配套资源中的“图 1-32. dwg”文件，文件中有一个洗手盆图形，如图1-32所示。下面通过修改对象的特性来修改图形。

在“特性”选项板中修改图形内部稍大的圆的特性，注意观察图形中圆的变化，操作过程如下。

(1)打开“特性”选项板，选择该圆，在“特性”选项板中显示出该圆的特性信息，如图 1-33 所示。从图 1-33 可以看出，该圆位于“细实线”层，颜色、线型、线宽等特性均为“ByLayer”，圆的半径为 30，圆心坐标为(736.8，291.3954)，等等。

(2)在图层后面的“细实线”名称上单击，出现如图 1-34 所示的下拉列表，选择“粗实线”，则该圆被置于“粗实线”层，具有了“粗实线”层的特性。

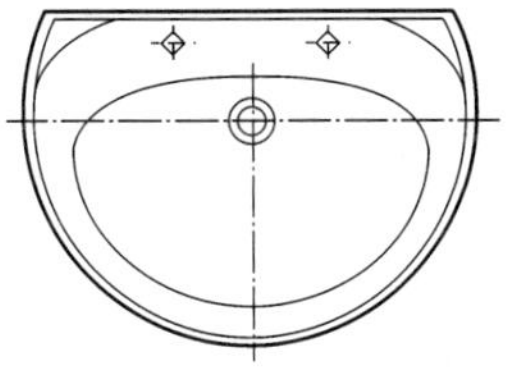

图 1-32　例 1-9 图

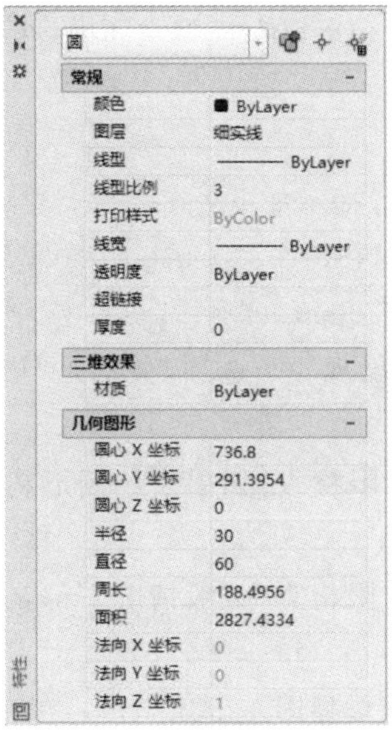

图 1-33　圆的特性信息

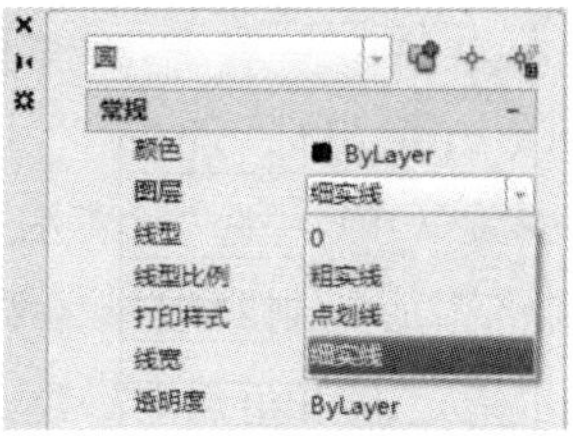

图 1-34　改变对象的图层

(3)修改圆的颜色特性，改为绿色；修改圆的半径信息，改为 18，可以看到，直径、周长、面积值随之改变；修改圆心的 Y 坐标，改为 390。

上述修改内容见图 1-35，结果如图 1-36 所示。

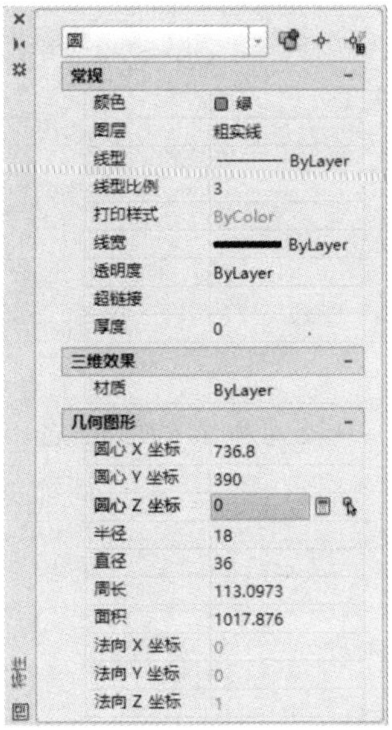

图 1-35　修改特性后的“特性”选项板

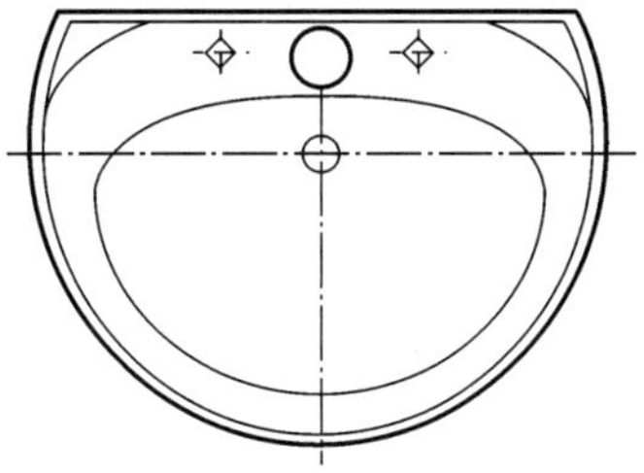

图 1-36　图形的修改结果

1.7 设置绘图区域

一般来说如果用户不作任何设置,AutoCAD 对作图范围没有限制。可以将绘图区看作是一幅无穷大的图纸,但所绘图形的大小是有限的,因此为了更方便绘图及观察图形,可以设定作图的区域。在 AutoCAD 中,使用 LIMITS 命令可以在模型空间中设置一个想象的矩形绘图区域,称为图形界限。

设置图形界限的步骤如下。

(1)在命令行中输入 LIMITS,命令行提示如下:

指定左下角点或[开(ON)/关(OFF)]<0.0000,0.0000>:(回车)

指定右上角点<420.0000,297.0000>:

(2)在执行 LIMITS 命令过程中,将出现 4 个选项,分别是"指定左下角点""指定右上角点""开(ON)""关(OFF)"。

·"开(ON)"选项:表示打开图形界限检查,如果所绘图形超出了设定的界限,则系统不绘制出此图形并给出提示信息。

·"关(OFF)"选项:表示关闭图形界限检查,一般情况下都是关闭的,关闭图形界限检查将不再限制将图形绘制到图形界限外。

·"指定左下角点"选项:表示设置图形界限左下角坐标。

·"指定右上角点"选项:表示设置图形界限右上角坐标。

(3)输入 Z(ZOOM 命令),回车,输入 A,回车,所设置的图形界限范围全部显示在屏幕上。

通常情况下不改变图形界限左下角点坐标,只需给定右上角点坐标,也就是给定绘图区域的宽度和高度。默认右上角点坐标为(420,297),即绘图区域大小为 420×297,相当于 A3 图幅。由于通常采用 1∶1 比例绘图,假设一幅图形的尺寸范围为 33000×22600,可以将图形界限右上角坐标设置为(42000,29700),这样就与 A3 幅面图纸呈一定比例关系。

1.8 精确绘图工具

1.8.1 对象捕捉

对象捕捉用来定位图形对象上的某些点,是 AutoCAD 中最为重要的工具之一。使用对象捕捉可以在绘图过程中直接利用光标来准确地确定点,如圆心、端点、垂足等,从而能够精确地绘制图形。表 1-2 列出了对象捕捉工具的模式及功能。

表 1-2　对象捕捉工具

对象捕捉模式	工具栏按钮	代号	功　　能
端点		END	捕捉端点
中点		MID	捕捉中点
圆心		CEN	捕捉圆、圆弧、椭圆、椭圆弧的中心点
节点		NOD	捕捉到点对象、标注定义点或标注文字原点
象限点		QUA	捕捉圆、圆弧、椭圆以及椭圆弧的在 0°、90°、180°、270°方向上的点，即象限点
交点		INT	捕捉交点
延长线		EXT	捕捉延伸点，从线段或圆弧段端点开始沿线段或圆弧方向捕捉一点
插入点		INS	捕捉到块、属性、形及文字的插入点
垂足		PER	捕捉垂足
切点		TAN	捕捉切点
最近点		NEA	捕捉到线性对象的最近点
外观交点		APP	捕捉不在同一平面但在当前视图中看起来可能相交的两个对象的视觉交点
平行线		PAR	将直线段、多段线、射线或构造线限制为与其他线性对象平行
两点间中点		M2P	定位两点间的中点
捕捉自		FROM	定位某个点相对于参照点的偏移
临时追踪点		TT	指定一个临时追踪点

1. 设置对象捕捉参数

单击功能区“视图”选项卡→“界面”面板→打开对话框按钮，在弹出的“选项”对话框中单击“绘图”选项卡，如图 1-37 所示。在这里可以设置对象捕捉的方式，调整自动捕捉标记的大小，自动捕捉靶框大小等。一般情况下可以不做任何调整。

2. 执行对象捕捉

(1)启用对象捕捉。

启用对象捕捉的快捷方法如下。

· 快捷键 F3。F3 为对象捕捉切换键，如果当前对象捕捉功能关闭，按 F3 打开对象捕捉功能，反之关闭对象捕捉功能。

· 应用程序状态栏：单击状态栏上的“对象捕捉”按钮，如果按钮亮显，则打开了对象捕捉功能，如果暗显，则关闭了对象捕捉功能。

(2)自动对象捕捉。

如果需要反复使用某个对象捕捉模式，可以将该模式设置为自动对象捕捉。方法如下：在状态

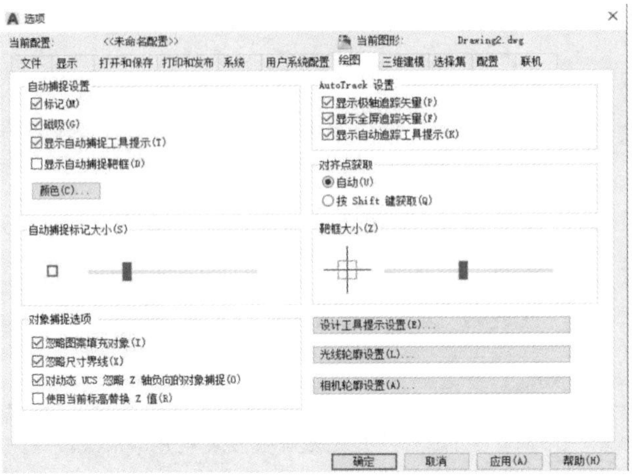

图 1-37 “绘图”选项卡

栏上的“对象捕捉”按钮上单击鼠标右键,在弹出的快捷菜单中单击“对象捕捉设置”,弹出“草图设置”对话框,如图 1-38 所示,根据需要勾选相应的对象捕捉选项即可。

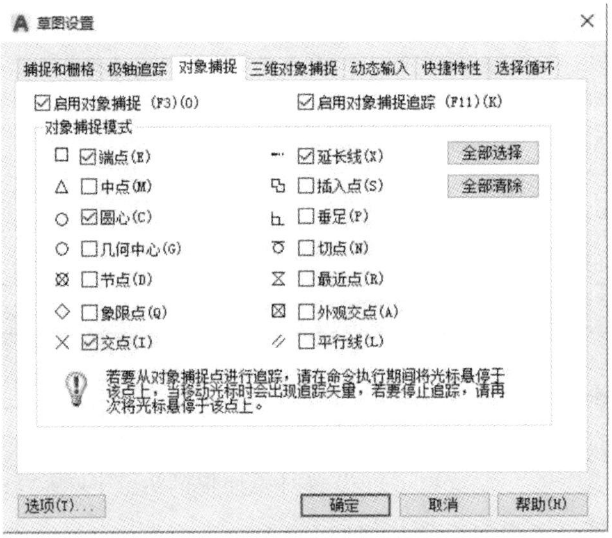

图 1-38 “草图设置”对话框中的“对象捕捉”选项卡

设置自动对象捕捉更快捷的方式是:在状态栏上的“对象捕捉”按钮上单击鼠标右键,在弹出的快捷菜单中直接选中需要的对象捕捉选项即可。

由于捕捉具有磁吸功能,如果设置过多的自动对象捕捉模式,在操作时会出现很多的捕捉标记而影响快速定位,所以一般仅设置几个常用的自动对象捕捉模式,对于偶尔用到的捕捉模式,可以采用临时对象捕捉。

(3)临时对象捕捉。

临时对象捕捉操作一次后便自动退出。快速调用临时对象捕捉方法为:在绘图窗口中,按住“Shift”键或“Ctrl”键的同时单击鼠标右键,会弹出对象捕捉快捷菜单,如图 1-39 所示,从中选择需要的捕捉模式即可。

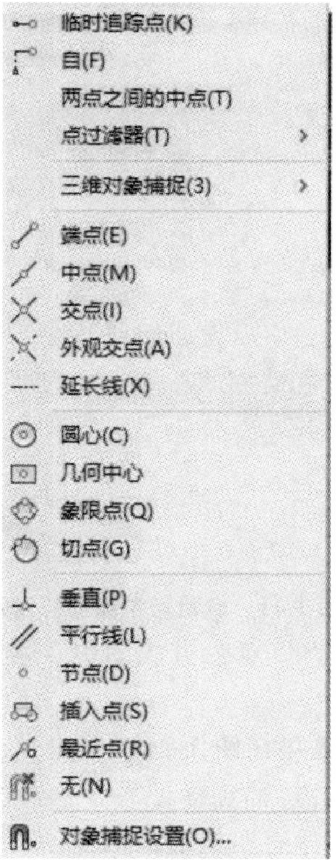

图 1-39　对象捕捉快捷菜单

【例 1-10】用对象捕捉的方式绘制直线，将图 1-40 的图(a)完善为图(b)的形式。

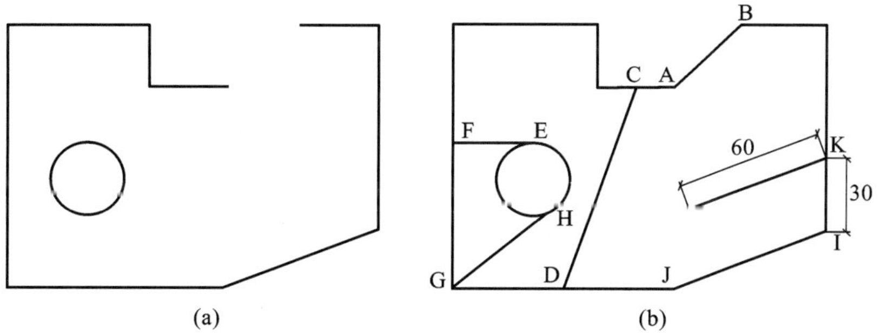

图 1-40　例 1-10 图

打开本书配套资源中的“图 1-40.dwg”文件，然后执行如下操作。

(1)在状态栏上的“对象捕捉”按钮上单击鼠标右键，在弹出的快捷菜单中单击“对象捕捉设置”，弹出“草图设置”对话框，在“对象捕捉”选项卡中勾选“端点”、“中点”、“延长线”选项，并将其他选项的勾选去掉，确保“启用对象捕捉”被勾选，如图1-41所示，单击“确定”退出。

(2)命令行输入 L 并回车，启动直线命令，将光标移到图 1-40 中的 A 点附近，当 A 点处出现端点捕捉标记“□”时，表明捕捉成功，此时单击鼠标左键，A 点即为直线的起点，然后用同样的方式拾取 B 点，回车结束命令。

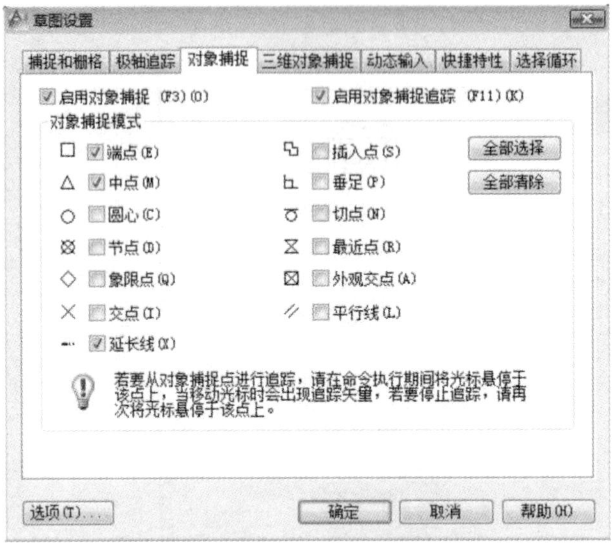

图 1-41　自动对象捕捉的设置

(3)继续执行直线命令，拾取 C 点(C 点为直线的中点，捕捉标记为△)和 D 点(中点)，回车结束命令。

(4)执行直线命令，按住“Shift”键并在绘图窗口单击鼠标右键，在对象捕捉快捷菜单中选择“象限点”，然后拾取 E 点(E 点为象限点，捕捉标记为◇)，再次按住“Shift”键并在绘图窗口单击鼠标右键，在对象捕捉快捷菜单中选择“垂直”，然后拾取 F 点(F 点为垂足，捕捉标记为⊥)，回车结束命令。

(5)执行直线命令，端点捕捉拾取 G 点，在“指定下一点:”提示下输入 TAN 并回车，然后将光标移向 H 点附近，出现切点捕捉标记“$\bar{\bigcirc}$”后单击，回车结束命令。

(6)执行直线命令，将光标移到 I 点上，出现端点捕捉标记后不拾取，沿竖直线向上移动光标，此时出现延伸线捕捉标记(在 I 点处出现十字标记，且出现一条呈虚线的追踪线，同时出现“范围”窗口)，如图 1-42 所示，当出现这样的标记时，输入 30 并回车，这样就定位了 K 点，K 点就是直线的起点。在“指定下一点”的提示下，输入 PAR 并回车，然后将光标移到直线段 IJ 上，出现平行捕捉标记∥后不拾取，向上方移动光标到平行位置，在出现如图 1-43 所示的平行追踪线后输入 60 并回车。

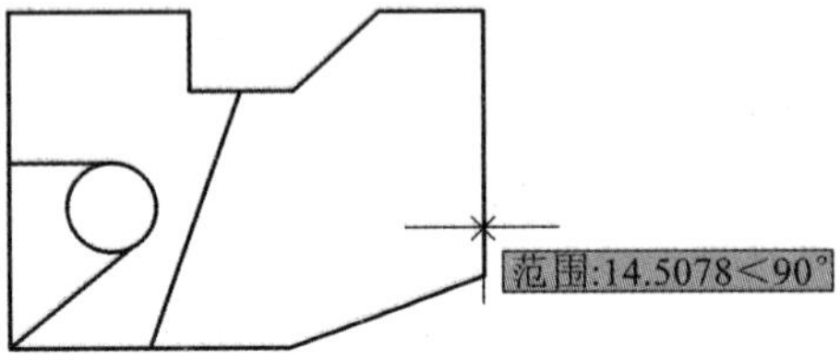

图 1-42　延长线捕捉

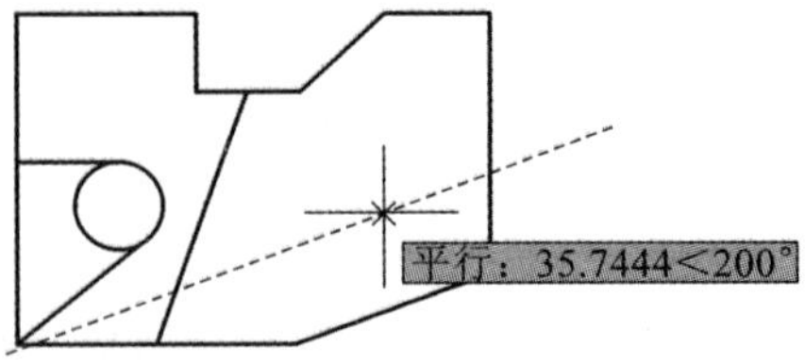

图 1-43　平行捕捉

1.8.2　极轴追踪和对象追踪

使用极轴追踪的功能可以用指定的角度来绘制对象。用户在极轴追踪模式下确定目标点时，系统会在光标接近指定的角度方向上显示临时的对齐路径，并自动地在对齐路径上捕捉距离光标最近的点（即极轴角固定、极轴距离可变），同时给出该点的信息提示，用户可据此准确地确定目标点。

在 AutoCAD 中还提供了“对象捕捉追踪”功能，该功能可以看作是“对象捕捉”和“极轴追踪”功能的联合应用。即用户先根据“对象捕捉”功能确定对象的某一特征点（只需将光标在该点上停留片刻，当自动捕捉标记中出现“＋”标记即可），然后以该点为基准点进行追踪，来得到准确的目标点。

利用“草图设置”对话框中的“极轴追踪”选项卡可以对极轴追踪的参数进行设置，如图 1-44 所示。如果要进行对象追踪，需要在“对象捕捉”选项卡上勾选“启用对象捕捉追踪”，参见图 1-41。

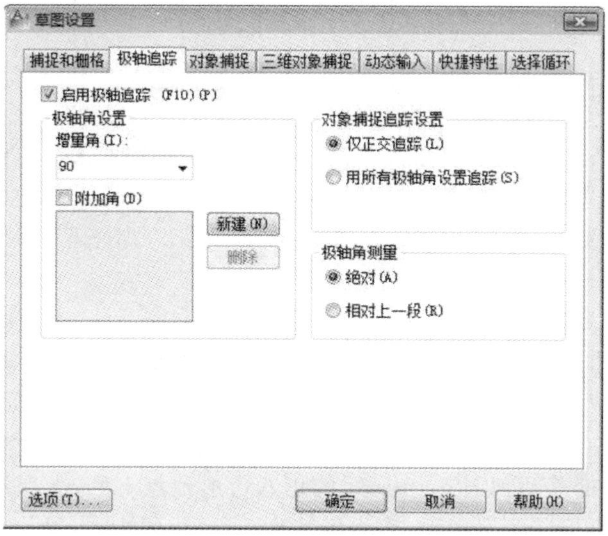

图 1-44　“极轴追踪”选项卡

使用极轴追踪和对象追踪功能的关键是设置极轴角、追踪的方式和极轴角测量的方式。

1. 极轴角

在“极轴角设置”选项组中可以设置增量角和附加角。在“增量角”文本框中输入某一增量角或从下拉列表中选择某一增量角后，系统将沿与增量角成整倍数的方向上显示极轴追踪的路径。例如，设置增量角为 45°，系统将沿着 45°、90°、135°、180°、225°、270°、315°和 360°(0°)方向显示极轴追踪的路径。如果勾选“附加角”复选框并单击“新建”，则可以自定义其他的极轴角度。

2. 追踪的方式

即便设置了极轴角，也不能保证在所有的极轴角方向上都能追踪，这需要在“对象捕捉追踪”选项组中进行设置。“仅正交追踪”表示仅在水平或竖直方向上追踪，即在 0°、90°、180°、270°方向上追踪。“用所有极轴角设置追踪”表示在所有极轴角方向上都进行追踪。

3. 极轴角测量的方式

极轴角的测量方法有两种。

· 绝对：以当前坐标系为基准计算极轴追踪角。

· 相对上一段：以最后创建的两个点之间的直线为基准计算极轴追踪角。如果一条直线以其他直线的端点、中点或最近点等为起点，极轴角将相对该直线进行计算。

【例 1-11】极轴追踪和对象追踪练习。

打开本书配套资源中的“图 1-45.dwg”文件，文件中有一个正八边形，如图 1-45 图(a)所示，绘制直线段，将图形完善为如图 1-45 图(b)所示的形式，图中虚线仅代表对齐关系，不必绘出。操作过程如下：

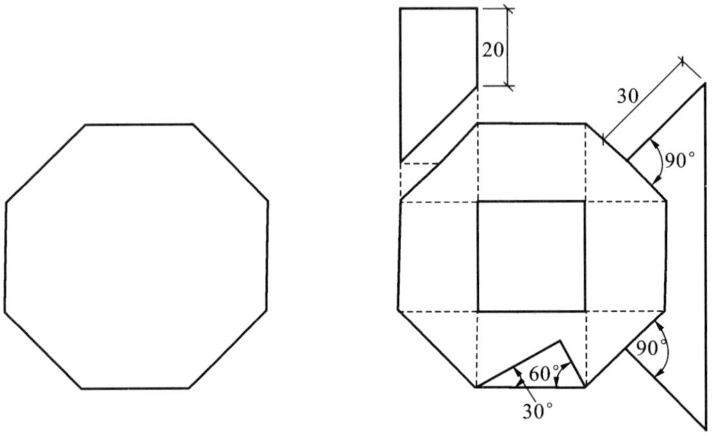

(a) (b)

图 1-45 例 1-11 图

(1)绘制左上方的四边形。

打开“草图设置”对话框，在“极轴追踪”选项卡中设置极轴增量角为 90°，在“对象追踪捕捉设置”选项组中选中“仅正交追踪”，在“极轴角测量”选项组中选中“绝对”；在“对象捕捉”选项卡中选中“启用对象捕捉追踪”，并勾选“端点”捕捉、“中点”捕捉和“平行”捕捉，去掉其他捕捉的勾选。

执行直线命令，将光标移动到图 1-46 所示的正八边形顶点 1 处，出现端点捕捉标记后不拾取，向上移动光标，待 90°竖直追踪线出现后，将光标移到 2 点(边的中点)处，出现中点捕捉标记后不拾取，向正左方移动光标，此时出现 180°水平追踪线，一直向左移动光标，直至 90°追踪线和 180°追踪线同时出现，如图 1-46 所示，此时单击鼠标，确定了直线的起点。

命令继续，此时提示“指定下一点:”，将光标移到 2 点所在的边上，出现平行捕捉标记后不拾取，向上移动光标，直至出现平行追踪线，然后将光标移动到另一个顶点上，出现端点捕捉标记后不拾取，向正上方移动光标，此时出现 90°竖直追踪线，继续向上移动光标，直至平行追踪线和 90°追踪线同时出现，如图 1-47 所示，此时单击鼠标，确定了直线的第二点。

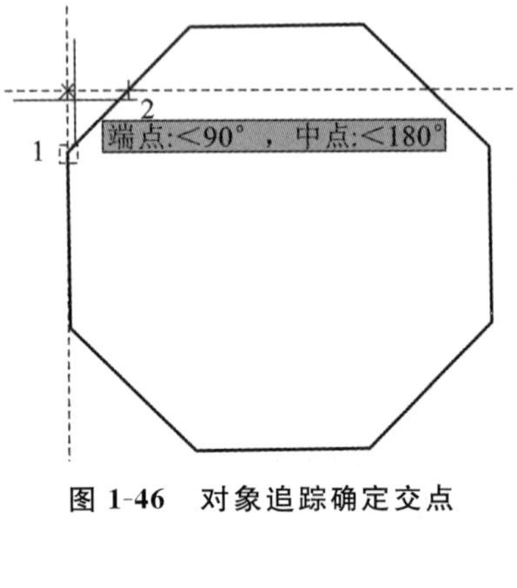

图 1-46 对象追踪确定交点

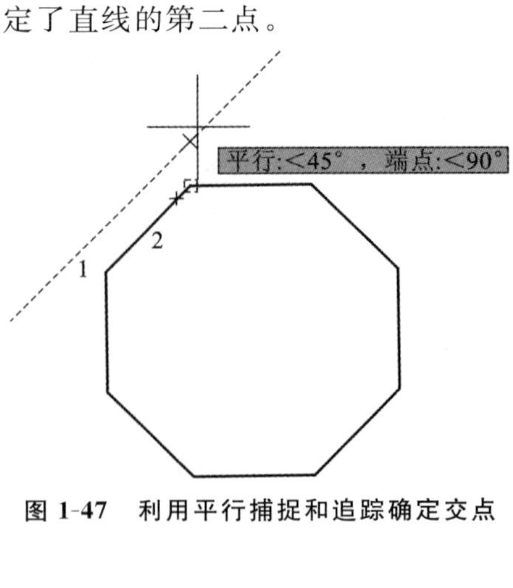

图 1-47 利用平行捕捉和追踪确定交点

命令继续，向上移动光标，待 90°竖直追踪线出现后输入 20 并回车，确定了直线的第三点。向正左方移动光标，待 180°极轴追踪线出现后，将光标移动到直线的起点上，在端点捕捉标记出现后向正上方移动光标，此时出现 90°竖直追踪线，继续向上移动光标，直至 180°和 90°追踪线同时出现，如图 1-48 所示，此时单击鼠标左键，确定了直线的第四点。

执行闭合选项，将直线闭合，命令结束，结果如图 1-49 所示。

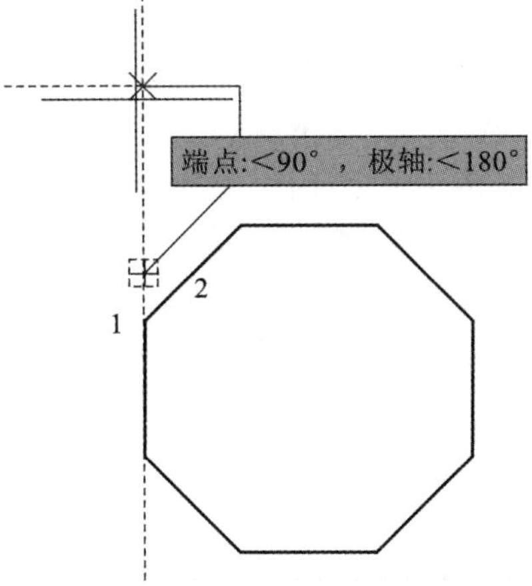

图 1-48　对象追踪确定交点

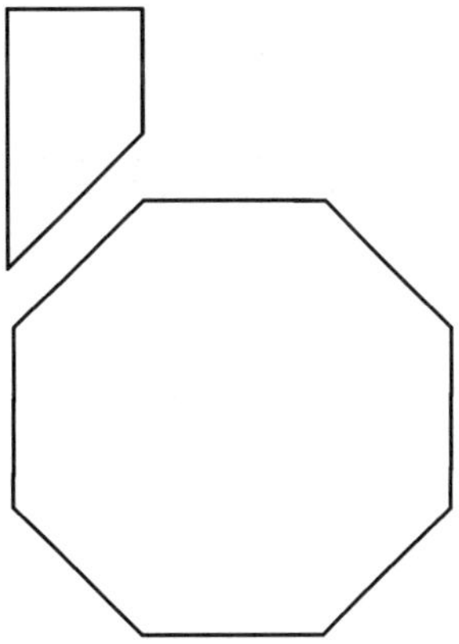

图 1-49　四边形绘制结果

(2)绘制右侧的三条直线。

打开“草图设置”对话框，在“极轴追踪”选项卡中设置极轴增量角为 45°，在“对象追踪捕捉设置”选项组中选中“仅正交追踪”，在“极轴角测量”选项组中选中“相对上一段”；在“对象捕捉”选项卡中选中“启用对象捕捉追踪”，并勾选“端点”捕捉、“中点”捕捉和“垂足”捕捉，去掉其他捕捉的勾选。

执行直线命令，拾取图 1-50 所示的正八边形边的中点 3，确定了直线的起点，然后向与该边垂直的方向移动光标，出现如图 1-50 所示的 90°相关极轴追踪线，此时输入直线段长度 30 并回车，确定了直线的第二点。向正下方移动光标，待出现 225°相关极轴追踪线后，将光标移动到正八边形边的中点 4 上，待中点捕捉标记出现后，不拾取，向与该边垂直的方向移动光标，此时出现垂足捕捉追踪线，沿这条追踪线移动光标，直至出现 225°相关极轴追踪线，如图 1-51 所示，此时单击鼠标左键，确定了直线的第三点。拾取边的中点 4 并回车，命令结束。

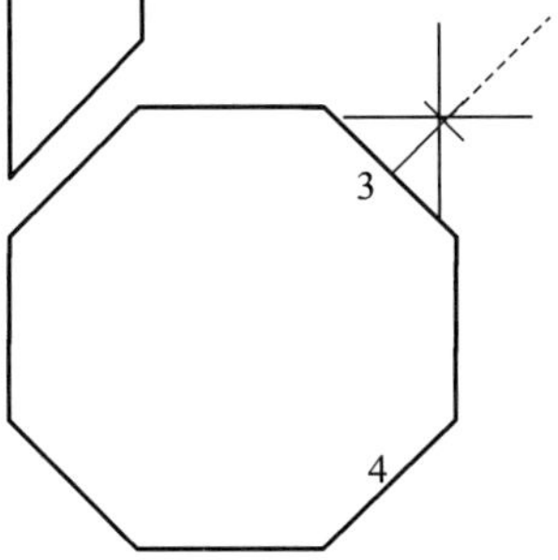

图 1-50　利用相关极轴绘制垂线

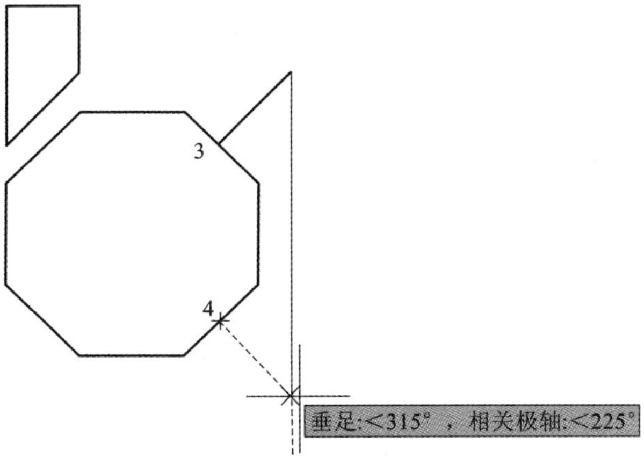

图 1-51　利用垂足捕捉和对象追踪确定交点

(3)绘制下方的两条直线。

打开"草图设置"对话框,在"极轴追踪"选项卡中设置极轴增量角为30°,在"对象追踪捕捉设置"选项组中选中"用所有极轴角设置追踪",在"极轴角测量"选项组中选中"绝对";在"对象捕捉"选项卡中选中"启用对象捕捉追踪",并勾选"端点"捕捉,去掉其他捕捉的勾选。

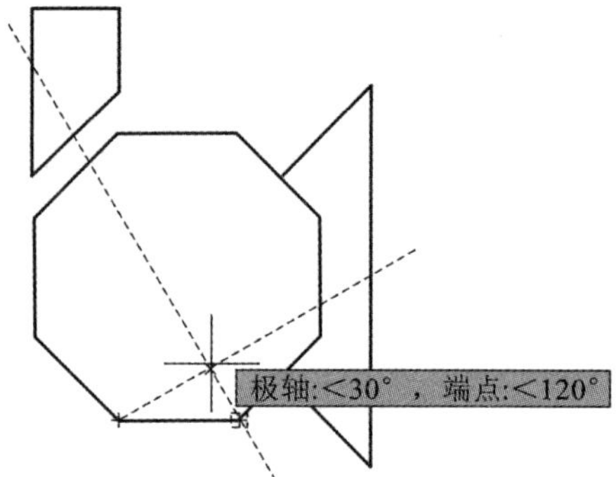

图1-52 利用极轴追踪确定交点

执行直线命令,拾取正八边形的左下端点作为直线的起点,然后向右上方移动光标,确保30°极轴追踪线出现,然后将光标移动到正八边形的右下端点上,出现端点捕捉标记后不拾取,向左上方移动光标,确保120°极轴追踪线出现,沿此追踪线移动光标,直至30°极轴追踪线和120°极轴追踪线同时出现,如图1-52所示,此时单击鼠标左键,确定了直线的第二点。拾取正八边形的右下角点并回车,命令结束。

(4)绘制内部的正方形。

用直线命令绘制内部的正方形,读者请自行完成。

1.8.3 正交模式

正交模式用于约束光标在水平或垂直方向上的移动。如果打开正交模式,则使用光标所确定的相邻两点的连线必须垂直或平行于坐标轴。因此,如果要绘制的图形完全由水平或垂直的直线组成时,那么使用这种模式是非常方便的。正交模式并不影响从命令行以坐标方式输入点。

打开或关闭正交的方式:

· 状态栏:单击状态栏上的"正交模式"按钮。

· 快捷键:F8。

本章小结

本章介绍了AutoCAD的一些基本概念和基本操作,其中包括AutoCAD 2017工作界面的组成及其功能;AutoCAD命令及其执行方式;用AutoCAD绘图时确定点的位置的方法;用AutoCAD绘图时的基本设置,如设置图形界限。本章介绍的概念和操作非常重要,其中的某些功能在绘图过程中要经常使用,希望读者能够掌握。

技能训练题

1. 新建一个".dwg"文件,按如图1-53所示创建图层并设置图层特性。

2. 打开本书配套资源中的"图1-54.dwg"文件,文件中绘制了如图1-54所示的几个图形,其中红色显示的图线是点画线,黄色显示的图线是虚线,但图形中并没有显示出来,请将图线合理显示。

3. 打开本书配套资源中的"图1-55.dwg"文件,文件中有一条竖直线和若干文字,文字排列没有规律,如图1-55(a)所示,请将所有文字左端与竖直线对齐,如图1-55(b)所示,根据目前所学知识,你能提出怎样的解决方法?

4. 打开本书配套资源中的"图层练习"文件,文件中创建了三个图层:A(红色)、B(绿色)、C(黄

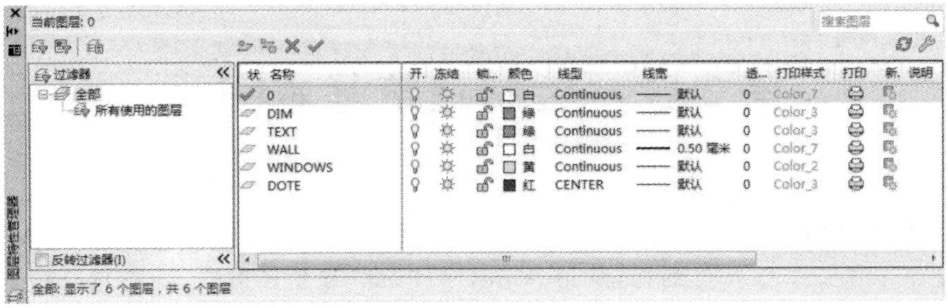

图 1-53　1 题图

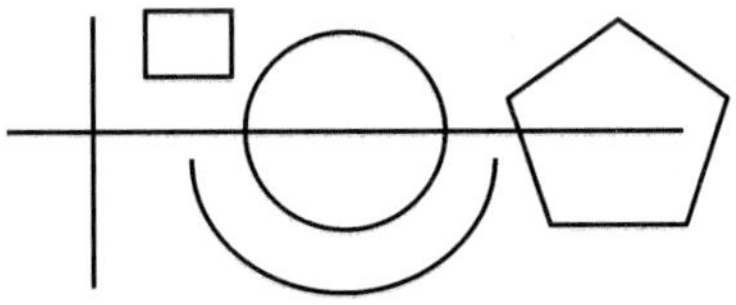

图 1-54　2 题图

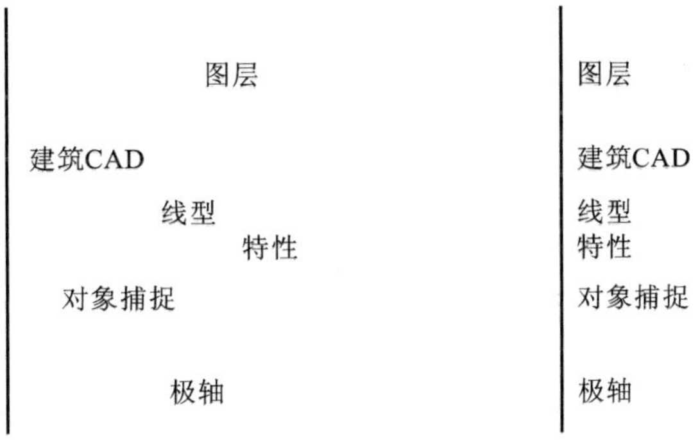

(a)　(b)

图 1-55　3 题图

色)，每一个图层中都绘制了大量的对象，且这些对象交织在一起。根据本章所学的知识，请快速删除图层“A”中的所有对象。

5. 如果新建一个“. dwg”文件，创建一个图层，图层的颜色为红色，在这个图层上绘制一条直线，请问直线的颜色特性是“红色”吗？

第 2 章　绘制建筑基本图元

【本章主要内容】

本章通过 7 个建筑工程典型案例，介绍 AutoCAD 组织与管理图形、绘图命令、编辑命令、辅助绘图工具的基本操作和实战应用，使读者掌握用 AutoCAD 绘制建筑图元的基本步骤、方法和技巧。

【本章重点】

图形的组织与管理；

二维绘图与编辑命令。

2.1　绘制花篮梁断面轮廓

花篮梁断面轮廓如图 2-1 所示，主要用到直线命令。

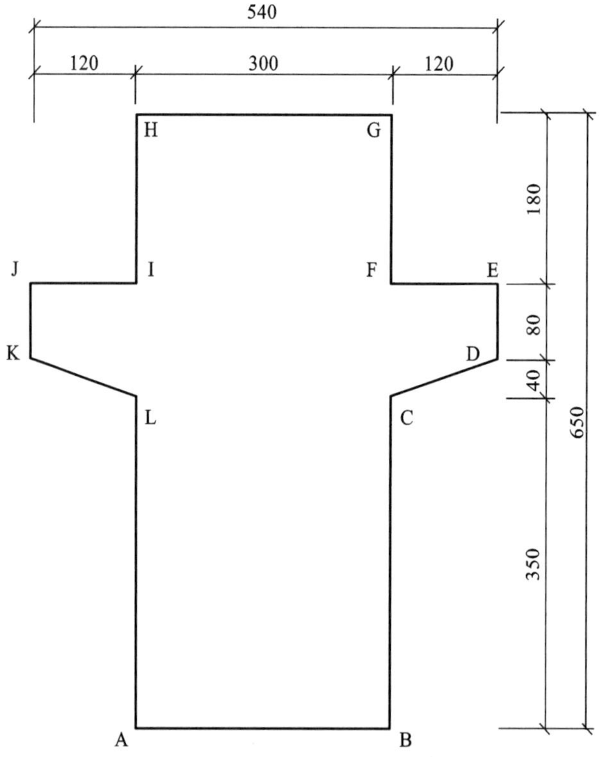

图 2-1　花篮梁断面轮廓

2.1.1 命令导入

直线(LINE)命令用来绘制直线段,是最常用的绘图命令之一。

【执行方式】

· 命令行:LINE↙(L 表示命令简写,下同;"↙"表示回车);

· 功能区:"默认"选项卡→"绘图"面板→"直线"命令按钮。

【命令操作】

命令: LINE

指定第一点:(指定直线段的起点,可以用鼠标单击指定点或输入点的坐标)

指定下一点或 [放弃(U)]:(指定直线段的下一点,绘制一条直线段)

指定下一点或 [放弃(U)]:(指定直线段的下一点,以绘制连续的直线段;输入 U 并回车表示放弃上一步的操作)

指定下一点或 [闭合(C)/放弃(U)]:(继续指定直线段的下一点绘制直线段;输入 C 并回车表示将连续直线段的首尾闭合,命令结束;输入 U 并回车放弃上一步操作)

说明:

1. 回车表示确认执行某一个命令或命令的某一选项,在绝大多数情况下,空格键与回车键功能相同。

2. [ ]外的选项是默认选项,[ ]内的选项是需要时的选择项。

2.1.2 绘图过程

1. 设置绘图环境

(1)设置绘图界限。

命令行输入 LIMITS(LI),启动图形界限命令。设置左下角点为(0,0),右上角点为(1000,1000)。

(2)将绘图界限全屏显示。

单击导航栏"缩放"按钮上的下拉按钮,在弹出的快捷菜单中选择"全部缩放",或命令行执行 ZOOM(Z)命令的"A"选项,使当前界面按图形界限设定的范围显示。

(3)确认状态栏上的"极轴追踪"、"对象捕捉"、"对象捕捉追踪"工具打开。

(4)确认"对象捕捉"中的"端点"捕捉被选定。

2. 绘制图形

执行直线命令绘制图形,操作步骤如下。

命令: L

LINE 指定第一点:(在绘图窗口适当位置单击,给定直线段起点 A,见图2-1)

指定下一点或 [放弃(U)]: 300 ↙(向右拖曳鼠标,在 0°极轴显示的情况下,输入 300 并回车,给定直线的下一点 B,绘制长 300 的水平直线段)

指定下一点或 [放弃(U)]: 350 ↙(向上拖曳鼠标,在 90°极轴显示的情况下,输入 350 并回车,给定直线的下一点 C,绘制长 350 的竖直直线段)

指定下一点或［闭合(C)/放弃(U)］：@120,40↙(给定 D 点相对 C 点的坐标，绘制倾斜直线段 CD)

指定下一点或［闭合(C)/放弃(U)］：80↙(向上拖曳鼠标，在 90°极轴显示的情况下，输入 80 并回车，给定直线的下一点 E，绘制长 80 的竖直直线段)

指定下一点或［闭合(C)/放弃(U)］：120↙(向左拖曳鼠标，在 180°极轴显示的情况下，输入 120 并回车，给定直线的下一点 F，绘制长 120 的水平直线段)

指定下一点或［闭合(C)/放弃(U)］：180↙(向上拖曳鼠标，在 90°极轴显示的情况下，输入 180 并回车，给定直线的下一点 G，绘制长 180 的竖直直线段)

指定下一点或［闭合(C)/放弃(U)］：300↙(向左拖曳鼠标，在 180°极轴显示的情况下，输入 300 并回车，给定直线的下一点 H，绘制长 300 的水平直线段)

指定下一点或［闭合(C)/放弃(U)］：180↙(向下拖曳鼠标，在 270°极轴显示的情况下，输入 180 并回车，给定直线的下一点 I，绘制长 180 的竖直直线段)

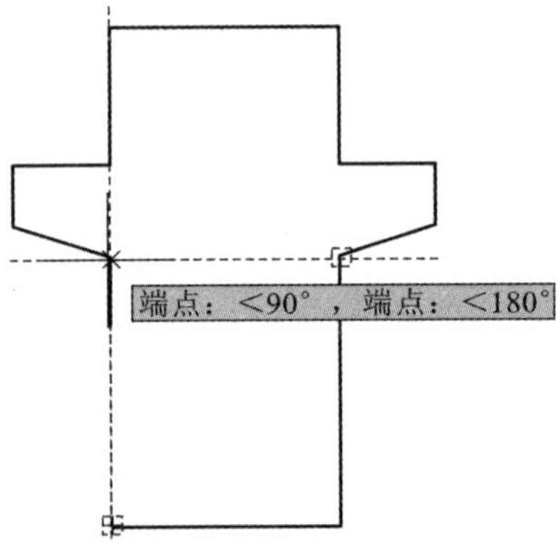

图 2-2　用极轴、对象捕捉、对象追踪工具协作确定点

指定下一点或［闭合(C)/放弃(U)］：120↙(向左拖曳鼠标，在 180°极轴显示的情况下，输入 120 并回车，给定直线的下一点 J，绘制长 120 的水平直线段)

指定下一点或［闭合(C)/放弃(U)］：80↙(向下拖曳鼠标，在 270°极轴显示的情况下，输入 80 并回车，给定直线的下一点 K，绘制长 80 的竖直直线段)

指定下一点或［闭合(C)/放弃(U)］：(鼠标移向图 2-1 的 A 点，出现端点捕捉标记后向上移动鼠标，确保 90°极轴出现，然后将鼠标移向图 2-1 的 C 点，出现端点捕捉标记后向左移动鼠标，确保 180°极轴出现，沿 180°极轴向左继续移动鼠标，直至 180°和 90°极轴同时出现，见图 2-2，此时单击鼠标，确定 L 点)

指定下一点或［闭合(C)/放弃(U)］：C↙(输入 C 并回车，图形闭合，命令结束)

2.2　绘制地面拼花图案

地面拼花图案如图 2-3 所示，主要用到矩形、正多边形、定数等分等绘图命令和偏移、修剪等编辑命令。

2.2.1　命令导入

1. 矩形命令

矩形本质上是一条连续的闭合多段线(多段线的内容将在后面介绍)。绘制矩形的命令是 RECTANG，绘制矩形最常用的方式是给定矩形一条对角线的两个端点。

【执行方式】

· 命令行：RECTANG(REC)。

· 功能区："默认"选项卡→"绘图"面板→"矩形"命令按钮。

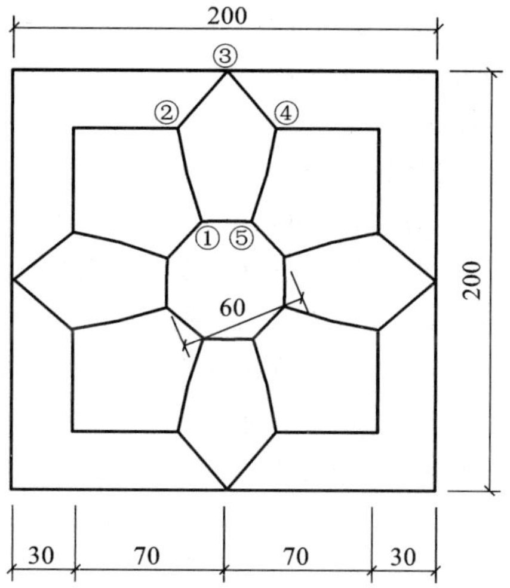

图 2-3　地面拼花图案

【命令操作】

命令:RECTANG

指定第一个角点或［倒角(C)/标高(E)/圆角(F)/厚度(T)/宽度(W)］:(指定第一个角点)

指定另一个角点或［面积(A)/尺寸(D)/旋转(R)］:(指定另一个角点)

【选项说明】

· C 选项:用于绘制带倒角的矩形。

· E 选项:用于指定矩形的标高,在二维绘图中,图形都是在俯视图(XOY 平面)中绘制的,标高为 0,不用设置。

· F 选项:用于绘制带圆角的矩形。

· T 选项:用于设定矩形的厚度尺寸,即绘制一个在 Z 轴方向上有一定高度的矩形。二维图形一般不设置,即为 0。

· W 选项:指定矩形边框的线宽。

· A 选项:指定矩形的面积以及矩形的长或宽创建矩形。

· D 选项:指定矩形长和宽的尺寸创建矩形。

【例 2-1】如图 2-4 所示,绘制一个倒角距离分别为 10 和 5,面积为 1000,长为 50 的矩形,操作如下。

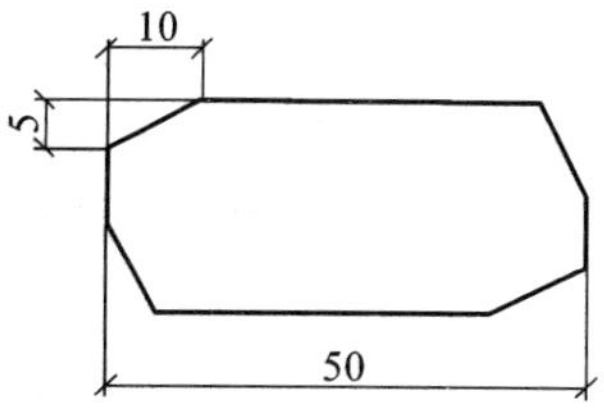

图 2-4　例 2-1 图

命令: REC↙

指定第一个角点或［倒角(C)/标高(E)/圆角(F)/厚度(T)/宽度(W)］: C↙(启动倒角选项)

指定矩形的第一个倒角距离 <0.0000>: 10↙

指定矩形的第二个倒角距离 <10.0000>: 5↙

指定第一个角点或［倒角(C)/标高(E)/圆角(F)/厚度(T)/宽度(W)］:(在绘图区单击一点)

指定另一个角点或［面积(A)/尺寸(D)/旋转(R)］: A↙(执行面积选项)

输入以当前单位计算的矩形面积 <100.0000>:1000↙

计算矩形标注时依据［长度(L)/宽度(W)］<长度>: L↙(执行长度选项)

输入矩形长度 <10.0000>:50↙(输入长度数值后回车,命令结束)

【例 2-2】绘制如图 2-5 所示的带圆角的矩形。

输入 REC 并回车,启动矩形命令,命令行提示如下。

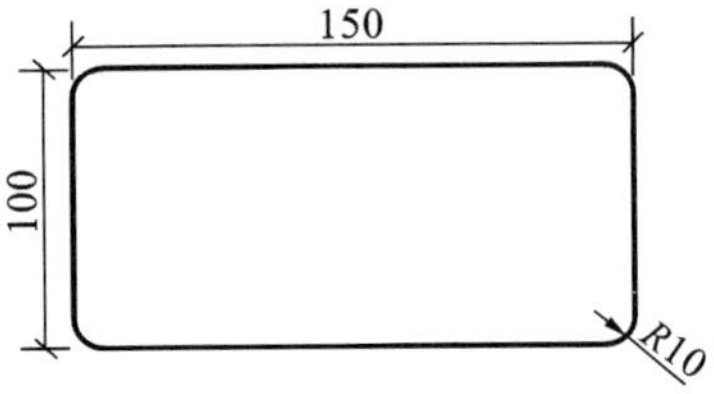

图 2-5　例 2-2 图

命令: REC

RECTANG

指定第一个角点或[倒角(C)/标高(E)/圆角(F)/厚度(T)/宽度(W)]: F(输入 F 并回车,执行圆角选项)

指定矩形的圆角半径 <0>: 10(输入 10 并回车)

指定第一个角点或[倒角(C)/标高(E)/圆角(F)/厚度(T)/宽度(W)]:(在绘图窗口任意位置拾取一点)

指定另一个角点或[面积(A)/尺寸(D)/旋转(R)]: @150,100(输入相对坐标,回车,命令结束)

2. 正多边形命令

正多边形本质上是一条连续的等边闭合多段线,可以方便地绘制出正三角形、正方形、正五边形等。

【执行方式】

- 命令行:POLYGON(POL)。
- 功能区:"默认"选项卡→"绘图"面板→"多边形"命令按钮。

【命令操作】

命令:POLYGON

输入侧面数<4>:(输入正多边形的边数,默认值为 4)

指定正多边形的中心点或[边(E)]:(指定中心点,如果输入 E 并回车,则只要给定正多边形的一条边的长度和方向,会按逆时针方向创建正多边形)

输入选项[内接于圆(I)/外切于圆(C)]<I>:(圆是设想的,执行 I 选项,则创建的正多边形在指定的圆内并内接于圆,执行 C 选项,则创建的正多边形在指定的圆外并外切于圆)

指定圆的半径:(给定外接圆或内切圆的半径)

【例 2-3】绘制一个边长为 30、一边倾斜 45°的正三角形,如图 2-6 所示。

命令: POL↙

输入侧面数 <4>: 3↙(输入边数 3)

指定正多边形的中心点或[边(E)]: E↙(执行"边"选项)

指定边的第一个端点:(单击指定一点)

指定边的第二个端点: 30↙(右击状态栏处的"极轴追踪",选中 45°,确保 45°极轴出现的情况下输入边长 30,并回车,命令结束)

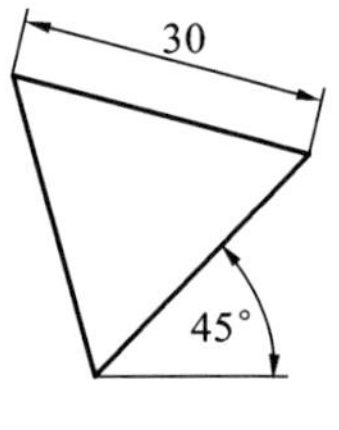

图 2-6　例 2-3 图

说明:对于使用较早版本的用户,无法用上述的方法直接给定极轴角度,可以右击状态栏上的"极轴",在弹出的快捷菜单中单击"设置",在"草图设置"对话框中将极轴的增量角设置为 45°;本例确定边长和倾角,也可以用相对极坐标"@30<45"。

【例 2-4】绘制一个内切圆半径为 20 的正五边形,如图 2-7 所示。

命令: POL↙

输入侧面数 <3>：5 ↙（输入边数 5）

指定正多边形的中心点或 [边(E)]：（单击一点）

输入选项 [内接于圆(I)/外切于圆(C)] <I>：C ↙（执行外切于圆选项）

指定圆的半径：20 ↙（输入内切圆半径 20 并回车，命令结束）

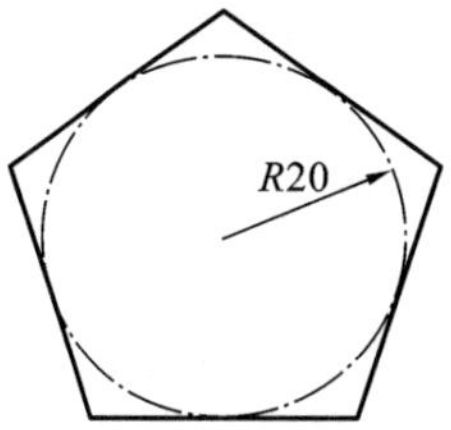

图 2-7　例 2-4 图

3. 点命令与点样式

【点命令执行方式】

· 命令行：POINT(PO)。

· 功能区："默认"选项卡→"绘图"面板→"多点"命令按钮。

【点命令操作】

命令：POINT

当前点模式：　PDMODE＝0　PDSIZE＝0.0000

指定点：（指定点所在的位置）

【点的说明】

· 通过命令行执行点命令时，一次只能绘制一个点，命令自动结束；通过功能区绘图面板执行"多点"命令时，可同时绘制多个点。

· 绘制多个点时，结束命令的方法是按"Esc"键。

· 通过在"对象捕捉"中选中"节点"捕捉，可以捕捉到点。

【点样式】

默认情况下，点的显示只是一个"点"，不容易识别，可以通过给定点的其他样式来显示点。方法是在命令行中输入 DDPTYPE 并回车或单击功能区的"默认"选项卡→"实用工具"面板→"点样式"按钮，弹出"点样式"对话框，如图 2-8 所示。在"点样式"对话框中选择一种合适的样式即可。

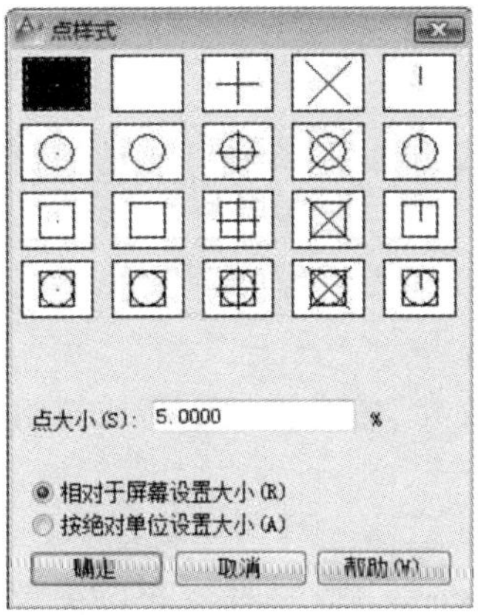

图 2-8　"点样式"对话框

4. 定数等分

定数等分(DIVIDE)命令用来在线性对象上创建沿对象的长度或周长等间隔排列的点对象或块(有关块的内容将在第 5 章介绍，本节所述均为点对象)。也就是在对象上添加若干个点，这些点将对象等分成若干部分，但对象本身并不被点打断。

【执行方式】

· 命令行：DIVIDE(DIV)。

· 功能区："默认"选项卡→"绘图"面板→"定数等分"命令按钮。

【命令操作】

命令：DIV ↙

选择要定数等分的对象：（选择一个对象）

输入线段数目或 [块(B)]：（输入等分的数目并回车）

图 2-9 是将一条直线五等分的结果。

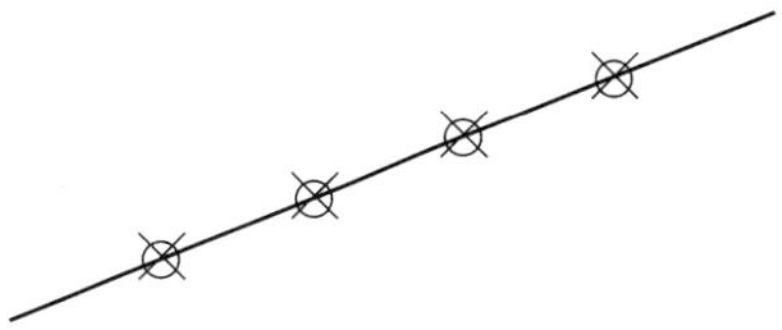

图 2-9　定数等分

5. 定距等分

定距等分(MEASURE)命令用来在线性对象上创建沿对象的长度或周长按指定间隔排列的点对象或块。也就是在对象上添加若干个点,这些点将对象按给定距离分成若干部分,但对象本身并不被点打断。

【执行方式】

· 命令行:MEASURE。

· 功能区:"默认"选项卡→"绘图"面板→"定距等分"命令按钮。

【命令操作】

命令: MEASURE

选择要定距等分的对象:(选择一个对象)

指定线段长度或[块(B)]:(给定线段长度,在对象上,从距拾取点最近的端点开始,每隔给定的长度,在对象上绘制一个点)

图 2-10 是将一条直线按指定长度六等分的结果,由于直线长度并不是 6 的整数倍,所以最后一段并不为指定的距离。

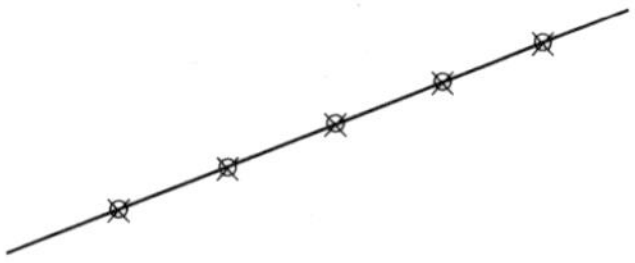

图 2-10 定距等分

6. 删除命令和放弃命令

删除(ERASE)命令用来删除选定的对象。

【执行方式】

· 命令行:ERASE(E)。

· 功能区:"默认"选项卡→"修改"面板→"删除"命令按钮;

· 未激活任何命令的情况下,选中对象,按键盘上的"Delete"键,或右击鼠标,在弹出的快捷菜单中选择"删除"选项。

删除命令操作比较简单,可以先选择对象,然后执行删除命令,也可以先执行删除命令,然后选择要删除的对象。

如果出现误删除或取消前面的操作,可以单击标准工具栏上的"放弃"命令按钮,或按组合键"Ctrl+Z"。

7. 偏移命令

偏移(OFFSET)命令用来创建对象的平行对象。如偏移圆以创建同心圆、偏移直线以创建平行线、偏移曲线以创建平行曲线等。

【执行方式】

· 命令行:OFFSET(O)。

· 功能区:"默认"选项卡→"修改"面板→"偏移"命令按钮。

【命令操作】

命令:OFFSET

当前设置: 删除源=否　图层=源　OFFSETGAPTYPE=0

指定偏移距离或[通过(T)/删除(E)/图层(L)]<通过>:(指定偏移的距离)

选择要偏移的对象,或[退出(E)/放弃(U)]<退出>:(选择要偏移的对象)

指定要偏移的那一侧上的点,或[退出(E)/多个(M)/放弃(U)]<退出>:(指定偏移的

方向,完成偏移)

选择要偏移的对象,或[退出(E)/放弃(U)]<退出>:(可以继续选择偏移的对象执行偏移操作,或回车退出命令)

【选项说明】

· 指定偏移距离:输入一个距离值作为偏移的距离。

· T 选项:指定一点,使偏移后生成的对象通过该点。

· E 选项:偏移后将源对象删除。

· L 选项:确定将偏移生成的对象创建在当前图层上还是源对象所在的图层上。

· M 选项:连续地偏移对象,新生成的对象会成为下一个偏移的源对象,相邻对象间保持相同的偏移距离。

【例 2-5】图 2-11 所示为用多段线绘制的单线墙,用偏移命令将单线墙改为图 2-12 所示的双线墙,墙厚 240。

打开本书配套资源中的“图 2-11. dwg”文件,单击“修改”工具条上的偏移命令按钮,启动偏移命令,命令行提示如下。

命令: _offset

当前设置: 删除源=否 图层=源 OFFSETGAPTYPE=0

指定偏移距离或[通过(T)/删除(E)/图层(L)]<通过>: 240 (输入 240 并回车)

选择要偏移的对象,或[退出(E)/放弃(U)]<退出>:(选择单线墙)

指定要偏移的那一侧上的点,或[退出(E)/多个(M)/放弃(U)]<退出>:(在线外单击一点)

选择要偏移的对象,或[退出(E)/放弃(U)]<退出>:(回车,命令结束)

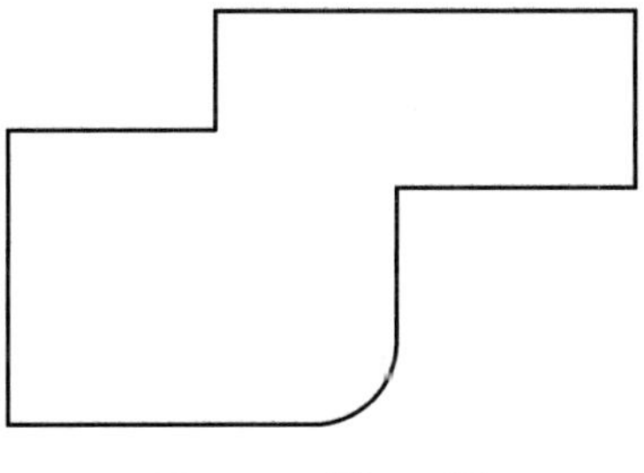

图 2-11　例 2-5 图

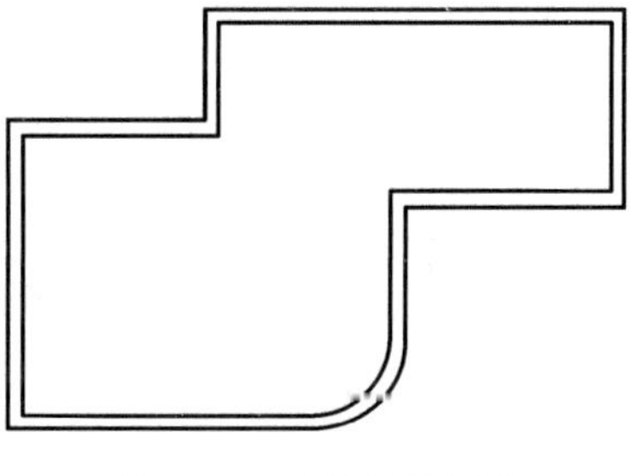

图 2-12　偏移后的图形

8. 修剪命令

修剪(TRIM)命令用来将对象修剪到指定的边界。

【执行方式】

· 命令行:TRIM(TR)。

· 功能区:“默认”选项卡→“修改”面板→“修剪”命令按钮-/--。

【命令操作】

命令:TRIM

当前设置:投影=UCS,边=无

选择剪切边...

选择对象或 ＜全部选择＞:(选择用于作为修剪边界的对象)

选择对象:(继续选择用于作为修剪边界的对象,如果不再选择,回车进入下一步)

选择要修剪的对象,或按住 Shift 键选择要延伸的对象,或

[栏选(F)/窗交(C)/投影(P)/边(E)/删除(R)/放弃(U)]:(选择被修剪的对象,完成修剪)

选择要修剪的对象,或按住 Shift 键选择要延伸的对象,或

[栏选(F)/窗交(C)/投影(P)/边(E)/删除(R)/放弃(U)]:(继续选择被修剪的对象,或者回车退出命令)

【选项说明】

• 全部选择:在“选择对象或 ＜全部选择＞:”提示下,按回车键或右击鼠标,表示图形中所有对象都被视为修剪边界。

• 按住 Shift 键选择要延伸的对象:在此提示下按住 Shift 键,系统将修剪功能转化为延伸功能。

• F 选项:栏选是一种快速构造选择集的方式。

• C 选项:窗交是一种快速构造选择集的方式,详见第 1 章。

• P 选项:是在三维空间执行修剪对象所用的投影方式。

• E 选项:用于设置对象的修剪模式,包括“延伸”模式和“不延伸”模式。在“延伸”模式下,如果修剪边界没有与要修剪的对象相交,允许按照延伸边界修剪对象;在“不延伸”模式下,只有修剪边界与要修剪的对象相交时才能修剪对象。

• R 选项:用于删除选定的对象。

【例 2-6】用修剪命令将图 2-13(a)改成图 2-13(b)的形式。打开本书配套资源的图“2-13. dwg”文件,然后执行下列操作:

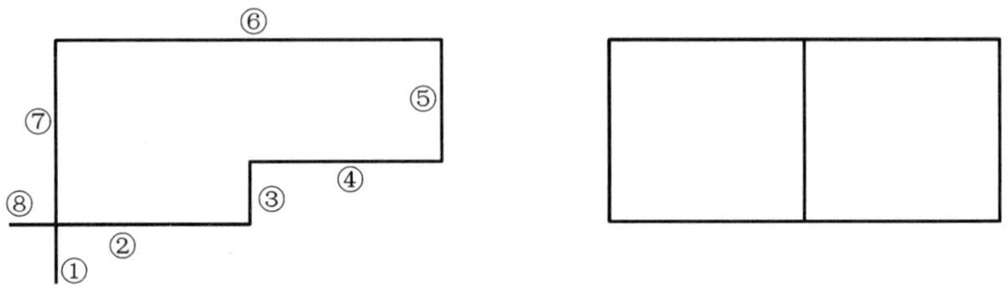

(a) (b)

图 2-13 例 2-6 图

命令:TR↙

当前设置:投影=UCS,边=无

选择剪切边...

选择对象或 ＜全部选择＞:(右击鼠标,全部选择)

选择要修剪的对象,或按住 Shift 键选择要延伸的对象,或

[栏选(F)/窗交(C)/投影(P)/边(E)/删除(R)/放弃(U)]:(选择①段,将此段剪掉)

选择要修剪的对象,或按住 Shift 键选择要延伸的对象,或

[栏选(F)/窗交(C)/投影(P)/边(E)/删除(R)/放弃(U)]:(选择⑧段,将此段剪掉)

选择要修剪的对象，或按住 Shift 键选择要延伸的对象，或

[栏选(F)/窗交(C)/投影(P)/边(E)/删除(R)/放弃(U)]:E↙(启动边选项)

输入隐含边延伸模式 [延伸(E)/不延伸(N)] ＜不延伸＞: E↙(将修剪模式改为“延伸”)

选择要修剪的对象，或按住 Shift 键选择要延伸的对象，或

[栏选(F)/窗交(C)/投影(P)/边(E)/删除(R)/放弃(U)]:(按住 Shift 键，选择②段的右侧，将②段延伸到与⑤段对齐)

选择要修剪的对象，或按住 Shift 键选择要延伸的对象，或

[栏选(F)/窗交(C)/投影(P)/边(E)/删除(R)/放弃(U)]: (按住 Shift 键，选择③段的上侧，将③段延伸到与⑥段相交)

选择要修剪的对象，或按住 Shift 键选择要延伸的对象，或

[栏选(F)/窗交(C)/投影(P)/边(E)/删除(R)/放弃(U)]: (按住 Shift 键，选择⑤段的下侧，将⑤段延伸到与②段相交)

选择要修剪的对象，或按住 Shift 键选择要延伸的对象，或

[栏选(F)/窗交(C)/投影(P)/边(E)/删除(R)/放弃(U)]:R↙(执行删除选项)

选择要删除的对象或 ＜退出＞:　找到 1 个(选择④段)

选择要删除的对象:(回车，删除④段)

选择要修剪的对象，或按住 Shift 键选择要延伸的对象，或

[栏选(F)/窗交(C)/投影(P)/边(E)/删除(R)/放弃(U)]:(回车，命令结束)

9. 延伸命令

延伸(EXTEND)命令用来将对象延伸到指定的边界。

【执行方式】

· 命令行:EXTEND(EX)。

· 功能区:“默认”选项卡→“修改”面板→“延伸”命令按钮。

【命令操作】

命令:EXTEND

当前设置:投影=UCS，边=无

选择边界的边...

选择对象或 ＜全部选择＞:(选择用于作为延伸边界的对象)

选择对象:(继续选择用于作为延伸边界的对象，如果不再选择，回车进入下一步)

选择要延伸的对象，或按住 Shift 键选择要修剪的对象，或

[栏选(F)/窗交(C)/投影(P)/边(E)/放弃(U)]:(选择要延伸的对象，完成延伸)

选择要延伸的对象，或按住 Shift 键选择要修剪的对象，或

[栏选(F)/窗交(C)/投影(P)/边(E)/放弃(U)]: (继续选择要延伸的对象，或者回车退出命令)

延伸命令的操作方式和修剪命令很相近，各选项的含义也很相近，此处不再说明。

读者请尝试用延伸命令完成例 2-6。

2.2.2 绘图过程

1. 设置绘图环境

(1)新建图形文件。

单击"新建"命令,在"选择样板"对话框中单击"打开",则打开 AutoCAD 默认模版文件"acadiso.dwt"。在这个模板下,默认的图形界限是从(0,0)到(420,297),这个范围对于地面拼花图案这幅图来说,已经够用,所以不再设置新的图形界限。

(2)将绘图界限全屏显示。

单击导航栏"缩放"按钮上的下拉按钮,在弹出的快捷菜单中选择"全部缩放",或命令行执行 ZOOM(Z)命令的"A"选项,使当前视口按图形界限设定的范围显示。

(3)确认状态栏上的"极轴""对象捕捉""对象追踪"工具打开。

(4)确认"对象捕捉"中的"端点""中点""节点"捕捉被选定。

2. 绘制图形

(1)执行矩形命令,绘制边长为 200 的正方形,操作如下。

命令:REC↙

指定第一个角点或[倒角(C)/标高(E)/圆角(F)/厚度(T)/宽度(W)]:(在屏幕上适当位置单击,指定第一个角点)

指定另一个角点或[面积(A)/尺寸(D)/旋转(R)]:@200,200(输入另一个角点对第一个角点的相对坐标,即正方形的边长尺寸,回车结束命令)

(2)执行偏移命令,将正方形向内偏移 30,得到内部的正方形,操作如下。

命令:O↙

当前设置:删除源=否　图层=源　OFFSETGAPTYPE=0

指定偏移距离或[通过(T)/删除(E)/图层(L)]<通过>:30↙(输入 30)

选择要偏移的对象,或[退出(E)/放弃(U)]<退出>:(选择刚刚绘制的矩形)

指定要偏移的那一侧上的点,或[退出(E)/多个(M)/放弃(U)]<退出>:(在矩形内部单击,完成偏移)

选择要偏移的对象,或[退出(E)/放弃(U)]<退出>:(回车退出命令)

(3)执行正多边形命令,绘制正八边形,操作如下。

命令:POL↙

POLYGON 输入侧面数<4>:8↙(输入边数 8)

指定正多边形的中心点或[边(E)]:(追踪内部正方形两个相邻边的中点,在两个极轴相交的位置单击,即正八边形的中心,示例见图 2-14)

输入选项[内接于圆(I)/外切于圆(C)]<I>:I↙(输入内接于圆选项)

指定圆的半径:30↙(外接圆的半径为 30)

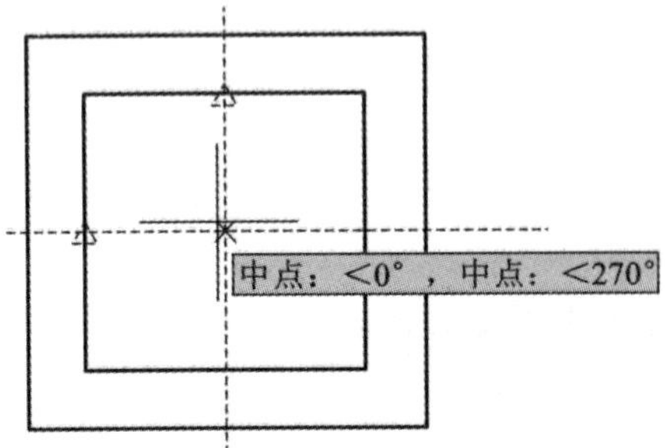

图 2-14　追踪功能的运用

(4)单击功能区的"默认"选项卡→"实用工具"面板→"点样式"按钮,在"点样式"对话框中选择一种显示合理的点样式，本例选择第二排第四列的点样式。

(5)执行定数等分命令，将内部的正方形十二等分，操作如下。

命令：DIV↙

选择要定数等分的对象：(选择内部正方形)

输入线段数目或［块(B)］：12↙(12 等分)

(6)执行直线命令，依次连接图 2-3 所示的第①点到第⑤点，其中第①和第⑤点是正八边形的相邻顶点，第②和第④点是等分点，第③点为最外正方形上边的中点，得到的图形如图 2-15 所示。

(7)按第(6)步的方法，依次连接其他各点，结果如图 2-16 所示。单击功能区的“默认”选项卡→“实用工具”面板→“点样式”按钮，在“点样式”对话框中选择第一排第二列的点样式，取消点的显示。

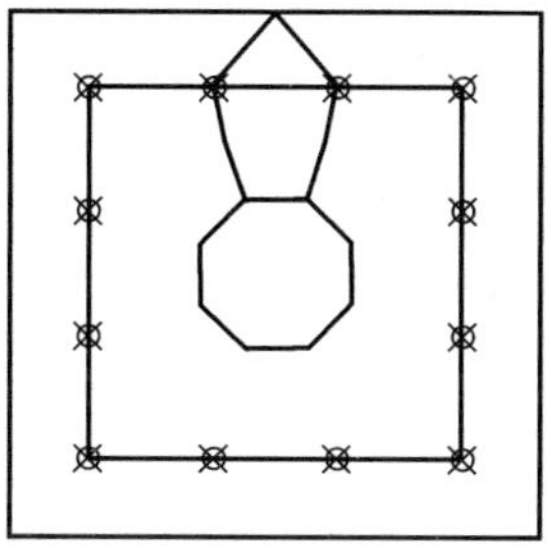

图 2-15　连接五个点后的图形

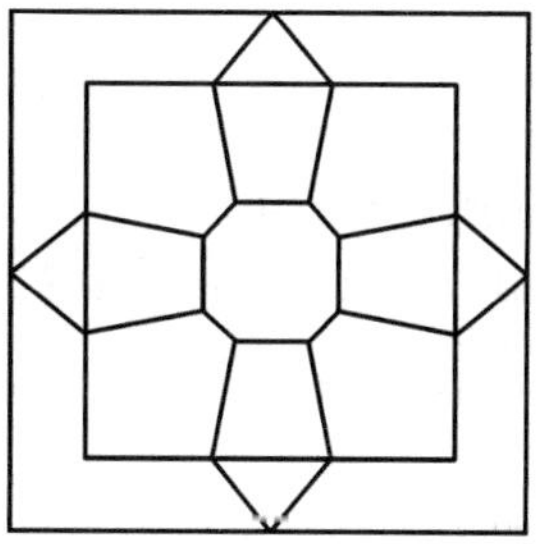

图 2-16　所有直线绘制完的图形

(8)执行修剪命令，按照前面图 2-3 所示，将内部正方形四个边剪掉中间部分，地面拼花图案绘制完毕。

2.3　绘制梁断面配筋图

梁断面配筋图如图 2-17 所示，主要用到的新命令有构造线、多段线、圆环等绘图命令，复制、镜像等编辑命令，以及命令修饰符 FROM。

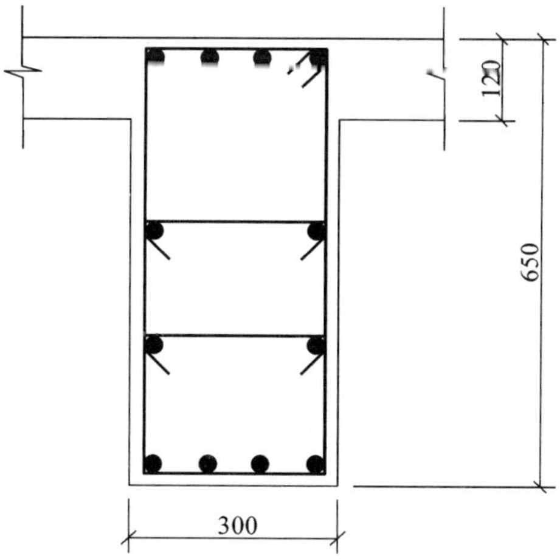

图 2-17　梁断面配筋图

2.3.1 命令导入

1. 构造线命令

构造线(XLINE)用来绘制在两个方向无限延伸的直线，主要用作辅助线以构造图形。

【执行方式】

· 命令行：XLINE(XL)。

· 功能区："默认"选项卡→"绘图"面板→"构造线"命令按钮。

【命令操作】

命令：XLINE

指定点或[水平(H)/垂直(V)/角度(A)/二等分(B)/偏移(O)]：(指定构造线的基点)

指定通过点：(指定构造线通过的点，绘制一条无穷长直线)

【选项说明】

· H 选项：绘制水平的构造线，只要给出构造线的基点即可绘制完成。

· V 选项：绘制竖直的构造线，只要给出构造线的基点即可绘制完成。

· A 选项：按指定角度绘制构造线，需要给定构造线的基点和角度。若输入此选项，会出现下面的提示：

输入构造线的角度 (0) 或 [参照(R)]：(直接输入一个角度值；R 选项表示构造线的角度需要参照某一条已知直线，也就是知道了构造线相对于某已知直线的角度，只要选择该直线，然后输入二者的相对角度即可)

· B 选项：用于绘制某一夹角的角平分线。

· O 选项：用于绘制与某直线平行的构造线。

【例 2-7】在图 2-18(a)所示的斜坡上挖一个如图 2-18(b)所示的沟槽。

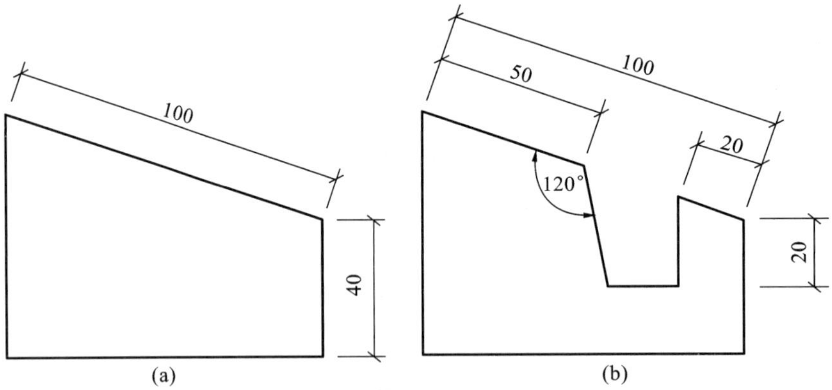

图 2-18 例 2-7 图

打开本书配套资源中的"图 2-18. dwg"文件，用构造线命令绘制辅助线，操作如下：

命令：XL ↙

指定点或[水平(H)/垂直(V)/角度(A)/二等分(B)/偏移(O)]：H ↙(输入水平选项)

指定通过点：(捕捉 40 长直线的中点并单击，绘制一条水平构造线)

指定通过点:(回车结束)

命令:(继续回车,再次启动构造线命令)

XLINE 指定点或 [水平(H)/垂直(V)/角度(A)/二等分(B)/偏移(O)]: V ↙(输入垂直选项)

指定通过点: 20(捕捉倾斜直线的下端点,并沿倾斜直线方向移动鼠标,出现延长线标志后输入 20,绘制一条竖直构造线)

指定通过点:(回车结束,再次回车,启动构造线命令)

命令:XLINE 指定点或 [水平(H)/垂直(V)/角度(A)/二等分(B)/偏移(O)]: A ↙(输入角度选项)

输入构造线的角度 (0) 或 [参照(R)]: R ↙(输入参照选项)

选择直线对象:(选择倾斜直线)

输入构造线的角度 <0>: −60 ↙(构造线相对倾斜直线的角度,为−60°或 300°)

指定通过点:(捕捉倾斜直线的中点,绘制出构造线)

指定通过点:(回车结束)

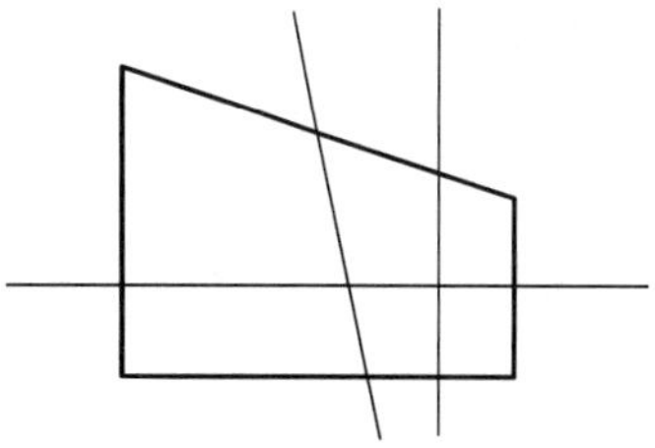

图 2-19　绘制完三条构造线后的图形

此时,图形如图 2-19 所示。

执行修剪命令,完成图形的修剪,不能修剪的部分可以用删除命令删掉。

2. 多段线命令

多段线是作为单个对象创建的相互连接的线段序列,可以创建直线段、圆弧段或两者的组合线段,可以给多段线赋予宽度,从而创建多种复杂的形状。由于作为独立对象存在,所以多段线具有强大的可编辑性、对象信息的可查询性,以及可方便地实现由二维图形生成三维实体。广义上由矩形命令、正多边形命令、圆环命令、修订云线、边界命令创建的图形都是多段线。这里只介绍由多段线命令 PLINE 创建的多段线。

【执行方式】

· 命令行:PLINE(PL)。

· 功能区:"默认"选项卡→"绘图"面板→"多段线"命令按钮。

【命令操作】

命令:PLINE

指定起点:(指定多段线的起点)

当前线宽为 0.0000

指定下一个点或 [圆弧(A)/半宽(H)/长度(L)/放弃(U)/宽度(W)]:(指定多段线的下一点)

指定下一点或 [圆弧(A)/闭合(C)/半宽(H)/长度(L)/放弃(U)/宽度(W)]:(指定多段线的下一点,或回车结束命令)

【选项说明】

· A 选项:将绘制直线方式转换为绘制圆弧方式。

· H 选项:设置多段线的半宽度。

· L 选项：在与上一线段相同的角度方向上绘制指定长度的直线段。如果上一线段是圆弧，将绘制与该圆弧段相切的新直线段。

· W 选项：设置多段线的宽度。

· C 选项：从指定的最后一点到起点绘制直线段，从而创建闭合的多段线。必须至少指定两个点才能使用该选项。

如果执行了 A 选项，则会出现下面的提示：

指定圆弧的端点或

[角度(A)/圆心(CE)/闭合(CL)/方向(D)/半宽(H)/直线(L)/半径(R)/第二个点(S)/放弃(U)/宽度(W)]

【选项说明】

· 圆弧的端点：指定圆弧的端点，绘制圆弧段。

· A 选项：指定圆弧段从起点开始的包含角度。

· CE 选项：指定圆弧段的圆心。

· CL 选项：从指定的最后一点到起点绘制圆弧段，从而创建闭合的多段线。

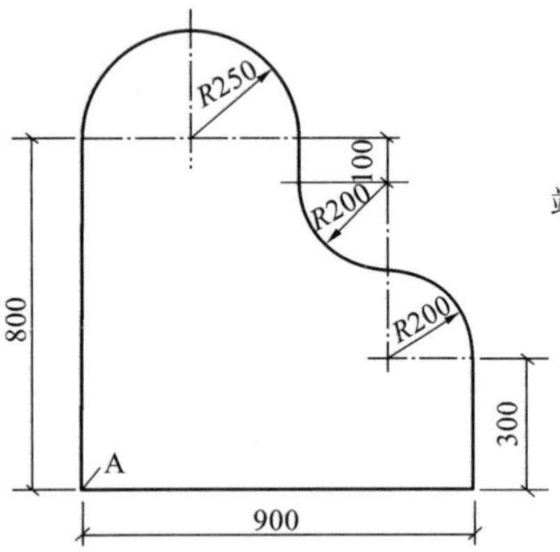

图 2-20　例 2-8 图

· D 选项：指定圆弧的起点切线方向。

· R 选项：指定圆弧段的半径。

· S 选项：指定圆弧上的第二个点，然后会提示指定圆弧的端点，即通过圆弧的起点、第二点和端点这三点方式绘制圆弧。

【例 2-8】绘制如图 2-20 所示的钢琴平面轮廓。

确保极轴追踪打开，用多段线命令绘图，操作如下。

命令：PLINE

指定起点：(指定多段线的起点 A)

当前线宽为 0.0000

指定下一个点或 [圆弧(A)/半宽(H)/长度(L)/放弃(U)/宽度(W)]：800 ↙(在 90°极轴出现时，用直接给距离的方式绘制 800 长的竖直线)

指定下一点或 [圆弧(A)/闭合(C)/半宽(H)/长度(L)/放弃(U)/宽度(W)]：A ↙(执行圆弧方式绘制多段线)

指定圆弧的端点或

[角度(A)/圆心(CE)/闭合(CL)/方向(D)/半宽(H)/直线(L)/半径(R)/第二个点(S)/放弃(U)/宽度(W)]：500 ↙(在 0°极轴出现时，用直接给距离的方式，输入圆弧的直径 500)

指定圆弧的端点或

[角度(A)/圆心(CE)/闭合(CL)/方向(D)/半宽(H)/直线(L)/半径(R)/第二个点(S)/放弃(U)/宽度(W)]：L ↙(执行直线选项)

指定下一点或 [圆弧(A)/闭合(C)/半宽(H)/长度(L)/放弃(U)/宽度(W)]：100 ↙(用直接给距离的方式，绘制长 100 的竖直线段)

指定下一点或 [圆弧(A)/闭合(C)/半宽(H)/长度(L)/放弃(U)/宽度(W)]：A(执行圆弧选项)

指定圆弧的端点或

[角度(A)/圆心(CE)/闭合(CL)/方向(D)/半宽(H)/直线(L)/半径(R)/第二个点(S)/放弃(U)/宽度(W)]：@200，-200↙(给定圆弧端点相对于上一点的坐标)

指定圆弧的端点或

[角度(A)/圆心(CE)/闭合(CL)/方向(D)/半宽(H)/直线(L)/半径(R)/第二个点(S)/放弃(U)/宽度(W)]：@200，-200↙(给定圆弧端点相对于上一点的坐标)

指定圆弧的端点或

[角度(A)/圆心(CE)/闭合(CL)/方向(D)/半宽(H)/直线(L)/半径(R)/第二个点(S)/放弃(U)/宽度(W)]：L↙(执行直线选项)

指定下一点或[圆弧(A)/闭合(C)/半宽(H)/长度(L)/放弃(U)/宽度(W)]：300↙(用直接给距离的方式，绘制长 300 的竖直线段)

指定下一点或[圆弧(A)/闭合(C)/半宽(H)/长度(L)/放弃(U)/宽度(W)]：C↙(执行闭合选项，闭合多段线，回车结束命令)

3. 圆环命令

圆环(DONUT)命令用来创建实心圆或较宽的环。

【执行方式】

- 命令行：DONUT(DO)。
- 功能区："默认"选项卡→"绘图"面板→"圆环"命令按钮。

【命令操作】

命令：DONUT

指定圆环的内径 ＜0.5000＞：(指定圆环的内径，如果为 0，则创建实心圆)

指定圆环的外径 ＜1.0000＞：(指定圆环的外径，外径剪掉内径即为环的宽度，默认情况下，圆环的宽度是被填充的，可以通过 FILL 命令选择是否填充)

指定圆环的中心点或 ＜退出＞：(指定圆环中心点的位置，可以连续绘制多个圆环，回车结束命令)

4. 复制命令

复制(COPY)命令用来快速创建图形对象的副本，可以大大提高绘图的效率。

【执行方式】

- 命令行：COPY(CO)。
- 功能区："默认"选项卡→"修改"面板→"复制"命令按钮。

【命令操作】

命令：COPY

选择对象：(选择要复制的对象)

选择对象：(继续提示选择要复制的对象，不选择的话，回车进入下一步)

当前设置：复制模式 = 多个

指定基点或[位移(D)/模式(O)] ＜位移＞：(指定复制的基点)

指定第二个点或［阵列(A)］<使用第一个点作为位移>:(指定复制的目标点,目标点是相对于基点而言的)

指定第二个点或［阵列(A)/退出(E)/放弃(U)］<退出>:(继续指定复制的目标点,不再复制的话,回车结束命令)

【选项说明】

· D 选项:指定位移的方式确定新对象的位置,系统会自动将绝对坐标的(0,0)点作为基点,可以采用给定坐标或直接给距离方式确定位移值。

· O 选项:用于设定复制的模式,默认模式是"多个",即可以同时创建多个新对象。

· A 选项:用阵列方式按指定的间隔同时复制出多个新对象。

【例 2-9】打开本书配套资源中的"图 2-21. dwg"文件,文件中有如图 2-21 所示的卫生间平面图,完成大便器和小便器的布置。

命令行输入 CO 并回车,启动复制命令,命令行提示如下。

命令:CO

选择对象:找到 1 个(选择大便器图形,这是一个块)

选择对象:

当前设置:复制模式 = 多个

指定基点或［位移(D)/模式(O)］<位移>:(拾取图 2-22 所示的 1 点作为基点)

指定第二个点或［阵列(A)］<使用第一个点作为位移>:(拾取图 2-22 所示的 2 点)

指定第二个点或［阵列(A)/退出(E)/放弃(U)］<退出>:(拾取图 2-22 所示的 3 点)

指定第二个点或［阵列(A)/退出(E)/放弃(U)］<退出>:(回车结束命令)

大便器复制结果如图 2-22 所示。

继续执行复制命令,命令行提示如下。

命令:CO

选择对象:找到 1 个(选择小便器图形,这是一个块)

选择对象:

当前设置:复制模式 = 多个

指定基点或［位移(D)/模式(O)］<位移>:(在图形外任意位置单击一点,作为基点)

指定第二个点或［阵列(A)］<使用第一个点作为位移>:650(鼠标向下移动,在 270°极轴出现时,输入 650 并回车)

指定第二个点或［阵列(A)/退出(E)/放弃(U)］<退出>:1300(在 270°极轴上输入 1300 并回车)

指定第二个点或［阵列(A)/退出(E)/放弃(U)］<退出>:1950(在 270°极轴上输入 1950 并回车)

指定第二个点或［阵列(A)/退出(E)/放弃(U)］<退出>:(回车结束命令)

小便器复制结果如图 2-23 所示。

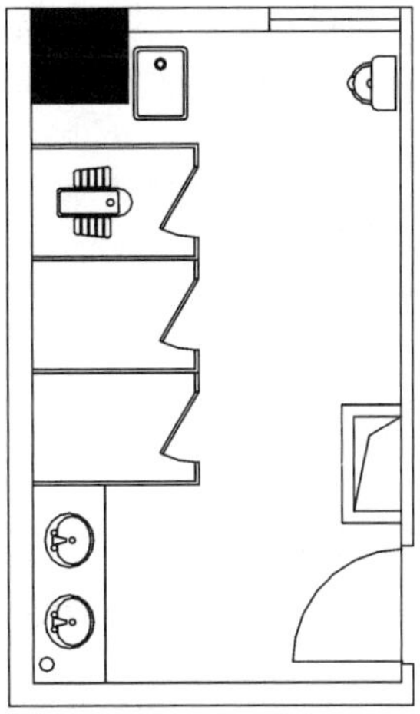

图 2-21　例 2-9 图

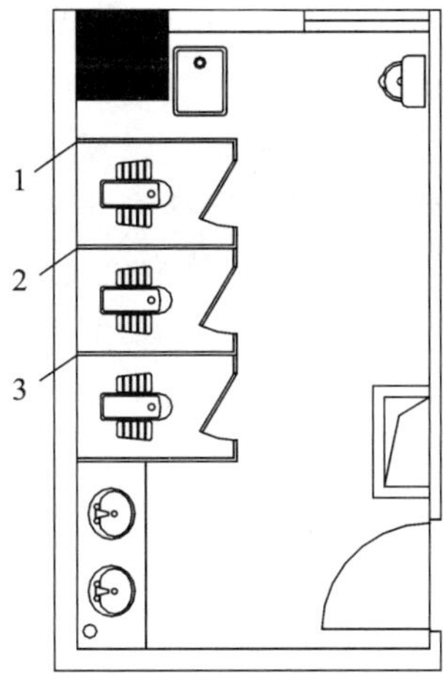

图 2-22　复制大便器

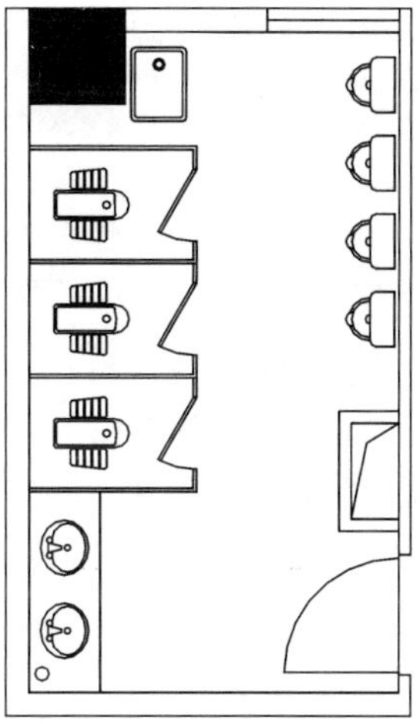

图 2-23　复制小便器

5. 镜像命令

镜像(MIRROR)命令用来创建对象的对称对象,对称轴称为镜像线。

【执行方式】

· 命令行:MIRROR(MI)。

· 功能区:"默认"选项卡→"修改"面板→"镜像"命令按钮。

【命令操作】

命令:MIRROR

选择对象:(选择要镜像的对象)

选择对象:(继续选择要镜像的对象,不再选择的话,回车进入下一步)

指定镜像线的第一点:(指定镜像线的第一个点)

指定镜像线的第二点:(指定镜像线的第二个点)

要删除源对象吗?[是(Y)/否(N)] <N>:(提示是否删除源对象,默认为否,直接按回车结束命令)

【例 2-10】图 2-24 为建筑平面图的一部分,用镜像命令完成与其对称的另一部分,如图 2-25 所示。

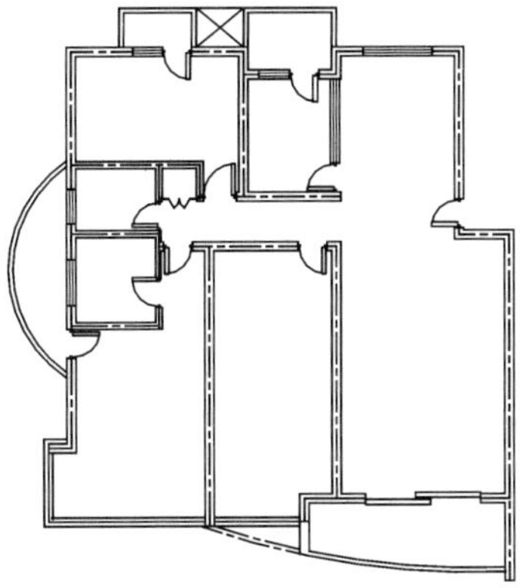

图 2-24　例 2-10 图

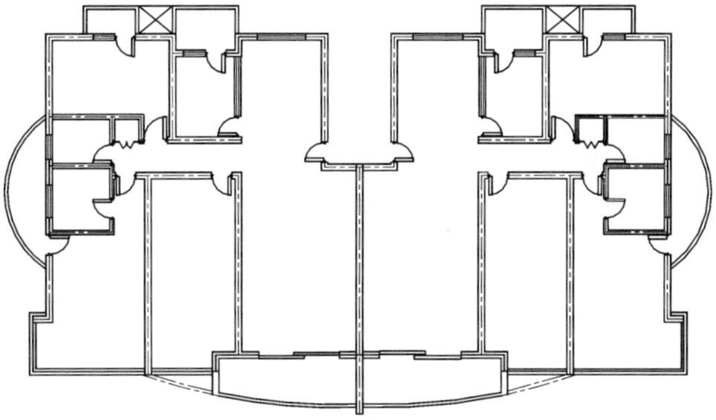

图 2-25　镜像后的图形

打开本书配套资源中的“图 2-24. dwg”文件，单击“修改”工具条上的镜像命令按钮，启动镜像命令，命令行提示如下。

命令：_mirror

选择对象：指定对角点：找到 212 个（选择文件中的所有对象）

选择对象：指定镜像线的第一点：（拾取最右侧墙体轴线的上端点）

指定镜像线的第二点：（拾取最右侧墙体轴线的下端点）

要删除源对象吗？[是(Y)/否(N)] ＜N＞：（直接回车，确认为不删除源对象，命令结束）

6. 命令修饰符 FROM

在指定点的提示下，输入 FROM(捕捉自)，然后给定参照的基点，以此基点为位移的起始点，输入相对坐标或直接给距离，可以方便而准确地定位点。但要记住，FROM 本身不是命令，只有在指定点的提示下才可用。

【执行方式】

· 命令行：指定点的提示下，输入 FROM。

· 快捷方式：指定点的提示下，按住“Shift”或“Ctrl”的同时单击鼠标右键，在弹出的快捷菜单中选择“自”按钮。

【例 2-11】打开本书配套资源中的“图 2-26. dwg”文件，如图 2-26 所示，用移动命令（移动命令将在 2.4.1 节详细介绍）将餐桌移动到如图 2-27 所示的位置。

命令行输入 M 并回车，启动移动命令，提示如下。

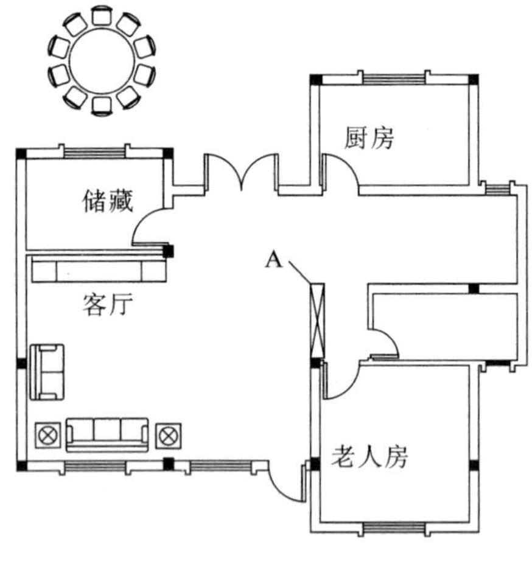

图 2-26　例 2-11 图

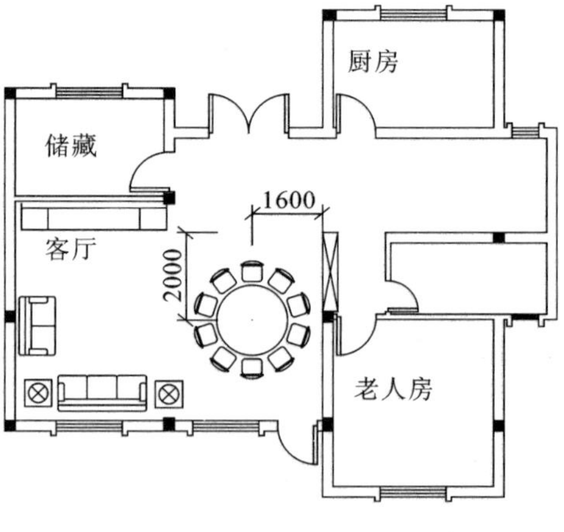

图 2-27　利用 FROM 定位点

命令：MOVE

选择对象：找到 1 个（选择圆形餐桌，这是一个块）

选择对象：（回车）

指定基点或 [位移(D)] ＜位移＞：（拾取圆形餐桌的圆心）

指定第二个点或 ＜使用第一个点作为位移＞：FROM（输入 FROM 并回车）

基点：（拾取图 2-26 所示的 A 点）

＜偏移＞：@－1600，－2000（输入目标点相对 A 点的坐标，回车结束命令）

2.3.2　绘图过程

1. 设置绘图环境

1)新建图形文件

单击“新建”命令，在“选择样板”对话框中单击“打开”，则打开 AutoCAD 默认模板文件“acadiso. dwt”。

2)设置图形界限

将图形界限设置为从(0,0)到(1000,1000)，并执行全部缩放命令，使图形界限全屏显示。

3)创建图层

单击功能区上的“默认”选项卡→“图层”面板→“图层特性”命令按钮，或命令行输入图层命令 LAYER(LA)，启动“图层特性管理器”。单击“图层特性管理器”上的“新建”图标，新建两个图层“结构-轮廓”和“结构-钢筋”，其中“结构-钢筋”图层颜色为红色，其余默认。选中“结构-轮廓”图层，单击“置为当前”按钮，将“结构-轮廓”图层置为当前图层，单击“关闭”按钮，完成图层的创建。

说明：对于使用较早版本的用户，必须单击“图层特性管理器”上的“确定”按钮，再单击“关闭”按钮，否则图层的创建与修改操作无法被保留。

2. 绘制图形

(1)将“结构-轮廓”层置为当前层，执行构造线命令，绘制辅助线，操作如下。

命令：XL↙

指定点或［水平(H)/垂直(V)/角度(A)/二等分(B)/偏移(O)］：(屏幕左下角适当位置单击，给定构造线的基点)

指定通过点：(在水平方向给定一点，绘制一条水平的构造线)

指定通过点：(在竖直方向给定一点，绘制一条竖直的构造线)

(2)执行偏移命令，将水平构造线向上偏移 650，将偏移得到的构造线再向下偏移 120。将竖直构造线向右偏移 300，完成后如图 2-28 所示。

(3)执行直线命令，绘制一条折断线。折断线没有具体的尺寸要求，合理即可。执行复制命令，复制出另一条折断线，结果如图 2-29 所示。

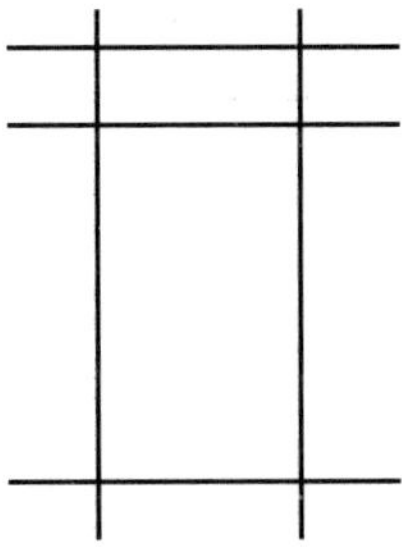

图 2-28　偏移构造线后的效果

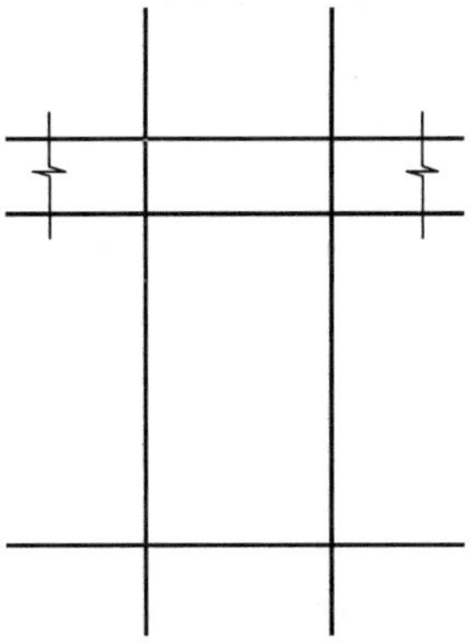

图 2-29　绘制折断线

(4)执行修剪命令,修剪构造线,结果如图 2-30 所示。

(5)将“结构-钢筋”层置为当前图层,执行圆环命令,绘制钢筋断面,操作如下。

命令:DO↙

指定圆环的内径 ＜0.5000＞:0↙(内径为 0)

指定圆环的外径 ＜1.0000＞:20↙(外径为 20)

指定圆环的中心点或 ＜退出＞:FROM↙(在指定中心点提示下,输入 FROM,回车)

基点:(捕捉梁的左下角点,作为基点)

＜偏移＞:@35,35↙(输入圆环中心点相对基点的坐标,回车,绘制一个圆环)

指定圆环的中心点或 ＜退出＞:↙(回车退出)

圆环绘制的结果如图 2-31 所示。

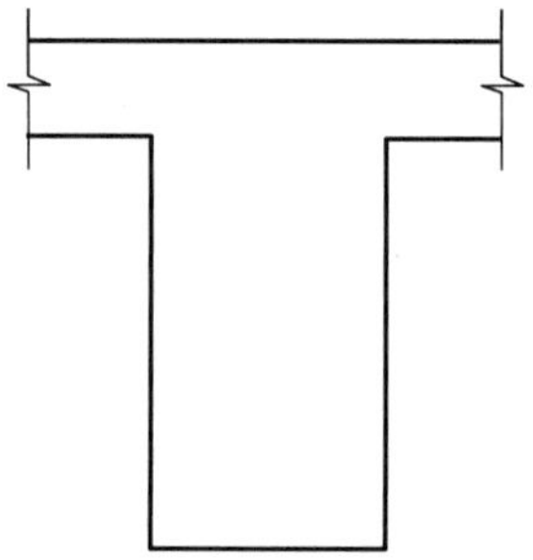

图 2-30　修剪后的效果

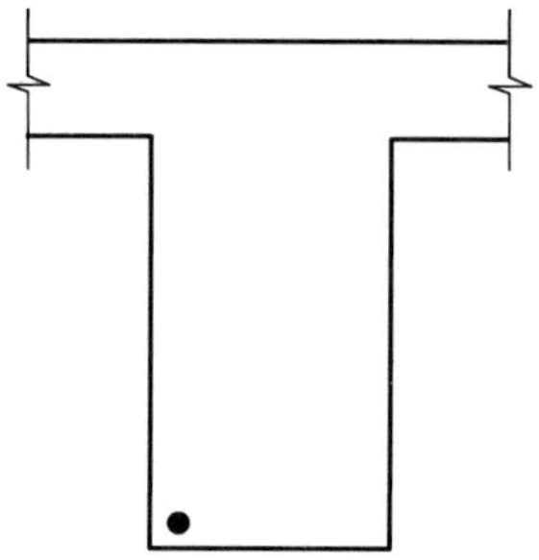

图 2-31　绘制圆环

(6)执行复制命令复制圆环,利用 FROM 定位点,操作如下。

命令:CO↙

选择对象:找到 1 个(选择圆环)

选择对象:(回车,结束选择)

当前设置:复制模式 = 多个

指定基点或 [位移(D)/模式(O)] ＜位移＞:(捕捉圆环的圆心为基点)

指定第二个点或 [阵列(A)] ＜使用第一个点作为位移＞:FROM↙(启动“捕捉自”)

基点:(按图 2-32 所示,向上移动鼠标,在 90°极轴与最上直线交点处单击,将此交点作为基点)

＜偏移＞:35(向下移动鼠标,在 270°极轴出现时输入 35)

复制后指定第二个点或 [阵列(A)/退出(E)/放弃(U)] ＜退出＞:(回车退出命令)

复制后的结果如图 2-33 所示。

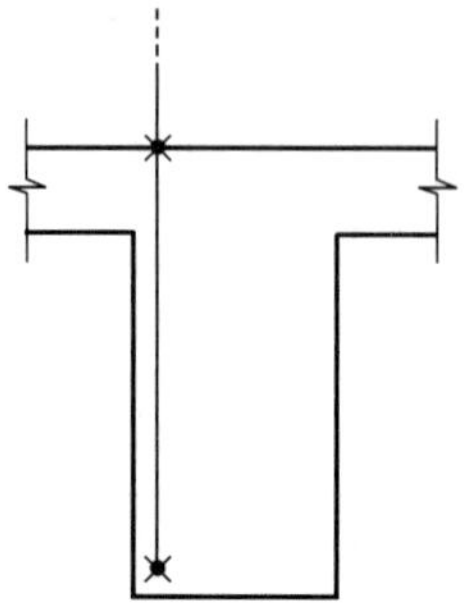

图 2-32　FROM 的基点

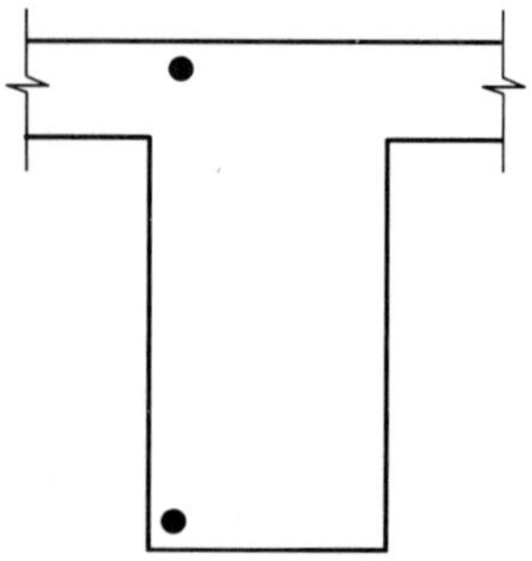

图 2-33　复制后的结果

(7)执行镜像命令，以梁底边中点为镜像线第一点，以该点正上方任意一点为镜像线第二点，将圆环镜像复制。

(8)将“结构-轮廓”图层置为当前图层，然后执行直线命令，绘制两条辅助线，第一条辅助线连接下方两个圆环的圆心，第二条辅助线为一条竖直线，起点为左下圆环的圆心，端点与板的底部对齐，如图 2-34 所示。

(9)执行定数等分命令，将这两条辅助线三等分。如果不能显示等分点或者捕捉不到等分点的话，请选择合适的点样式并确保节点捕捉打开。

(10)执行复制命令，以左下角圆环的圆心为复制基点，复制该圆环到辅助线 2 的等分点处，得到左侧的两根腰筋，复制该圆环到辅助线 1 的等分点处，得到两根下部受力筋。

(11)执行镜像或复制命令，绘制出上部的两根钢筋和右侧的腰筋，删除辅助线，结果如图 2-35 所示。

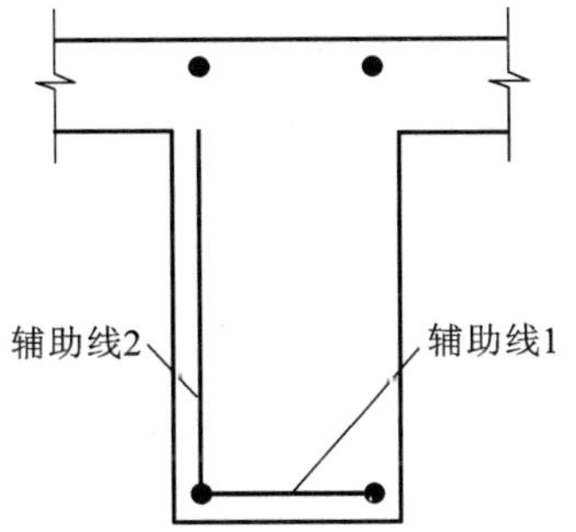

图 2-34　辅助线绘制

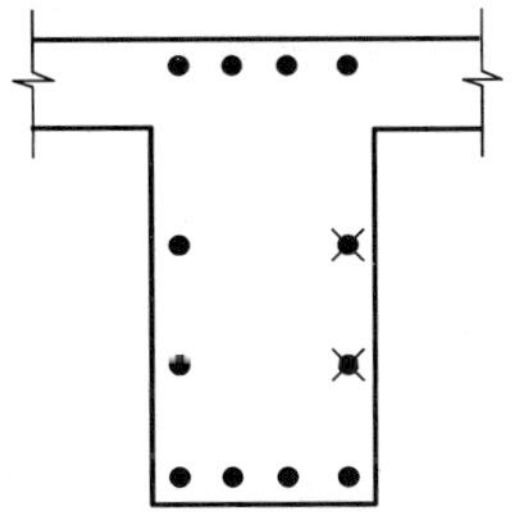

图 2-35　钢筋断面绘制结果

(12)绘制箍筋。将“结构-钢筋”层置为当前图层，然后执行多段线命令绘制箍筋，多段线起点和端点宽度均为 10，依次捕捉四个角圆环的圆心，绘制一条闭合的多段线。将这条多段线向外偏移 15，删除原来的多段线，结果如图 2-36 所示。

(13)绘制箍筋绑扎点。将极轴增量角设置为 45°，继续执行多段线命令，线宽仍为 10，起点为右上方圆环的圆心，沿 225°极轴方向绘制长为 40 的多段线。执行偏移命令，将这条多段线上下各偏移 15 个单位，然后删除中间的多段线，结果如图 2-37 所示。

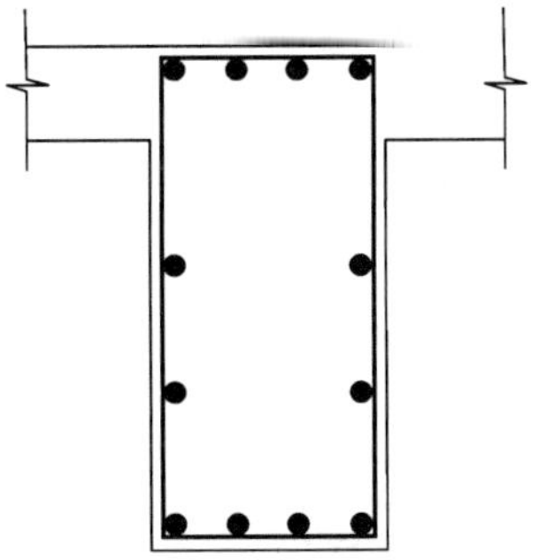

图 2-36　箍筋绘制结果

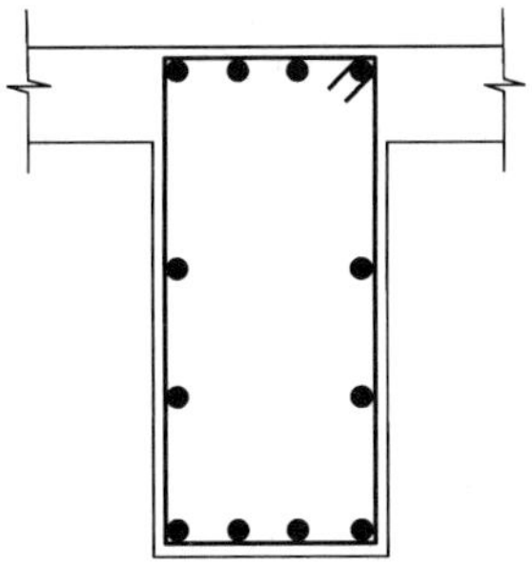

图 2-37　箍筋绑扎点绘制结果

(14)将“结构-轮廓”层置为当前图层，执行直线命令，以右侧上部腰筋圆环的圆心为起点，在 225°极轴方向上绘制长为 40 的直线，然后用直线连接该圆环与其左侧的圆环的圆心，得到一条水平直线，以左侧圆环的圆心为起点，315°极轴方向上绘制长 40 的直线。执行偏移命令，将两条倾斜直线向下偏移 15，将水平直线向上偏移 15，得到辅助线 1，2，3，删除原来的直线，结果如图 2-38 所示。

(15)将“结构-钢筋”层置为当前图层，执行多段线命令，绘制拉筋，操作过程如下，结果如图 2-39所示。

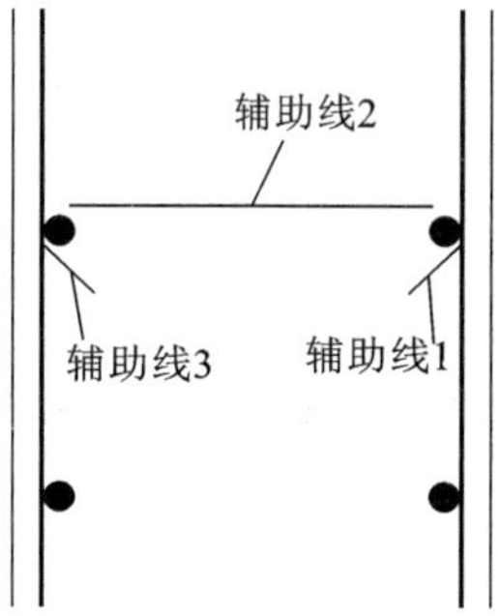

图 2-38　绘制辅助线

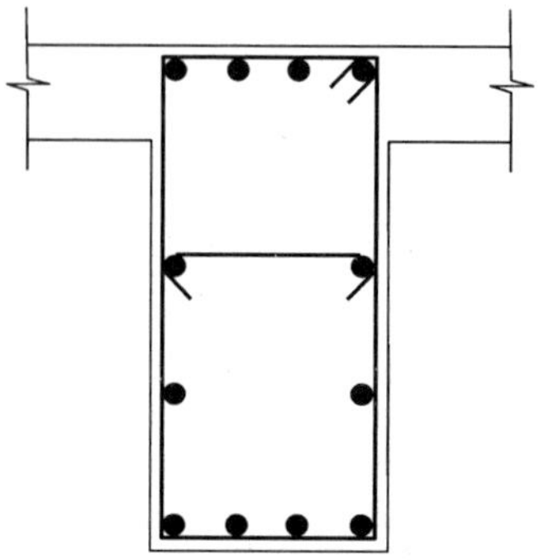

图 2-39　绘制拉筋

命令：PL↙

指定起点：(捕捉图 2-29 所示辅助线 1 的下端点)

当前线宽为 10.0000(注意，因为第 13 步的操作已经设置过多段线的宽度为 10，所以系统会自动执行上次的设置结果，如果此处显示的不是 10，需要重新设定多段线的线宽)

指定下一点或[圆弧(A)/半宽(H)/长度(L)/放弃(U)/宽度(W)]：(捕捉辅助线 1 的上端点)

指定下一点或[圆弧(A)/闭合(C)/半宽(H)/长度(L)/放弃(U)/宽度(W)]：A↙(执行圆弧选项)

指定圆弧的端点或

[角度(A)/圆心(CE)/闭合(CL)/方向(D)/半宽(H)/直线(L)/半径(R)/第二个点(S)/放弃(U)/宽度(W)]：(捕捉辅助线 2 的右端点)

指定圆弧的端点或

[角度(A)/圆心(CE)/闭合(CL)/方向(D)/半宽(H)/直线(L)/半径(R)/第二个点(S)/放弃(U)/宽度(W)]：L↙(执行直线选项)

指定下一点或[圆弧(A)/闭合(C)/半宽(H)/长度(L)/放弃(U)/宽度(W)]：(捕捉辅助线 2 的左端点)

指定下一点或[圆弧(A)/闭合(C)/半宽(H)/长度(L)/放弃(U)/宽度(W)]：A↙(执行圆弧选项)

指定圆弧的端点或

[角度(A)/圆心(CE)/闭合(CL)/方向(D)/半宽(H)/直线(L)/半径(R)/第二个点(S)/放弃(U)/宽度(W)]：(捕捉辅助线 3 的上端点)

指定圆弧的端点或

[角度(A)/圆心(CE)/闭合(CL)/方向(D)/半宽(H)/直线(L)/半径(R)/第二个点(S)/放弃(U)/宽度(W)]：L↙(执行直线选项)

指定下一点或［圆弧(A)/闭合(C)/半宽(H)/长度(L)/放弃(U)/宽度(W)］：(捕捉辅助线 3 的下端点)

指定下一点或［圆弧(A)/闭合(C)/半宽(H)/长度(L)/放弃(U)/宽度(W)］：(回车结束命令)

(16)执行复制命令，复制出另一根拉筋，梁断面配筋图绘制完毕，结果见图 2-17。

说明：现在对 AutoCAD 线宽问题进行说明。通过第 1 章的学习，我们知道图形对象具有线宽的特性，比如将某条直线的宽度设置为 0.5 mm，该直线就具有 0.5 mm 的线宽特性。这个线宽可以理解为图形的打印线宽，即在图纸上的线宽，这个线宽不会因为图形的缩放而改变，也不会因为打印比例的改变而改变。

多段线的宽度则不同于线宽。默认情况下，多段线的宽度为 0，这个“0”不代表没有宽度，而应该理解为“随线宽”，即线宽是多少，就是多少。如果多段线的宽度不为 0，此时就不再“随线宽”了，而是按给定的宽度值显示了。此时多段线的宽度既受图形缩放的影响，也受打印比例的影响。多段线的宽度值不应该随意给定，而是要与图形的打印比例建立关系。比如某幅图形打印比例为 1∶100，要求多段线在图纸上的打印宽度为 0.5 mm，则绘制多段线时，给定的宽度应该为 0.5×100=50。

2.4　绘制墙体图元

墙体平面图元如图 2-40 所示，主要用到多线、多线编辑、分解、夹点编辑等命令。

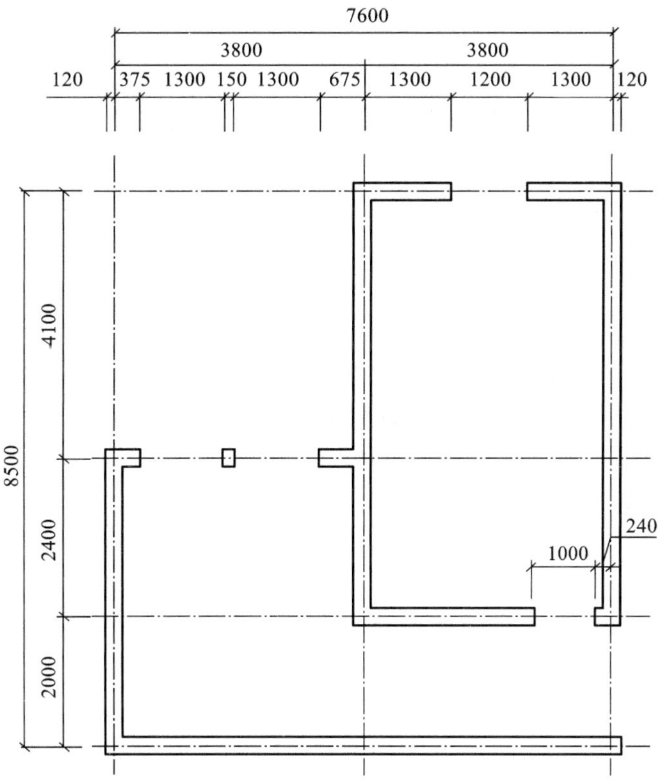

图 2-40　墙体平面图

2.4.1 命令导入

1. 多线命令

多线(MLINE)可以同时创建多条平行线，每一条线称为多线的图元，多线的图元数目和图元特性由多线样式控制。多线常被用于绘制建筑墙体、管道等图形。

【执行方式】

· 命令行：MLINE(ML)。

【命令操作】

命令：MLINE

当前设置：对正 = 上，比例 = 20.00，样式 = STANDARD

指定起点或［对正(J)/比例(S)/样式(ST)］：(指定多线的起点)

指定下一点：(指定多线的下一点)

指定下一点或［放弃(U)］：(指定多线的下一点)

指定下一点或［闭合(C)/放弃(U)］：(指定多线的下一点，输入 C 则闭合多线，或回车结束命令)

【选项说明】

· J 选项：指定多线的对正方式，多线的对正用来确定如何在指定的点之间绘制多线。多线的对正方式包括"上(T)""无(Z)"和"下(B)"，"上(T)"表示在光标的下方绘制多线(光标位于多线上面的线上)，"无(Z)"表示以光标的位置作为原点绘制多线，原点位于多线样式中元素特性偏移为 0 的位置，"下(B)" 表示在光标的上方绘制多线(光标位于多线下面的线上)。

· S 选项：用于设定多线的比例，该比例控制多线的全局宽度，为 0 时多线重合为一条直线，为负数时多线的排列倒置。

· ST 选项：指定多线的样式。

2. 多线样式

【执行方式】

· 命令行：MLSTYLE(MLST)。

执行多线样式命令后，弹出如图 2-41 所示的"多线样式"对话框。可以看到，有一个系统默认的多线样式"STANDARD"，这个多线样式不能被修改、不能被重命名，用户可以创建新的多线样式。

【例 2-12】创建 370 墙体多线样式，操作步骤如下。

(1)在多线样式对话框中，单击"新建"按钮，弹出"创建新的多线样式"对话框，在"新样式名"文本框中输入"37 墙"(注意，基础样式为"STANDARD")，单击"继续"按钮，弹出"新建多线样式：37 墙"对话框，如图 2-42 所示。

(2)在该对话框中的"图元"文本框中，可以看到两行图元特性，这说明当前的多线由两条线构成，这两条线的偏移值分别为 0.5 和－0.5，也就是说，在初始定义中，这两条线之间的距离是 1，也即多线的定义宽度为 1。选中上一行，此时"偏移"文本框被激活，修改偏移值为 250，再选中下一行，修改偏移值为－120，这样，两条线之间的距离为 370，也即此时多线的定义宽度为 370。如果单击"添加"按钮，可以增加新的图元，可以对新的图元设置偏移值，也可以设置诸如颜色、线型等特性。

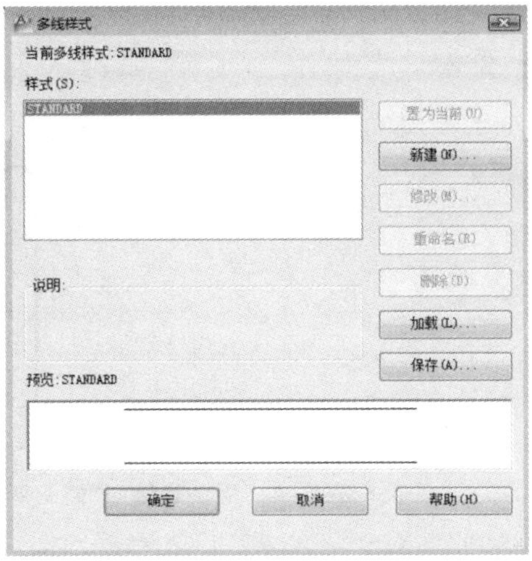

图 2-41　“多线样式”对话框

图 2-42　“新建多线样式:37 墙”对话框

(3)单击“确定”按钮，回到“多线样式”对话框，选中“37 墙”样式，单击“置为当前”按钮，单击“确定”按钮，退出“多线样式”对话框。“37 墙”多线样式创建完毕。

说明：多线的全局宽度由多线原始定义宽度和多线比例共同决定，即多线的宽度＝多线的定义宽度×多线比例。比如对于“STANDARD”多线样式，由于它的原始定义宽度为 1(前面已说明)，如果需要绘制 240 宽的多线，多线的比例应为 240；对于“37 墙”多线样式，由于它的原始定义宽度为 370，如果需要绘制 370 宽的多线，多线的比例应为 1。

【例 2-13】创建“管道”多线样式，并绘制管件“摇头弯”。操作过程如下。

(1)新建一个文件。

(2)命令行输入“MLSTYLE”并回车，弹出“多线样式”对话框，单击“新建”按钮，弹出“创建新的多线样式”对话框，在“新样式名”文本框中输入“管道”，单击“继续”按钮，弹出“新建多线样式：管道”对话框。

(3)单击“添加”按钮，添加一条多线图元(偏移为 0)，选中新添加的图元，在“颜色”下拉列表中选择红色，单击“线型”按钮，弹出“选择线型”对话框，单击“加载”按钮，弹出“加载或重载线型”对话框，在线型列表中选择“CENTER”线型，单击“确定”按钮，回到“选择线型”对话框，选中刚刚加载的“CENTER”线型，单击“确定”按钮，回到“新建多线样式：管道”对话框。这样，新添加的多线图元就具有了红色和点画线的特性。

(4)在“封口”选项组中，起点勾选“直线”，端点勾选“外弧”。以上设置完成后如图 2-43 所示。单击“确定”按钮，回到“多线样式”对话框，选中“管道”多线样式，单击“置为当前”按钮，单击“确定”按钮，退出“多线样式”对话框。

(5)命令行输入 ML 并回车，启动多线命令，操作过程如下，结果如图 2-44 所示。

命令：ML
MLINE
当前设置：对正 ＝ 上，比例 ＝ 20.00，样式 ＝ 管道
指定起点或［对正(J)/比例(S)/样式(ST)］：(任意位置拾取一点)
指定下一点：150 (向正右方绘制 150 长)

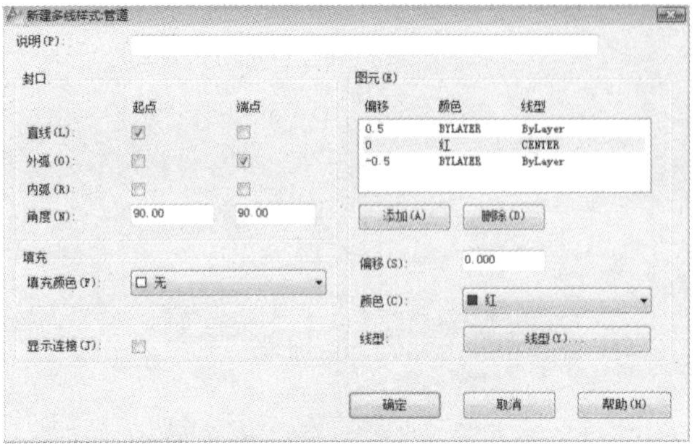

图 2-43 “管道”多线样式的设置

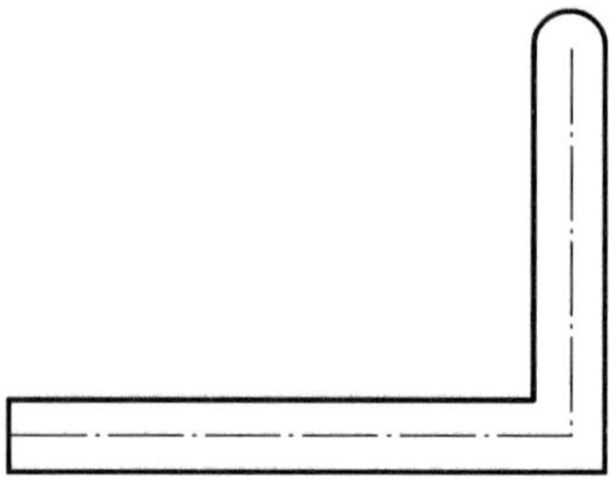

图 2-44 用多线绘制“摇头弯”

指定下一点或[放弃(U)]:100(向正上方绘制 100 长)

指定下一点或[闭合(C)/放弃(U)]:(回车结束命令)

3. 多线编辑

【执行方式】

执行多线编辑命令后,弹出如图 2-45 所示“多线编辑工具”对话框。

可以看到,软件提供 12 种多线编辑的工具。第一列工具用来处理十字交叉的多线,第二列用来处理 T 形相交的多线,第三列处理多线的角点和顶点问题,第四列处理多线的剪切与接合的问题。选择一个工具后,切换到绘图窗口,命令行提示如下:

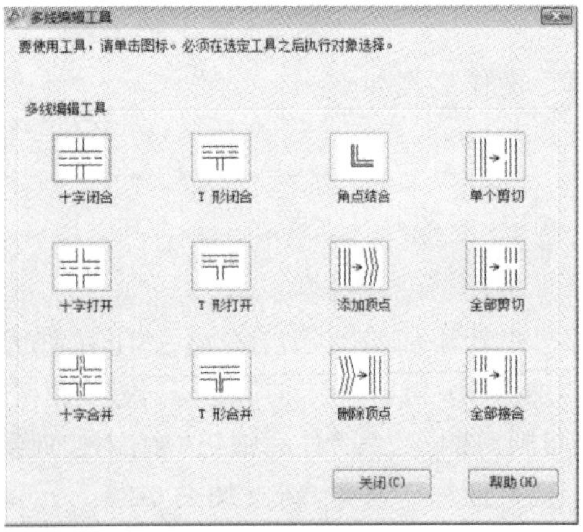

图 2-45 “多线编辑工具”对话框

命令:MLEDIT

选择第一条多线:(选择第一条多线)

选择第二条多线:(选择第二条多线)

选择第一条多线 或[放弃(U)]:(可以继续选择,或者回车退出命令)

在这四列多线编辑工具中,后两列比较好理解,读者可自行尝试,下面对前两列进行说明。

十字闭合:用于在两条多线之间创建闭合的十字交点。先选择的多线将被断开,后选择的多线保持不变。

十字打开:用于在两条多线之间创建打开的十字交点。先选择的多线所有图元将被断开,后选择的多线外部图元将被断开,内部图元保持不变。

十字合并:用于在两条多线之间创建闭合的十字交点。两条多线的外部图元都被断开,内部图元保持不变,与选择的先后没有关系。

T 形闭合:用于在两条多线之间创建闭合的 T 形交点。先选择的多线被修剪或延伸到与后选择的多线的外线相交,后选择的多线保持不变。

T 形打开:用于在两条多线之间创建打开的 T 形交点。先选择的多线所有图元将被断开,从而与后选择的多线的外线呈交汇性的相交,后选择的多线的内部图元保持不变,两条多线的内部图元不相交。

T 形合并：用于在两条多线之间创建合并的 T 形交点。先选择的多线所有图元将被断开，从而与后选择的多线的外线呈交汇性的相交，后选择的多线的内部图元保持不变，两条多线的内部图元相交。

4. 分解命令

分解（EXPLODE）命令用于分解复合对象，比如多段线类对象、多线、块、面域、实体、多行文字等。

【执行方式】

· 命令行：EXPLODE（X）。

· 功能区："默认"选项卡→"修改"面板→"分解"命令按钮。

【命令操作】

命令：EXPLODE

选择对象：（选择要分解的对象并回车，命令结束）

对象被分解后，其原来的颜色、线宽、线型等特性都可能发生改变。

5. 夹点编辑

夹点功能是 AutoCAD 提供的快捷的、灵活的编辑功能。当用户不执行任何命令而选择对象时，就会显示对象的夹点。夹点的预设颜色为蓝色，当光标移到某一个夹点上而不选择该夹点时，该夹点的颜色为粉红色，如果单击以选中该夹点时，显示为红色，此时夹点处于激活状态，夹点编辑功能启动。启动夹点编辑功能后，右击鼠标，弹出如图2-46所示的快捷菜单。利用夹点功能可以执行拉伸、移动、旋转、镜像、复制等编辑操作。夹点编辑的默认功能为拉伸。

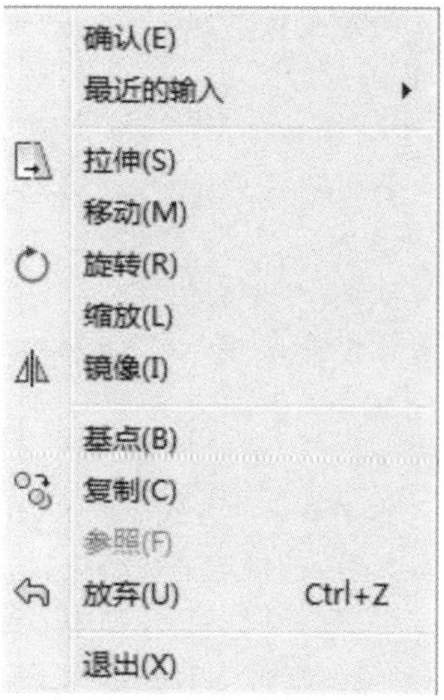

图 2-46　夹点编辑快捷菜单

【例 2-14】通过夹点编辑的方式将图 2-47 所示图形修改为图 2-48 所示图形。

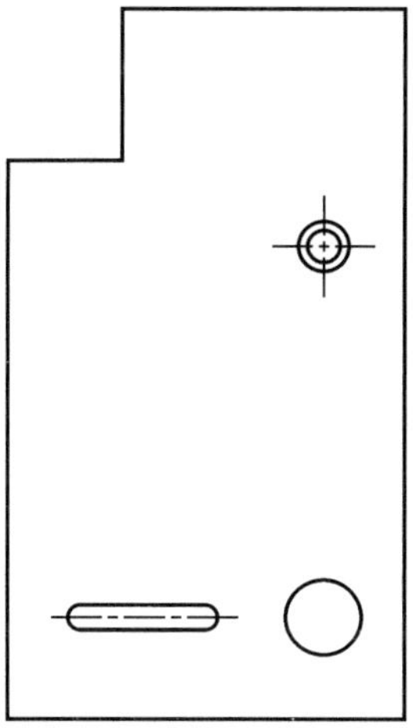

图 2-47　例 2-14 图

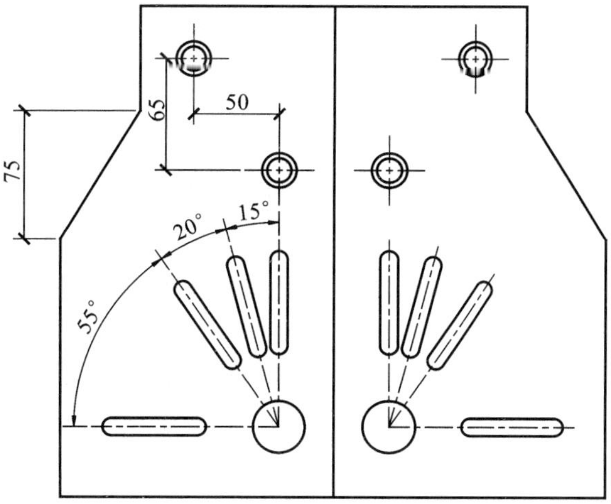

图 2-48　夹点编辑后的图形

打开本书配套资源中的"图 2-47.dwg"文件,操作过程如下。

(1)选择图形下方异型孔的中心线,在其右端夹点上单击,该夹点被激活,然后向右方拾取圆的圆心,则中心线被延伸到圆心位置。按"Esc"键取消选择集。

(2)同时选择异型孔和中心线,在中心线右端夹点(即圆心位置)上单击,该夹点被激活,然后单击鼠标右键,在弹出的快捷菜单中单击"旋转",此时命令行提示如下:

指定旋转角度或[基点(B)/复制(C)/放弃(U)/参照(R)/退出(X)]:C(输入 C 选项,在旋转过程中进行复制)

旋转(多重)

指定旋转角度或[基点(B)/复制(C)/放弃(U)/参照(R)/退出(X)]:−55(输入旋转角度−55 并回车)

旋转(多重)

指定旋转角度或[基点(B)/复制(C)/放弃(U)/参照(R)/退出(X)]:−75(输入旋转角度−75 并回车)

旋转(多重)

指定旋转角度或[基点(B)/复制(C)/放弃(U)/参照(R)/退出(X)]:−90(输入旋转角度−90 并回车)

旋转(多重)

指定旋转角度或[基点(B)/复制(C)/放弃(U)/参照(R)/退出(X)]:(回车退出夹点编辑)

按"Esc"键取消选择集,结果如图 2-49 所示。

(3)选择同心圆及其中心线,在圆心处的夹点上单击,然后单击鼠标右键,在弹出的快捷菜单中选择"复制",命令行提示如下。

指定拉伸点或[基点(B)/复制(C)/放弃(U)/退出(X)]:@−50,65(输入复制的相对坐标)

拉伸(多重)

指定拉伸点或[基点(B)/复制(C)/放弃(U)/退出(X)]:(回车退出夹点编辑)

按"Esc"键取消选择集,结果如图 2-50 所示。

(4)选择最左侧的竖直线和上方与其相交的水平线,在二者的交点处单击夹点,然后向正下方移动光标,在 270°极轴出现时,输入 75 并回车。按"Esc"键取消选择集,结果如图 2-51 所示。

(5)选择所有的对象,单击图形最右下的夹点,然后单击鼠标右键,在弹出的快捷菜单中选择"镜像",命令行提示如下。

指定第二点或[基点(B)/复制(C)/放弃(U)/退出(X)]:C(输入 C,进行镜像复制)

镜像(多重)

指定第二点或[基点(B)/复制(C)/放弃(U)/退出(X)]:(在 90°极轴上任意拾取一点)

镜像(多重)

指定第二点或[基点(B)/复制(C)/放弃(U)/退出(X)]:(回车退出夹点编辑)

按"Esc"键取消选择集,图形编辑完毕,图形修改为如图 2-48 所示图形。

6. 移动命令

移动(MOVE)命令用于将对象移动到指定的位置。执行此命令时,用户需要指定一个基点,并以这个点为参照点,移动过程中图形与基点的相对位置保持不变。

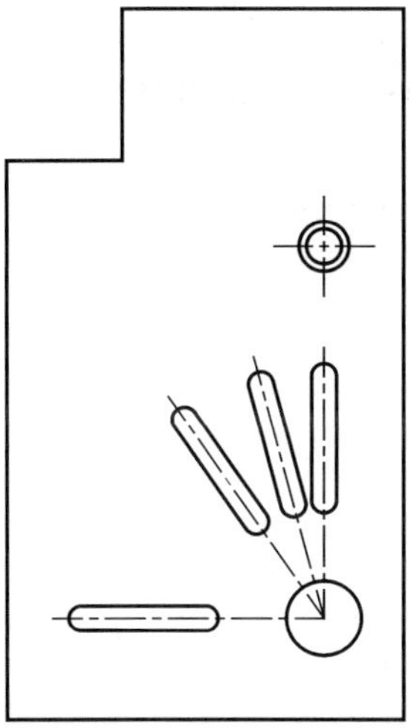

图 2-49　利用夹点旋转复制

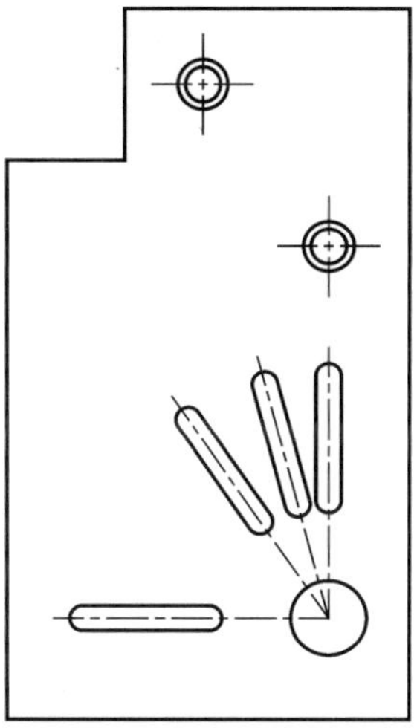

图 2-50　利用夹点复制

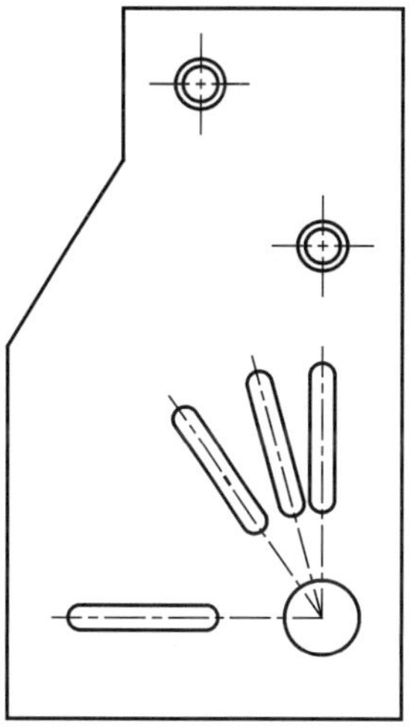

图 2-51　利用夹点拉伸

【执行方式】

· 命令行：MOVE(M)。

· 功能区："默认"选项卡→"修改"面板→"移动"命令按钮。

【命令操作】

命令：MOVE

选择对象：(选择要移动的对象)

选择对象：(可以继续选择对象，或回车进入下一步)

指定基点或［位移(D)］<位移>：(指定移动的基点，如果执行 D 选项，则需要指定位移值)

指定第二个点或 <使用第一个点作为位移>：(指定目标点)

【例 2-15】将图 2-52 中的单人床和电视柜移动到如图 2-53 所示的房间墙体的中间位置。

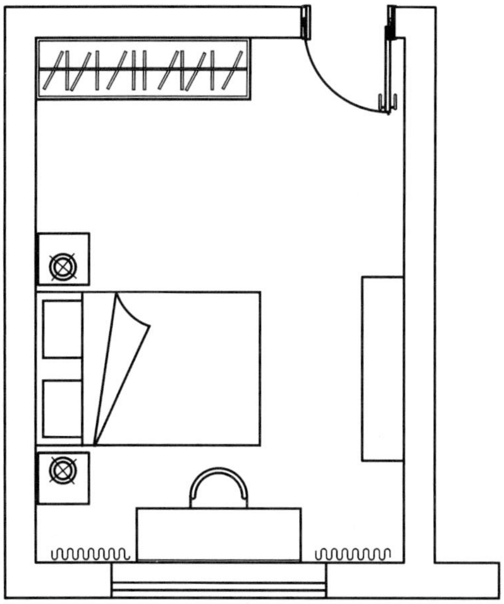

图 2-52　例 2-15 图

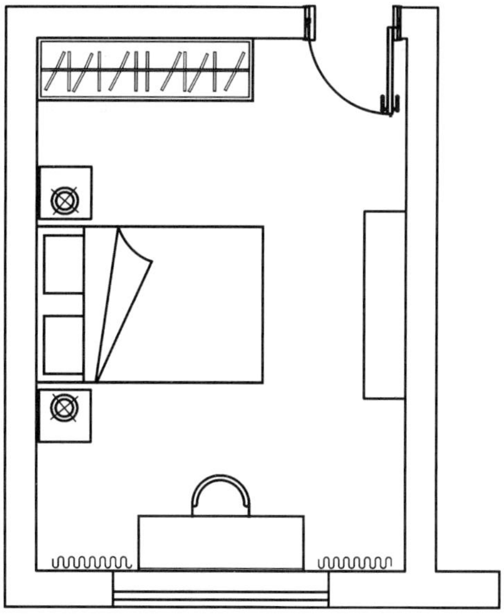

图 2-53　移动后的图形

打开本书配套资源中的“图 2-52. dwg”文件，命令行输入 M 并回车，启动移动命令，在选择对象的提示下选择双人床和电视柜，并指定床头中间点为移动基点，向上拾取墙线的中点为移动的目标点，完成后的图形如图 2-53 所示。

2.4.2 绘图过程

1. 设置绘图环境

1)新建图形文件

单击“新建”命令，在“选择样板”对话框中单击“打开”，则打开 AutoCAD 默认模板文件“acadiso. dwt”。

2)设置图形界限

将图形界限设置为从(0,0)到(10000,10000)，并执行全部缩放命令，使图形界限全屏显示。

3)创建图层

新建两个图层“墙线”和“轴线”，其中“墙线”图层线宽为 0.5 mm，“轴线”图层颜色为红色，线型为“CENTER”，其余为默认，如图 2-54 所示。将“轴线”层置为当前图层。

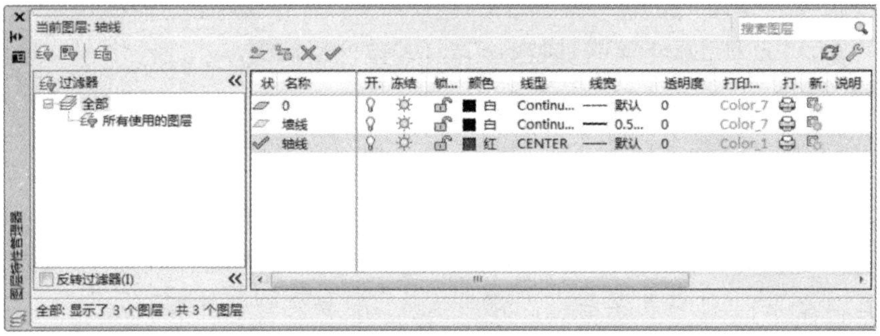

图 2-54 图层设置

4)设置线型比例

单击功能区上的“默认”选项卡→“特性”面板→“线型”下拉列表中的“其他”选项，弹出“线型管理器”对话框，将“全局比例因子”设置为 30，如图 2-55 所示。

图 2-55 线型比例的设置

说明：非连续线型的显示问题和打印问题是初学者经常遇到的问题。线型的显示状态受到线型全局比例因子(LTSCALE)和当前对象缩放比例(CELTSCALE)这两个系统变量控制。每一个线型都有其原始定义的规格，线型的显示值=原始定义值×全局比例因子×当前对象缩放比例。

当这两个系统变量的设置均为 1 时，线型的显示值＝原始定义值，对于 1∶1 打印输出来说，显示值＝原始定义值＝打印值，打印到图纸上一般是合理的。当打印比例为 1∶30 时，应将全局比例因子设置为 30，此时显示值＝原始定义值×30×1，同时，显示值/30＝打印值，仍然满足原始定义值＝打印值，这样就保障了非连续线型显示比较合理，同时，打印到图纸上也是合理的。总结一句话，线型的全局比例因子应设置为打印比例的倒数。有关线型比例的问题，将会在后面章节中继续阐述。

5）设置多线样式

命令行输入“MLST”并回车，弹出“多线样式”对话框，新建一个名称为“24 墙”的多线样式，将图元的偏移值分别设置为 120 和－120，如图 2-56 所示，将“24 墙”多线样式置为当前，确认后退出“多线样式”对话框。

图 2-56　“24 墙”多线样式的设置

2. 绘制图形

1）绘制轴线

执行构造线命令，以屏幕左下角适当位置为构造线的基点，绘制一条水平构造线和一条竖直构造线。执行偏移命令，将水平构造线向上依次偏移 2000、2400 和 4100，将竖直构造线向右偏移两个 3800，绘制结果如图 2-57 所示。

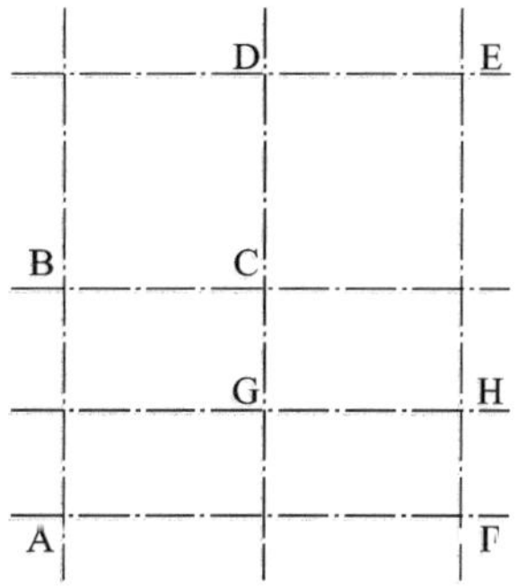

图 2-57　轴线绘制结果

2）绘制墙体

将“墙线”层置为当前图层，执行多线命令，绘制墙体，操作如下：

命令：MLINE↙

当前设置：对正 = 上，比例 = 20.00，样式 = 24 墙

指定起点或［对正(J)/比例(S)/样式(ST)］：S↙（执行比例选项）

输入多线比例 <20.00>：1↙（输入比例值 1）

当前设置：对正 = 上，比例 = 1.00，样式 = 24 墙

指定起点或［对正(J)/比例(S)/样式(ST)］：J↙（执行对正选项）

输入对正类型［上(T)/无(Z)/下(B)］<上>：Z↙（设置对正为“无”）

当前设置：对正 = 无，比例 = 1.00，样式 = 24 墙

指定起点或［对正(J)/比例(S)/样式(ST)］：（交点捕捉图 2-39 所示的 A 点）

指定下一点：（交点捕捉图 2-39 所示的 B 点）

指定下一点或［放弃(U)］：（交点捕捉图 2-39 所示的 C 点）

指定下一点或［闭合(C)/放弃(U)］：（交点捕捉图 2-39 所示的 D 点）

指定下一点或［闭合(C)/放弃(U)］：（交点捕捉图 2-39 所示的 E 点）

指定下一点或［闭合(C)/放弃(U)］:(交点捕捉图2-39所示的F点)

指定下一点或［闭合(C)/放弃(U)］:C↙(闭合多线)

重复执行多线命令,依次捕捉图2-57所示的C点、G点和H点,绘制第二条多线。结果如图2-58所示。

3)编辑多线

在多线上双击,弹出“多线编辑工具”对话框,选中“T形打开”工具,切换到绘图窗口,在如图2-58所示的CG段多线上单击,然后在BC段多线上单击,完成此处的编辑。命令并没有退出,单击GH段,然后单击EH段,完成此处的编辑,回车结束命令,结果如图2-59所示。

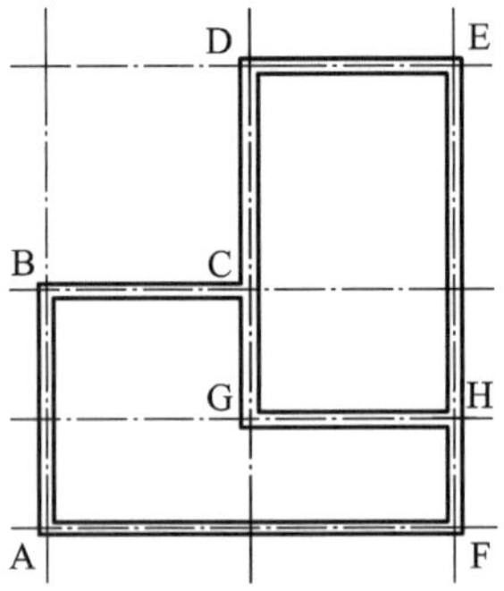

图2-58 绘制多线

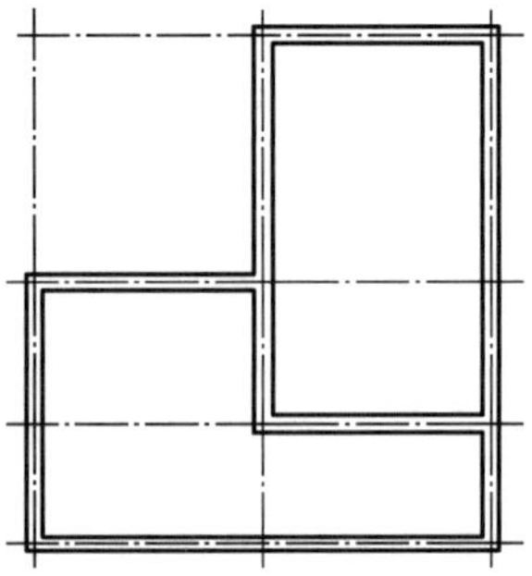

图2-59 多线编辑结果

4)分解多线

执行分解命令,选中两条多线,将多线分解为直线段。

5)编辑墙体

下面对图形右下角的位置进行修改。用夹点功能拉伸如图2-60所示的线1和线2至线4,执行删除命令删除线3,执行修剪命令,以线1和线2为修剪边界,修剪线4,结果如图2-61所示。

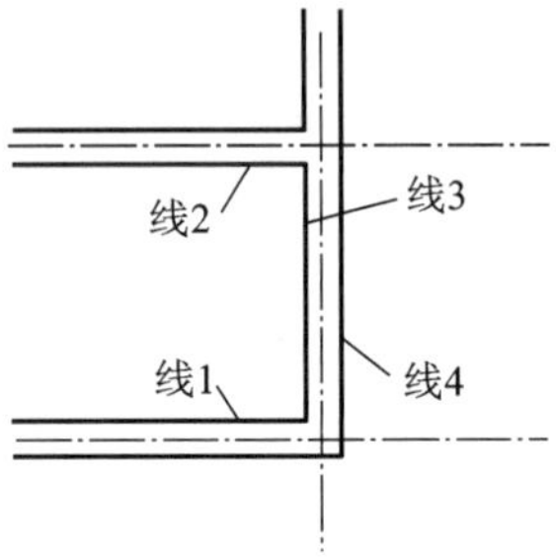

图2-60 墙体局部

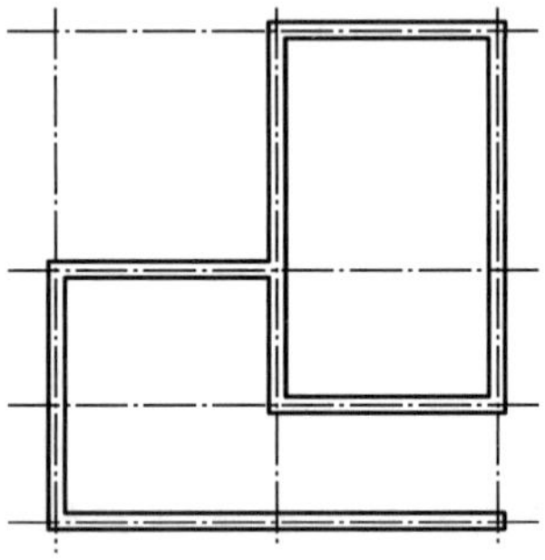

图2-61 墙体编辑结果

6)绘制门窗洞

执行直线命令,以如图2-62所示I点为直线的起点,向下绘制240长的竖直直线段。执行移动命令,将此直线段向正左方移动120。执行偏移命令,将移动后的直线段向左侧偏移1000,绘制出门洞,结果如图2-62所示。重复上面的操作,绘制出其他的洞口,具体尺寸见图2-40,结果如图2-63所示。

7)执行修剪命令

修剪出门窗洞,在图形外围绘制一个矩形,将整个图形包含在矩形之内,然后执行修剪命令,以矩形为修剪边界，将矩形之外的构造线全部修剪掉，删除矩形，最终结果如图 2-64 所示。

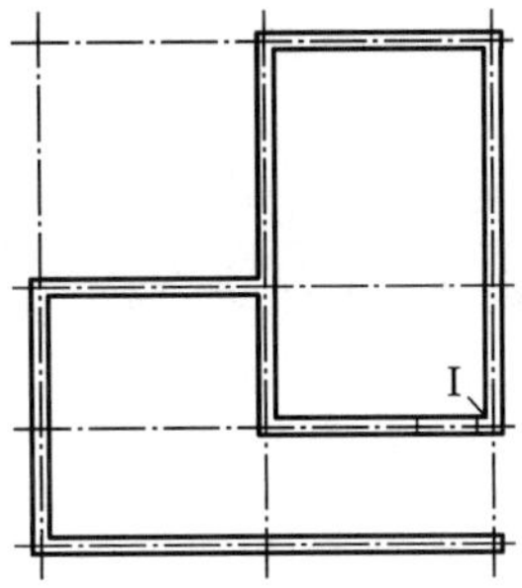

图 2-62　绘制门洞线

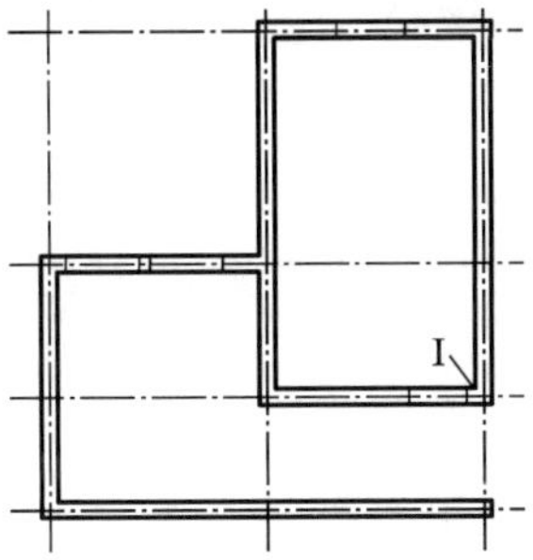

图 2-63　门窗洞口线绘制结果

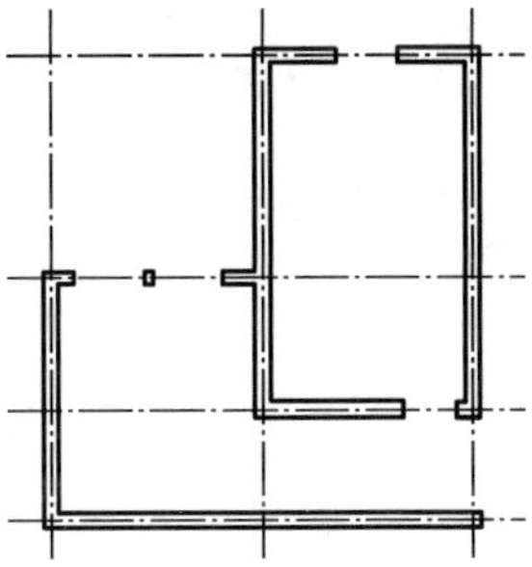

图 2-64　墙体图元绘制结果

2.5　绘制办公楼出入口立面大样

办公楼出入口立面大样如图 2-65 所示。通过本例将学习圆弧命令、多段线编辑命令，以及一些精确定位点的命令修饰符，并进一步练习前面几节介绍的命令。

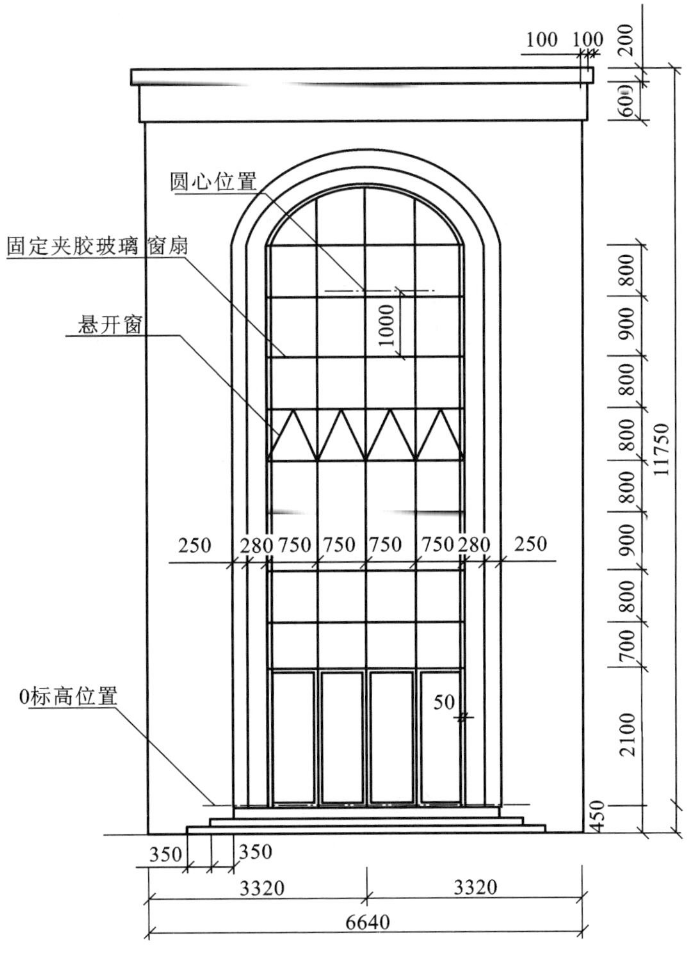

图 2-65　办公楼出入口立面大样

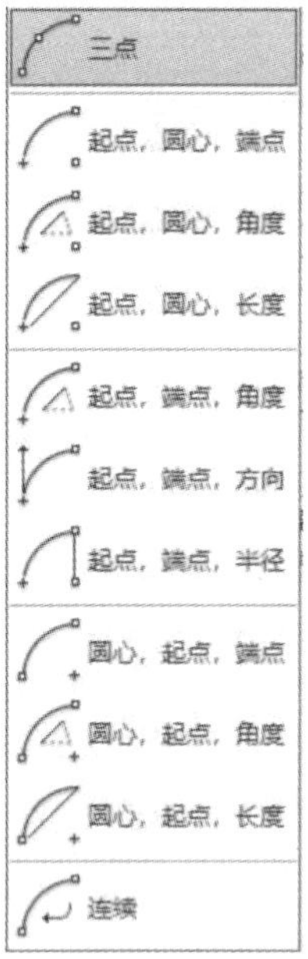

图 2-66　多种绘制圆弧的方式

2.5.1　命令导入

1. 圆弧命令

· 命令行：ARC(A)。

· 功能区："默认"选项卡→"绘图"面板→"圆弧"命令按钮，该按钮下拉列表中可进一步选择绘制圆弧的方式，如图 2-66 所示。

【命令操作】

命令：ARC

指定圆弧的起点或［圆心(C)］：(指定起点)

指定圆弧的第二个点或［圆心(C)/端点(E)］：(指定第二点)

指定圆弧的端点：(指定端点)

【重点说明】

· 如果不输入任何选项，默认绘制圆弧的方式为"三点"方式。

· 由于创建圆弧的方式比较多，当输入不同的选项时，命令行会出现不同的提示。这些提示的功能与图2-48提供的选项功能基本相同。

· 圆弧的生成方向为逆时针，所以绘制圆弧时，起点的选择很重要。

· 当用圆弧命令绘制圆心角大于 180°的圆弧(又称优弧)时，如果需要指定半径，半径应为负值。

【例 2-16】用画圆弧的方式补画图 2-67 中的钢琴平面初始图，完成后如图 2-20 所示。

本例将介绍三种绘制圆弧的方法：一是采用"起点、圆心、角度"的方式，二是采用"起点、端点、方向"的方式，三是采用"连续"的方式，其中"连续"方式是创建相切于上一次绘制的直线或圆弧的圆弧，用此种方式，系统会自动以上一次绘制的直线或圆弧的结束点作为新圆弧的起点及二者的切点。

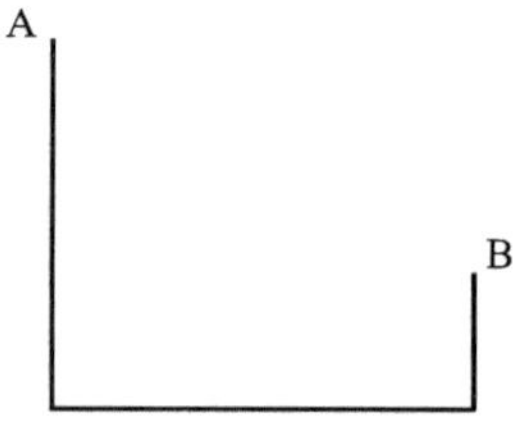

图 2-67　钢琴平面初始图

打开本书配套资源中的"图 2-67. dwg"文件，然后执行如下操作。

命令：A↙

ARC 指定圆弧的起点或［圆心(C)］：(捕捉图2-49所示的 A 点，作为起点)

指定圆弧的第二个点或［圆心(C)/端点(E)］：C↙(执行圆心选项)

指定圆弧的圆心：@250,0↙(输入圆心相对起点 A 的坐标)

指定圆弧的端点或［角度(A)/弦长(L)］：A↙(执行角度选项)

指定包含角：−180↙(指定角度，命令结束，由于是顺时针，所以角度为负值)

命令：L↙(执行直线命令)

LINE 指定第一点：(圆弧的端点为直线第一点)

指定下一点或［放弃(U)］：100↙(向下绘制 100 长直线)

指定下一点或［放弃(U)］：↙(回车结束直线命令)

命令：A↙

ARC 指定圆弧的起点或［圆心(C)］：(捕捉直线的下端点)

指定圆弧的第二个点或［圆心(C)/端点(E)］：E↙(执行端点选项)

指定圆弧的端点：@200，－200↙(指定端点相对起点的坐标)

指定圆弧的圆心或［角度(A)/方向(D)/半径(R)］：D↙(执行方向选项)

指定圆弧的起点切向：(鼠标向下移动，在 270°极轴出现时单击鼠标，指定正下方为圆弧的起点切线方向，命令结束)

单击“圆弧”命令下拉按钮，选择“连续”选项，再次启动圆弧命令，直接捕捉图2-49所示的 B 点，图形绘制完毕。

2. 多段线编辑

【执行方式】

· 命令行：PEDIT(PE)。

· 功能区：“默认”选项卡→“修改”面板→“编辑多段线”命令按钮；

· 快捷菜单：选中多段线，右击鼠标，在快捷菜单中选择“多段线”/“编辑多段线”。

【命令操作】

命令：PEDIT

选择多段线或［多条(M)］：(选择多段线)

输入选项［打开(O)/合并(J)/宽度(W)/编辑顶点(E)/拟合(F)/样条曲线(S)/非曲线化(D)/线型生成(L)/反转(R)/放弃(U)］：

【选项说明】

· “O”选项和“C”选项：“O”选项将闭合的多段线变成开放的多段线，当多段线闭合时，含此项；“C”选项将开放的多段线首尾闭合，当多段线开放时，含此项。

· J 选项：将直线、圆弧或多段线合并为一条多段线。有两种情况：①当直线、圆弧或多段线端点重合时，执行此选项，会将直线或圆弧转换为多段线，并合并成一条多段线；②当直线、圆弧或多段线端点不重合时，在提示选择多段线时，必须执行“多条(M)”选项，且设置大于或等于缝隙的模糊距离，才会将不相接的线合并为一条多段线。

· W 选项：指定多段线的整体宽度，不同宽度的多段线将统一宽度。

· E 选项：用于编辑多段线的顶点，包括插入、移动、拉直等操作。

· F 选项：用圆弧拟合多段线。

· S 选项：将多段线近似样条曲线化。

· D 选项：删除由拟合曲线或样条曲线插入的多余顶点，拉直多段线的所有线段。

· L 选项：生成经过多段线顶点的连续图案线型。

· R 选项：反转多段线顶点的顺序。使用此选项可反转使用包含文字线型的对象的方向。

【例 2-17】打开本书配套资源中的“图 2-68. dwg”文件，用多段线编辑的方式完成图 2-68 所示的任务。

任务一：将图 2-68(a)上方的多段线闭合，结果如图 2-68(a)下方所示。

操作如下。

命令：PEDIT 选择多段线或［多条(M)］：(选择 a 图上方的多段线)

输入选项［闭合(C)/合并(J)/宽度(W)/编辑顶点(E)/拟合(F)/样条曲线(S)/非曲线化(D)/线型生成(L)/反转(R)/放弃(U)］：C(输入闭合选项，回车)

输入选项［打开(O)/合并(J)/宽度(W)/编辑顶点(E)/拟合(F)/样条曲线(S)/非曲线化(D)/线型生成(L)/反转(R)/放弃(U)］:(回车结束命令)

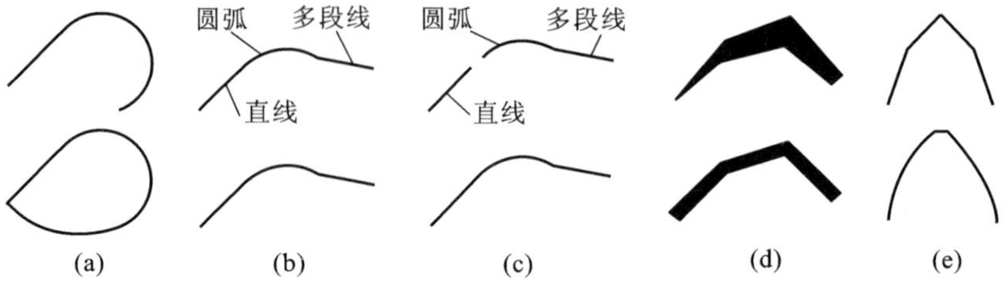

图 2-68　例 2-17 图

任务二:将图 2-68(b)上方端点重合的直线、圆弧和多段线合并为一条多段线,结果如图 2-68(b)下方所示。

操作如下。

PEDIT 选择多段线或［多条(M)］:(选择 b 图的直线)

选定的对象不是多段线

是否将其转换为多段线?＜Y＞(直接回车,确认将其转换为多段线)

输入选项［闭合(C)/合并(J)/宽度(W)/编辑顶点(E)/拟合(F)/样条曲线(S)/非曲线化(D)/线型生成(L)/反转(R)/放弃(U)］: J(输入合并选项,回车)

选择对象: 指定对角点: 找到 3 个(选择图 2-50(b)上方的直线、圆弧和多段线)

选择对象:(回车结束选择)

多段线已增加 2 条线段

输入选项［闭合(C)/合并(J)/宽度(W)/编辑顶点(E)/拟合(F)/样条曲线(S)/非曲线化(D)/线型生成(L)/反转(R)/放弃(U)］:(回车结束命令)

任务三:将图 2-68(c)上方端点不重合的直线、圆弧和多段线合并为一条多段线(当前间隙为 10),结果如图 2-68(c)下方所示。

操作如下。

命令: PEDIT 选择多段线或［多条(M)］: M(输入多条选项,回车)

选择对象: 指定对角点: 找到 3 个(选择图 2-68(c)上方的直线、圆弧和多段线)

选择对象:(回车结束选择)

是否将直线、圆弧和样条曲线转换为多段线?［是(Y)/否(N)］?＜Y＞(回车确认转换为多段线)

输入选项［闭合(C)/打开(O)/合并(J)/宽度(W)/拟合(F)/样条曲线(S)/非曲线化(D)/线型生成(L)/反转(R)/放弃(U)］: J(输入合并选项,回车)

合并类型 = 延伸

输入模糊距离或［合并类型(J)］＜500.0000＞: 20(输入的数值确保大于间隙 10)

多段线已增加 2 条线段

输入选项［闭合(C)/打开(O)/合并(J)/宽度(W)/拟合(F)/样条曲线(S)/非曲线化(D)/线型生成(L)/反转(R)/放弃(U)］:(回车结束命令)

任务四：将图 2-68(d)上方不等宽的多段线统一宽度为 10，结果如图 2-68(d)下方所示。

操作如下。

命令：PEDIT 选择多段线或［多条(M)］：(选择图 2-68(d)上方的多段线)

输入选项［闭合(C)/合并(J)/宽度(W)/编辑顶点(E)/拟合(F)/样条曲线(S)/非曲线化(D)/线型生成(L)/反转(R)/放弃(U)］：W(输入宽度选项，回车)

指定所有线段的新宽度：10(输入新宽度 10，回车)

输入选项［闭合(C)/合并(J)/宽度(W)/编辑顶点(E)/拟合(F)/样条曲线(S)/非曲线化(D)/线型生成(L)/反转(R)/放弃(U)］：(回车结束命令)

任务五：将图 2-68(e)上方的多段线拟合为如图 2-68(e)下方所示。

操作如下。

命令：PEDIT 选择多段线或［多条(M)］：(选择图 2-50(e)上方的多段线)

输入选项［闭合(C)/合并(J)/宽度(W)/编辑顶点(E)/拟合(F)/样条曲线(S)/非曲线化(D)/线型生成(L)/反转(R)/放弃(U)］：F(输入拟合选项，回车)

输入选项［闭合(C)/合并(J)/宽度(W)/编辑顶点(E)/拟合(F)/样条曲线(S)/非曲线化(D)/线型生成(L)/反转(R)/放弃(U)］：(回车结束命令)

3. 命令修饰符 MTP

MTP 用于定位两点间的中点。与 FROM 一样，MTP 本身不是命令，只有在指定点的提示下才可用。

【执行方式】

· 命令行：在指定点的提示下输入 MTP 或 M2P。

· 快捷方式：在指定点提示下，按住"Ctrl"或"Shift"键的同时右击，在弹出的快捷菜单中选择"两点之间的中点"选项。

MTP 功能应用见图 2-69。直线 1 和直线 2 与直线 3 相交于点 1 和点 2，如果要精确定位到点 1 和点 2 的中间点(圆点表示)，用中点捕捉的方式是不可以的，因为该点并不是直线 3 的中点(图中方点表示)，此时，可以用 MTP 工具。

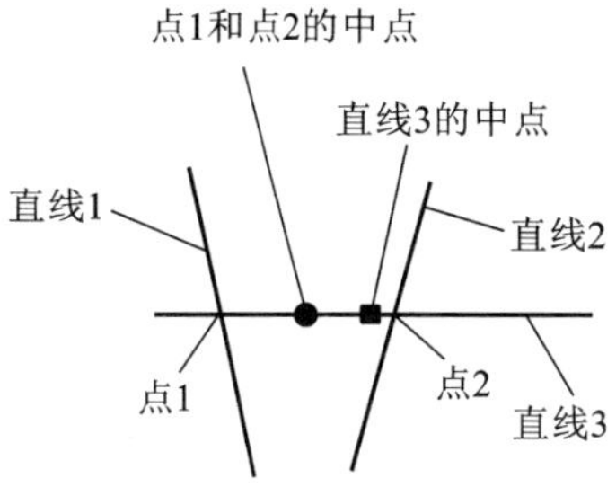

图 2-69　MTP(或 M2P)的应用

MTP 功能的具体运用详见 2.5.2 小节。

4. 命令修饰符 TRACKING

TRACKING 用于指定一系列临时点以定位某一点。TRACKING 本身不是命令，只有在指定点的提示下才可用。

【执行方式】

· 命令行：在指定点的提示下输入 TRACKING(TK)。

TRACKING 的功能类似 FROM，不同的是，TRACKING 可以指定更多的临时点，直到追踪到目标点。执行 TRACKING 功能后，正交功能自动打开，指定临时点的位置时，可以用直接给距离的方式。

【例 2-18】在图 2-70(a)给定的环境中绘制一条直线，直线的起点在圆心的正上方 10 处，直线终点在矩形左上角的右方 20、下方 10 的位置，用 TK 功能完成直线的绘制。

打开本书配套资源中的"图 2-70. dwg"文件，执行如下操作，结果如图 2-70(b)所示。

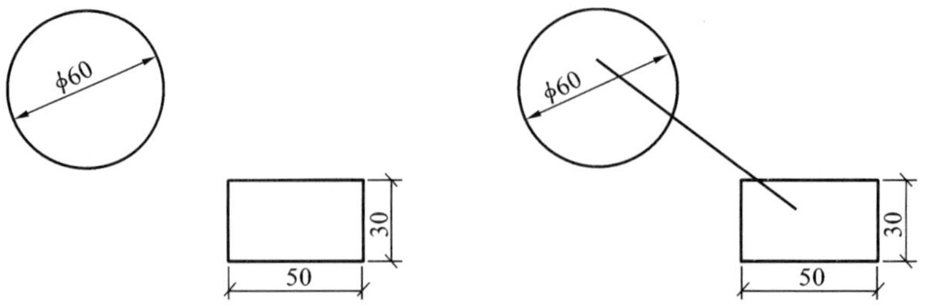

(a)　　(b)

图 2-70　例 2-18 图

命令:LINE(执行直线命令)

指定第一点: TK(输入临时追踪点,回车,此时正交功能打开)

第一个追踪点:(捕捉圆心并单击,确认第一个临时点)

下一点 (按 ENTER 键结束追踪): 10(鼠标向上移,输入距离 10,回车,确认第二个临时点)

下一点 (按 ENTER 键结束追踪):(直接回车,确认第二个临时点为定位点,即直线的起点,TK 功能退出,正交关闭)

指定下一点或 [放弃(U)]: TK(输入临时追踪点,回车,此时正交功能打开)

第一个追踪点:(捕捉矩形左上角点并单击,确认第一个临时点)

下一点 (按 ENTER 键结束追踪): 20(鼠标向右移动,输入距离 20,回车,确认第二个临时点)

下一点 (按 ENTER 键结束追踪): 10(鼠标向下移动,输入距离 10,回车,确认第三个临时点)

下一点 (按 ENTER 键结束追踪):(直接回车,确认第三个临时点为定位点,即直线的终点,TK 功能退出,正交关闭)

指定下一点或 [放弃(U)]:(回车,命令结束)

2.5.2　绘图过程

1. 设置绘图环境

1)新建图形文件

单击“新建”命令,在“选择样板”对话框中单击“打开”,则打开 AutoCAD 默认模板文件“acadiso.dwt”。

2)设置图形界限

将图形界限设置为从(0,0)到(10000,15000),并执行全部缩放命令,使图形界限全屏显示。

3)创建图层

新建三个图层“轮廓”“门窗”和“点画线”,其中“点画线”图层颜色为红色,线型为“CENTER”,“门窗”图层颜色为青色,其余默认。将“轮廓”图层置为当前图层。

2. 绘制图形

1)绘制立面外轮廓

执行直线命令，在绘图区下方区域绘制一条长 8000 的水平直线，作为地坪。再以这条直线的中点为起点，向上绘制一条长 11750 的竖直直线。执行偏移命令，将竖直直线向左右各偏移 3320，将得到的直线再分别向左和右各偏移两个 100。将水平直线向上分别偏移 450 和 11750，将偏移 11750 得到的直线向下偏移 200，将得到的直线再向下偏移 600。执行修剪命令，依据图 2-65 所示对上部图线进行修剪，并删除多余的图线，将偏移 450 得到的水平线放在点画线图层，作为 0 标高位置线。结果如图 2-71 所示。

2)绘制门窗洞轮廓

将“门窗”层置为当前图层，执行直线命令，以最下方水平直线的中点为起点，向上绘制一条长 9050 的竖直线。执行偏移命令，将此竖直线向两侧各偏移 1500，将 0 标高位置线向上偏移 7900。结果如图 2-72 所示。

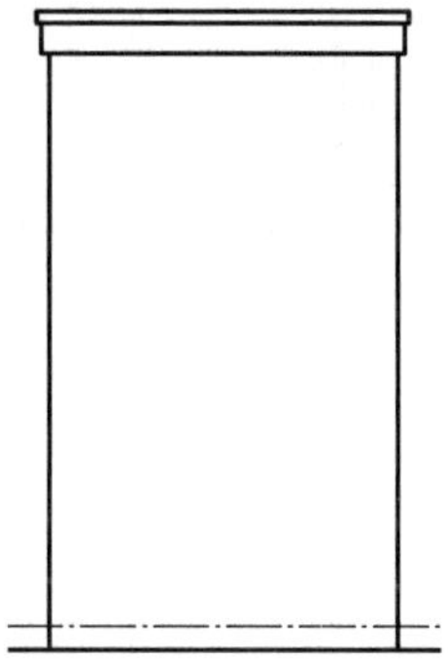

图 2-71　绘制立面外轮廓

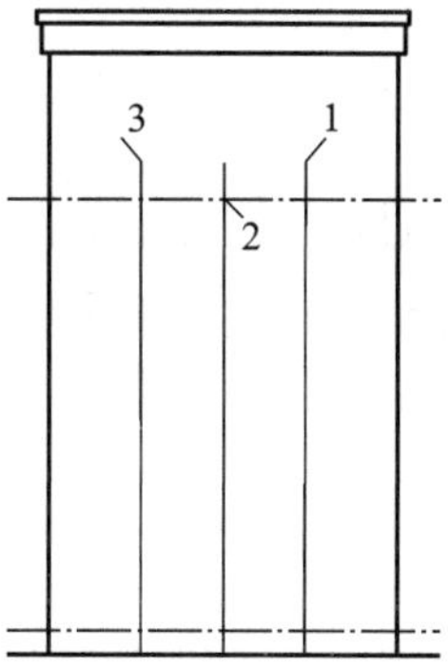

图 2-72　偏移后的结果

执行圆弧命令，以图 2-72 所示的 1 点为起点、2 点为圆心、3 点为端点绘制圆弧。执行多段线编辑(PE)命令，将圆弧和与圆弧相接的两条直线合并为一条多段线。执行偏移命令，将此多段线向内偏移 50，向外偏移 280，将得到的多段线再向外偏移 250。将外侧的两条多段线放在“轮廓”图层，结果如图 2-73 所示。

3)绘制门立面

执行偏移命令，将图 2-73 所示的中间竖直线(9050 长的直线)向两侧各偏移 750，将 0 标高位置的点画线向上偏移 2100，把得到的直线放在“门窗”层，执行修剪命令，以从内侧算起的第二条多段线为修剪边界，将此直线外侧部分修剪掉，参看图2-74。

执行矩形命令，绘制门扇，操作过程如下：

命令：REC(输入矩形命令，回车)

指定第一个角点或［倒角(C)/标高(E)/圆角(F)/厚度(T)/宽度(W)］：FROM (输入 FROM，启动捕捉自功能，回车)

基点：(单击图 2-74 中的 1 点，即 0 标高位置线与最内层多段线的交点)

<偏移>：@0,50(输入矩形第一个角点相对 1 点的坐标，回车，得到矩形的第一个角点)

指定另一个角点或［面积(A)/尺寸(D)/旋转(R)］：FROM (输入 FROM，启动捕捉自功能，回车)

基点：(单击图 2-74 中的 2 点，即图中水平线与竖直线的交点)

<偏移>：@－50，－50(输入矩形第二个角点相对 2 点的坐标，回车，矩形绘制完毕)

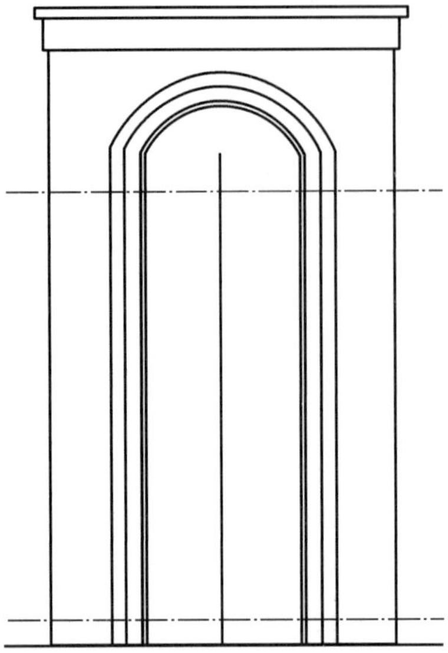

图 2-73　门窗洞绘制结果

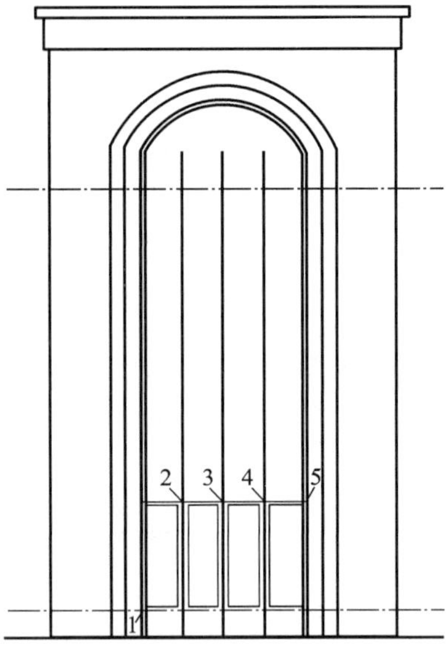

图 2-74　门立面绘制结果

执行复制命令,复制的对象为矩形,以图 2-56 中的 2 点为复制的基点,3 点、4 点和 5 点为复制的目标点。结果如图 2-74 所示。

4)绘制窗立面

执行偏移命令,将门顶部的水平直线(第 3 步中偏移 2100 距离得到的直线)向上偏移 700,将得到的直线再向上偏移 800,以此类推,将得到的直线再向上分别偏移 900、800、800、800、900、800。执行延伸命令,以最内层拱形多段线为延伸的边界,将中间三条竖直线延伸到与此多段线相交。结果参看图 2-75。

执行直线命令,绘制悬开窗,操作如下:

命令:L(输入直线命令,回车)
LINE 指定第一点:(捕捉图 2-75 所示的 1 点)
指定下一点或[放弃(U)]:MTP(执行两点间中点功能)
中点的第一点:(捕捉图 2-75 所示的 2 点)
中点的第二点:(捕捉图 2-75 所示的 4 点,绘制出直线的下一点)
指定下一点或[放弃(U)]:(捕捉图 2-57 所示的 3 点)
指定下一点或[闭合(C)/放弃(U)]:(回车结束命令)

执行复制命令,以刚刚绘制的悬开窗为复制对象,以图 2-75 所示 2 点为复制基点,图 2-75 所示 4 点、5 点和 6 点为目标点,复制出另外三个悬开窗,结果如图 2-76 所示。

5)完善门下沿

执行修剪命令,以 0 标高位置线为修剪的边界,将中间的三条竖直线(窗框线)在 0 标高线下方的部分修剪掉。执行偏移命令,将 0 标高位置线向下偏移 50,得到台阶平台线,把此直线放在“轮廓”图层。以此直线为修剪边界,将最外侧的两条门窗框线(即最内侧的两条拱形多段线)在此线下方的部分修剪掉。结果如图 2-76 所示。

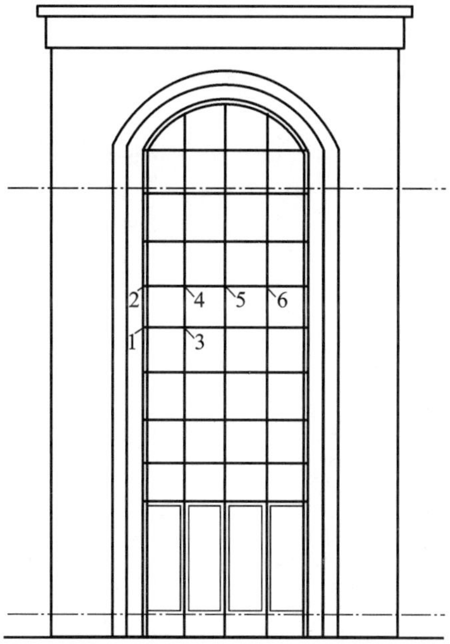

图 2-75　固定窗立面绘制结果

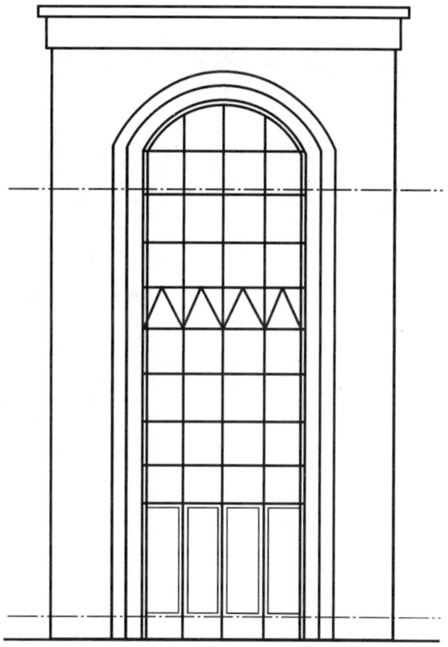

图 2-76　悬开窗和门下沿处理

6)绘制台阶

执行直线命令,以台阶平台线左端点为直线起点,以最下方水平直线左端点为直线终点,绘制一条辅助直线。执行定数等分(DIV)命令,将此直线三等分。设置合适的点样式,使点能清晰显示,并确保“对象捕捉”中的“节点”捕捉打开。执行复制命令,复制对象为台阶平台线,基点为台阶平台线的左端点,目标点分别为各等分点,复制出两条台阶线。执行删除命令,删除等分点及辅助直线。执行偏移命令,将最外侧的拱形多段线向外偏移两个 350 作为辅助线。此时图形下部如图 2-77 所示。

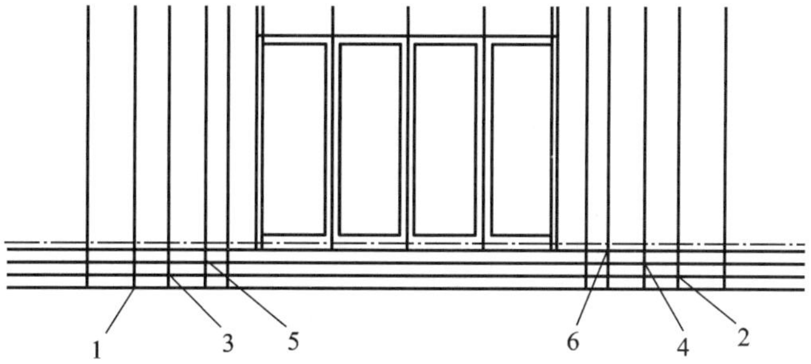

图 2-77　复制和偏移后的图形

将“轮廓”层置为当前图层,执行矩形命令,图 2-77 所示 1 点为矩形的第一个角点,2 点为另一个角点,绘制最下方的台阶,同样,分别在 3 点和 4 点、5 点和 6 点之间绘制两个矩形。

执行删除命令,将台阶平台线、两条台阶线和刚刚偏移得到的两条拱形多段线删除。执行修剪命令,将最外侧两个拱形多段线被台阶遮挡的部分(在台阶内侧的部分)修剪掉。

利用夹点编辑的拉伸功能,调整图中的两条点画线(0 标高位置线和圆弧的中心线)至适当长度,办公楼出入口立面大样图绘制完毕。结果见图 2-47。

2.6 绘制汽车坡道平面图

汽车坡道平面图如图 2-78 所示。通过本例将学习圆命令、图案填充命令、旋转命令、拉长命令、拉伸命令、阵列命令、圆角命令、倒角命令等绘图与编辑命令。

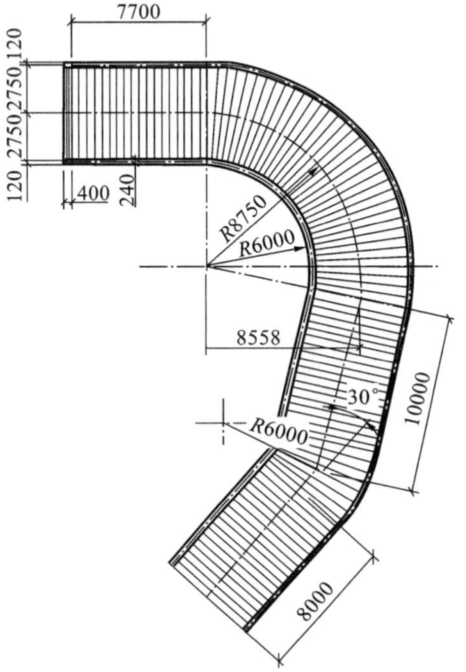

图 2-78 汽车坡道平面图

2.6.1 命令导入

1. 圆命令

圆(CIRCLE)命令是最常用的绘制曲线的命令,除了用于绘制整圆,还经常用修剪圆的方式得到各种圆弧。

【执行方式】

· 命令行:CIRCLE(C)。

· 功能区:“默认”选项卡→“绘图”面板→“圆”命令按钮,在按钮的下拉菜单中可以进一步选择绘制圆的方式,如图 2-79 所示。

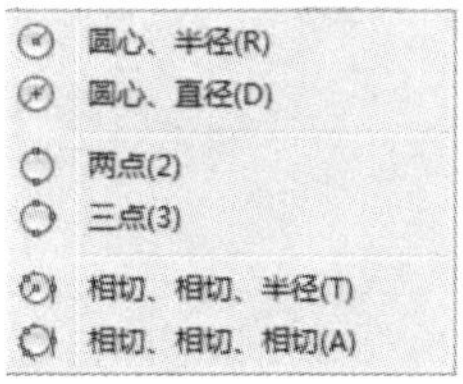

图 2-79 画圆的方式

【命令操作】

命令:CIRCLE

指定圆的圆心或[三点(3P)/两点(2P)/切点、切点、半径(T)]:(指定圆心)

指定圆的半径或[直径(D)]:(指定半径)

【选项说明】

· 默认选项:默认绘制圆的方式是先给定圆心,再给定半径的方式。

· 3P 选项：指定圆周上的三个点创建圆。
· 2P 选项：指定圆直径的两个端点创建圆。
· T 选项：以指定半径创建相切于两个对象的圆。
· D 选项：指定圆心和直径的方式绘制圆。

在图 2-79 中，还有“相切、相切、相切”方式，即创建相切于三个对象的圆，这实际上是“三点”方式的特殊应用。

【例 2-19】将图 2-80(a)改成图 2-80(b)的形式。

通过本例将学习绘制公切线及圆弧连接的方法。打开本书配套资源中的“图2-80. dwg”文件，然后执行如下操作：

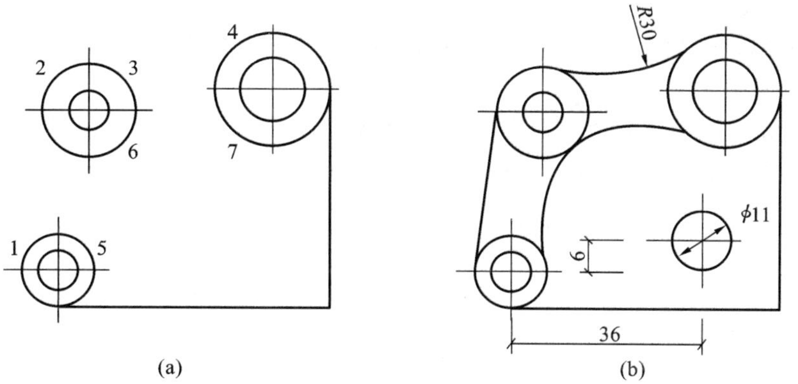

图 2-80　例 2-19 图

1)绘制直径为 11 的圆

命令：C(执行圆命令)

CIRCLE 指定圆的圆心或［三点(3P)/两点(2P)/切点、切点、半径(T)］：FROM(执行捕捉自功能)

基点：(捕捉左下方同心圆的圆心)

＜偏移＞：@36,6(输入直径 11 的圆的圆心与该同心圆的圆心的相对坐标)

指定圆的半径或［直径(D)］：D(直径方式，回车)

指定圆的直径：11(输入直径，回车)

2)绘制公切线

首先打开切点捕捉，同时关闭圆心捕捉和象限点捕捉。执行直线命令，在指定第一点的提示下，将光标移向切点附近(图 2-80 所示 1 点附近)，出现递延切点捕捉标志(见图 2-81)后，单击鼠标，确定直线第一点。同样，切点捕捉 2 点附近的圆，回车结束命令，完成公切线的绘制。

3)绘制半径 30 的圆弧连接

执行圆命令，执行 T 选项(相切、相切、半径)，在“指定对象与圆的第一个切点”提示下，在图 2-80 所示的 3 点附近的圆周上单击，在“指定对象与圆的第二个切点”提示下，在图 2-80 所示的 4 点附近的圆周上单击，然后输入圆的半径 30，圆绘制完

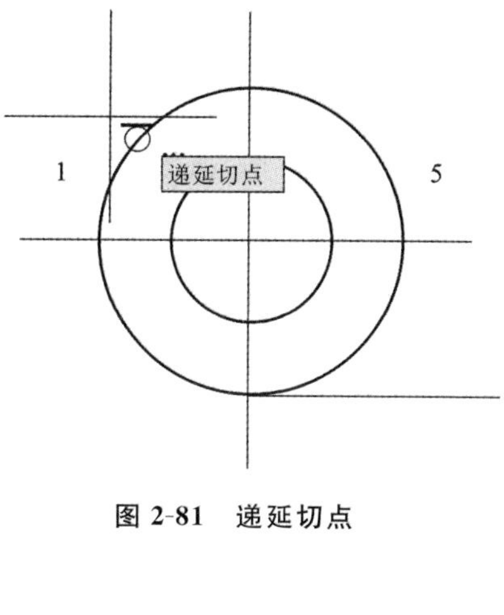

图 2-81　递延切点

毕。执行修剪命令,将外围的圆周部分修剪掉即可。

4)绘制与三个圆都相切的圆弧连接

单击功能区上的“默认”选项卡→“绘图”面板→“圆”下拉列表中的“相切、相切、相切”,在图2-80所示的5点、6点、7点附近的圆周上分别单击,完成与三个圆对象都相切的圆的绘制。执行修剪命令,修剪该圆,得到图2-80(b)所示的图形。

2. 图案填充

在建筑工程制图中,经常用图例来代表某些材料,或区分某一个区域。在AutoCAD中,用图案填充(HATCH)命令可以达到这样的目的。

【执行方式】

· 命令行:HATCH(H)。

· 功能区:“默认”选项卡→“绘图”面板→“图案填充”命令按钮。

【命令操作】

执行图案填充命令后,功能区出现“图案填充创建”上下文选项卡,内容如图2-82所示。

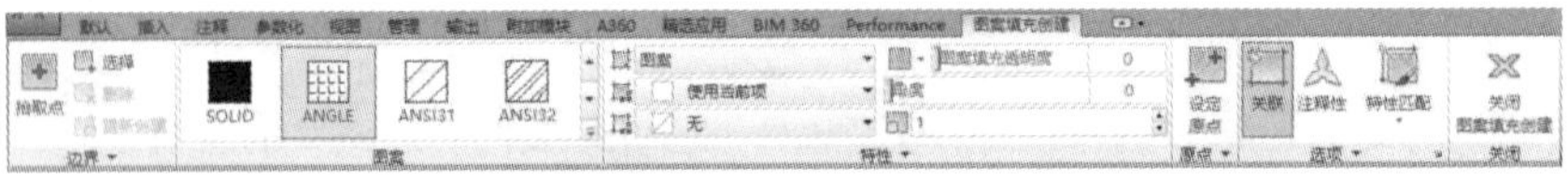

图 2-82 “图案填充创建”上下文选项卡

【主要功能说明】

1)“图案”面板

“图案”面板中有自定义、预定义的几十种图案类型,用户可以从中选择填充的图案。

2)“特性”面板

“特性”面板用于设置填充图案的特性。这些特性包含图案类型、颜色、背景颜色、透明度、角度、比例、图层等。图案填充角度指的是填充图案相对于当前坐标系X轴的旋转角度,图案填充比例指的是填充图案的缩放比例。

3)“边界”面板

用于图案填充的边界选择。可以通过“拾取点”方式指定边界,在图案填充区域内任意拾取一点,系统会自动确定出封闭的填充边界;也可以通过“选择”的方式指定边界。

4)“原点”面板

用于控制图案生成的起始位置。比如在表达地面布置图时,选择地砖铺设(用填充图案的方式表达地砖)合适的起点,可以既不浪费材料,又能保证地面的美观。

“设定原点”按钮可以在图形中拾取一点作为图案填充原点;“使用当前原点”按钮指的是图案填充原点与当前UCS坐标原点一致;“左下”、“右下”、“左上”、“右上”、“中心”等选项分别表示将图案填充的原点设定在图案填充边界的左下、右下、左上、右上、中心位置。

5)“选项”面板

“关联”选项被选中时,图案填充将会和边界关联,当用编辑命令修改边界时,图案会自动填充新的边界;“注释性”用来指定图案填充是否为可注释性的,图案填充注释性的问题本书不多论述,请参看AutoCAD联机帮助或其他资料;“特性匹配”用来选择一个已经使用的填充图案来填充指定的边界，新的图案将继承原图案的样式及特性；“允许的间隙”选项表示当填充区域没有闭合时，设定允许的间隙公差值，当间隙在允许公差值范围内时，允许填充没有闭合的图形。允许的间隙范围在 0～5000 单位之间，默认为 0；单击打开对话框按钮 ，弹出“图案填充和渐变色”对话框，如图 2-83 所示。这个对话框是传统的图案填充操作界面，在这个对话框中可以进行图案填充的绝大多数操作。

图 2-83　“图案填充和渐变色”对话框

【例 2-20】填充钢筋混凝土图例。本例对图 2-40 所示的墙体填充钢筋混凝土图例。

打开本书配套资源中的“图 2-40. dwg”文件，新建“图例”图层，图层颜色为灰色，其余默认。将“图例”层置为当前图层，并关闭“点画线”层。

执行图案填充命令，在“图案”面板中选择“ANSI31”图案，单击“边界”面板上的“拾取点”按钮，在四个封闭的墙体轮廓内分别单击，拾取到四个边界（拾取到的边界呈高亮显示），在“特性”面板的“比例”文本框中输入 50，回车结束命令。

再次执行图案填充命令，在“图案”面板中选择“AR-CONC”图案，单击“边界”面板上的“拾取点”按钮，在四个封闭的墙体轮廓内分别单击，拾取到四个边界，在“特性”面板的“比例”文本框中输入 2，回车结束命令。打开关闭的图层，结果如图 2-84 所示。

说明：由于图形大小的不同，且由于图案初始定义的尺寸也不同，所以，以多大的比例填充，要视具体的情况而定。如果要编辑已有的图案，可以双击图案，然后在“图案填充创建”上下文选项卡中修改图案填充参数。

3. 旋转命令

旋转（ROTATE）命令按指定的基点将选定的对象按给定的角度旋转，也可以保留源对象的位置，按给定的角度在新位置复制出一个新对象，即可以实现在旋转过程中的复制。

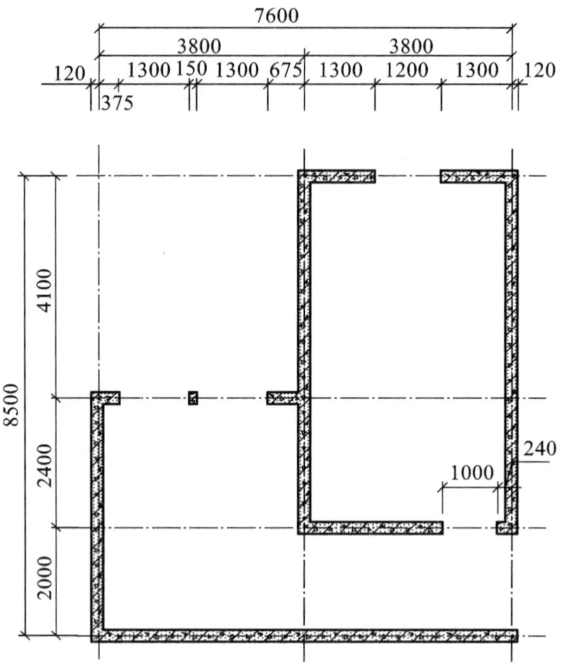

图 2-84 填充钢筋混凝土图案后的效果

【执行方式】

· 命令行:ROTATE(RO)。

· 功能区:"默认"选项卡→"修改"面板→"旋转"命令按钮。

【命令操作】

命令:ROTATE

UCS 当前的正角方向: ANGDIR=逆时针 ANGBASE=0

选择对象:(选择要旋转的对象)

选择对象:(继续提示选择要旋转的对象,不再选择的话,回车)

指定基点:(指定旋转的基点,对象将绕该点旋转)

指定旋转角度,或[复制(C)/参照(R)]<0>:(输入旋转的角度)

【选项说明】

· C 选项:在指定旋转角度的提示下,执行此选项并回车,然后再输入角度,则进行旋转复制。

· R 选项:用于指定对象旋转的参照角度。此选项在当前对象角度不明确(但可以作为参照)、目标角度已知的情况下进行旋转操作很方便。比如任意一条倾斜直线(角度未知),想通过旋转命令将这条直线旋转到 30°的位置,此时就可以执行参照选项,系统提示输入参照角度时,单击直线的两个端点,系统会依据这两个点计算直线当前的角度(这两个点的单击顺序很重要,不同的顺序会计算出相差 180°的角度),然后系统会提示给定新的角度,输入目标角度 30 即可。

4. 拉长命令

拉长(LENGTHEN)命令用于改变开放的线性对象的长度,包括直线、开放的多段线、圆弧、椭圆弧和开放的样条曲线。

【执行方式】

· 命令行：LENGTHEN(LEN)。

· 功能区："默认"选项卡→"修改"面板→"拉长"命令按钮。

【命令操作】

命令：LENGTHEN

选择对象或［增量(DE)/百分数(P)/全部(T)/动态(DY)］

【选项说明】

· DE 选项：按指定的增量修改对象的长度，该增量从距离选择点最近的端点处开始测量，正值拉长对象，负值缩短对象。

· P 选项：按对象总长度的指定百分数修改对象的长度，大于 100%时对象拉长，小于 100%时对象缩短。

· T 选项：给定对象的总长度。以选择点最近的端点为动点拉长或缩短对象，当给定的总长度大于当前长度时，对象被拉长，否则，对象被缩短。

· DY 选项：通过拖动选定对象的端点来动态地改变对象的长度，此选项对样条曲线无效。

5. 拉伸命令

拉伸(STRETCH)命令用于改变被拉伸对象的形状和位置。可以拉伸诸如直线、多段线类对象(开放的或闭合的)，圆弧、填充的图案、样条曲线等都可以拉伸。拉伸对象时需要指定一个基点，然后必须用窗交或圈交(即交叉窗口或交叉多边形)的方式选择对象，选择时，对象只能有一部分在选择窗口内，在选择窗口内的部分将被拉长或缩短。如果对象全部在选择窗口内，则对象将被移动。圆、椭圆和块不能被拉伸，对它们执行拉伸命令，它们将会被移动，相当于执行移动命令。

【执行方式】

· 命令行：STRETCH(S)。

· 功能区："默认"选项卡→"修改"面板→"拉伸"命令按钮。

【命令操作】

命令：STRETCH

以交叉窗口或交叉多边形选择要拉伸的对象…

选择对象：(用窗交或圈交的方式选择对象)

选择对象：(继续提示选择对象，不再选择的话，回车)

指定基点或［位移(D)］<位移>：(指定拉伸的基点)

指定第二个点或 <使用第一个点作为位移>：(指定拉伸的目标点，可用对象捕捉、直接给距离、相对坐标等方式给出目标点)

【选项说明】

· D 选项：用给定坐标值的方式给定拉伸的基点。

【例 2-21】用拉伸命令将图 2-85(a)改为图 2-85(b)的形式。

分析：从图 2-85 可以看出，门在墙上的位置发生了变化，但门的尺寸和形状并没有变化，门所在的墙体发生了变化，一侧伸长，一侧缩短。

打开本书配套资源中的"图 2-85. dwg"文件，然后执行如下操作：

命令：S

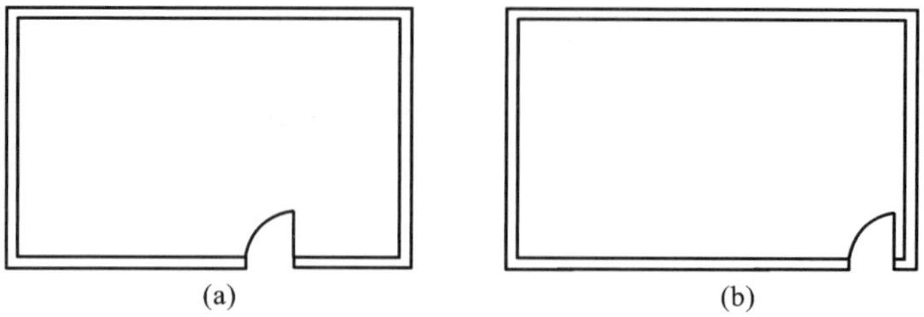

图 2-85 例 2-21 图

以交叉窗口或交叉多边形选择要拉伸的对象…

选择对象：指定对角点：找到 6 个(用窗交的方式选择对象,门完全在选择窗口内,两侧墙体都是部分在选择窗口内,如图 2-86所示)

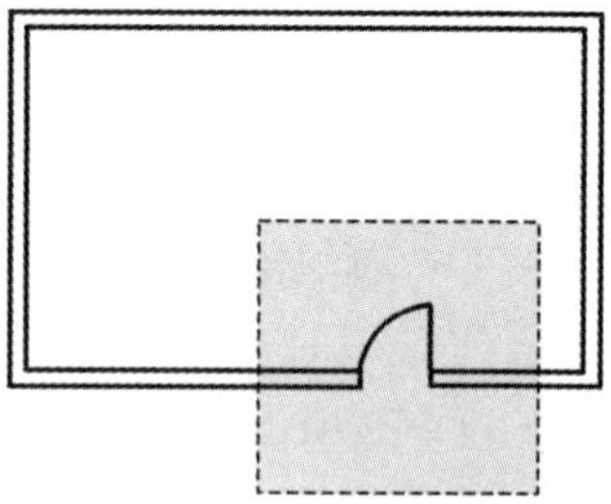

图 2-86 窗交方式选择对象

选择对象:(回车)

指定基点或［位移(D)］＜位移＞:(指定任意一点为基点)

指定第二个点或 ＜使用第一个点作为位移＞:2000(向右移动鼠标,结合 0°极轴,直接给出拉伸距离 2000,回车,命令结束)

6. 阵列命令

阵列(ARRAY)是指按一定规则的复制。将会把对象按矩形、环形的方式或沿某一路径排列。AutoCAD 2012 阵列命令得到了增强,增加了路径阵列,操作方式也发生了一些变化。

【执行方式】

· 命令行:ARRAY(AR)。

· 功能区:“默认”选项卡→“修改”面板→“矩形阵列”按钮、“路径阵列”按钮、“环形阵列”按钮。

启动不同的阵列命令后,在命令行会出现不同的命令选项提示。

下面对不同的阵列进行简要的说明。

(1)矩形阵列(ARRAYRECT):将对象按行和列等距离分布。执行矩形阵列后,命令行提示如下:

命令:ARRAYRECT

选择对象:

类型 = 矩形 关联 = 是

为项目数指定对角点或［基点(B)/角度(A)/计数(C)］＜计数＞:

【功能说明】

矩形阵列最常用的操作是:首先给定基点,系统默认的基点是对象的质心,如果需要修改基点,则执行 B 选项;然后执行“计数(C)”选项给出矩形阵列的行数和列数,以及行间距和列间距;如果需要应按一定角度阵列,执行 A 选项,以设置行轴的角度(列与行垂直)。

当各选项都设置好以后,命令行会出现如下提示:

按 Enter 键接受或［关联(AS)/基点(B)/行(R)/列(C)/层(L)/退出(X)］＜退出＞:

阵列的关联(AS 选项)是指阵列中创建的项目是否保持关联性,如果保持关联性,则它们作为一个整体存在,这样便于对阵列结果的修改;如果不关联,则阵列中的各项目保持独立。

“层(L)”选项用于三维中的阵列，用于设置在高度方向上阵列的层数和层间距。

对于行、列、基点的设置：如果需要修改，继续执行相应的选项；如果不修改，按回车键确认。

(2)路径阵列(ARRAYPATH)：沿路径或部分路径均匀分布对象。路径可以是直线、多段线、三维多段线、样条曲线、螺旋、圆弧、圆或椭圆。

路径阵列的常用操作是：选择阵列的对象，指定阵列的路径，指定沿路径阵列的方向，指定阵列的项目数、阵列间距等。

(3)环形阵列(ARRAYPOLAR)：阵列对象将按指定的中心点均匀分布。环形阵列的常用操作是首先选定阵列对象，指定阵列中心点，给定阵列的项目数、项目间的角度和填充角度(环形阵列的角度)。

【例 2-22】用矩形阵列完成截水沟盖板的绘制，将图 2-87 所示的上图改为下图的形式。

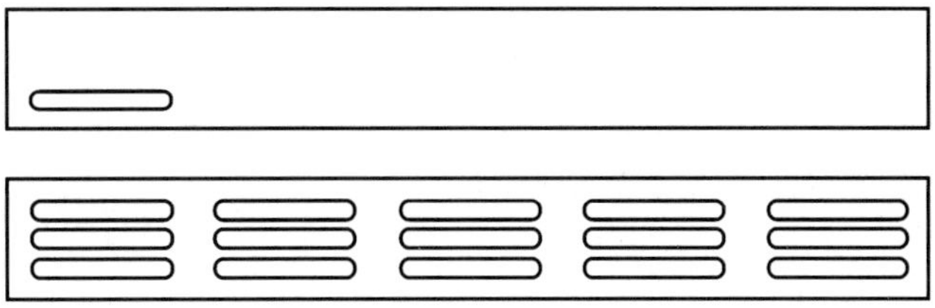

图 2-87　例 2-22 图

打开本书配套资源中的“图 2-87.dwg”文件，然后执行如下操作。

单击矩形阵列按钮，启动矩形阵列命令，操作过程如下。

命令：_arrayrect

选择对象：找到 1 个(选择孔形对象)

选择对象：(回车)

类型 = 矩形　关联 = 是

为项目数指定对角点或 [基点(B)/角度(A)/计数(C)] <计数>：(回车，执行计数选项)

输入行数或 [表达式(E)] <4>：3(输入行数，回车)

输入列数或 [表达式(E)] <4>：5(输入列数，回车)

指定对角点以间隔项目或 [间距(S)] <间距>：(回车，执行间距选项)

指定行之间的距离或 [表达式(E)] <90>：100(输入行间距，回车)

指定列之间的距离或 [表达式(E)] <690>：600(输入列间距，回车)

按 Enter 键接受或 [关联(AS)/基点(B)/行(R)/列(C)/层(L)/退出(X)] <退出>：(回车，命令结束)

【例 2-23】用环形阵列完成酒店房间的布置，将图 2-88 所示的图形改为图 2-89 所示的形式。

打开本书配套资源中的“图 2-88.dwg”文件，文件中有如图 2-88 所示的图形，单击环形阵列按钮，启动环形阵列命令，操作过程如下。

命令：_arraypolar

选择对象：指定对角点，找到 29 个(选择图 2-88 所示的房间图形)

选择对象：(回车)

类型 = 极轴　关联 = 是

指定阵列的中心点或 [基点(B)/旋转轴(A)]：(捕捉十字线的交点作为阵列中心点)

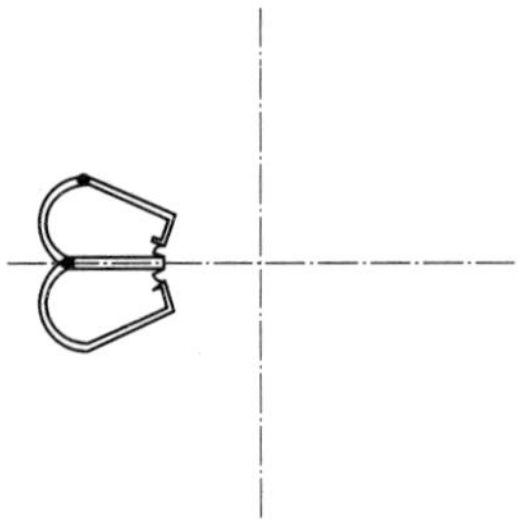

图 2-88 例 2-23 初始图

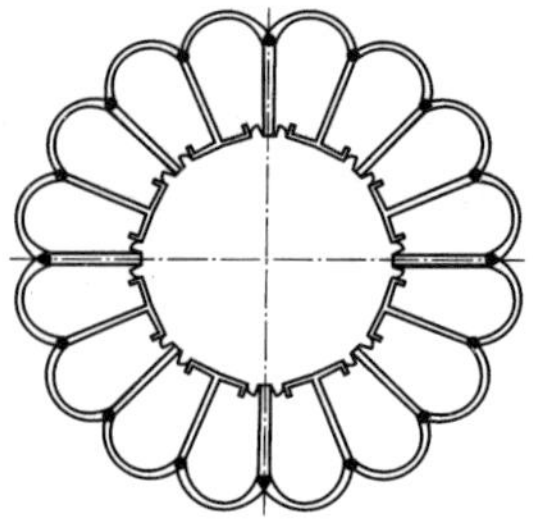

图 2-89 例 2-23 完成图

输入项目数或［项目间角度(A)/表达式(E)］＜4＞：8(输入项目数，回车)

指定填充角度(＋＝逆时针、－＝顺时针)或［表达式(EX)］＜360＞：(回车，确认填充角度为 360°)

按 Enter 键接受或［关联(AS)/基点(B)/项目(I)/项目间角度(A)/填充角度(F)/行(ROW)/层(L)/旋转项目(ROT)/退出(X)］(回车，结束命令，结果如图 2-89 所示)

路径阵列的具体操作将在 2.6.2 小节中介绍。

7. 倒角命令

倒角(CHAMFER)命令用于给不平行的线性对象加倒角，即用斜线连接两个不平行的线性对象。可以倒角直线、多段线、射线和构造线。

【执行方式】

· 命令行：CHAMFER(CHA)。

· 功能区："默认"选项卡→"修改"面板→"倒角"命令按钮。

【命令操作】

命令：CHAMFER

("修剪"模式) 当前倒角距离 1 ＝ 0.0000，距离 2 ＝ 0.0000

选择第一条直线或［放弃(U)/多段线(P)/距离(D)/角度(A)/修剪(T)/方式(E)/多个(M)］：(选择第一个倒角的对象)

选择第二条直线，或按住 Shift 键选择直线以应用角点或［距离(D)/角度(A)/方法(M)］：(选择第二个倒角的对象，完成倒角，命令结束)

【选项说明】

· P 选项：执行此选项，可以选择一条二维多段线，将在多段线各顶点处按给定的距离倒角。

· D 选项：用于给定倒角的距离。倒角距离是指被倒角的两个对象的交点(或延长线的交点)，到倒角后连接线与被倒角对象交点之间的距离。有两个倒角距离，这两个倒角距离可以相同，也可以不同，当两个倒角距离都为 0 时，两个对象将会相交。

· A 选项：执行此选项，将会按第一条直线的倒角距离和倒角角度的方式倒角。

· T 选项：决定连接线是否修剪(或延伸)被连接的两个对象。有"修剪"和"不修剪"两个选择。

· E 选项：用于在距离和角度模式间切换。

· M 选项：执行此选项，可以同时对多个对象进行倒角，而不必重新启动倒角命令。

· 按住 Shift 键选择直线以应用角点：可以快速创建 0 距离倒角。

8. 圆角命令

圆角(FILLET)命令用平滑的圆弧连接两个对象。对象可以是直线、多段线、样条曲线、构造线、射线、圆、圆弧和椭圆。

【执行方式】

· 命令行：FILLET(F)。

· 功能区："默认"选项卡→"修改"面板→"圆角"命令按钮。

【命令操作】

命令：FILLET

当前设置：模式 = 修剪，半径 = 0.0000

选择第一个对象或[放弃(U)/多段线(P)/半径(R)/修剪(T)/多个(M)]：(选择第一个对象)

选择第二个对象，或按住 Shift 键选择对象以应用角点或[半径(R)]：(选择第二个对象)

【选项说明】

· P 选项：执行此选项，可以选择一条二维多段线，将在多段线各顶点处按给定的半径圆角。

· R 选项：用于给定圆角的半径。当圆角半径为 0 时，被圆角的两个倾斜对象将相交；若两个被圆角的对象平行，则不论给定的半径是多少，都将会创建半圆弧以连接两个对象。

· T 选项：决定连接圆弧是否修剪(或延伸)被连接的两个对象。有"修剪"和"不修剪"两个选择。

· M 选项：执行此选项，可以同时对多个对象进行圆角，而不必重新启动圆角命令。

· 按住 Shift 键选择直线以应用角点：可以快速创建 0 半径圆角。

【例 2-24】用圆角和倒角命令将图 2-90(a)改为图 2-90(b)的形式。

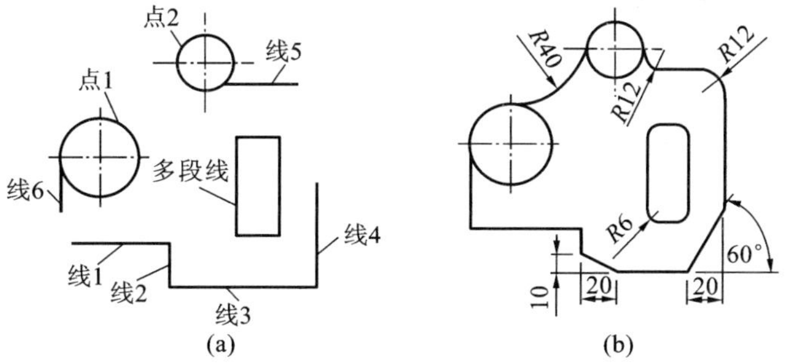

图 2-90　例 2-24 图

打开本书配套资源中的"图 2-90.dwg"文件，然后执行如下操作。

执行倒角命令，操作过程如下。

命令：_chamfer

("修剪"模式) 当前倒角距离 1 = 0.0000，距离 2 = 0.0000

选择第一条直线或[放弃(U)/多段线(P)/距离(D)/角度(A)/修剪(T)/方式(E)/多个(M)]：M(执行多个选项，回车)

选择第一条直线或[放弃(U)/多段线(P)/距离(D)/角度(A)/修剪(T)/方式(E)/多个(M)]： D(执行距离选项，回车)

指定第一个倒角距离<0.0000>：10(给定距离 1，回车)

指定第二个倒角距离<10.0000>：20(给定距离 2，回车)

选择第一条直线或[放弃(U)/多段线(P)/距离(D)/角度(A)/修剪(T)/方式(E)/多个

(M)]:(选择图 2-90 左图中的线 2)

选择第二条直线,或按住 Shift 键选择直线以应用角点或[距离(D)/角度(A)/方法(M)]:(选择图 2-90 左图中的线 3)

选择第一条直线或[放弃(U)/多段线(P)/距离(D)/角度(A)/修剪(T)/方式(E)/多个(M)]: A(执行角度选项,回车)

指定第一条直线的倒角长度 <10.0000>:20(给定距离,回车)

指定第一条直线的倒角角度 <60>:60(给定角度,回车)

选择第一条直线或[放弃(U)/多段线(P)/距离(D)/角度(A)/修剪(T)/方式(E)/多个(M)]:(选择图 2-90 左图中的线 3)

选择第二条直线,或按住 Shift 键选择直线以应用角点或[距离(D)/角度(A)/方法(M)]:(选择图 2-90 左图中的线 4)

选择第一条直线或[放弃(U)/多段线(P)/距离(D)/角度(A)/修剪(T)/方式(E)/多个(M)]: D(执行距离选项,回车)

指定第一个倒角距离 <10.0000>:0(给定距离 1,回车)

指定第二个倒角距离 <0.0000>:0(给定距离 2,回车)

选择第一条直线或[放弃(U)/多段线(P)/距离(D)/角度(A)/修剪(T)/方式(E)/多个(M)]:(选择图 2-90 左图中的线 1)

选择第二条直线,或按住 Shift 键选择直线以应用角点或[距离(D)/角度(A)/方法(M)]:(选择图 2-90 左图中的线 6)

选择第一条直线或[放弃(U)/多段线(P)/距离(D)/角度(A)/修剪(T)/方式(E)/多个(M)]:(回车结束命令)

执行圆角命令,操作过程如下。

命令:_fillet

当前设置:模式 = 修剪,半径 = 0.0000

选择第一个对象或[放弃(U)/多段线(P)/半径(R)/修剪(T)/多个(M)]:R(执行半径选项,回车)

指定圆角半径 <0.0000>:12(给定圆角半径,回车)

选择第一个对象或[放弃(U)/多段线(P)/半径(R)/修剪(T)/多个(M)]:M(执行多个选项,回车)

选择第一个对象或[放弃(U)/多段线(P)/半径(R)/修剪(T)/多个(M)]:(选择图 2-90 左图中的线 4)

选择第二个对象,或按住 Shift 键选择对象以应用角点或[半径(R)]:(选择图 2-90 左图中的线 5)

选择第一个对象或[放弃(U)/多段线(P)/半径(R)/修剪(T)/多个(M)]:(选择图 2-90 左图中的线 5)

选择第二个对象,或按住 Shift 键选择对象以应用角点或[半径(R)]:(选择图 2-90 左图中的与线 5 相交的圆)

选择第一个对象或[放弃(U)/多段线(P)/半径(R)/修剪(T)/多个(M)]:R(执行半径

选项，回车）

指定圆角半径 ＜12.0000＞：6（给定圆角半径，回车）

选择第一个对象或［放弃（U）/多段线（P）/半径（R）/修剪（T）/多个（M）］：P（执行多段线选项，回车）

选择二维多段线或［半径（R）］：（选择图 2-90 左图中的矩形多段线）

4 条直线已被圆角

选择第一个对象或［放弃（U）/多段线（P）/半径（R）/修剪（T）/多个（M）］：R（执行半径选项，回车）

指定圆角半径 ＜6.0000＞：40（给定圆角半径，回车）

选择第一个对象或［放弃（U）/多段线（P）/半径（R）/修剪（T）/多个（M）］：（在图 2-90 左图中的点 1 附近选择圆）

选择第二个对象，或按住 Shift 键选择对象以应用角点或［半径（R）］：（在图 2-90 左图中的点 2 附近选择圆）

选择第一个对象或［放弃（U）/多段线（P）/半径（R）/修剪（T）/多个（M）］：（回车结束命令）

2.6.2　绘图过程

1. 设置绘图环境

1）新建图形文件

单击“新建”命令，在“选择样板”对话框中单击“打开”，则打开 AutoCAD 默认模版文件“acadiso.dwt”。

2）设置图形界限

将图形界限设置为从（0，0）到（59400，42000），并执行全部缩放命令，使图形界限全屏显示。

3）创建图层

新建四个图层“墙线”“构件”“坡道”和“点画线”，其中“点画线”图层颜色为红色，线型为“CENTER”，“构件”图层颜色为青色，“坡道”图层颜色为灰色，其余默认。

4）设置线型比例

单击功能区上的“默认”选项卡→“特性”面板→线型下拉列表中的“其他”，弹出“线型管理器”对话框，将“全局比例因子”设置为 50。

2. 绘制图形

1）绘制坡道中心线

将“点画线”层置为当前图层。执行直线命令，绘制长度约为 16000 的水平直线和竖直直线各一条，两条直线在端点附近相交，如图 2-91 所示。执行圆命令，以两条线的交点为圆心，绘制半径 8750 的圆。执行偏移命令，将竖直线向右偏移 8558。执行直线命令，以圆的 90°象限点为起点，向左绘制长为 7700 的直线（如图 2-92 所示直线 1）；以圆心为起点，右侧竖直线与圆的交点为终点绘制另一条直线（如图 2-92 所示直线 2）。

执行旋转命令，旋转复制直线 2，得到图 2-92 所示直线 3，操作如下。

命令：_rotate

UCS 当前的正角方向：　ANGDIR＝逆时针　ANGBASE＝0

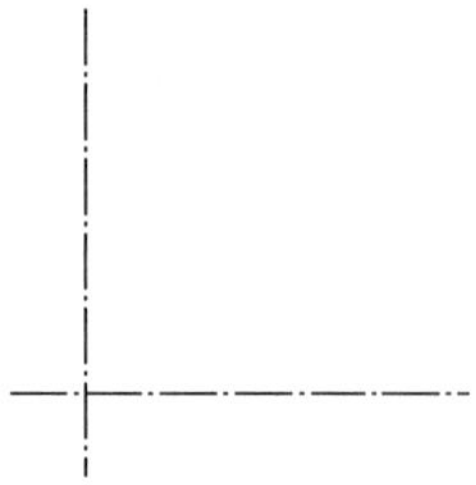

图 2-91 绘制交线

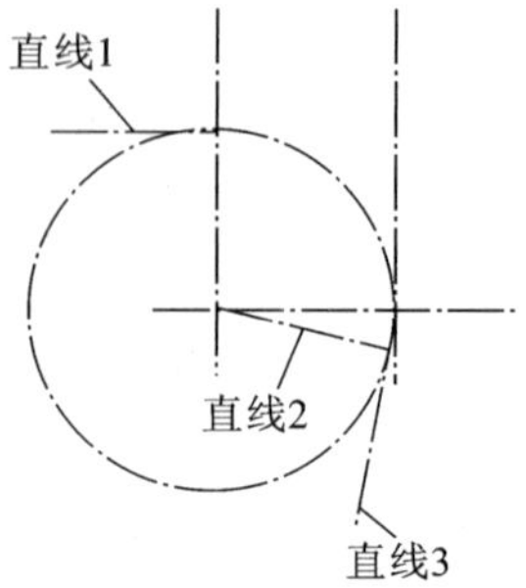

图 2-92 直线 1、直线 2、直线 3 的绘制结果

选择对象：找到 1 个(选择直线 2)

选择对象：(回车)

指定基点：(捕捉直线 2 的右下端点)

指定旋转角度，或［复制(C)/参照(R)］<0>： C(执行复制选项，回车)

旋转一组选定对象。

指定旋转角度，或［复制(C)/参照(R)］<0>： 90(给定旋转角度，回车)

执行拉长命令，拉长直线 3，操作如下。

命令：LEN

选择对象或［增量(DE)/百分数(P)/全部(T)/动态(DY)］：T(执行全部选项，回车)

指定总长度或［角度(A)］<1.0000)>：10000(给定总长度，回车)

选择要修改的对象或［放弃(U)］：(选择直线 3 的下部)

选择要修改的对象或［放弃(U)］：(回车)

执行旋转命令，以直线 3 下端点为基点，将直线 3 旋转复制－30°。执行拉长命令，利用拉长命令的“动态”选项，将得到的直线向下拉长一定的距离(约大于 10000)，得到如图 2-93 所示的直线 4。执行圆角命令，在直线 3 和直线 4 的交点处倒半径为 6000 的圆角(如图 2-94 所示圆弧 1)。

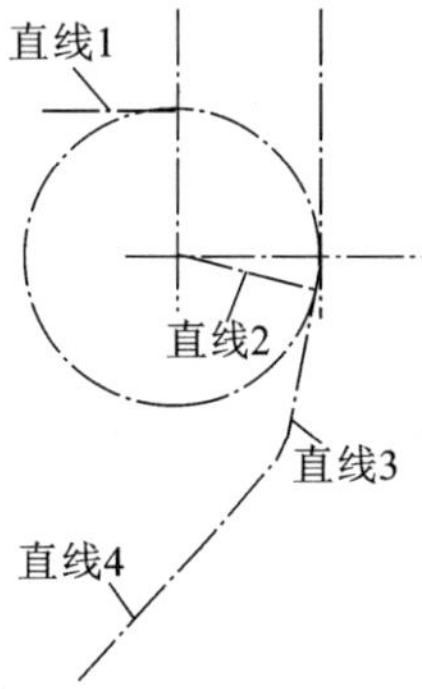

图 2-93 直线 4 的绘制结果

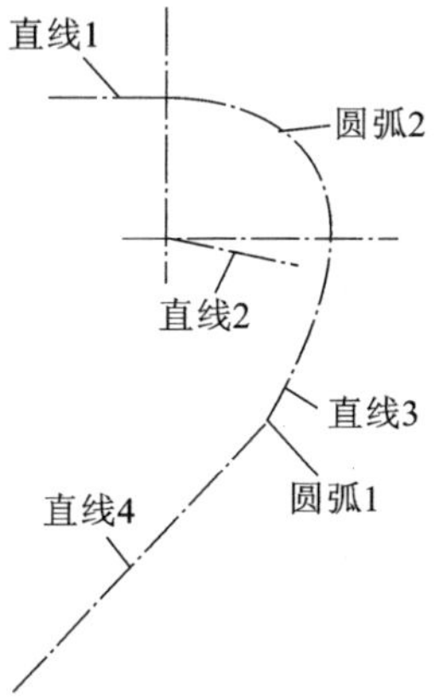

图 2-94 修剪圆后的结果

执行拉长命令，用拉长命令的“全部”选项，将直线 4 拉长为 8000(选择对象时，应选择直线 4 下端点附近)。执行修剪命令，以直线 1 和直线 3 为修剪边界修剪圆，得到圆弧 2(见图 2-94)，执行删除命令，删除右侧的竖直辅助线，结果如图 2-94 所示。

执行多段线编辑命令(PE),将如图 2-94 所示的直线 1、圆弧 2、直线 3、圆弧 1 和直线 4 合并为一条多段线。坡道中心线绘制完毕。

2)绘制墙线

执行偏移命令,将合并后的多段线向两侧各偏移 2750,得到墙体轴线。将"墙线"层置为当前层,执行偏移命令,偏移墙体轴线,得到墙线,操作如下。

命令:O

OFFSET

当前设置:删除源=否　图层=源　OFFSETGAPTYPE=0

指定偏移距离或[通过(T)/删除(E)/图层(L)]<2750.0000>:L(执行图层选项,回车)

输入偏移对象的图层选项[当前(C)/源(S)]<源>: C(执行当前选项,回车)

指定偏移距离或[通过(T)/删除(E)/图层(L)]<2750.0000>:120(给定偏移距离,回车)

选择要偏移的对象,或[退出(E)/放弃(U)]<退出>:(选择一条轴线)

指定要偏移的那一侧上的点,或[退出(E)/多个(M)/放弃(U)]<退出>:(在轴线一侧单击)

选择要偏移的对象,或[退出(E)/放弃(U)]<退出>:(选择同一条轴线)

指定要偏移的那一侧上的点,或[退出(E)/多个(M)/放弃(U)]<退出>:(在轴线另一侧单击)

选择要偏移的对象,或[退出(E)/放弃(U)]<退出>:(选择另一条轴线)

指定要偏移的那一侧上的点,或[退出(E)/多个(M)/放弃(U)]<退出>:(在轴线一侧单击)

选择要偏移的对象,或[退出(E)/放弃(U)]<退出>:(选择同一条轴线)

指定要偏移的那一侧上的点,或[退出(E)/多个(M)/放弃(U)]<退出>:(在轴线另一侧单击)

选择要偏移的对象,或[退出(E)/放弃(U)]<退出>:(回车,命令结束)

执行直线命令,用直线给墙体封口,结果如图 2-95 所示。

3)绘制坡道防滑线

将"坡道"图层置为当前图层,执行直线命令,连接图 2-95 所示的点 1 和点 2。执行路径阵列命令,生成防滑线,命令操作如下,结果如图 2-96 所示。

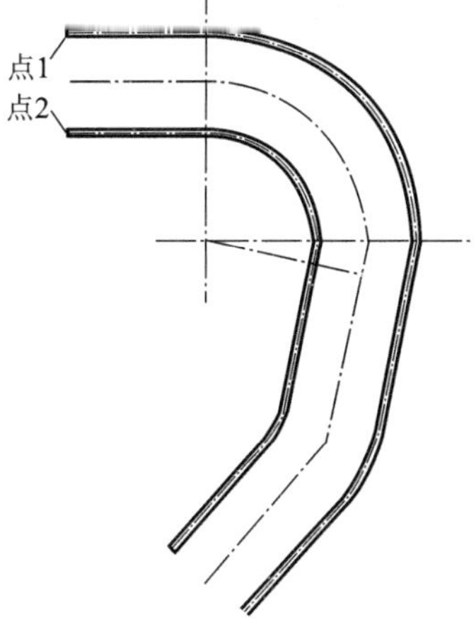

图 2-95　墙线绘制结果

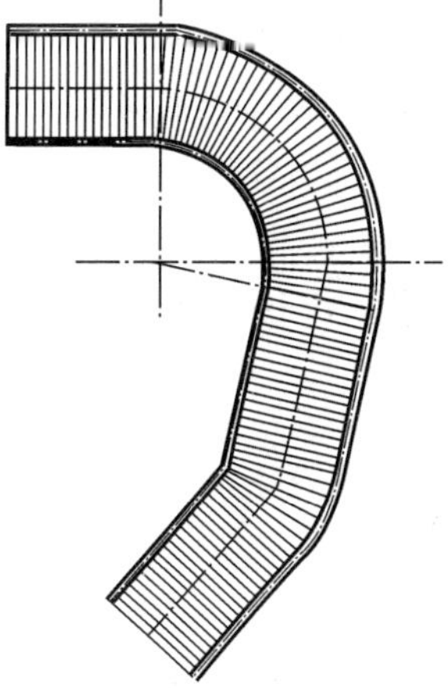

图 2-96　用路径阵列生成防滑线

命令：_arraypath

选择对象：找到 1 个(选择点 1 和点 2 的连线)

选择对象：(回车)

类型 = 路径　关联 = 是

选择路径曲线：(选择坡道中心线，即合并后的多段线)

输入沿路径的项数或［方向(O)/表达式(E)］<方向>：100(输入阵列的总数目，回车)

指定沿路径的项目之间的距离或［定数等分(D)/总距离(T)/表达式(E)］<沿路径平均定数等分(D)>：(回车，执行"定数等分"选项)

按 Enter 键接受或［关联(AS)/基点(B)/项目(I)/行(R)/层(L)/对齐项目(A)/Z 方向(Z)/退出(X)］<退出>：(回车，接受结果，命令结束)

说明：对于用 AutoCAD 2012 以前版本的用户，由于还没有路径阵列命令，可以用定数等分的块选项完成本例防滑线的绘制，具体操作详见第 5 章 5.4.1 小节。

4)绘制入口墙垛及截水沟盖板

将"构件"层置为当前图层，执行矩形命令，在入口处绘制两个矩形墙垛，与墙体同宽，长为 400；在两个墙垛之间绘制通长的矩形，作为截水沟，参看图 2-97。

执行图案填充命令(H)，选择"GRATE"图案，填充角度为 90°，填充比例为 150，选择截水沟矩形作为填充对象。结果如图 2-98 所示。

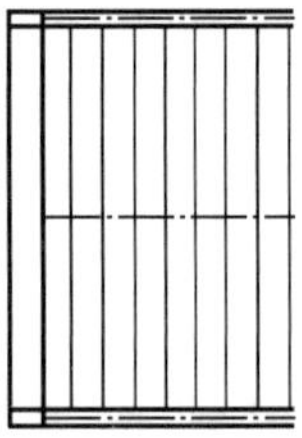

图 2-97　入口处的构件

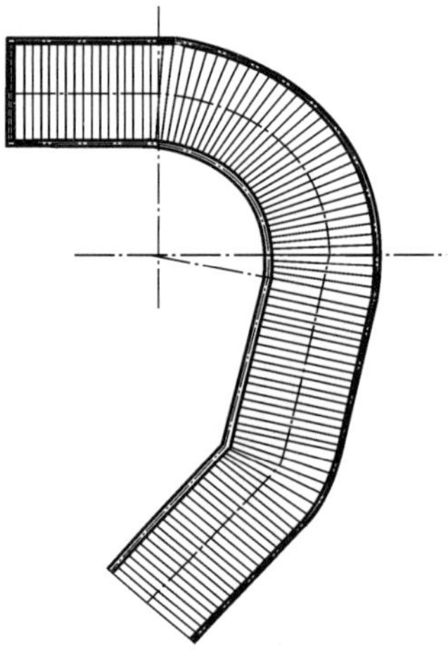

图 2-98　汽车坡道平面图绘制结果

汽车坡道平面图绘制完毕。

2.7　绘制机房平面图

机房平面图如图 2-99 所示。本例将综合运用多种绘图与编辑命令，并学习打断、合并、缩放等命令。

2.7.1　命令导入

1. 缩放命令

缩放(SCALE)命令用来以指定的基点为基准，按比例放大或缩小选定的对象，又称比例缩放或等比缩放。缩放时可以保持源对象大小不变，而生成放大或缩小的新对象，即缩放复制。

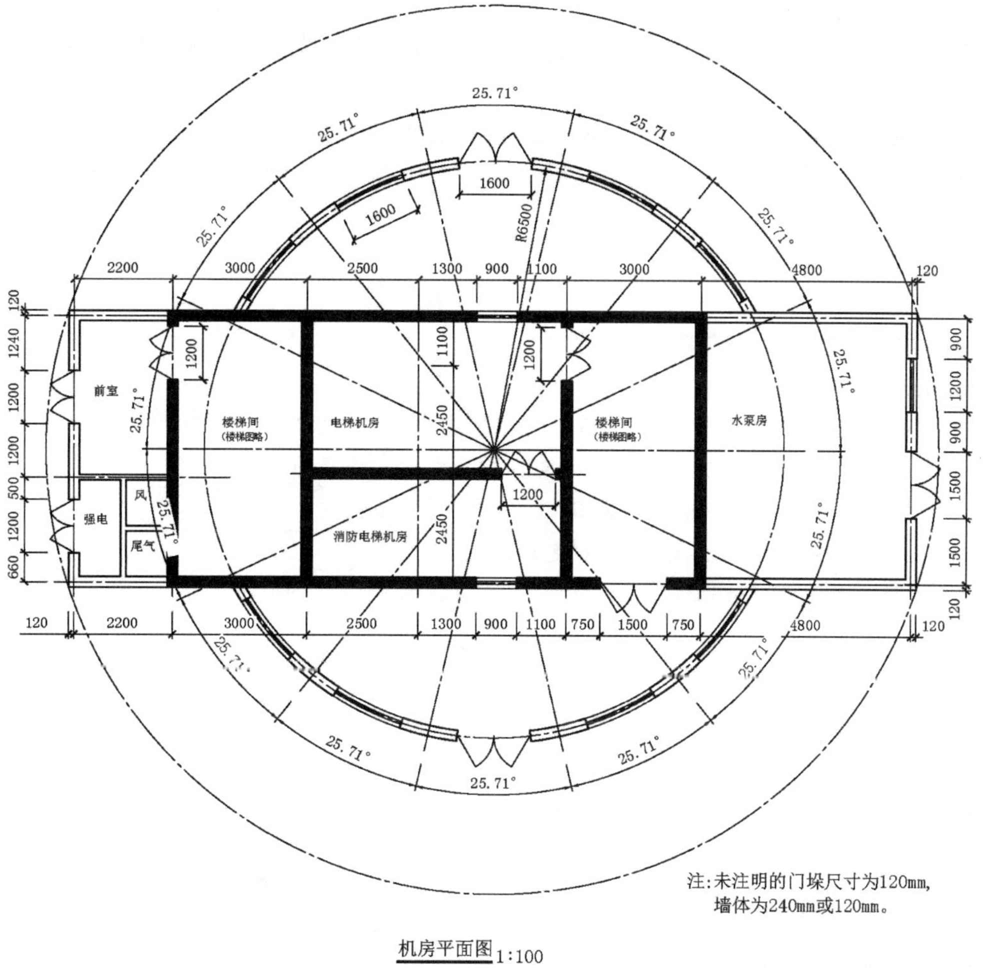

图 2-99　机房平面图

【执行方式】

· 命令行:SCALE(SC)。

· 功能区:"默认"选项卡→"修改"面板→"缩放"命令按钮。

【命令操作】

命令:SCALE

选择对象:(选择缩放对象)

指定基点:(指定缩放基点)

指定比例因子或[复制(C)/参照(R)]:(给定缩放比例,大于1将放大对象,小于1将缩小对象)

【选项说明】

· C选项:在给定比例以前,执行此选项,将进行缩放复制。

· R选项:用于指定参照长度。系统会提示输入参照长度和新长度,并把新长度与参照长度的比值作为缩放的比例,允许用单击两点的方式给定参照长度。此选项常用于缩放比例不明确,被缩放的对象尺寸未知，但缩放后的尺寸已知的情况，此时，可以借助参照选项快速而精确地缩放。

【例 2-25】用移动命令和缩放命令将图 2-100(a)所示的厨房操作台精确定位到图2-100(c)所示的位置。

打开本书配套资源中的"图 2-100. dwg"文件，执行如下的操作：

执行移动命令，以操作台 2 点为基点，厨房内墙右下角点为目标点，移动操作台，结果如图 2-100(b)所示。

执行缩放命令，操作如下。

命令：SC
选择对象：找到 1 个(选择操作台)
选择对象：(回车)
指定基点：(捕捉操作台上的 2 点)
指定比例因子或 [复制(C)/参照(R)]：R(执行参照选项，回车)
指定参照长度 <1.0000>：(捕捉操作台上的 2 点)
指定第二点：(捕捉操作台上的 1 点)
指定新的长度或 [点(P)] <1.0000>：(捕捉厨房内侧的 3 点)

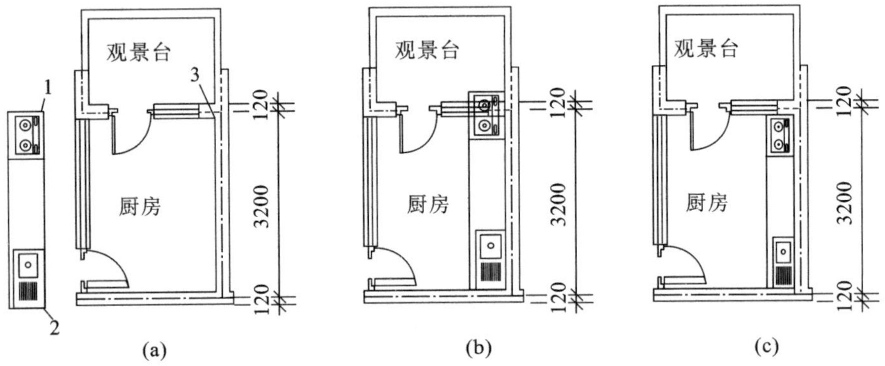

图 2-100 例 2-25 图

2. 打断命令

打断(BREAK)命令可以打断单一对象成为两个独立的对象。可以用打断命令打断直线、多段线、圆、圆弧、椭圆和样条曲线等对象。

【执行方式】

- 命令行：BREAK(BR)。
- 功能区："默认"选项卡→"修改"面板→"打断"命令按钮。

【命令操作】

命令：BREAK
选择对象：(选择要打断的对象)
指定第二个打断点或 [第一点(F)]：(在对象上指定第二个打断点)

【选项说明】

- F 选项：执行此选项，将要求指定第一个打断点。默认情况下，将选择对象时的选择点作为第一个打断点。

【其他说明】

・圆以逆时针方向打断，所以在打断圆时，注意打断点的单击顺序。

・当只要求用一个点打断对象时，可以在指定第二个打断点的提示下输入@并回车，或者执行打断于点命令（"修改"工具栏打断于点按钮）。

3. 合并命令

合并(JOIN)命令可以将断开的对象合并为一个对象。可以用合并命令合并直线、多段线、圆、圆弧、椭圆和样条曲线等对象。

【执行方式】

・命令行：JOIN(J)。

・功能区："默认"选项卡→"修改"面板→"合并"命令按钮。

【命令操作】

命令：JOIN

选择源对象或要一次合并的多个对象：(选择一个对象)

选择要合并的对象：(选择另一个对象)

选择要合并的对象：(可以继续选择，或回车结束命令)

【选项说明】

・源对象：可以合并其他对象的对象。

【其他说明】

・仅直线对象可以并到源直线，且合并后的对象仍为直线。直线可以重叠，也可以有间隙，但必须共线。

・直线、多段线和圆弧可以合并到源多段线，合并后的对象为多段线。这些对象必须连续且共面。

・只有圆弧可以合并到源圆弧。所有的圆弧对象必须具有相同半径和中心点，但是它们之间可以有间隙。从源圆弧按逆时针方向合并圆弧。

2.7.2　绘图过程

1. 设置绘图环境

1)新建图形文件

单击"新建"命令，在"选择样板"对话框中单击"打开"，则打开 AutoCAD 默认模板文件"acadiso.dwt"。

2)设置图形界限

将图形界限设置为从(0,0)到(42000,29700)，并执行全部缩放命令，使图形界限全屏显示。

3)创建图层

新建四个图层"墙线""门窗""填充"和"轴线"，其中"轴线"图层颜色为红色，线型为"CENTER"，"门窗"图层颜色为青色，"填充"图层颜色为灰色，"墙线"图层线宽为 0.4 mm。其余默认。

4)设置线型比例

在"线型管理器"对话框中将"全局比例因子"设置为 50。

5)创建"24 墙"

按 2.4.2 小节介绍的方法，创建"24 墙"多线样式并置为当前。

2. 绘制图形

1)绘制轴线

将“轴线”层置为当前层。执行构造线命令,绘制一条水平和一条竖直构造线。执行偏移命令,将水平构造线向上偏移 2360,将得到的直线再向上偏移 3640。将竖直构造线向右偏移 2200,将得到的构造线再向右偏移 3000,以此类推,再向右偏移 2500、3300、3000 和 4800。将首条水平构造线向上偏移 2450,并用打断于点命令,将此构造线在与第三条竖直构造线交点和与第五条竖直构造线交点处打断,删除打断点外侧的部分。轴线绘制结果如图2-101所示。

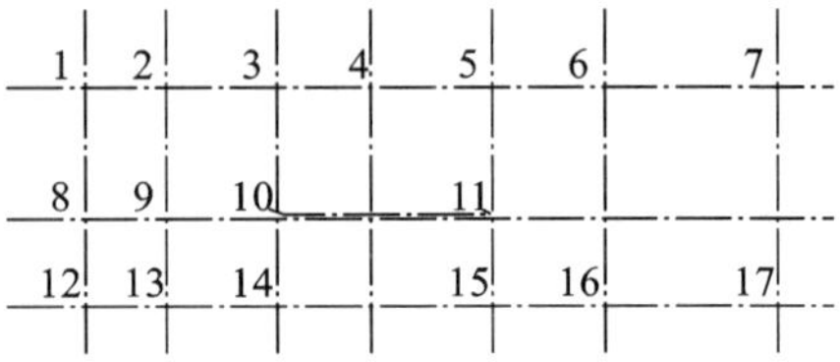

图 2-101　绘制轴线

2)绘制剪力墙

将“墙线”层置为当前层,执行多线命令,多线的对正方式为“无”,比例为 1,绘制 240 宽的墙线。首先以如图 2-101 所示的 2 点为起点,绘制到 6 点、16 点和 13 点,然后闭合此多线。仍然用多线,连接 3 点和 14 点、5 点和 15 点、10 点和 11 点。结果如图 2-102 所示。

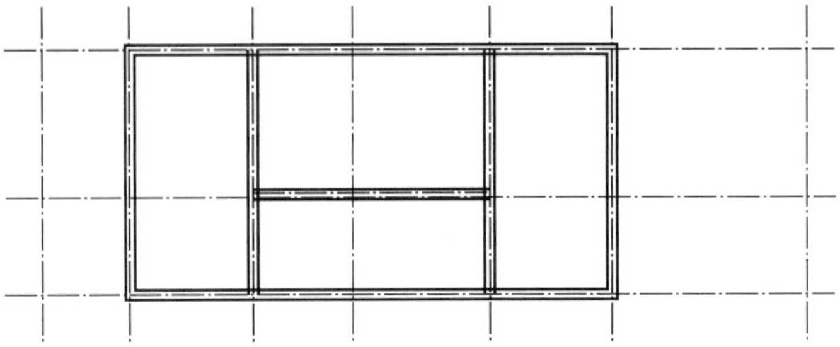
图 2-102　绘制剪力墙

3)绘制砌体墙

继续执行多线命令,绘制 240 宽的砌体墙,以图 2-101 所示的 2 点为起点(注意,为了后续方便,2 点处应该捕捉多线外侧与水平轴线的交点,下同),连接 1 点、12 点、13 点,以 6 点为起点,连接 7 点、17 点和 16 点。再次执行多线命令,将多线比例改为 0.5,绘制 120 宽的砌体墙。连接 8 点和 9 点,连接 8 点和 9 点的中点至 12 点和 13 点的中点,再连接这两条多线的中点。

在墙线外侧绘制一个合适大小的矩形,以矩形为修剪边界,将构造线在矩形外侧的部分修剪掉,然后删除矩形。用夹点编辑的方式,将水平 120 墙线处的轴线缩短到适当大小。结果如图 2-103所示。

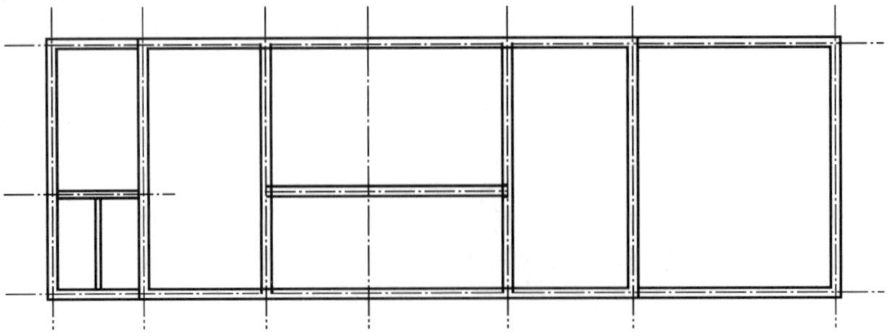
图 2-103　绘制砌体墙

4)编辑多线墙体

在多线上双击,在“多线编辑工具”对话框中选中“T 形打开”,修改多线相交的部位。结果如图 2-104 所示。

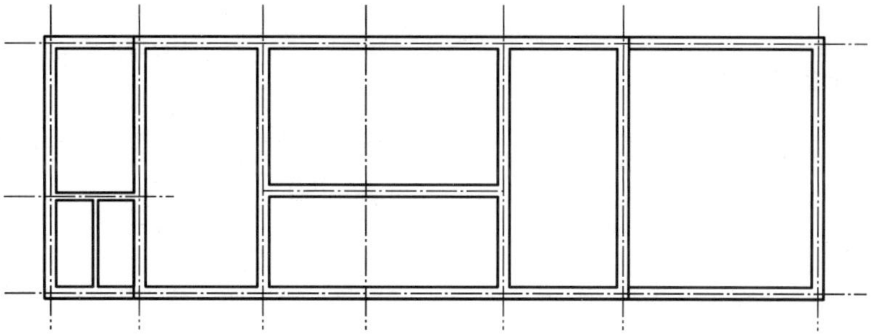

图 2-104　编辑墙线

5)绘制门窗洞

执行直线命令,追踪右上角外墙线的端点,向下导向,输入 1360(120+1240),得到直线起点,向右绘制长 240 的水平线。执行偏移命令,将此线向下偏移 1200,得到楼梯间前室的双扇门门洞位置。用同样的方法,参照图 2-99 所示的各门窗洞的尺寸,绘制其他的门窗洞口的位置线。

关闭“轴线”图层,执行修剪命令,以上面所绘制的直线为边界,修剪多线,得到门窗洞。结果如图 2-105 所示。

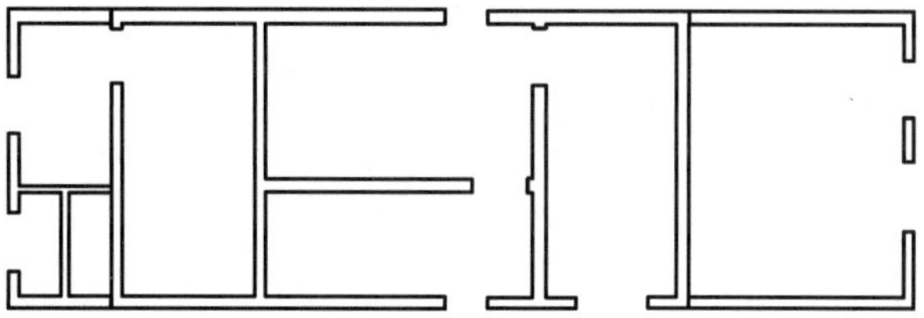

图 2-105　生成门窗洞

说明:对于使用较早版本的用户,如果不能修剪多线,可以将多线分解为直线再修剪,可参看 2.4.2 小节。

6)绘制环形墙体

执行直线命令,连接墙体图形的左上端点和右下端点,得到一条辅助线。打开“轴线”图层并置为当前。执行圆命令,以辅助线的中点为圆心,捕捉辅助线端点为半径,绘制一个圆。再次执行圆命令,仍然以辅助线中点为圆心,6500 为半径绘制另一个圆。执行偏移命令,将半径 6500 的圆向两侧各偏移 120,将得到的两个圆放在“墙线”层。结果如图 2-106 所示。

7)绘制环形墙体的门窗洞

删除上一步中的辅助线。执行直线命令,以圆心为起点,向正右方绘制一条7500长的直线(图 2-107 所示线 1)。执行环形阵列命令,阵列的中心点为圆心,项目数为 14,填充角度为 360°,将此直线环形阵列(阵列时执行不关联选项,或阵列后将阵列分解,AutoCAD 2012 版以前的用户不涉及此问题)。结果如图 2-107 所示。

执行直线命令,以圆心为起点,向上方绘制一条竖直直线(图 2-108 所示线 2),长度 7500。执行偏移命令,将图 2-108 所示线 2 向两侧各偏移 800,得到两条辅助线。将“墙线”层置为当前图层,执行直线命令，以圆心为起点，环形墙体内墙线与辅助线的交点为终点，绘制两条直线。执行拉长命令，将这两条直线再向外侧拉长一定的距离(超出环形墙线)。结果如图2-108所示。

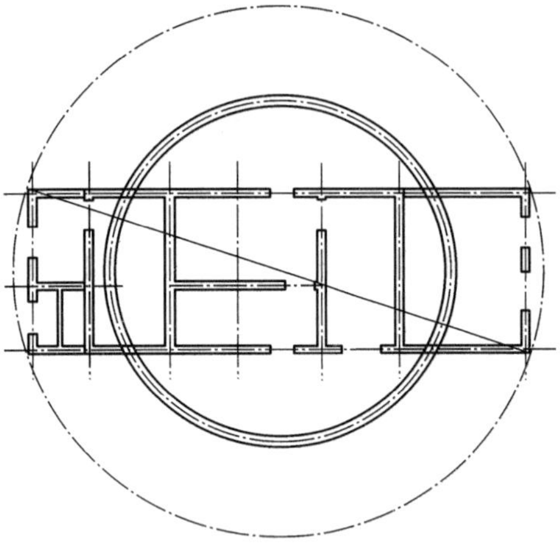

图2-106 绘制环形墙体

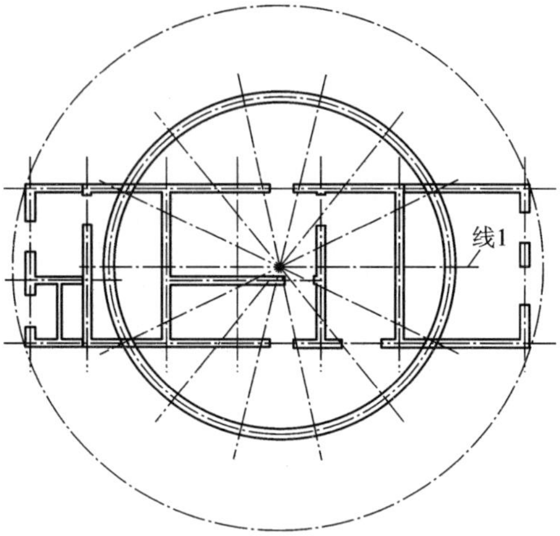

图2-107 环形阵列直线

删除三条竖直辅助线。执行修剪命令，以两条环形墙线为修剪边界，将上面所述的拉长后的直线在环形墙线外侧的部分修剪掉，得到墙洞位置线。执行环形阵列命令，以圆心为阵列中心点，项目数为14，填充角度为360°，将墙洞位置线环形阵列(不关联)，得到其他墙洞位置线。执行修剪命令，以矩形墙体最上和最下多线为修剪边界，修剪环形墙体，将环形墙体在矩形墙体内侧的部分修剪掉，不能修剪的部分以及矩形墙线内侧的窗洞位置线，用删除命令删除，结果如图2-109所示。

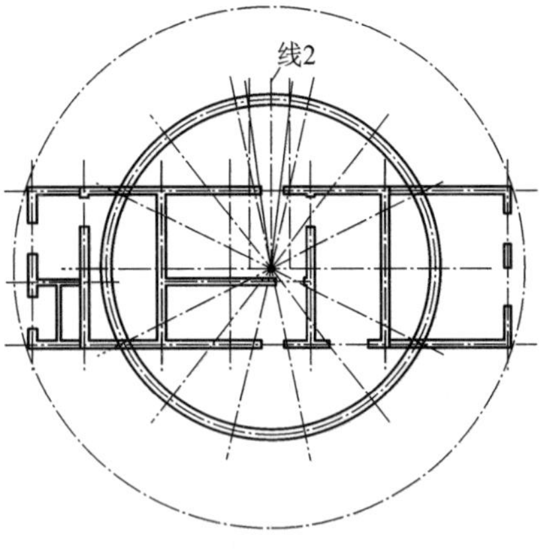

图2-108 绘制墙洞辅助线

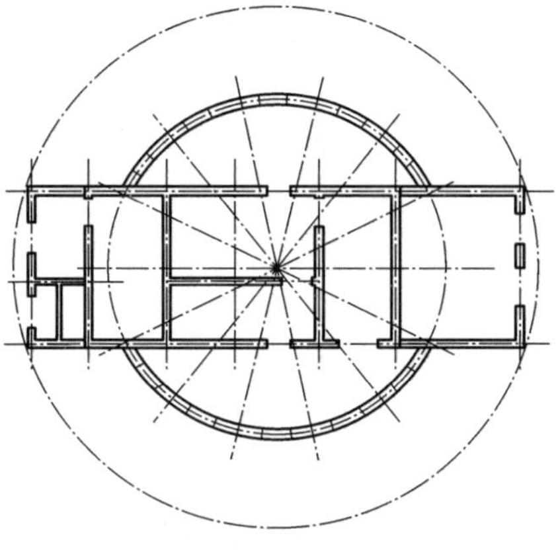

图2-109 环形墙线修剪结果

关闭"轴线"图层，执行修剪命令，修剪出环形墙体的门窗洞，结果如图2-110所示。

8)绘制门窗

将"门窗"层置为当前层，绘制门和窗。门和窗都采用图例的方式，矩形窗图例为四条直线，弧形窗为四条圆弧，可以均匀分布这四条直线(圆弧)，也可以内部两条直线(圆弧)间距小些。单扇门为一条直线和一个圆弧，双扇门可以用先绘出一扇，再镜像另一扇的方式绘制。下面以绘制楼梯间前室双扇平开门为例，介绍门的绘制过程，结果如图2-111所示。

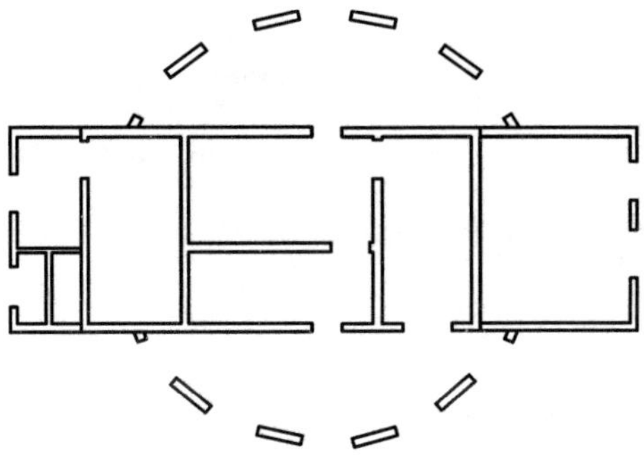

图 2-110　环形墙体门窗洞绘制结果

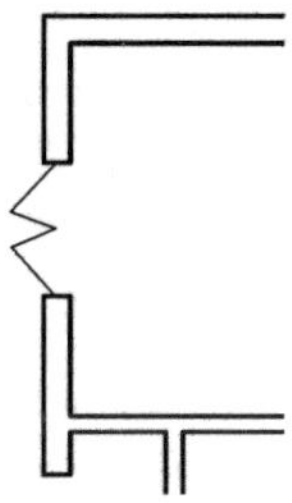

图 2-111　绘制门

操作如下。

命令：_line 指定第一点：(捕捉门洞处上方水平线段的中点)
指定下一点或 [放弃(U)]：600(在 225°极轴方向上导向，输入 600，回车)
指定下一点或 [放弃(U)]：(回车)
命令：_arc 指定圆弧的起点或 [圆心(C)]：(捕捉直线的下端点)
指定圆弧的第二个点或 [圆心(C)/端点(E)]：C(执行圆心选项)
指定圆弧的圆心：(捕捉直线的上端点)
指定圆弧的端点或 [角度(A)/弦长(L)]：(在 270°极轴出现时单击鼠标)
命令：_mirror
选择对象：指定对角点，找到 2 个(选择直线和圆弧)
选择对象：(回车)
指定镜像线的第一点：(单击圆弧的下端点)
指定镜像线的第二点：(在 0°极轴出现时单击)
要删除源对象吗？[是(Y)/否(N)] <N>：(回车)

其他门和窗的绘制结果如图 2-112 所示。

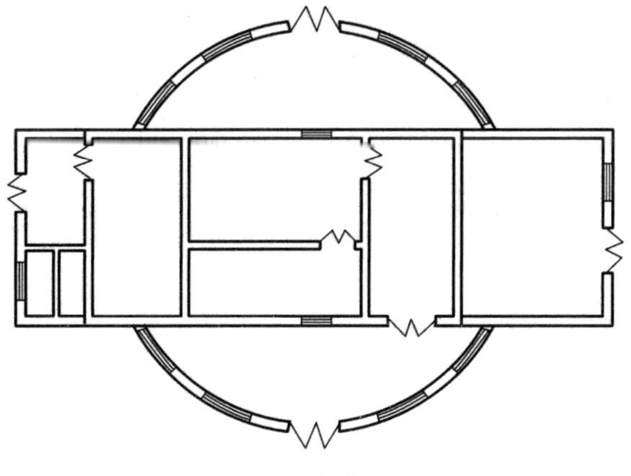

图 2-112　门和窗绘制结果

9)填充墙体图例

将“填充”层置为当前图层，执行图案填充命令，选择实体填充图案“SOLID”，填充剪力墙图例。打开“轴线”图层，机房平面图绘制完毕，结果参看图 2-99。

本章小结

本章以 7 个建筑工程典型图元为任务，学习了 AutoCAD 常用的绘图与编辑命令。本章的范例注重趣味性与实用性，在任务实施中将命令操作与绘图环境、图形组织、图形管理紧密结合，避免了单纯学习命令的枯燥乏味和无所适从。

技能训练题

1. 打开本书配套资源中的“图 2-113. dwg”文件，利用直线、复制命令并结合延长捕捉、平行捕捉等功能将图 2-113(a)所示图形完善为图 2-113(b)所示图形。

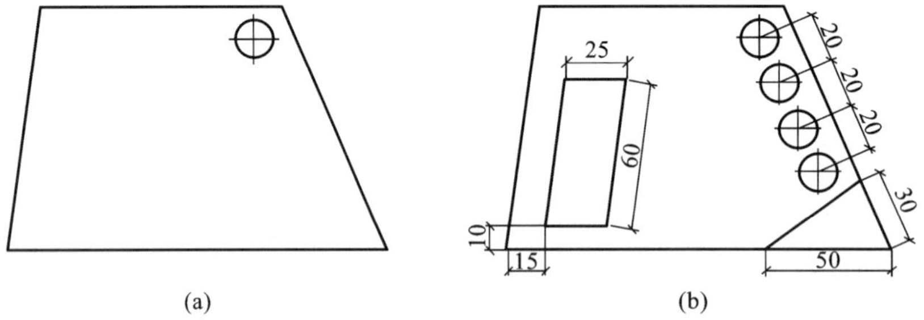

图 2-113　题 1 图

2. 利用直线、矩形、正多边形、偏移、复制、镜像、矩形阵列等命令绘制图 2-114 所示的装饰图案。

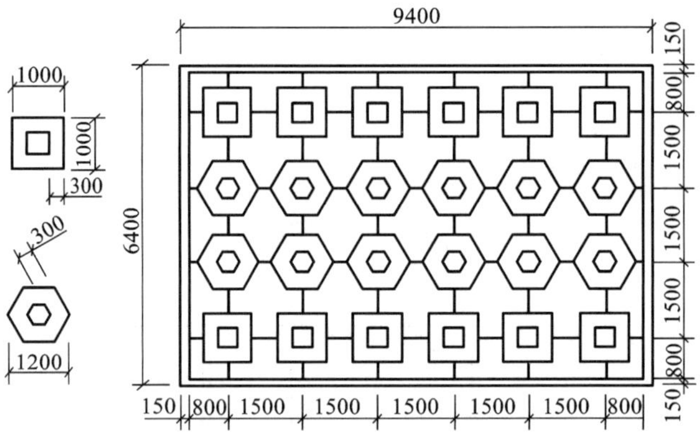

图 2-114　题 2 图

3. 创建适当的绘图环境，用多线和多线编辑命令绘制图 2-115 所示的墙体。

4. 打开本书配套资源中的“图 2-116. dwg”文件，利用拉伸命令并结合极轴、对象捕捉追踪等功能将图 2-116(a)所示图形修改为图 2-116(b)所示图形。

5. 利用多段线、圆、偏移、定数等分、复制、修剪等命令绘制如图 2-117 所示的平面图形，平面图形左右对称，圆在中心线上均匀分布。

6. 打开本书配套资源中的“图 2-118. dwg”文件，利用圆角和倒角命令将图 2-118(a)所示图形修改为图 2-118(b)所示图形。

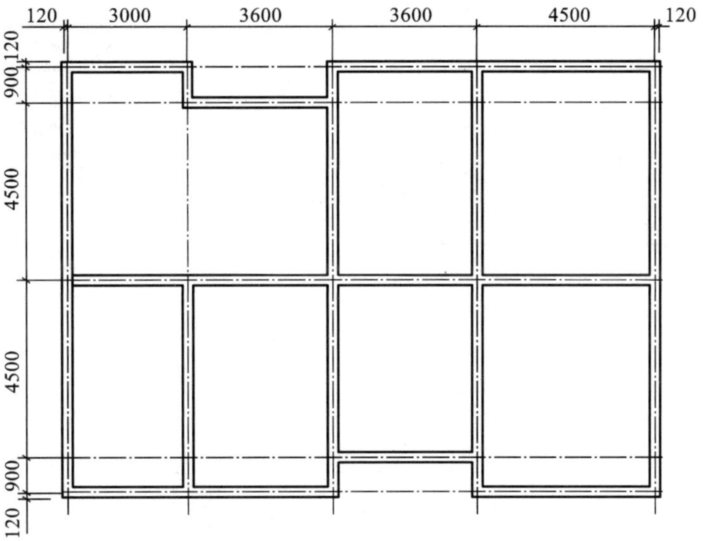

图 2-115　题 3 图

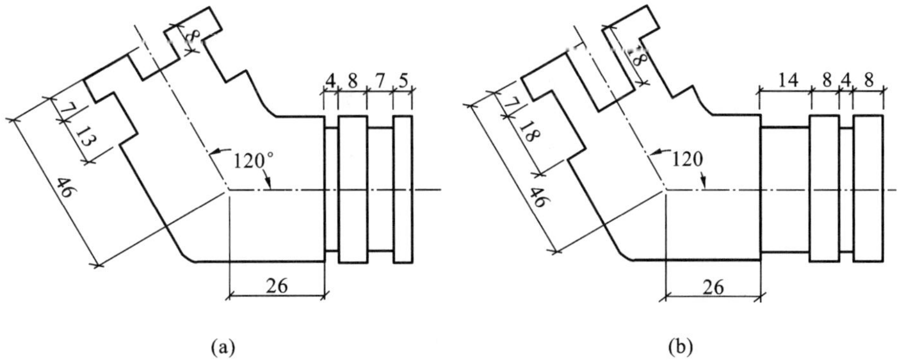

图 2-116　题 4 图

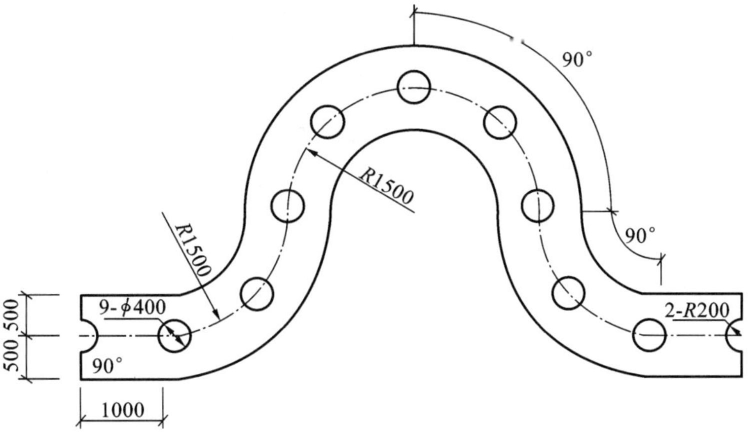

图 2-117　题 5 图

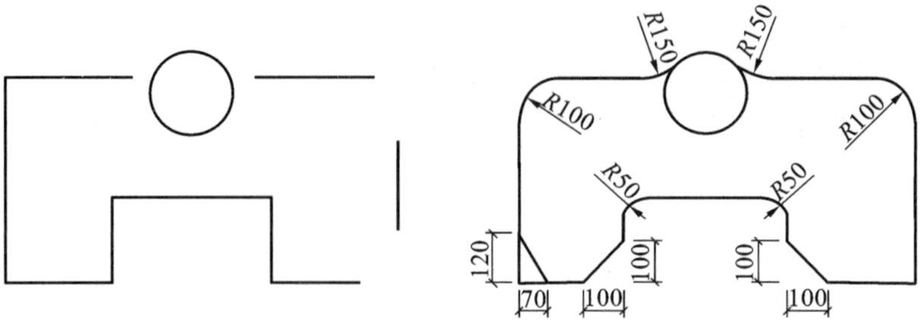

(a)　　(b)

图 2-118　题 6 图

7. 绘制如图 2-119 所示的门立面图。

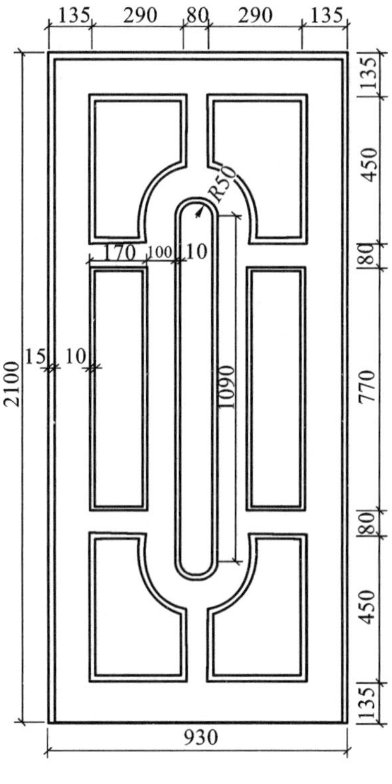

图 2-119　题 7 图

8. 打开本书配套资源中的“图 2-120. dwg”文件，利用图案填充命令，将图 2-120(a)所示屋面变形缝完善为图 2-120(b)所示。其中编号为 1 的区域为砂浆层，填充“AR-SAND”图案(比例为 0.5)；编号为 2 的区域为钢筋混凝土层，填充“AR-CONC”图案(比例为 0.5)和“ANSI31”图案(比例为 20)；编号为 3 的区域为屋面防水层，填充“SOLID”图案；编号为 4 的区域为砖砌体，填充“ANSI31”图案(比例为 20)；编号为 5 的区域为保温隔热层，填充“ANSI37”图案(比例为 20)。

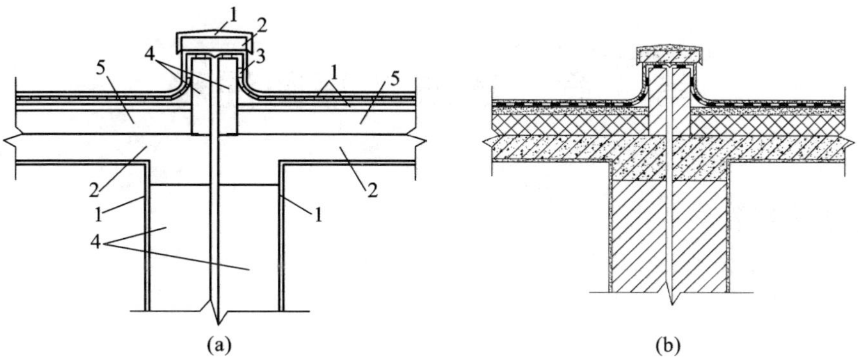

图 2-120　题 8 图

第3章 建筑工程图注释

【本章主要内容】

本章主要介绍文字样式、标注样式的创建与应用，文字的输入与编辑、标注的方法与编辑，还将介绍多重引线的应用。

【本章重点】

文本及尺寸标注样式的创建与使用；

文本及尺寸标注的编辑。

3.1 制图标准对文字的要求

《房屋建筑制图统一标准》(GB 50001—2010)中规定：图纸上所需书写的文字、数字或符号等，均应笔画清晰、字体端正、排列整齐；标点符号应清楚正确；文字的字高，应从如下系列中选用：3.5、5、7、10、14、20 mm，如需书写更大的字，其高度应按$\sqrt{2}$的比值递增；图样及说明中的汉字，宜采用简化的长仿宋字体，长仿宋体的字高与字宽的比例大约为 1∶0.7，汉字的高度不应小于 3.5 mm。

拉丁字母和数字可以写成竖直的正体字亦可以写成与水平线逆时针成 75°的斜体字，斜体字的高度与宽度应与相应的直体字相等。

建筑制图中图名一般用 7 号字，比例数字用 5 号字。轴线编号圆圈中数字和字母用 5 号字，剖切线处断面编号用 5 号字，尺寸数字用 3.5 号字。

特别说明，在用 AutoCAD 绘图时，上面所介绍的各种文字的高度都是指打印在图纸上的高度。

3.2 文字的应用

在 AutoCAD 中只有定义了中文字体，汉字才能正常标注及显示，否则将出现乱码或问号。

3.2.1 创建文字样式

文字样式(Text Style)是一组可随图形保存的文字设置的集合，这些设置可包括字体、文字高度以及特殊效果等。在 AutoCAD 中，所有的文字，包括图块和标注中的文字，都是同一定的文字样式相关联的。通常，在 AutoCAD 中新建一个图形文件后，系统将自动建立一个缺省的文字样式“Standard(标准)”，并且该样式被文字命令、标注命令等缺省引用。

AutoCAD 默认的当前文字样式名是“Standard”，“Standard”样式既不能删除也不能重命名，用户可根据需要在此样式名的基础上进行修改或重新创建一种样式。如果在当前文字样式名“Standard”的基础上修改的话，则当前文件中所有使用“Standard”样式标注的文字会自动更新成更改后的样式；可以在一个文件中创建和使用多种文字样式。

在“文字样式”对话框中，我们可以设置文字的各种效果，如颠倒、反向、垂直及倾斜（角度为 0 时不倾斜，角度为正值时文本向右倾斜，角度为负值时角度向左倾斜）。

AutoCAD 提供了两种字体：一种是 Windows 所提供的 True Type（“. ttf”格式）字体，另一种是 AutoCAD 所特有的形（“. shx”）字体，提供了符合中国用户的工程字体，这两种字体我们都可以使用。True Type 字体看起来比较饱满，所占磁盘空间比较大，形字体单线条，比较清秀，所占磁盘空间比较小，两种字体的对比如图 3-1 所示。

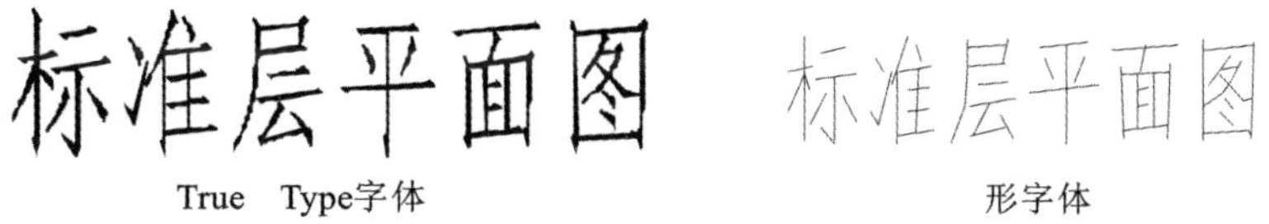

图 3-1　两种类型字体的对比

“文字样式”对话框中可以对文字的字体、字号、角度、方向等特征进行设置。

【执行方式】

· 命令行：STYLE(ST)。

· 功能区：“默认”选项卡→“注释”面板→“文字样式”命令按钮；

· 功能区：“注释”选项卡→“文字”面板→“文字样式”下拉列表→“管理文字样式”选项。

【命令操作】

执行创建文字样式命令后，弹出如图 3-2 所示的“文字样式”对话框。

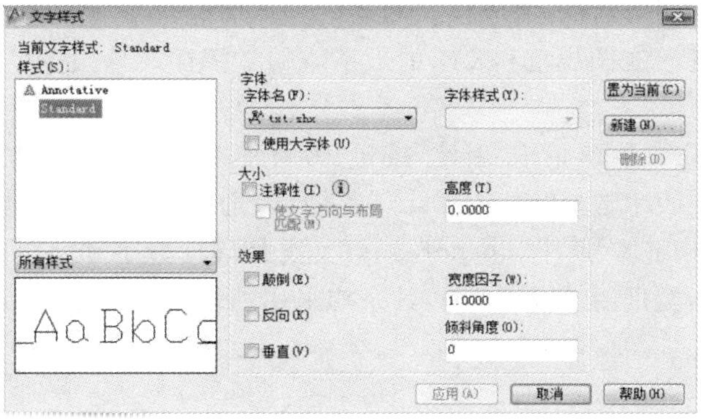

图 3-2　“文字样式”对话框

【例 3-1】创建符合建筑制图规范和要求的 True　Type 字体的文字样式。

操作步骤如下。

（1）打开“文字样式”对话框。

（2）单击“新建”按钮，弹出如图 3-3 所示“新建文字样式”对话框，在“样式名”文本框中输入“仿宋”，作为所建样式的名称，单击“确定”按钮，返回到“文字样式”对话框。

图 3-3　“新建文字样式”对话框

(3)按图 3-4 所示对话框中的内容进行设置。去掉“使用大字体”复选框前面的对勾,在“字体名”下拉列表中选择 仿宋_GB2312;“高度”文本框用于设置文字的高度,默认情况下设置为“0”,建议不要改变它的默认设置,这是因为如果在文字样式中给定了非“0”的文字高度,今后以此样式注写文字时不会提示输入文字的高度,如果想输入不同高度的文字将会很麻烦,而且,如果标注样式中引用了这样设置的文字样式的话,尺寸标注的字高将被固定为文字样式中设定的字高,导致尺寸标注显示不合理;“宽度比例”用于设置文字的宽高比,该值大于 1 则文字变宽,小于 1 则文字变窄,按规范这里设置为 0.7。

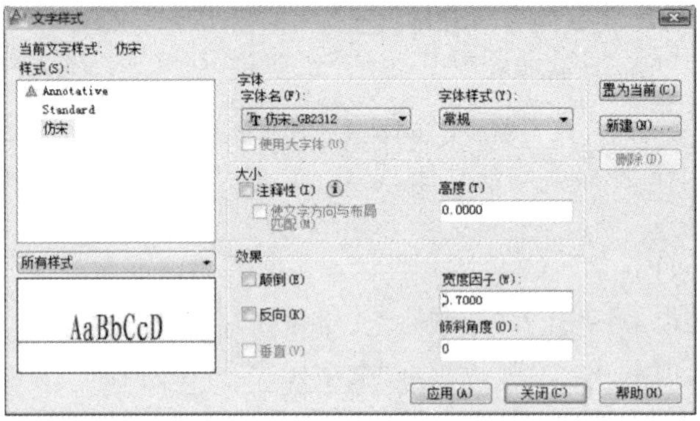

图 3-4 “仿宋”文字样式的设置

(4)单击“应用”并关闭对话框,完成样式创建。

【例 3-2】创建符合建筑制图规范和要求的形字体的文字样式。

操作步骤如下。

(1)打开“文字样式”对话框,单击“新建”按钮,为新建文字样式命名为“工程字”。

(2)在“字体”下拉列表中选择“gbenor.shx”字体,勾选“使用大字体”复选框,在“大字体”下拉列表中选择“gbcbig.shx”字体,其中“gbenor.shx”是支持国标数字和字母的直体字,“gbcbig.shx”是国标长仿宋字。注意,宽度因子设置为 1,其余均采用默认设置,如图 3-5 所示。

图 3-5 “工程字”文字样式设置

(3)单击“应用”并关闭对话框,完成样式创建。

【例 3-3】创建符合建筑制图规范和要求的注释性文字样式。

操作步骤如下。

(1)打开“文字样式”对话框,新建文字样式命名为“注释”。

(2)在“字体”下拉列表中选择“gbenor. shx”字体,勾选“使用大字体”复选框,在“大字体”下拉列表中选择“gbcbig. shx”字体,文字高度为 0,宽度因子为 1。

(3)勾选“注释性”复选框。

(4)单击“应用”并关闭对话框,完成样式创建。

【对注释性文字的理解】

在 3.1 节中我们已经知道,图纸上的文字高度是有统一标准的,不能是随意的。对于 1:1比例打印的图形,只要在图形中按规定的高度输入文字,就可以打印出符合要求的文字高度了。但是在建筑工程领域,1:1的出图比例很少用到,多数情况下都是非 1:1的出图比例,这就需要对每个出图比例单独设置文字高度,以使文字在图纸上的高度符合要求。比如规定图名在图纸上的高度为 7 mm,对于 1:10 的出图比例,文件中的图名文字高度应为 70 mm,对于 1:100 的出图比例,文件中的图名文字高度应为 700 mm,很显然,这样做起来很烦琐。在 AutoCAD 2008 版以前,一般在图纸空间注写文字,以避免这种换算比例的烦恼,但注写的文字在模型空间中看不到。注释性的文字很好地解决了非 1:1比例出图时文字高度的问题,注释性文字必须结合图纸空间使用才有意义。注释性文字就是给文字关联注释比例,注释比例与图纸空间的视口比例应一致,这样,我们只关心在图纸上的文字高度就可以了,系统会自动将我们输入的标准文字高度显示在图纸空间之中。文字可以关联多个注释比例,以适应不同的视口比例,这就解决了在多个比例图形中文字显示的问题。有关图纸空间和视口的问题,参见第 7 章。

除了文字外,尺寸标注、块、图案填充、多重引线等都可以是注释性的对象。

3.2.2　文字的输入与编辑

AutoCAD 中提供了两种文字书写方式:单行文字和多行文字。单行文字比较灵活,适用于内容简短的文字,如房间名称、图名等;多行文字适用于大量的需要有格式排版要求的文字,如图纸目录、说明等。

1. 单行文字输入

【执行方式】

· 命令行:TEXT(DT)。

· 功能区:“默认”选项卡→“注释”面板→“单行文字”按钮 AI;

· 功能区:“注释”选项卡→“文字”面板→“单行文字”按钮 AI。

【例 3-4】下面利用例 3-1 中创建的“仿宋”文字样式书写图 3-6所示汉字“首层平面图”,字高为 700。

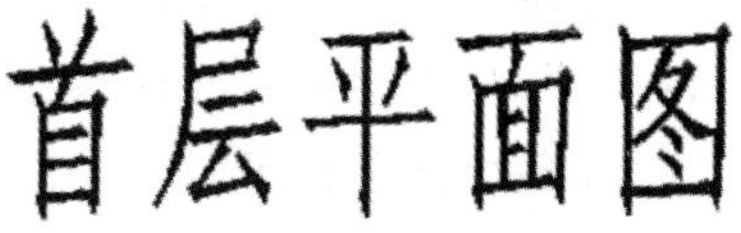

图 3-6　例 3-4 图

操作步骤如下。

(1)用 Limits 命令设置图形界限为 42000×29700。

(2)单击导航栏上的全部缩放命令。

(3)把例 3-1 创建的“仿宋”文字样式置为当前样式。

(4)单击“单行文字”按钮 AI,调出单行文字命令,命令行提示如下。

命令:text

当前文字样式:"仿宋" 文字高度:2.5000 注释性: 否

指定文字的起点或[对正(J)/样式(S)]:(在屏幕适当位置单击,确定起点)

指定高度 <2.5000>:700(输入字高700,回车)

指定文字的旋转角度 <0>:(指定文字的旋转角度,这里直接回车)

输入文字:首层平面图(输入"首层平面图",两次回车后结束命令)

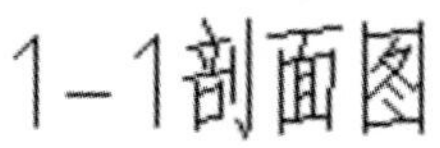

图3-7 例3-5图

【例3-5】利用例3-2中创建的"工程字"文字样式书写图3-7所示文字"1—1剖面图",字高为700。

操作步骤如下。

(1)把例3-2创建的"工程字"文字样式置为当前。

(2)单击"单行文字"按钮,调出单行文字命令,按例3-4的操作完成文字标注。

【例3-6】利用例3-3中创建的"注释"文字样式书写图3-7所示文字"1—1剖面图",文字注释比例为1:100,图纸空间字高为7。

操作步骤如下。

(1)把"注释"文字样式置为当前。

(2)单击"单行文字"按钮,调出单行文字命令,会自动打开如图3-8所示的"选择注释比例"对话框。

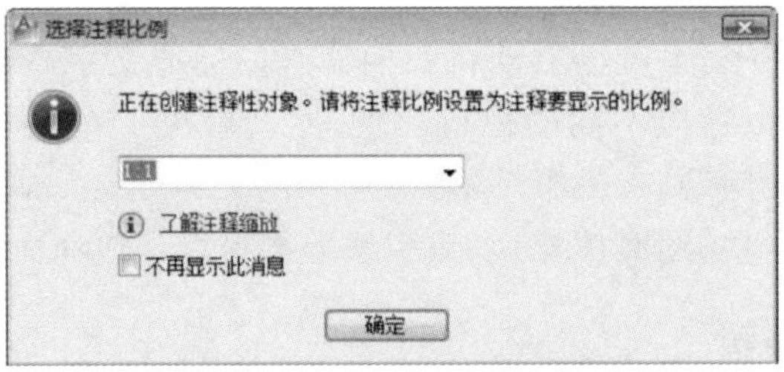

图3-8 "选择注释比例"对话框

(3)在"选择注释比例"对话框的下拉列表中选择"1:100",单击"确定"后,命令行提示如下。

当前文字样式: "工程字" 文字高度: 20.0000 注释性: 是

指定文字的起点或[对正(J)/样式(S)]:(在屏幕适当位置单击,确定起点)

指定图纸高度 <20.0000>:7(输入文字在图纸空间的字高7)

指定文字的旋转角度 <0>:(指定要标注文字的旋转角度,这里直接回车)

输入文字:1—1剖面图(输入"1—1剖面图",两次回车后结束命令)

标注后文本的字高在模型空间以700的高度显示,在布局里创建"视口",并设置视口比例为"1:100",则文字自动与视口匹配,有关布局的介绍详见第7章。

2. 多行文字输入

用多行文字可以创建复杂的文字说明,可由任意行文字组成,所有的内容作为一个独立的实体,可以分别设置段落内文字的属性(高度、字体等);另外还可以在"文字格式"对话框中实现堆叠文字。

【执行方式】

· 命令行:MTEXT(T)。

· 功能区:“默认”选项卡→“注释”面板→“多行文字”按钮 A;
· 功能区:“注释”选项卡→“文字”面板→“多行文字”按钮 A。

【命令操作】

执行“多行文字”命令后,在绘图窗口拖动出一个适当大小的矩形窗口,功能区会出现“文字编辑器”上下文选项卡,其中包含了和编辑文字相关的各种功能,如图 3-9 所示。

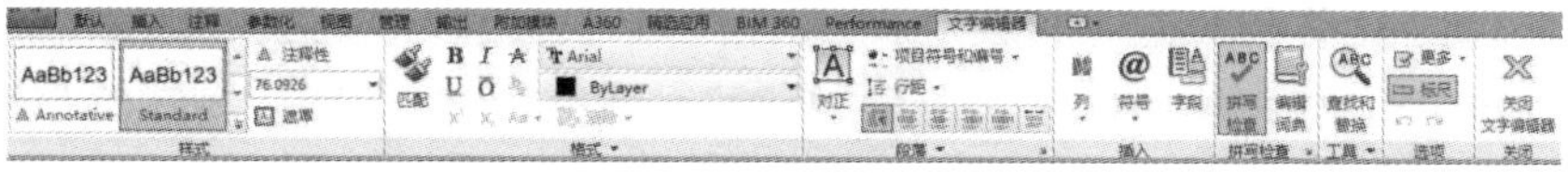

图 3-9　“文字编辑器”上下文选项卡

【例 3-7】利用多行文字命令输入如图 3-10 所示内容,首行文字字高为 5,仿宋字体,内容字高为 3.5,仿宋字体。

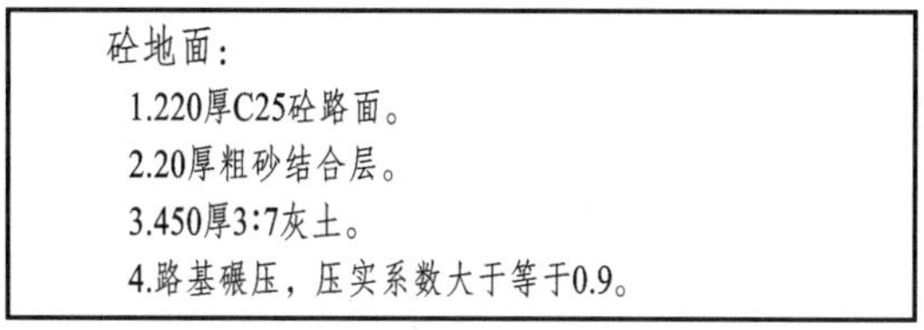

图 3-10　多行文字标注

操作步骤如下。

1)单击“多行文字”按钮,调出多行文字命令,拖曳出一矩形框之后,在其中输入如图 3-10 所示内容。

2)选定首行文字“砼地面”,在“文字编辑器”上下文选项卡的“格式”面板中选择字体为“仿宋”,在“样式”面板中修改文字高度为 5,相同的方法选定其他文字并设置其样式及大小,如图 3-11 所示。

3)单击矩形框外面任意位置,完成文字输入。

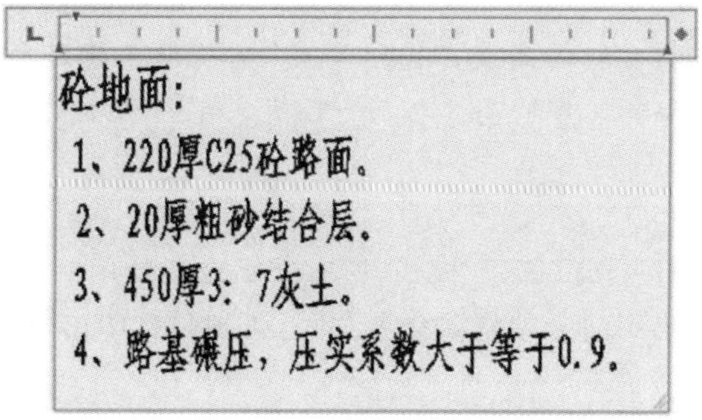

图 3-11　多行文字标注结果

3. 编辑文字内容

对于已书写的文字,可以用文字编辑命令对其内容或属性进行修改,AutoCAD 提供了多种方式启动文字编辑命令,对于使用不同命令书写的文字,则打开的对话框也不同。

【执行方式】

· 命令行:DDEDIT(ED)。

· 在要编辑的文字上双击，可以直接编辑文字；

· 功能区："默认"选项卡→"特性"面板→"特性"对话框按钮，在"特性"对话框中编辑文字的特性。

采用命令行输入命令和在文字上双击，都会激活文字编辑命令，AutoCAD 2017 将会在位编辑文字，但对单行文字和多行文字的响应是不同的。编辑单行文字只能编辑文字内容，不能编辑文字特性；编辑多行文字，功能区将会出现"文字编辑器"选项卡，既可以编辑文字内容，也可以编辑文字特性。

如果需要编辑单行文字的特性，可以通过"特性"对话框，选中文字后，在"特性"对话框中既可以方便地修改文字的内容，也可以修改文字的各种特性。

4. 缩放文字

利用此功能，可以将同一图形中的各文字对象按同一比例同时放大或缩小，可以指定文字绝对高度、相对缩放比例因子或者匹配现有文字高度。

【执行方式】

· 命令行：SCALETEXT。

· 功能区："注释"选项卡→"文字"面板→"比例"命令按钮。

【命令操作】

在命令行输入 SCALETEXT 命令后，命令行提示如下。

选择对象：(在该提示下选择要修改比例的多个文字串)

输入缩放的基点选项[现有(E)/左(L)/中心(C)/中间(M)/右(R)/左上(TL)/中上(TC)/右上(TR)/左中(ML)/正中(MC)/右中(MR)/左下(BL)/中下(BC)/右下(BR)]＜现有＞：(此提示要求用户确定各字符串缩放时的基点。其中"现有(E)"选项表示将以各字符串标注时的位置定义点为基点；其他各项则表示各字符串均以对应选项表示的点为基点。确定缩放基点位置后，AutoCAD 继续下面的提示)

指定新模型高度或[图纸高度(P)/匹配对象(M)/比例因子(S)]＜7＞：("指定新模型高度"选项用于为所编辑文字指定新的高度；"图纸高度"选项用于指定所编辑文字在图纸中的新高度；"匹配对象"选项可使所编辑文字的高度与某一已有文字的高度相一致；"比例因子"选项将按指定的缩放系数进行缩放)

5. 快速显示文字

如果图形中文字过多，打开 QTEXT 模式，所有文字位置处用一矩形代替，可以减少程序重画和重生成图形的时间，但在出图前必须将该命令关闭，否则只打印出一个方框。

【执行方式】

· 命令行：QTEXT。

· 功能区："视图"选项卡→"界面"面板→"选项"对话框按钮→"显示"选项卡，如图 3-12 所示，在"显示性能"选项组中勾选"仅显示文字边框"。

【命令操作】在执行快速显示文字命令后，命令行提示如下。

输入模式[开(ON)/关(OFF)]＜关＞：(输入 ON，打开快速显示文字，图形中已标注文字位置将以矩形框表示，打开或关闭此功能后执行"RE(重生成)"命令，图 3-13 所示为打开时的效果)

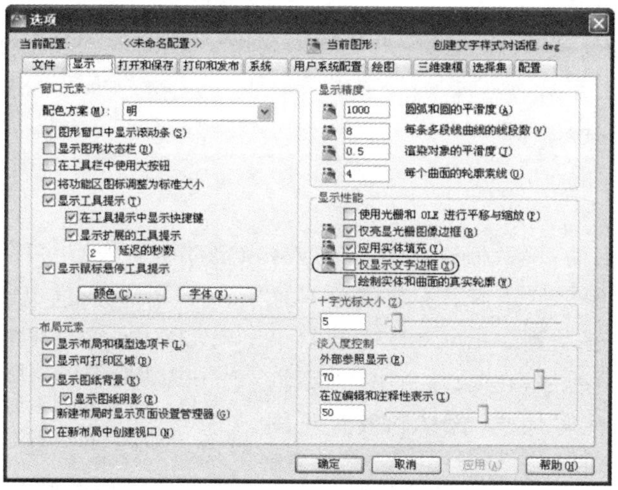

图 3-12　“显示”选项卡

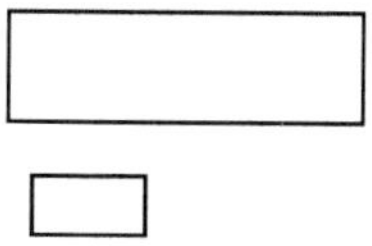

图 3-13　快速显示文字

3.2.3　特殊文字的输入

1. 常用符号的输入

输入文字时，常会用到一些特殊符号，如“°”“Φ”“%”等，AutoCAD 中使用一些代码来表示，也即在输入文字时，输入代码即可。常见的代码如表 3-1 所示。

表 3-1　特殊符号代码及含义

特殊符号	代　　码	含　　义
—	%%O	上划线
_	%%U	下划线
Φ	%%C	直径符号
°	%%D	度符号
±	%%P	正负公差符号
%	%%%	百分号

【例 3-8】下面以创建如图 3-14 所示符号为例来说明书写特殊符号的操作步骤。

%%Uauto%%U%%OCAD	$\underline{\text{Auto}}\overline{\text{CAD}}$
30%%D	30°
%%P0.000	±0.000

图 3-14　特殊符号输入

单击“单行文字”命令，命令行提示如下：

当前文字样式：仿宋　当前文字高度：2.5000

指定文字的起点或［对正(J)/样式(S)］：(在绘图区指定文字的起点)

指定高度 <2.5000>：(输入文字高度或直接回车采用默认值)

指定文字的旋转角度 <0>:(直接回车)

输入文字:%%Uauto%%U%%OCAD(输入第一行文字后回车)

输入文字:30%%D(输入第二行文字后回车)

输入文字:%%P0.000(输入第三行文字后回车)

输入文字:(回车结束命令)

2. 钢筋等级符号的输入

在绘图过程中,我们经常会使用一些钢筋符号,但这些符号在 AutoCAD 中不能直接输入,可以借助第三方开发的字体文件解决这个问题。打开本书配套资源中的“Fonts”文件夹,这里有一个探索者字体文件“tssdeng. shx”,将该文件复制到 AutoCAD 安装目录下的“Fonts”文件夹下,然后重启 AutoCAD 程序,在“文字样式”对话框中选择该字体,就可以注写钢筋符号了,注写代码、含义和效果见图 3-15。更多的字体文件,读者可从网上搜索下载。

图 3-15 钢筋等级的注写代码、含义及效果

【重点说明】

上面的钢筋等级符号只在“单行文字”命令下输入才可显示,在“多行文字”中输入是不能显示的。

3. 创建堆叠文字

在文字格式中经常会遇到垂直对齐的文字或分数,创建这种堆叠格式文字,可使用三个特殊符号:“/(斜杠)”(定义由水平线分隔的垂直堆叠),“#(磅符号)”(定义斜分数),“^(插入符)”(定义公差)。

常用堆叠格式如表 3-2 所示。

表 3-2 堆叠格式输入及效果

堆叠格式	输入内容
2^3	2 3^
H_k	H ^k
$\frac{2}{3}$	2/3
1/5	1#5
$\pm^{0.52}_{0.53}$	%%P 0.52^0.53

注:阴影区为堆叠部分。

下面以“2^3”为例,介绍书写堆叠文字的方法:

1)单击“多行文字”,启动多行文字命令,在绘图区拖曳出一适当大小的矩形框,此时功能区出现【文字编辑器】上下文选项卡。

2)在矩形框中输入“23^”,选择“3^”,单击【格式】面板下拉列表中的堆叠按钮 。

3)在矩形框外任意一点单击,退出多行文字命令。

其他格式由读者自己完成。

3.3 尺寸及引线标注

尺寸标注是绘图设计中的一项重要内容,它反映了构件的尺寸及其相互间的位置,作为施工的依据，是图形中的重要组成部分，必须要完整正确地标注尺寸。

AutoCAD 2017 提供了十余种标注工具以完成对图形对象的标注，使用它们可以进行角度、直径、半径、线性、对齐、连续、圆心及基线等标注。

3.3.1　制图标准对尺寸标注的要求

尺寸标注由尺寸界线、尺寸线、尺寸起止符号和尺寸数字组成，《房屋建筑制图统一标准》(GB/T50001—2017)中对建筑制图中的线性尺寸标注作出了相应要求，尺寸界线应用细实线绘制，一般应与被标注长度垂直，具体要求如图 3-16 所示。

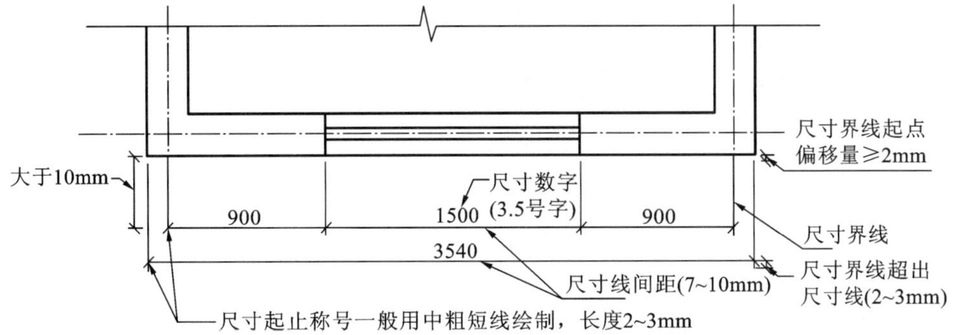

图 3-16　线性标注规定

标注半径、直径、角度与弧长时，尺寸起止符号用箭头表示。*R* 表示半径，ϕ 表示直径。角度数字一律水平书写。

国标规定，图样上标注的尺寸，除标高及总平面图以米(m)为单位外，其余一律以毫米(mm)为单位，图上尺寸数字都不再注写单位，图样上的尺寸，应以所注尺寸数字为准，不得从图上直接量取。

3.3.2　创建尺寸标注样式

在 AutoCAD 中，使用“标注样式管理器”可以按照制图规范控制标注的格式和外观，并有利于管理和修改标注样式。

【执行方式】

- 命令行：DDIM、DST、DIMSTY E(D)。
- 功能区：“默认”选项卡→“注释”面板→“标注样式”命令按钮；
- 功能区：“注释”选项卡→“标注”面板→“标注样式”命令按钮。

【命令操作】

执行“标注样式”命令后，弹出如图 3-17 所示的“标注样式管理器”对话框，在该对话框中可以创建新的标注样式、设置新标注样式的基础样式和管理已有的标注样式。

下面以创建符合建筑制图标准规定的尺寸标注样式为例来介绍常用选项卡的意义及基本设置，样式名称为“GBJ1-100”。

操作步骤如下。

(1)单击功能区：“默认”选项卡→“注释”面板→“标注样式”命令按钮，打开如图 3-17 所示

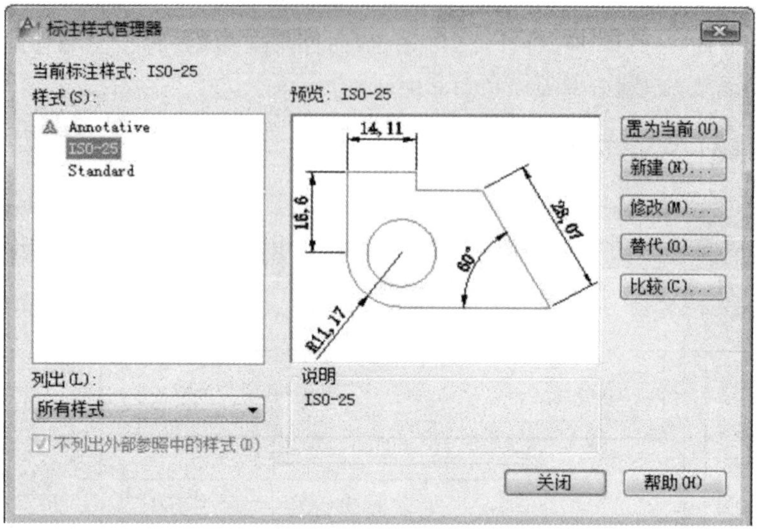

图 3-17 "标注样式管理器"对话框

"标注样式管理器"对话框。

(2)单击"新建"按钮,弹出如图 3-18 所示"创建新标注样式"对话框,在"基础样式"下拉列表框中选中"ISO-25"样式,在"新样式名"文本框中输入"GBJ1-100"。

(3)在"用于"下拉列表中选择适用于哪种类型的标注,这里我们先选择"所有标注",如果要设置一个标注子样式的话,可以修改它,后面会做介绍。

(4)单击"继续"按钮,打开如图 3-19 所示"新建标注样式:GBJ1-100"对话框,该对话框中包含 7 个选项卡,这里仅介绍与建筑制图有关的前 5 个选项卡,当前定位在"线"选项卡。

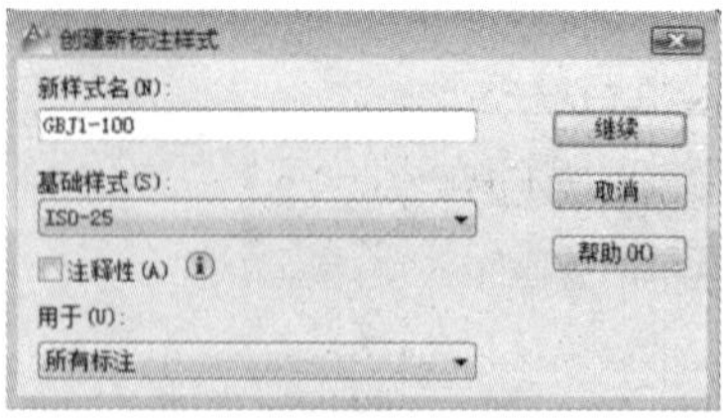

图 3-18 "创建新标注样式"对话框

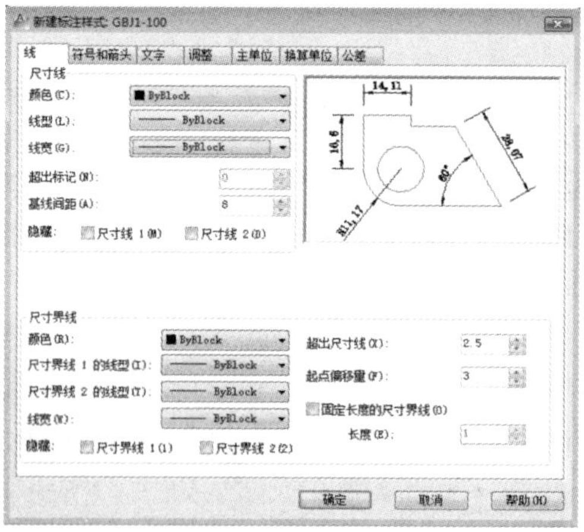

图 3-19 "新建标注样式:GBJ1-100"对话框

(5)"线"选项卡。

如图 3-19 所示的"线"选项卡,用于设置"尺寸线"和"尺寸界线"。在"基线间距"文本框中输入 8,"超出尺寸线"文本框中输入 2.5,"起点偏移量"文本框中输入 3。对于"颜色""线型"和"线宽"我们一般不做修改,采用默认的"ByBlock(随块)"。

【“线”选项卡选项说明】

- “基线间距”:用于设定基线标注时各尺寸线间的距离,建筑制图规范为 7～10 mm。
- “隐藏”:用于控制尺寸线和尺寸界线的显示。
- “超出标记”:用于设定尺寸线超出尺寸界线的距离,当箭头形式选择“建筑标记”时,该文本框被激活。
- “超出尺寸线”:用于设定尺寸界线超出尺寸线的距离,建筑制图规范为 2～3 mm。
- “起点偏移量”:用于设定尺寸界线起点与标注对象间的距离,建筑制图规范为不小于 2 mm。
- “固定长度的尺寸界线”:用于设定尺寸界线从尺寸线开始到标注原点的总长度,不管标注尺寸线距离被标注点有多远,只要比这里的固定长度加上起点偏移量更大,那么所有尺寸线都按此固定长度绘制。

(6)“符号和箭头”选项卡。

“符号和箭头”选项卡如图 3-20 所示,用于尺寸起止符号,圆心标记的形式、大小及弧长,以及半径标注的设置。

“符号和箭头”选项卡暂时不作任何更改。由于尺寸起止符号采用“实心闭合”的箭头形式,所以此标注样式适用于半径、直径、角度、引线等标注。

【“符号和箭头”选项卡选项说明】

- “第一个”和“第二个”:用于设置尺寸线两端的起止符号样式,常用的有“建筑标记”和“实心闭合”。
- “引线”:用于设置引线标注的起止符号样式。
- “箭头大小”:用于设置尺寸起止符号的大小。
- “圆心标记”:用于创建圆心标记,标记是指圆或圆弧的圆心位置处十字线的大小。选项的含义如图 3-21 所示。
- “弧长符号”:用于控制弧长标注时圆弧符号的显示位置,建筑制图中采用“标注文字的上方”。
- “半径标注折弯”:用于大半径圆弧标注时,控制弯折的角度。
- “线性折弯标注”:用于控制线性标注折弯的显示。
- “折断标注”:用于控制折断标注的间隙宽度。

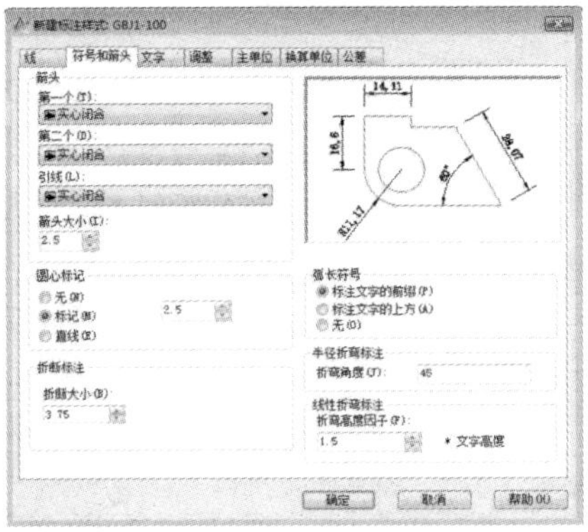

图 3-20　“符号和箭头”选项卡

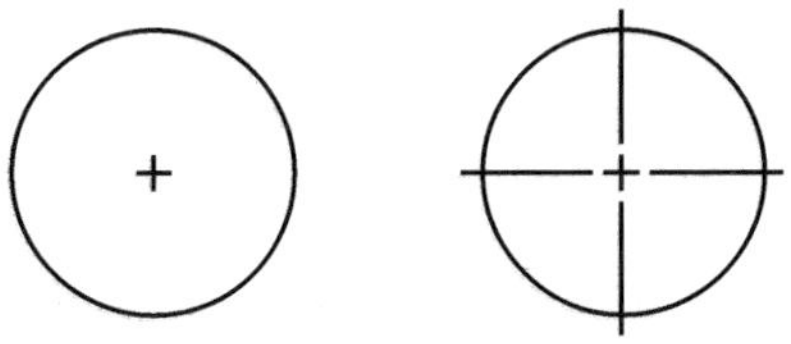

圆心标记为“标记”　圆心标记为“直线”

图 3-21　圆心标记

(7)“文字”选项卡。

“文字”选项卡,用于控制尺寸标注时文字的大小、样式及对齐方式。

在“文字样式”下拉列表中选择“工程字”,“工程字”文字样式是按例 3-2 创建的,如果文件中还没有创建,单击“文字样式”选项后面的...按钮,在弹出的“文字样式”对话框中创建该样式。在“文字高度”文本框中输入 3.5,在“文字对齐”选项组中选中“ISO 标准”,其余默认,如图 3-22 所示。

【“文字”选项卡选项说明】

·“文字样式”:用于控制标注文字的样式,下拉列表中列出了当前文件中定义的文字样式。

·“文字高度”:通常情况下,文字高度设置为 3.5,若在文字样式中指定了文字高度,则在此处设置的文字高度无效,所以,尽可能不在文字样式中给定文字高度。

·“绘制文字边框”:一般不做选择。

·“文字位置”:用于控制标注文字相对尺寸线的垂直和水平位置,建筑制图中采用“上方”“居中”“从左到右”;“从尺寸线偏移”用于控制文字与尺寸线的距离,建筑制图中一般设置为不大于 1 mm。

·“文字对齐”:用于设置文字的方向。建筑制图中可以采用“与尺寸线对齐”或“ISO 标准”。

(8)“调整”选项卡。

“调整”选项卡如图 3-23 所示,用于控制标注文字、箭头、引线和尺寸线的位置。

在“标注特征比例”选项组中选中“使用全局比例”,并在文本框中输入 100。其余默认。

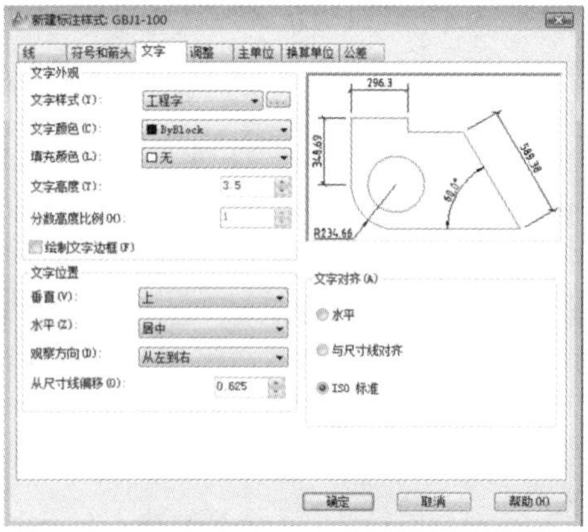

图 3-22 “文字”选项卡

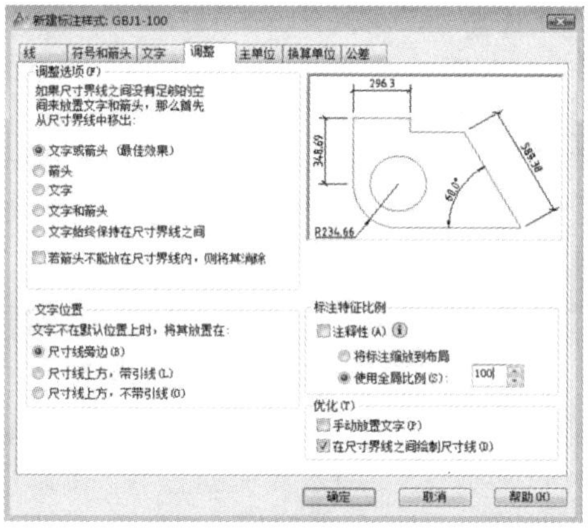

图 3-23 “调整”选项卡

【“调整”选项卡选项说明】

·“调整选项”选项组:用于控制尺寸界线之间文字和箭头的位置,一般按其默认选项“文字或箭头(最佳效果)”即可,对于半径或直径标注,可以选择“箭头”或“文字”选项。

·“文字位置”选项组:用于设置标注文字从默认位置(由标注样式定义的位置)移动时标注文字的位置。

·“标注特征比例”选项组:“标注特征比例”是各种标注特征值的放大倍数,它将影响到尺寸标注所有特征元素的大小,如文字高度、箭头、各种距离或间距等的大小。

➢“使用全局比例”:用于模型空间标注尺寸,其值应设置为打印比例的倒数。如果在模型空间以 1∶100 的比例将图形打印在图纸上时,为保证出图后的尺寸符合规范,应将标注的全局比例设置为打印比例的倒数，即为 100。

➢“将标注缩放到布局”：用于在图纸空间标注尺寸，将自动根据当前模型空间视口和图纸空间之间的比例确定比例因子。

➢“注释性”：用于在模型空间标注，并在图纸空间输出。把尺寸标注设置为注释性对象，将根据添加到模型中的注释比例进行缩放，并自动以正确的大小显示在模型空间中。注释比例应设置为与布局中的视口比例相同。例如，如果注释性对象将在比例为 1:20 的视口中显示，请将注释比例设置为 1:20。

·“优化”：一般采用默认设置“在尺寸界线之间绘制尺寸线”。

(9)“主单位”选项卡。

“主单位”选项卡如图 3-24 所示，用于设置标注单位的格式及精度等。

在“小数分隔符”下拉列表中选择“·(句点)”，在“角度标注”选项组的“精度”下拉列表中选择“0.00”，其余默认。

【“主单位”选项卡选项说明】

·“线性标注”选项组：用于设置线性标注的格式和精度。建筑制图中“单位格式”选择“小数”；“精度”只表示尺寸标注时的精度，与绘图时的精度不同；“小数分隔符”应选择为“·(句点)”形式。

·“测量单位比例”：用于控制测量值与标注值之间的比例，它们的计算关系为：标注值＝测量值×测量单位比例。由于在模型空间绘图时通常采用 1:1的比例，所以标注值＝测量值，即该比例因子应为 1。但是当同一图纸中包含两种(或两种以上)不同比例的图形时，就比较复杂了，此处涉及图形的打印输出问题，所以这里不做过多说明，可参看第 7 章中的有关内容。

·“仅应用到布局标注”：仅将测量单位比例因子应用于布局视口中创建的标注。除非使用非关联标注，否则，该设置应保持取消复选状态。

·“角度标注”：用于显示和设置角度标注的当前角度格式。建筑制图中精度用“0.0”或“0.00”即可满足要求。

单击“确定”后返回到图 3-25 所示“标注样式管理器”对话框，“GBJ1-100”标注样式创建完毕。

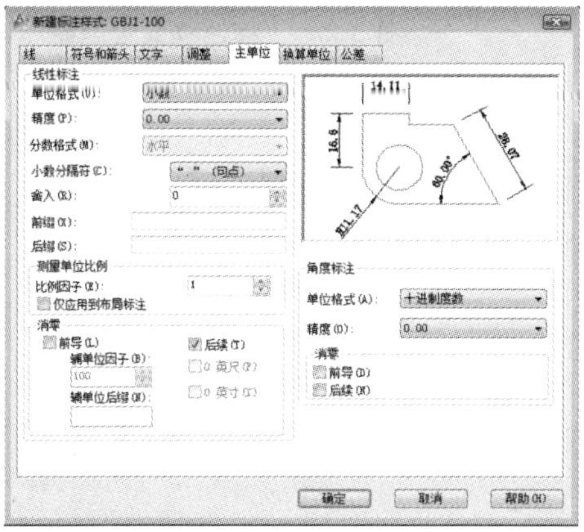

图 3-24　“主单位”选项卡

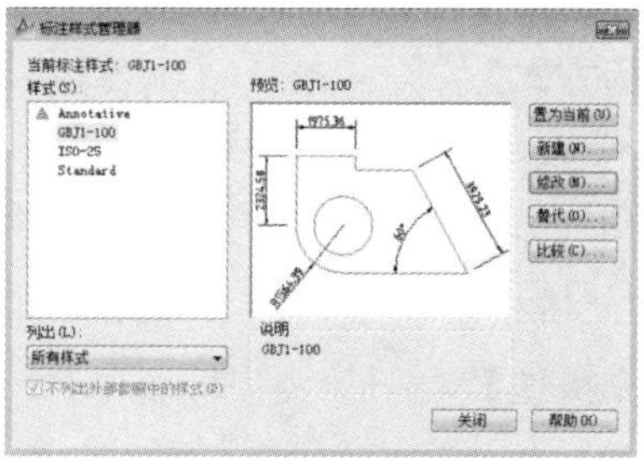

图 3-25　“标注样式管理器”对话框

上面创建的“GBJ1-100”标注样式，由于采用“实心闭合”的尺寸起止符号，所以适合于角度、半径、直径、引线等标注，但建筑工程图中最常用的还是线性尺寸标注。可以单独创建符合线性尺寸标注的标注样式，但这样会创建过多的标注样式，使用起来比较麻烦，如果创建为标注子样式，则方便得多。下面介绍标注子样式的创建方法。

在图 3-25 所示的对话框中单击“新建”按钮，弹出“创建新标注样式”对话框，在“基础样式”下拉列表中选择刚刚创建的标注样式“GBJ1-100”，在“用于”下拉列表中选择“线性标注”，此时“新样式名”文本框淡显，如图3-26所示，单击“继续”按钮，打开“新建标注样式：GBJ1-100：线性”对话框，如图 3-27 所示。

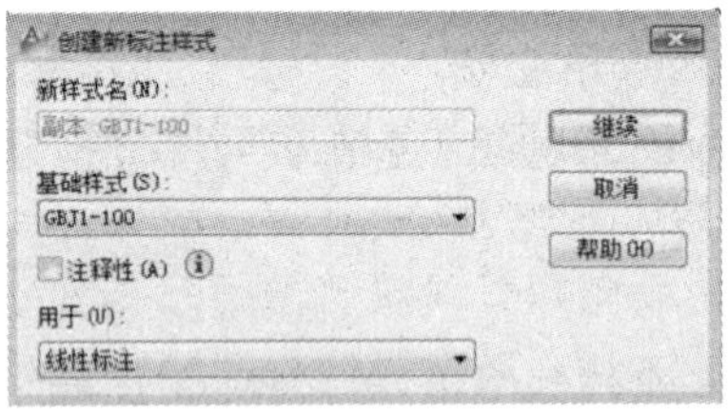

图 3-26 “创建新标注样式”对话框

图 3-27 “新建标注样式：GBJ1-100：线性”对话框

进行如下修改：在“符号和箭头”选项卡“箭头”选项组中的“第一个”下拉列表中选择“建筑标记”，则“第二个”选项也自动变为“建筑标记”，将“箭头大小”改为 2；在“文字”选项卡的“文字对齐”选项组中选中“与尺寸线对齐”选项。

修改完成后单击“确定”按钮，显示如图3-28所示的“标注样式管理器”对话框，“GBJ1-100”标注样式的“线性”子样式创建完毕，单击“关闭”按钮，退出“标注样式管理器”对话框。这样我们在进行标注时，对于线性标注的尺寸起止符号会采用“建筑标记”，对于直径、半径等标注的尺寸起止符号会采用“箭头”形式。

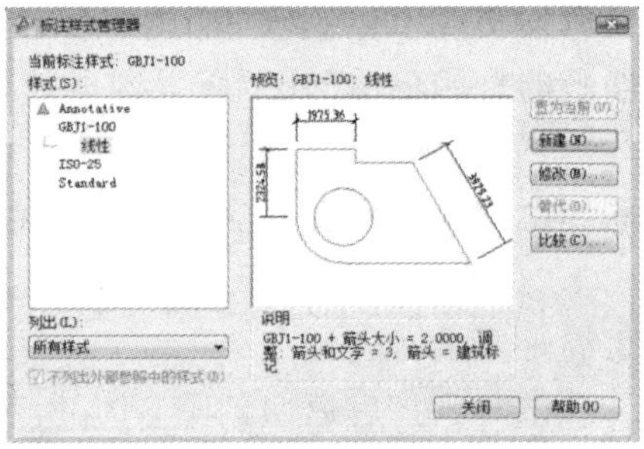

图 3-28 “标注样式管理器”对话框

3.3.3 多重引线标注

1. 多重引线样式

在 AutoCAD 2017 中，使用“多重引线样式管理器”可以创建、管理和修改引线的标注样式。

【执行方式】

- 命令行：MLEADERSTYLE(MLS)。
- 功能区：“默认”选项卡→“注释”面板→“多重引线样式”命令按钮；
- 功能区：“注释”选项卡→“引线”面板→“多重引线样式”按钮。

【命令操作】

执行“多重引线标注样式”命令后，弹出如图 3-29 所示的“多重引线样式管理器”对话框，在该对话框中单击“新建”按钮，打开“创建新多重引线样式”对话框，在“新样式名”文本框中输入“建筑引线”，如图 3-30 所示，单击“继续”，打开“修改多重引线样式：

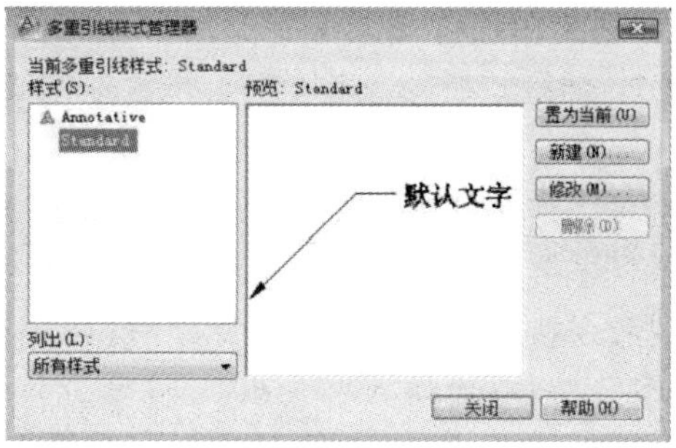

图 3-29　“多重引线样式管理器”对话框

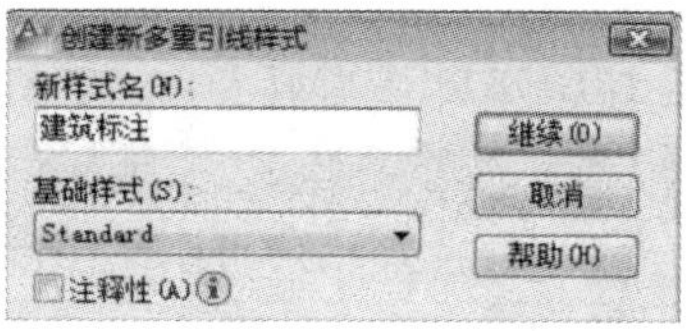

图 3-30　“创建新多重引线样”对话框

建筑引线”对话框，在这个对话框中有三个选项卡:“引线格式”“引线结构”和“内容”。

选择“引线格式”选项卡，在“箭头”选项组“符号”下拉列表中选择“无”，其余默认，如图 3-31 所示。

选择“引线结构”选项卡，在“设置基线距离”文本框中输入 1，在“指定比例”文本框中输入 100，其余默认，如图 3-32 所示。这样，此多重引线样式将适合于 1∶100 比例出图，如果勾选“注释性”，将为多重引线添加注释性特性，用起来将会更加方便。

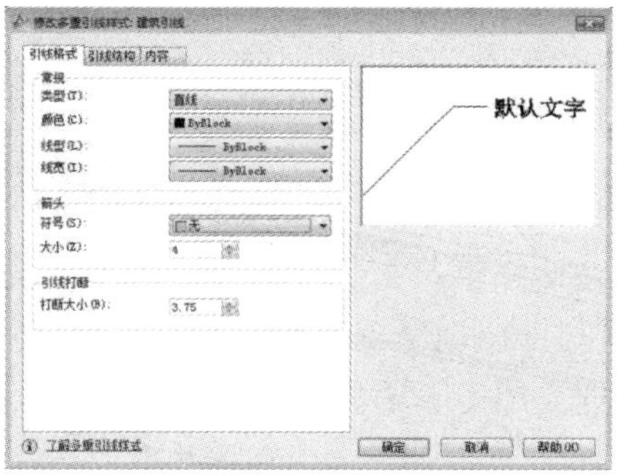

图 3-31　“引线格式”选项卡

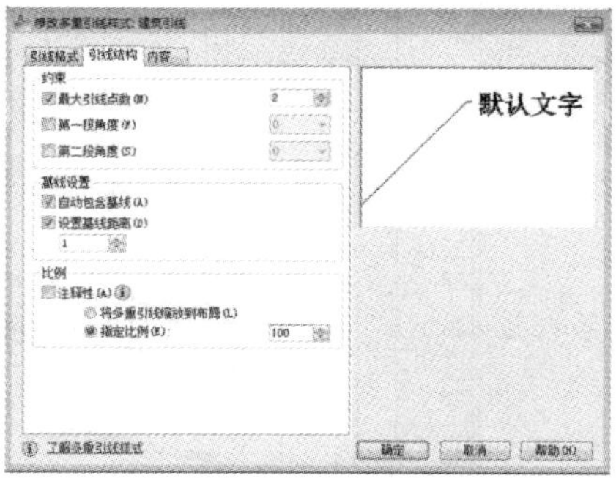

图 3-32　“引线结构”选项卡

选择“内容”选项卡，在“文字样式”下拉列表中选择提前创建好的“工程字”，在“文字高度”文本框中输入 5，在“连接位置-左”和“连接位置-右”下拉列表中均选择“所有文字加下划线”，将“基线间隙”设置为 1，其余默认，如图 3-33 所示。

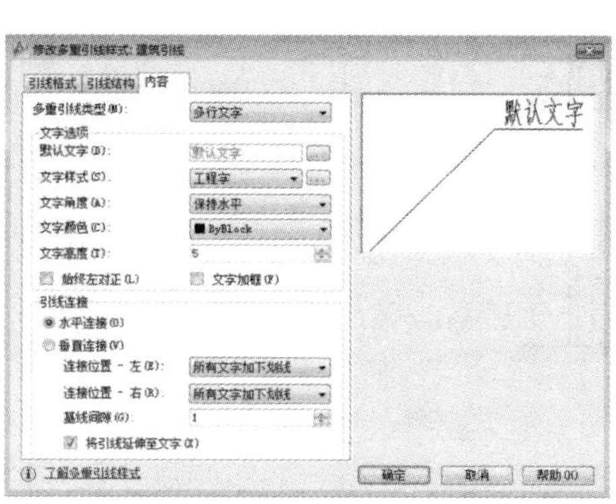

图 3-33　“内容”选项卡

单击“确定”按钮返回到“多重引线样式管理器”对话框，确保“建筑标注”样式为当前样式，单击“关闭”按钮完成设置。

2. 多重引线标注

【执行方式】

· 命令行：MLEADER(MLD)。

· 功能区：“默认”选项卡→“注释”面板→“引线”命令按钮；

· 功能区：“注释”选项卡→“引线”面板→“多重引线”命令按钮。

下面以标注屋面构造多重引线为例，介绍多重引线样式和多重引线命令的使用方法。

【例 3-9】标注屋面及墙体构造做法。

打开本书配套资源中的“图 3-34. dwg”文件，文件中已经绘制了屋面及墙体局部构造，如图3-34所示，按图 3-35 所示标注构造做法。

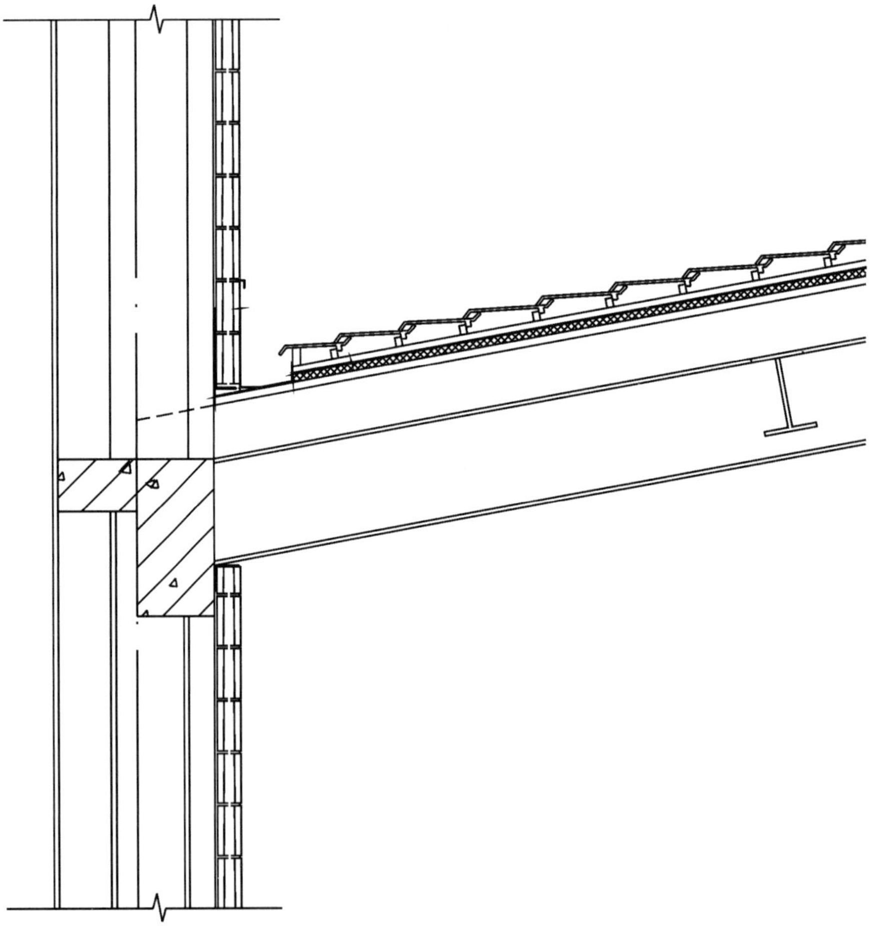

图 3-34　例 3-9 图

操作过程如下。

(1)在“图 3-34. dwg”文件中，已经按前述方法创建了“建筑引线”多重引线样式，这里只需修改引线的比例，打开“多重引线样式管理器”，选中“建筑引线”，单击“修改”，在弹出的“修改多重引线

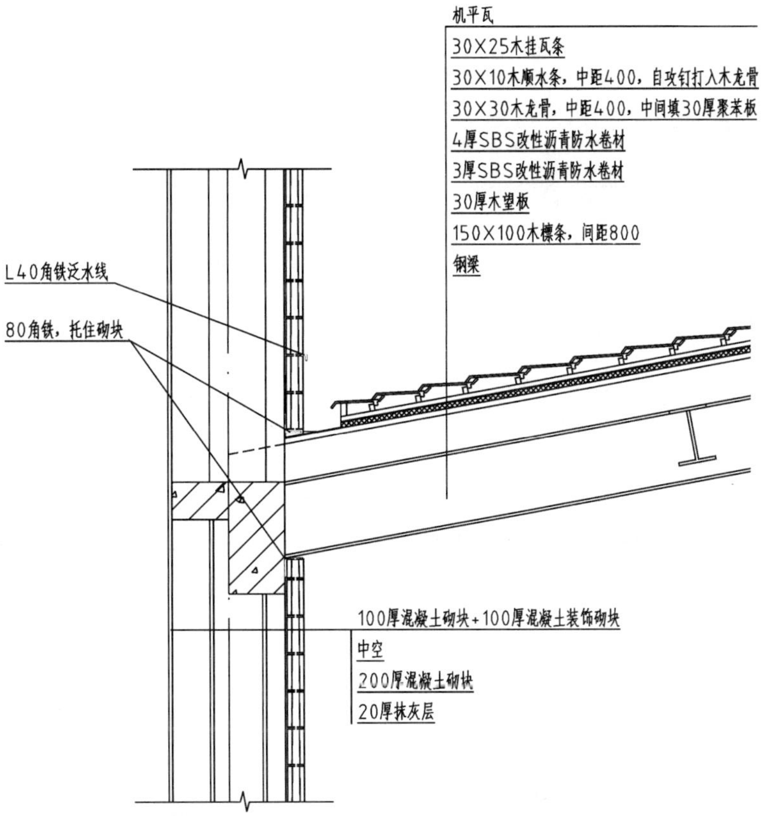

图 3-35 构造做法图

样式：建筑引线"对话框中选择"引线结构"选项卡，在"指定比例"文本框中输入 20，单击"确定"，回到"多重引线样式管理器"，确保"建筑引线"样式为当前样式，单击"关闭"退出。

(2)单击功能区"注释"选项卡→"引线"面板→"多重引线"按钮，在图 3-36 中 1 点处单击，作为多重引线箭头的位置，然后竖直向上移动鼠标，在 2 点位置单击，作为基线的位置，此时功能区出现"文字编辑器"上下文选项卡，在绘图区光标处原位输入第一行文字"机平瓦"并回车，进入下一行，输入"30X25 木挂瓦条"("X"号为大写的 X)，回车，进入下一行，依次输入其他各行文字，完成屋面做法的标注，如图 3-37 所示。

(3)继续执行多重引线命令，在图 3-38 所示 1 点位置单击，水平向右移动鼠标，在 2 点位置单击，输入"100 厚混凝土砌块＋100 厚混凝土装饰砌块"，回车，依次输入其他各行文字，结果如图 3-38所示。

(4)可以看到，图 3-38 与图 3-35 有所不同，缺少一条竖直线。下面通过添加引线的方式加上这条竖直线。单击功能区"注释"选项卡→"引线"面板→"添加引线"按钮，然后选择该引线标注，此时跟随光标出现一条引线，命令行提示为"指定引线箭头位置"，将光标竖直向下移动到最下一行下划线位置后单击，然后回车结束命令，添加了一条引线，结果参见图 3-35。

(5)继续执行多重引线命令，标注"L 40 角铁泛水线"和"80 角铁，托住砌块"两个多重引线，其中"80 角铁，托住砌块"包含两条引线，可以用第(4)步添加引线的方法完成。由于这两个多重引线文字多少不同，所以标注完成后很难对齐，不美观，如图 3-39所示。

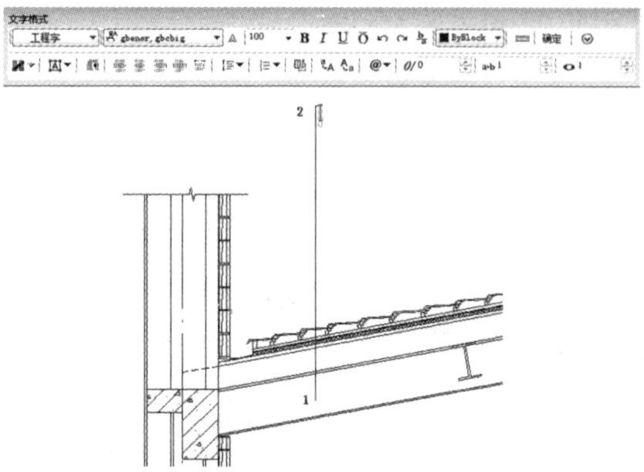

图 3-36　确定多重引线的箭头位置和基线位置

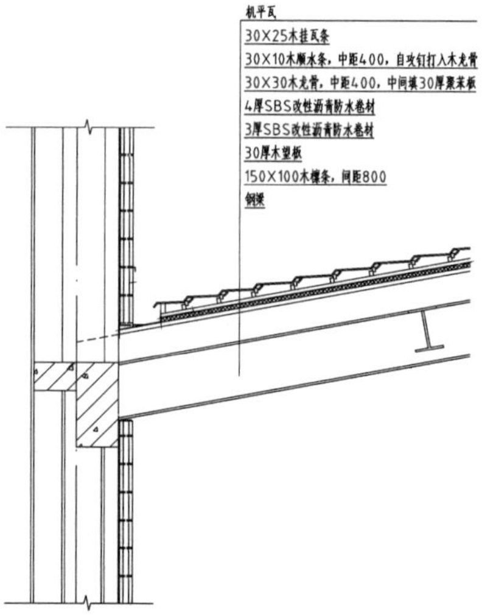

图 3-37　屋面构造做法标注

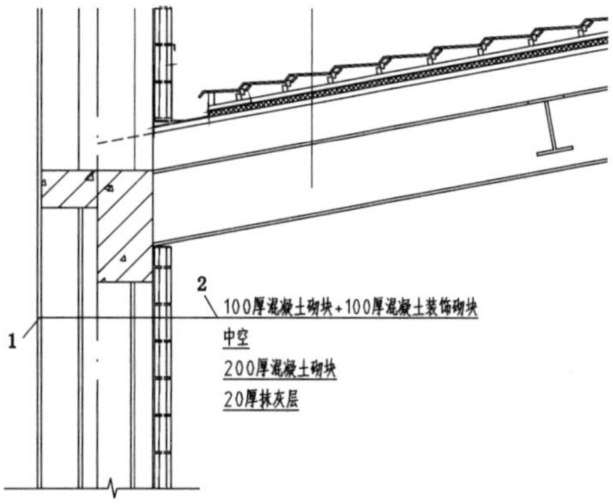

图 3-38　墙体构造做法标注

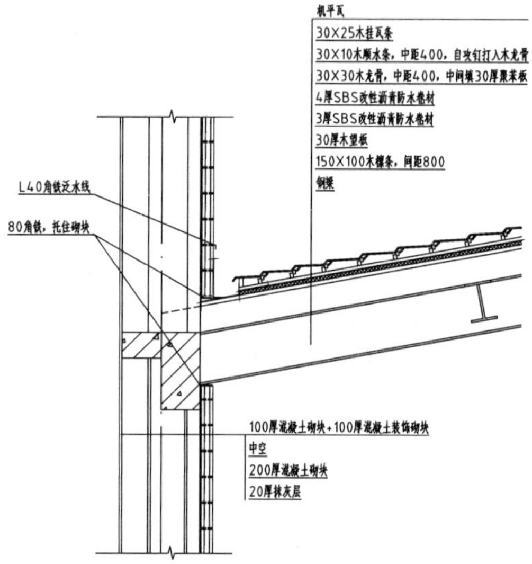

图 3-39　多重引线标注结果

(6)单击功能区"默认"选项卡→"注释"面板→引线下拉菜单中的"对齐"按钮，选择这两个多重引线并回车，此时命令行提示"选择要对齐到的多重引线"，选择其中的一个(这里选择的是"80角铁，托住砌块"多重引线)后，命令行提示"指定方向"，在竖直方向上指定一点，完成多重引线的对齐，最终效果参见图 3-35。

3.3.4　工程图尺寸标注

AutoCAD 提供了十多种尺寸标注方式，且在标注时可以随时修改标注内容及尺寸线倾斜角度，下面通过标注图 3-40 所示图形，介绍常用尺寸标注命令。该图形在本书配套资源中的"图 3-40.dwg"文件中，打开该文件，文件中已经创建了适合此图标注的标注样式。下面我们按介绍标注命令的顺序一步步地完成图形的尺寸标注。

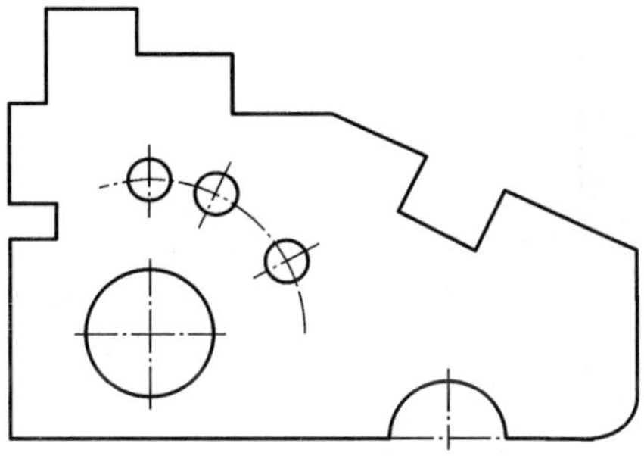

图 3-40　实例图形

1. 线性标注

线性标注命令标注水平或竖直方向上的长度尺寸。

【执行方式】

· 命令行：DIMLINEAR(DIMLIN)。

· 功能区："注释"选项卡→"标注"面板→"线性"命令按钮。

【练习】标注图 3-40 所示图形的线性尺寸。

单击"注释"选项卡→"标注"面板→"线性"命令按钮，命令行提示如下。

命令：_dimlinear

指定第一个尺寸界线原点或 <选择对象>：(拾取图 3-41 中的 1 点)

指定第二条尺寸界线原点：(拾取图 3-41 中的 2 点)

指定尺寸线位置或

[多行文字(M)/文字(T)/角度(A)/水平(H)/垂直(V)/旋转(R)]：(向下移动光标，拉出标注尺寸线，在适当位置单击，确定尺寸线的位置)

标注文字 = 1320 (系统自动测算出 1 点和 2 点间的水平距离)

命令：_dimlinear (继续执行线性标注命令)

指定第一个尺寸界线原点或 <选择对象>：(拾取图 3-41 中的 1 点)

指定第二条尺寸界线原点：(拾取图 3-41 中的 3 点)

指定尺寸线位置或

[多行文字(M)/文字(T)/角度(A)/水平(H)/垂直(V)/旋转(R)]：(向左移动光标，拉出标注尺寸线，在适当位置单击，确定尺寸线的位置)

标注文字 = 690

命令：_dimlinear(继续执行线性标注命令)

指定第一个尺寸界线原点或 <选择对象>：(拾取图 3-41 中的 4 点)

指定第二条尺寸界线原点：(拾取图 3-41 中的 4 点)

指定尺寸线位置或

[多行文字(M)/文字(T)/角度(A)/水平(H)/垂直(V)/旋转(R)]：(向上移动光标，拉出标注尺寸线，在适当位置单击，确定尺寸线的位置)

标注文字 = 310

标注结果见图 3-41。

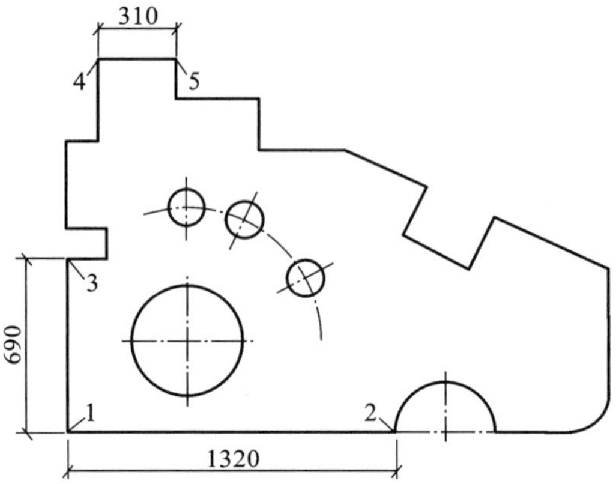

图 3-41 线性尺寸标注

【选项说明】

(1)“多行文字(M)”:该项能打开多行文字编辑器,可修改标注的尺寸文字。

(2)“文字(T)”:直接在命令行输入新的文字。

(3)“角度(A)”:设置标注文字的旋转角度。

(4)“水平(H)”:创建水平标注。

(5)“垂直(V)”:创建垂直标注。

(6)“旋转(R)”:指定尺寸线的旋转角度。

2. 对齐标注

对齐标注命令标注与对象对齐的长度尺寸,既可以标注水平或竖直的对象,也可以标注倾斜的对象。

【执行方式】

· 命令行:DIMALIGNED(DIMALI)。

· 功能区:“注释”选项卡→“标注”面板→“对齐”按钮。

【练习】标注如图 3-40 所示图形的对齐尺寸。

单击“注释”选项卡→“标注”面板→“对齐”按钮,命令行提示如下。

命令: _dimaligned

指定第一条尺寸界线原点或 <选择对象>:(拾取图 3-42 中的 1 点)

指定第二条尺寸界线原点:(拾取图 3-42 中的 2 点)

指定尺寸线位置或

[多行文字(M)/文字(T)/角度(A)]:(向右上移动光标,拉出标注尺寸线,在适当位置单击,确定尺寸线的位置)

标注文字 = 360

命令:DIMALIGNED (继续执行对齐标注命令)

指定第一条尺寸界线原点或 <选择对象>:(拾取图 3-42 中的 3 点)

指定第二条尺寸界线原点:(拾取图 3-42 中的 4 点)

指定尺寸线位置或

［多行文字(M)/文字(T)/角度(A)］：(向右下移动光标，拉出标注尺寸线，在适当位置单击，确定尺寸线的位置)

标注文字 ＝ 220

标注结果见图 3-42。

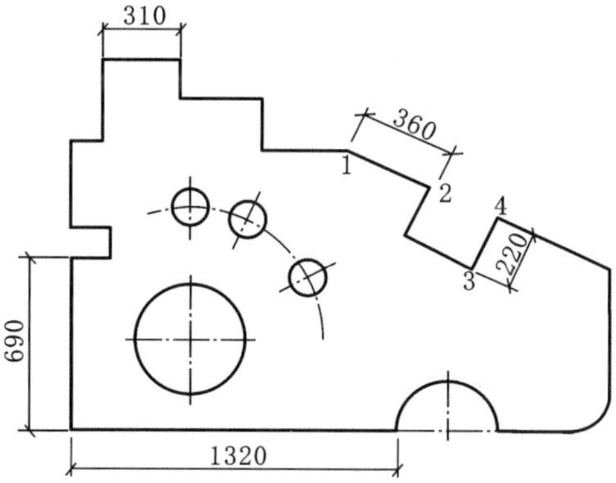

图 3-42　对齐标注

3. 半径标注

图 3-43 所示为制图标准中规定的半径标注方法。在 AutoCAD 中，需要根据具体情况确定合适的标注形式，半径标注命令会自动添加前缀 *R*。

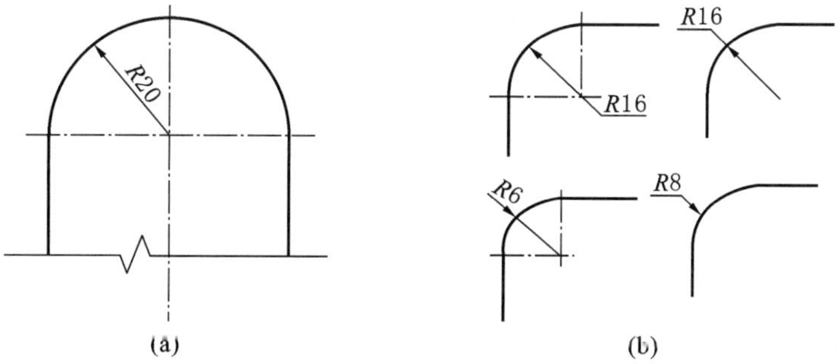

图 3-43　半径标注方法

(a)半径标注方法；(b)小圆弧半径标注方法

【执行方式】

· 命令行：DIMRADIUS(DIMRAD)。

· 功能区："注释"选项卡→"标注"面板→"半径"按钮。

【练习】标注图 3-40 所示图形的半径尺寸。

单击"注释"选项卡→"标注"面板→"半径"按钮，命令行提示如下：

命令：_dimradius

选择圆弧或圆：(选择图 3-44 中的半圆弧 1)

标注文字 ＝ 200

指定尺寸线位置或［多行文字(M)/文字(T)/角度(A)］：(移动光标到圆弧外，在适当位

置单击,确定尺寸线的位置)

命令:DIMRADIUS (继续执行半径标注命令)

选择圆弧或圆:(选择图 3-44 中的圆弧 2)

标注文字 = 150

指定尺寸线位置或[多行文字(M)/文字(T)/角度(A)]:(移动光标到圆弧内,在适当位置单击,确定尺寸线的位置)

命令:DIMRADIUS (继续执行半径标注命令)

选择圆弧或圆:(选择图 3-44 中的圆弧 3)

标注文字 = 540

指定尺寸线位置或[多行文字(M)/文字(T)/角度(A)]:(移动光标到圆弧外,在适当位置单击,确定尺寸线的位置)

半径标注结果见图 3-44。

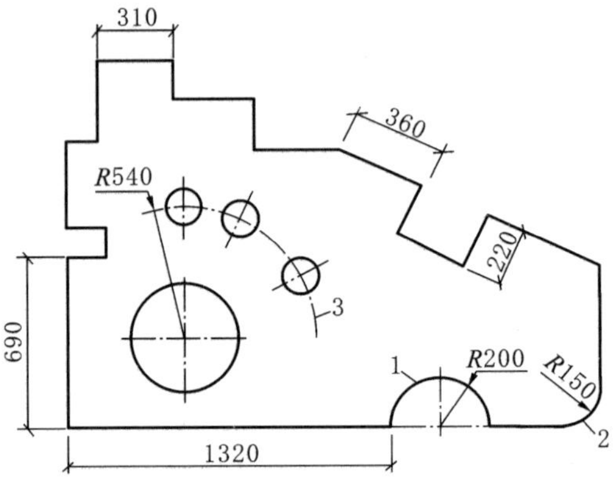

图 3-44 半径标注

4. 直径标注

如图 3-45 所示为制图标准中规定的直径标注方法。在 AutoCAD 中,需要根据具体情况确定合适的标注位置,会自动添加前缀 ϕ。但有些标注形式无法直接完成,如图 3-45(a)中的第二种标注形式,此时只能用线性标注命令来实现。

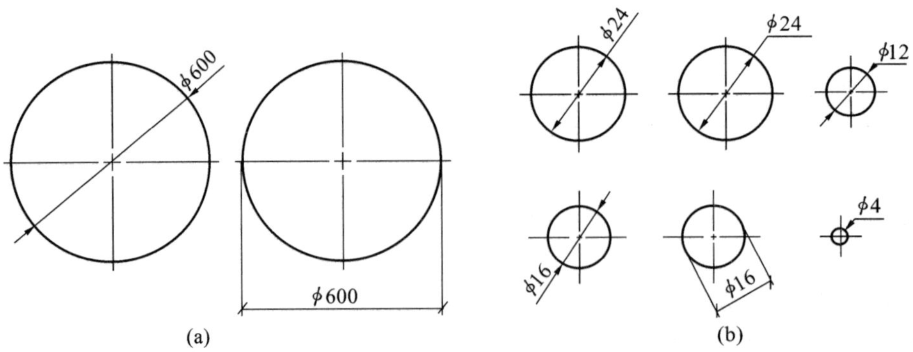

图 3-45 直径标注的形式

(a)圆直径标注方法;(b)小圆直径标注方法

【执行方式】

· 命令行：DIMDIAMETER(DIMDIA)。

· 功能区："注释"选项卡→"标注"面板→"直径"按钮。

【练习】标注图 3-40 所示图形的直径尺寸。

单击"注释"选项卡→"标注"面板→"直径"按钮，命令行提示如下。

命令：_dimdiameter

选择圆弧或圆：(选择图 3-46 中的圆 1)

标注文字 = 450

指定尺寸线位置或[多行文字(M)/文字(T)/角度(A)]：(在圆外适当位置单击，确定尺寸线的位置)

命令：DIMDIAMETER（继续执行直径标注命令）

选择圆弧或圆：(选择图 3-46 中的圆 2)

标注文字 = 150

指定尺寸线位置或[多行文字(M)/文字(T)/角度(A)]：T（输入文字选项 T，回车）

输入标注文字 ＜150＞：3－＜＞(输入文字修改的内容，＜＞代表缺省值)

指定尺寸线位置或[多行文字(M)/文字(T)/角度(A)]：(在圆外适当位置单击，确定尺寸线的位置)

直径标注结果见图 3-46。

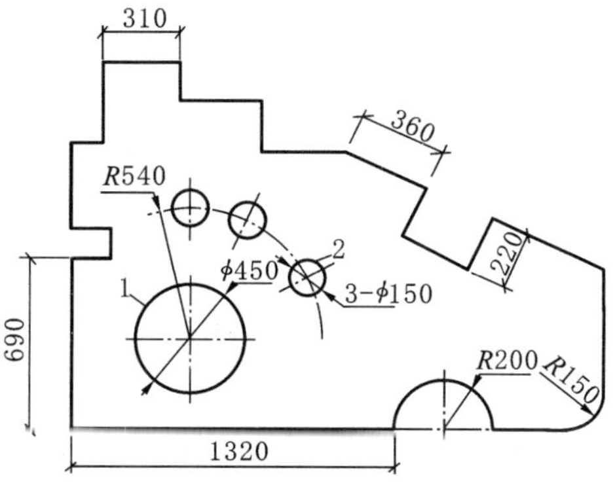

图 3-46　直径标注

5. 角度标注

角度标注命令标注两条非平行直线、不共线的三个点之间的角度，以及圆或圆弧的圆心角，如果在标注样式中设置角度格式为"十进制度数"的话，会自动添加度的单位"°"。

【执行方式】

· 命令行：DIMANGULAR(DIMANG)。

· 功能区："注释"选项卡→"标注"面板→"角度"按钮。

【练习】标注图 3-40 所示图形的角度尺寸。

单击"注释"选项卡→"标注"面板→"角度"按钮，命令行提示如下。

命令：_dimangular

选择圆弧、圆、直线或＜指定顶点＞:(选择图 3-47 中的线 1)

选择第二条直线:(选择图 3-47 中的线 2)

指定标注弧线位置或[多行文字(M)/文字(T)/角度(A)/象限点(Q)]:(向右上方移动光标,拉动出标注尺寸线,在适当位置单击,确定尺寸线的位置)

标注文字 = 25

命令:_dimangular(继续角度标注命令)

选择圆弧、圆、直线或＜指定顶点＞:(选择图 3-47 中的线 3)

选择第二条直线:(选择图 3-47 中的线 4)

指定标注弧线位置或[多行文字(M)/文字(T)/角度(A)/象限点(Q)]:(向左上方移动光标,拉动出标注尺寸线,在适当位置单击,确定尺寸线的位置)

标注文字 = 65

角度标注结果见图 3-47。

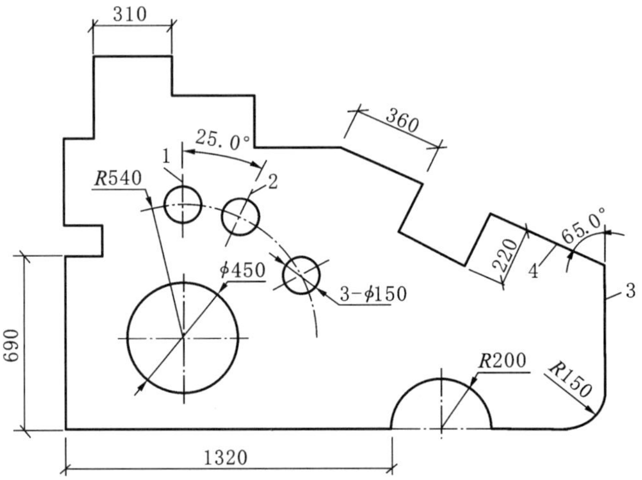

图 3-47 角度标注

6. 连续标注

连续标注是从上一个标注或选定标注的第二条尺寸界线处创建多个首尾相连的线性标注、角度标注或坐标标注。

【执行方式】

· 命令行:DIMCONTINUE(DIMCONT)。

· 功能区:"注释"选项卡→"标注"面板→"连续"按钮。

【练习】用连续标注完善图 3-40 所示图形的线性尺寸和角度尺寸。

单击"注释"选项卡→"标注"面板→"连续"按钮,命令行提示如下。

命令:_dimcontinue

指定第二条尺寸界线原点或[放弃(U)/选择(S)]＜选择＞:(回车,执行"选择"选项)

选择连续标注:(选择图 3-48 所示数值为 690 的线性尺寸标注,拾取点要偏上方)

指定第二条尺寸界线原点或[放弃(U)/选择(S)]＜选择＞:(拾取图 3-48 中的 1 点)

标注文字 = 130

指定第二条尺寸界线原点或［放弃(U)/选择(S)］＜选择＞：(拾取图 3-48 中的 2 点)

标注文字 = 350

指定第二条尺寸界线原点或［放弃(U)/选择(S)］＜选择＞：(拾取图 3-48 中的 3 点)

标注文字 = 330

指定第二条尺寸界线原点或［放弃(U)/选择(S)］＜选择＞：(回车，结束此处的连续标注，但命令并未结束)

选择连续标注：(选择图 3-48 所示的数值为 25.0°的角度标注，拾取点要偏右方)

指定第二条尺寸界线原点或［放弃(U)/选择(S)］＜选择＞：(拾取图 3-48 中的 4 点)

标注文字 = 37

指定第二条尺寸界线原点或［放弃(U)/选择(S)］＜选择＞：(回车，结束此处的连续标注，但命令并未结束)

选择连续标注：(选择图 3-48 所示的数值为 360 的对齐标注，拾取点要偏右下方)

指定第二条尺寸界线原点或［放弃(U)/选择(S)］＜选择＞：(拾取图 3-48 中的 5 点)

标注文字 = 290

指定第二条尺寸界线原点或［放弃(U)/选择(S)］＜选择＞：(回车，结束此处的连续标注)

选择连续标注：(回车，结束命令)

标注结果见图 3-48。

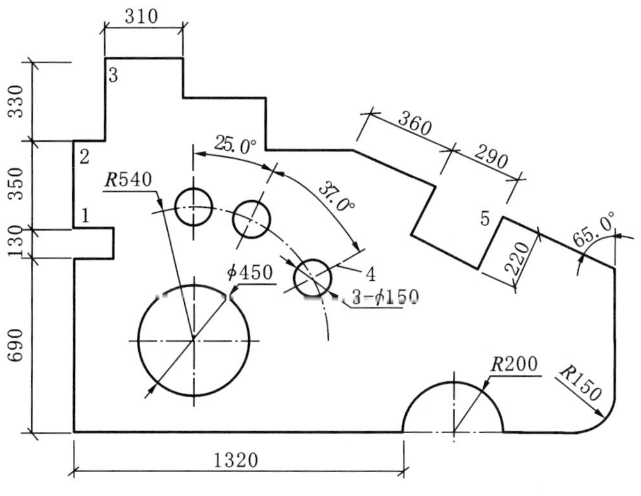

图 3-48　连续标注

【对连续标注的说明】

· 连续标注需要预先指定一个已经完成的标注作为基准，这个标注可以是线性标注、对齐标注、角度标注或坐标标注。

· 如果刚刚完成一个标注，执行连续标注时会自动以该标注为基准进行标注，否则，将会提示选择一个标注作为基准。

7. 基线标注

基线标注是从上一个标注或选定标注的基线处创建线性标注、角度标注或坐标标注。

【执行方式】

- 命令行:DIMBASELINE(DIMBASE)。
- 功能区:“注释”选项卡→“标注”面板→“基线”按钮。

【练习】用基线标注完善图 3-40 所示图形的线性尺寸。

单击“标注”工具栏中的“基线”按钮,命令行提示如下。

命令: _dimbaseline

指定第二条尺寸界线原点或[放弃(U)/选择(S)]<选择>:(回车,执行“选择”选项)

选择基准标注:(选择图 3-49 所示数值为 1320 的线性尺寸标注,拾取点为 1 点)

指定第二条尺寸界线原点或[放弃(U)/选择(S)]<选择>:(拾取图 3-49 中的 2 点)

标注文字 = 2170

指定第二条尺寸界线原点或[放弃(U)/选择(S)]<选择>:(回车,结束此处的基线标注,但命令并未结束)

选择基准标注:(选择图 3-49 所示数值为 310 的线性尺寸标注,拾取点为 3 点)

指定第二条尺寸界线原点或[放弃(U)/选择(S)]<选择>:(拾取图 3-49 中的 4 点)

标注文字 = 640

指定第二条尺寸界线原点或[放弃(U)/选择(S)]<选择>:(拾取图 3-49 中的 5 点)

标注文字 = 1000

指定第二条尺寸界线原点或[放弃(U)/选择(S)]<选择>:(回车,结束此处的基线标注)

选择基准标注:(回车,结束命令)

基线标注结果见图 3-49。

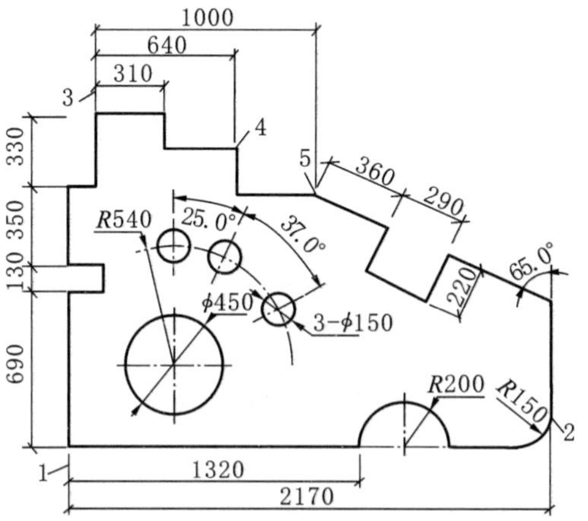

图 3-49 基线标注

【对基线标注的说明】

- 基线标注需要预先指定一个已经完成的标注作为基准,这个标注可以是线性标注、对齐标注、角度标注或坐标标注。

· 如果刚刚完成一个标注，执行基线标注时会自动以该标注为基准进行标注，否则，将会提示选择一个标注作为基准。

至此，图 3-40 所示图形标注完毕，图中缺少的一些尺寸标注，读者可自行完成，这里不再赘述。

8. 其他标注命令

除了上面介绍的 7 种常用的尺寸标注命令外，AutoCAD 还提供了诸如弧长标注，半径折弯标注、快速标注等标注命令，下面通过例题介绍这些标注命令。

(1)弧长标注

弧长标注是测量圆弧或多段线弧线段上的弧长，而不是弦长。

【执行方式】

· 命令行：DIMARC。

· 功能区："注释"选项卡→"标注"面板→"弧长"按钮。

【例 3-10】标注图 3-50 所示旋转楼梯的外弧长。

打开本书配套资源中的"图 3-50. dwg"文件，文件中已经创建了适合弧长标注的标注样式"建筑"，需要强调，弧长标注一般将弧长符号"⌒"放在文字的上方，所以在"建筑"标注样式中的"符号和箭头"选项卡中的"弧长符号"选项组中应选中"标注文字的上方"选项。

单击"注释"选项卡→"标注"面板→"弧长"按钮，然后选择旋转楼梯最外侧的圆弧，向外拉出尺寸线，在适当位置单击，结果如图 3-51 所示。

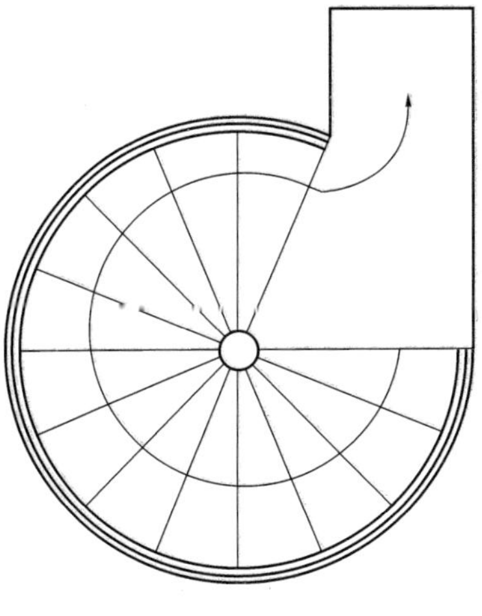

图 3-50　例 3-10 图

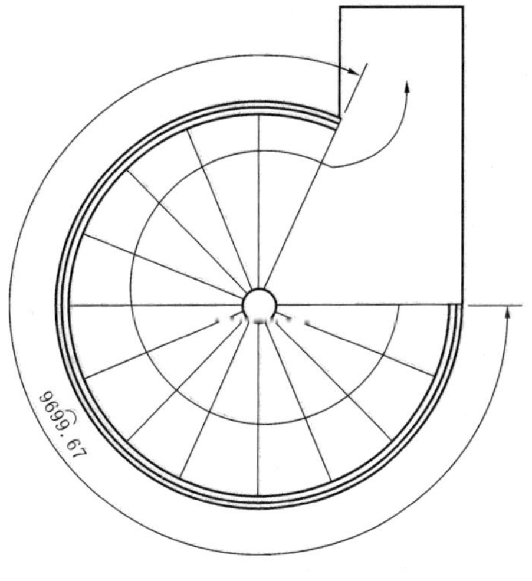

图 3-51　弧长标注

(2)折弯标注

当图形中的圆弧曲率半径很大，圆心远离图形甚至在图纸之外时，可以采用折弯半径标注。

【执行方式】

· 命令行：DIMJOGGED(DJO)。

· 功能区："注释"选项卡→"标注"面板→"折弯"按钮。

【例 3-11】标注图 3-52 所示的道路中心线半径。

打开本书配套资源中的“图 3-52.dwg”文件，文件中绘制有如图 3-52 所示的图形，在文件中已经创建符合折弯标注的标注样式“建筑”，主要是在标注样式的“符号和箭头”选项卡中将“半径折弯标注”的“折弯角度”设置为 45。

确保“建筑”标注样式为当前样式，单击“注释”选项卡→“标注”面板→“折弯”按钮，命令行提示如下。

命令：_dimjogged

选择圆弧或圆：(拾取道路中心线)

指定图示中心位置：(拾取图 3-53 中的 1 点)

标注文字 = 12310.55

指定尺寸线位置或[多行文字(M)/文字(T)/角度(A)]：(拾取图 3-53 中的 2 点)

指定折弯位置：(拾取图 3-53 中的 3 点)

折弯标注结果如图 3-53 所示。

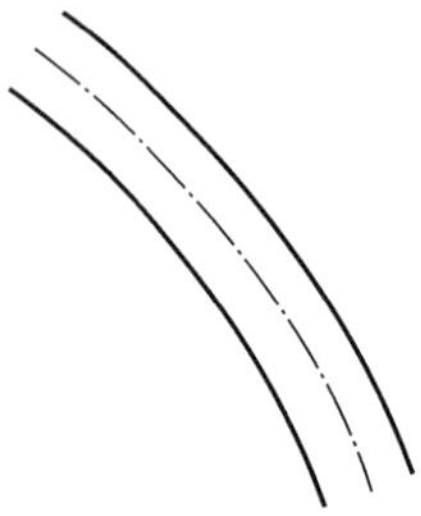

图 3-52　例 3-11 图

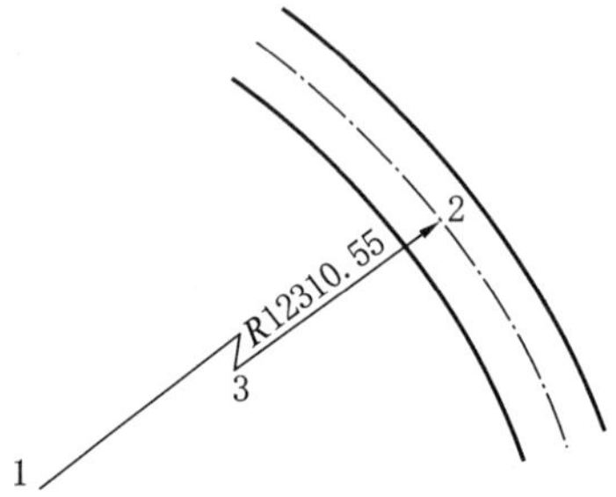

图 3-53　折弯标注

(3)快速标注

快速标注用于快速完成一系列的标注，如快速完成所有圆的半径及直径标注，常用来快速创建连续、基线或并列标注。

【执行方式】

- 命令行：QDIM。
- 功能区：“注释”选项卡→“标注”面板→“快速标注”按钮。

【例 3-12】用快速标注命令完成图 3-54 所示的连续标注和并列标注。

打开本书配套资源中的“图 3-54.dwg”文件，文件中已经绘制了如图 3-54 所示的图形。

单击“注释”选项卡→“标注”面板→“快速标注”按钮，命令行操作如下。

命令：_qdim

选择要标注的几何图形：指定对角点：找到 4 个(用窗选的方法按图 3-55 所示选择对象)

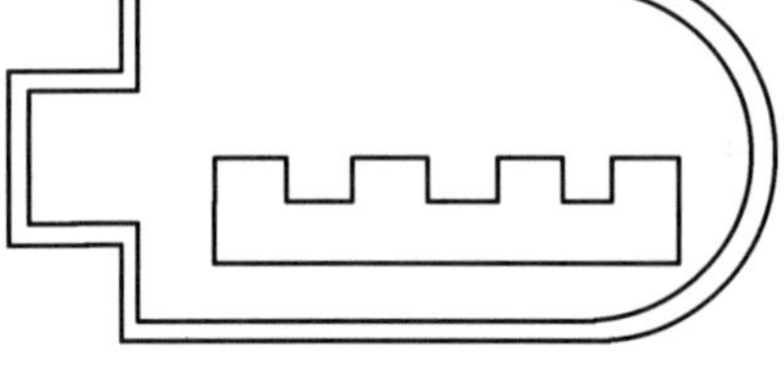

图 3-54　例 3-12 图

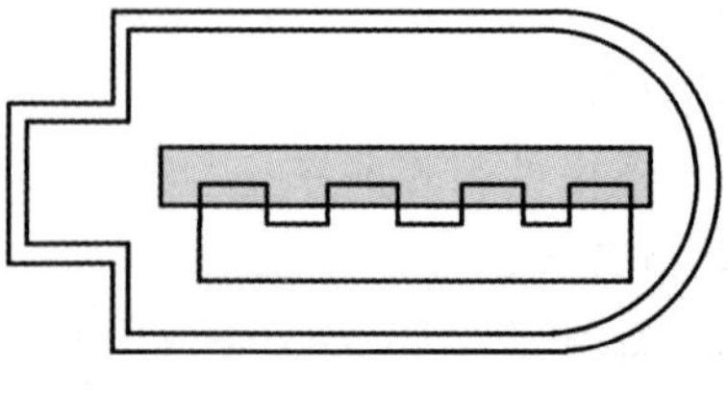

图 3-55　选择连续标注对象

选择要标注的几何图形：(回车结束选择)

指定尺寸线位置或［连续(C)/并列(S)/基线(B)/坐标(O)/半径(R)/直径(D)/基准点(P)/编辑(E)/设置(T)］＜连续＞：(回车，执行“连续”选项)

指定尺寸线位置或［连续(C)/并列(S)/基线(B)/坐标(O)/半径(R)/直径(D)/基准点(P)/编辑(E)/设置(T)］＜连续＞：(向上移动光标，拉出尺寸线，在适当位置单击，确定尺寸线位置，连续标注完成，如图 3-56 所示)

命令：QDIM (继续执行快速标注命令)

选择要标注的几何图形：指定对角点：找到 10 个 (用窗选的方法按图 3-56 所示选择对象)

选择要标注的几何图形：(回车结束选择)

指定尺寸线位置或［连续(C)/并列(S)/基线(B)/坐标(O)/半径(R)/直径(D)/基准点(P)/编辑(E)/设置(T)］＜连续＞：s(输入 S 并回车，执行“并列”选项)

指定尺寸线位置或［连续(C)/并列(S)/基线(B)/坐标(O)/半径(R)/直径(D)/基准点(P)/编辑(E)/设置(T)］＜并列＞：(向左移动光标，拉出尺寸线，在适当位置单击，确定尺寸线位置，并列标注完成)

快速标注结果如图 3-57 所示。

【快速标注说明】

快速标注有时不能达到使用户满意的结果，通过图 3-57 可以看出，并列标注中的尺寸数字并没有全部位于尺寸线中间，还需要手动调节。

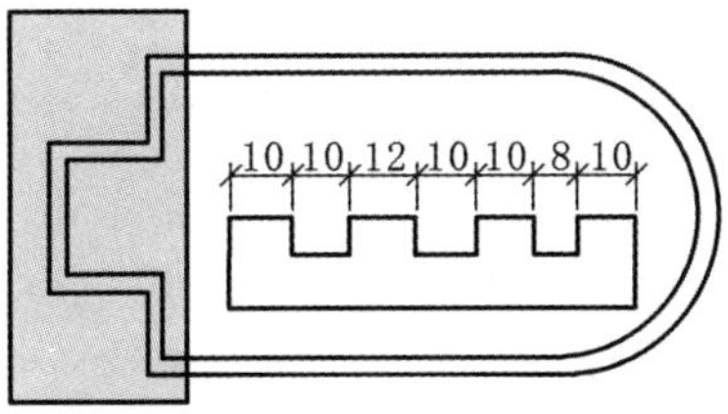

图 3-56　选择并列标注对象

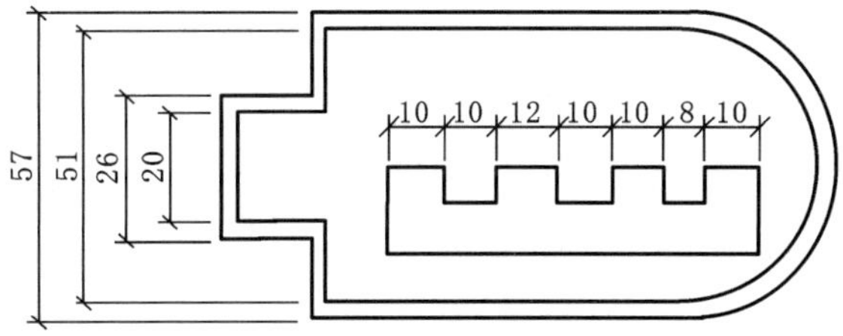

图 3-57　快速标注结果

(4)标注(DIM)

从 AutoCAD 2016 版开始新增了标注(DIM)命令，这个命令是一个强大的快速标注命令，启动该命令后，将光标悬停在标注对象上，标注(DIM)命令将自动预览合适的标注类型，然后选择对象，给定标注位置即可绘制标注。DIM 命令支持线性标注、对齐标注、角度标注、半径标注、直径标注、折弯半径标注、弧长标注、基线标注和连续标注。

【执行方式】

· 命令行：DIM；

· 功能区：“注释”选项卡→“标注”面板→“标注”按钮。

启动 DIM 命令后，命令行提示如下：

选择对象或指定第一个尺寸界线原点或［角度(A)/基线(B)/连续(C)/坐标(O)/对齐(G)/分发(D)/图层(L)/放弃(U)］：

DIM 命令操作简单，这里不再举例。

3.3.5 编辑尺寸标注

在 AutoCAD 中,可以对尺寸标注的文字、位置及样式等内容进行修改,而不必删除所标注的尺寸对象再重新进行标注。

1. 修改尺寸标注样式

要改变图中所有使用某个标注样式的标注,只需在“标注样式管理器”对话框中,选择该标注样式的样式名,单击“修改”按钮,在打开的“修改标注样式”对话框中修改有关内容,修改完成后单击“确定”按钮,所有图中使用此标注样式的标注将自动更新成所改样式。虽然是修改现有标注样式而不是创建新标注样式,但“修改标注样式”对话框的内容和“新建标注样式”对话框的内容是相同的。

2. 替代标注

如果不想修改已经标注的对象,只是个别的标注样式需要改变,则不必采用修改标注样式的方法,而只需创建一种临时替代样式进行标注就可以了。

如果想删除替代样式,只需在“标注样式管理器”对话框中选择要使用的标注样式,将其“置为当前”即可。

【例 3-13】以图 3-58 中的尺寸标注为例,不改变已经做过的其他尺寸标注,只修改水平标注为“16”的尺寸起止符号,将其由建筑标记改为圆点标记。

打开本书配套资源中的“图 3-58.dwg”文件,然后执行如下操作。

(1)删除尺寸数字为“16”的尺寸标注。

(2)打开“标注样式管理器”对话框,选择“GBJ 1”标注样式,单击“替代”按钮,打开“替代当前样式:GBJ 1”对话框,在“符号和箭头”选项卡中选择箭头形式为“点”,如图3-59所示。单击“确定”按钮,回到“标注样式管理器”对话框,单击“关闭”按钮。

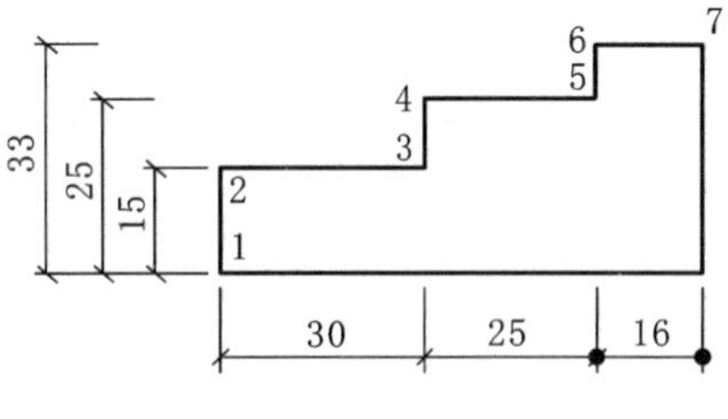

图 3-58 例 3-13 图

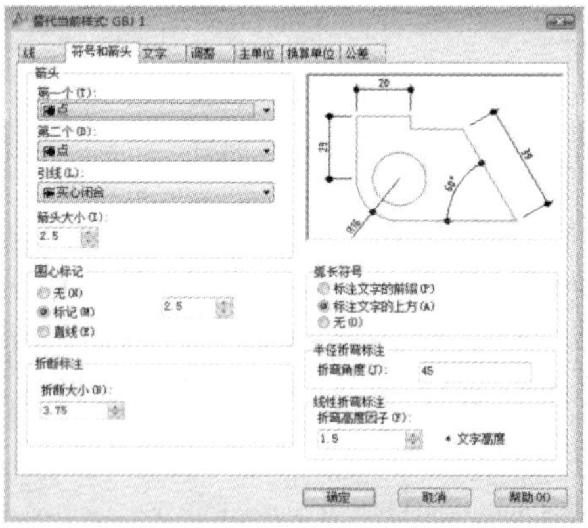

图 3-59 尺寸起止符号的设置

(3)执行连续标注命令,选择水平标注为“25”的右尺寸界线,然后拾取 7 点,标注完后如图 3-58 所示。

(4)使用完替代样式后,如果想继续使用原有“GBJ 1”样式进行标注的话,只需在“标注样式管理器”中选择“GBJ 1”标注样式,单击“置为当前”,会弹出一个“AutoCAD 警告”对话框,在该对话框上单击“确定”即可删除“样式替代”。

3. 等距标注

可以自动调整图形中现有的平行线性标注和角度标注，以使其间距相等或在尺寸线处相互对齐，间距仅适用于平行的线性标注或共用一个顶点的角度标注。

【执行方式】

· 命令行：DIMSPACE。

· 功能区：“注释”选项卡→“标注”面板→“调整间距”按钮。

【例 3-14】 利用等距标注命令把图 3-60 所示尺寸标注修改为如图 3-61 所示尺寸标注。

打开本书配套资源中的“图 3-60.dwg”文件，文件中的图形如图 3-60 所示，单击“注释”选项卡→“标注”面板→“调整间距”按钮，命令行提示如下。

命令：_DIMSPACE

选择基准标注：(选择尺寸数字为“30”的标注对象)

选择要产生间距的标注：(选择尺寸数字为“55”“71”的标注对象)

选择要产生间距的标注：(回车结束选取)

输入值或［自动(A)］<自动>：8(输入尺寸线间的距离值并回车，结果如图 3-61 所示)

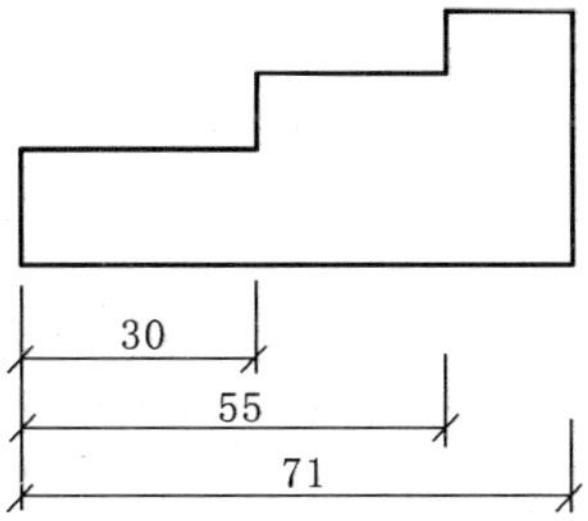

图 3-60　原始标注

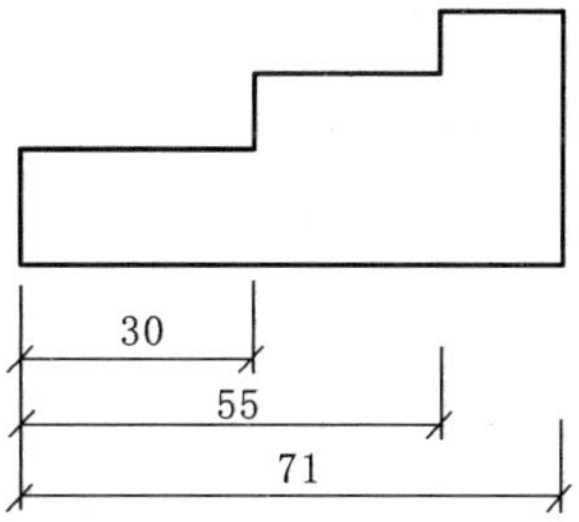

图 3-61　等距标注

4. 折弯线性

在建筑制图中，如果构件较长，且沿构件长度方向的形状相同或按一定规律变化，可以采用断开的简化画法，这样的简化图形尺寸可以采用在尺寸线上添加折弯线的形式表示，如图 3-62 所示。需要强调的是，虽然图形被断开了，但标注的尺寸数字应为构件的真实长度值，有关标注数值修改的内容，请参见例 3-14。

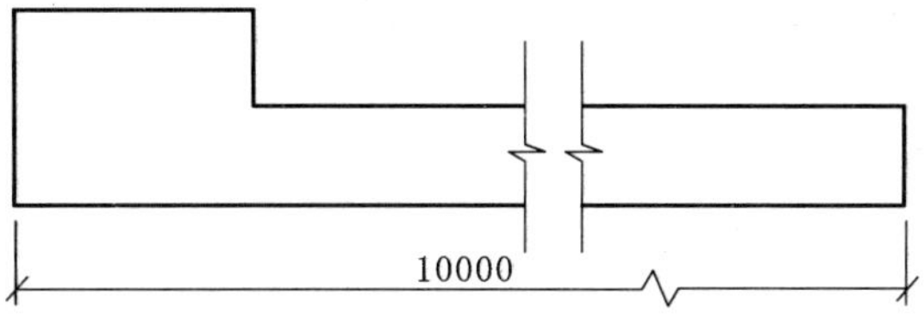

图 3-62　折弯线性标注

【执行方式】

· 命令行：DIMJOGLINE。

· 功能区：“注释”选项卡→“标注”面板→“折弯标注”按钮。

【命令操作】

通过上述方式执行折弯线性命令后,命令行提示如下。

选择要添加折弯的标注或［删除(R)］:(选择已有的标注对象)

指定折弯位置(或按 ENTER 键):(指定要折断的位置或回车采用默认)

5. 标注更新

标注更新用于以另一种标注样式去更换已经标注过的对象,不像修改样式那样把整个图形的标注样式全部更改,而是根据需要只修改部分标注样式。首先把要更换的样式置为当前样式,单击"标注更新"按钮,选择已经标注过的尺寸对象。

【执行方式】

· 命令行:DIMSTYLE。

· 功能区:"注释"选项卡→"标注"面板→"标注更新"按钮。

【例 3-15】对图 3-63 中的尺寸标注作如下修改,左边的基线尺寸标注样式保持不变,只将水平标注的起止符号改为箭头形式,如图 3-64 所示。

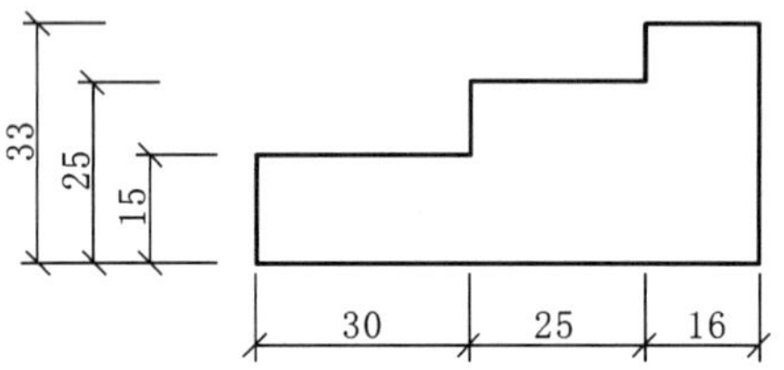

图 3-63　例 3-15 图

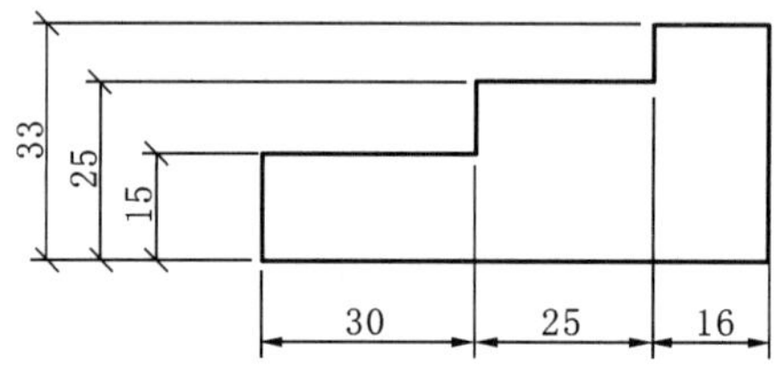

图 3-64　更新后的标注

打开本书配套资源中的"图 3-63. dwg"文件,文件中已经创建名称为"GBJ 1"的标注样式,并基于这个样式对图形进行了尺寸标注,如图 3-63 所示。执行如下操作。

(1)在"GBJ 1"标注样式的基础上创建一个副本样式,并修改副本样式中的尺寸起止符为"实心闭合"的箭头形式。

(2)把创建的副本样式置为当前,单击"注释"选项卡→"标注"面板→"标注更新"按钮,选择水平的三个尺寸。

(3)回车结束命令,结果如图 3-64 所示。

6. 尺寸标注编辑

在做完尺寸标注后,经常会遇到要对标注文字进行修改或改变文字位置的操作,AutoCAD 提供了多种方式来满足我们的要求。

1)利用"特性"选项板编辑

选定已经标注过的尺寸标注对象,打开"特性"选项板,可以对尺寸标注对象中的绝大部分元素进行修改。

【例 3-16】修改图 3-65 中的尺寸数字 1350,将其改为 10000。

打开本书配套资源中的"图 3-65. dwg"文件,然后执行如下操作。

(1)选中图形中的尺寸标注,按下"Ctrl+1"键,打开"特性"选项板。

(2)在"文字"选项组中的"文字替代"文字框中输入 10000,如图 3-66 所示,关闭"特性"选项板,图中尺寸已更新为 10000。

2)编辑尺寸文本

“编辑标注”命令可以对已标注文字内容、角度和尺寸界线的倾斜角进行修改。

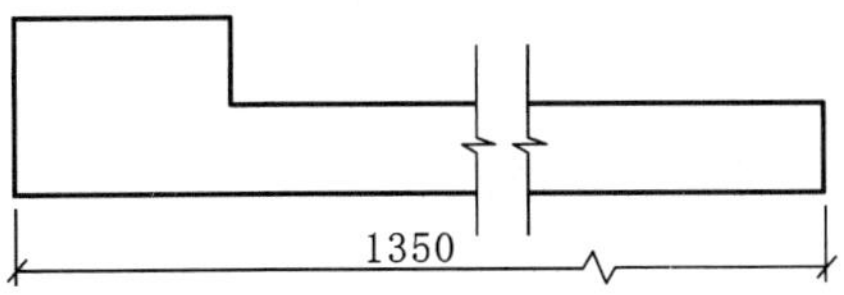

图 3-65　例 3-14 图

图 3-66　“特性”选项板中修改标注数值

【执行方式】

· 命令行：DIMEDIT。

· 功能区：“注释”选项卡 ▸“标注”面板 ▸ 工具组。

【命令操作】

通过上述方式执行编辑标注命令后，命令行提示：

输入标注编辑类型［默认(H)/新建(N)/旋转(R)/倾斜(O)］<默认>

输入选项内容可以修改已标注对象的元素。比如将图 3-67 所示的尺寸标注对象分别利用“编辑标注”中的“新建”“旋转”和“倾斜”选项修改为如图 3-68 所示。

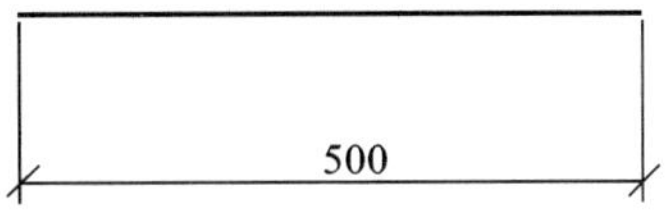

图 3-67　原有尺寸标注对象

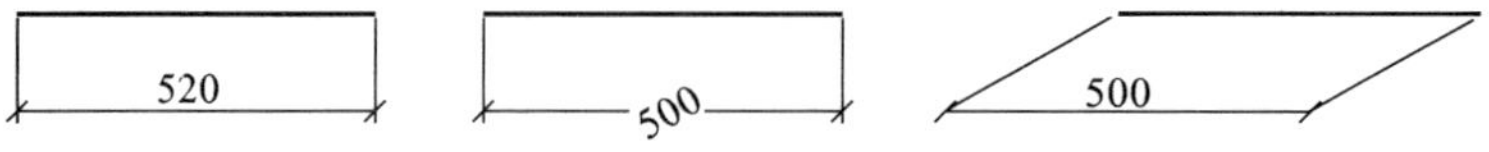

图 3-68 分别利用“编辑标注”中的“新建”“旋转”和“倾斜”选项修改后的标注样式

3)夹点编辑

夹点编辑是一种快捷编辑尺寸标注的方式,在已有尺寸标注对象上单击,调出夹点,进入夹点编辑状态,不但能调整文字的位置,而且也能改变尺寸线的位置。

【例 3-17】利用夹点编辑模式快速修改图 3-69 中尺寸文本位置、大小及尺寸线的位置。操作步骤如下。

(1)选中图 3-69 中的尺寸标注,将光标移到文字夹点上,不拾取,该夹点呈淡粉色,并弹出如图 3-70 所示的工具提示,在工具提示中选择“随引线移动”,然后向下拖动光标单击一点,结果如图 3-71所示。

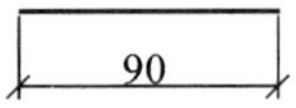

图 3-69 原尺寸标注

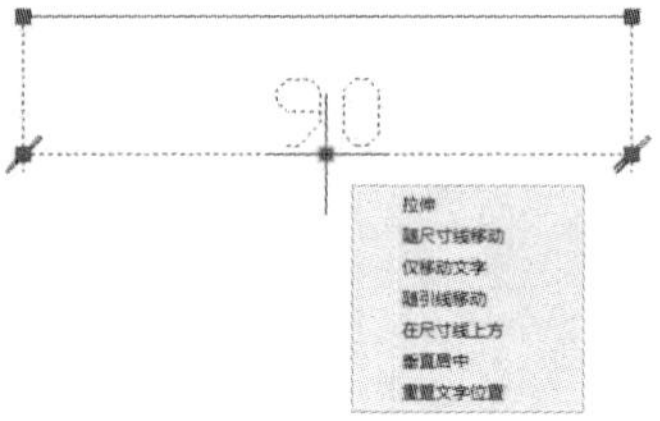

图 3-70 夹点变为基点后

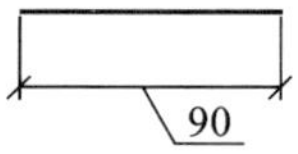

图3-71 “随引线移动”后的编辑效果

上面介绍的是打开动态输入功能时的操作,如果没有打开“动态输入”,可以在选中尺寸标注后,激活文字夹点,然后按住“Ctrl”键,观察命令行中的提示,当提示切换到“ ** 随引线移动 ** ,指定目标点”后拖动鼠标单击一点。

(2)同时选取使图 3-71 中的直线和尺寸标注对象,激活右尺寸界线的上夹点,水平向右拖动鼠标,原来的尺寸数字将随鼠标的移动发生变化,在文本输入框中输入要拉伸的距离值后,图形和标注将会同步改变,如图 3-72 所示。

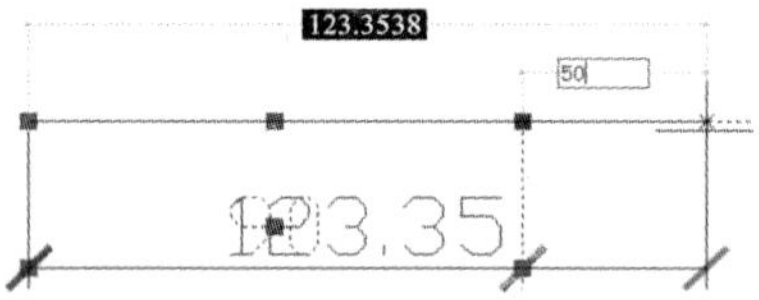

图 3-72 利用夹点拉伸对象

本章小结

本章介绍了文字样式、标注样式和多重引线样式的创建方法,介绍了输入文字的方法、尺寸标注的命令及引线标注命令,介绍了文字编辑、标注编辑和引线编辑的方法。工程图注释是工程图样的重要组成部分,所以本章内容应牢固掌握。

技能训练题

1. 创建符合建筑工程图书写要求的文字样式，并用多行文字命令按图 3-73 所示内容和格式输入文字，字高为 5。

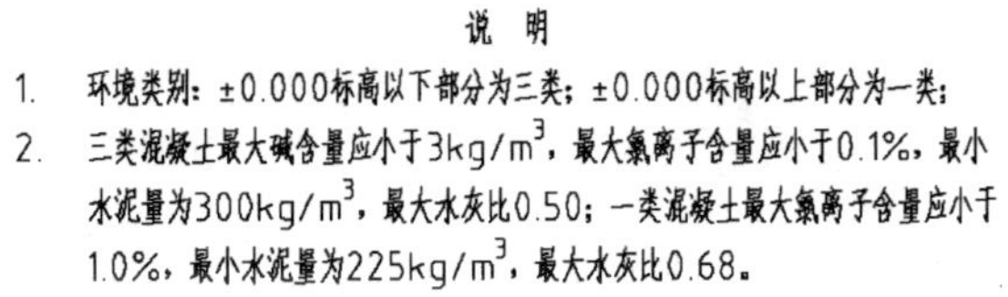

图 3-73　题 1 图

2. 打开本书配套资源中的“图 3-74. dwg”文件，文件中已经书写了一些文字，但显示不合理，如图 3-74 所示，请解决。

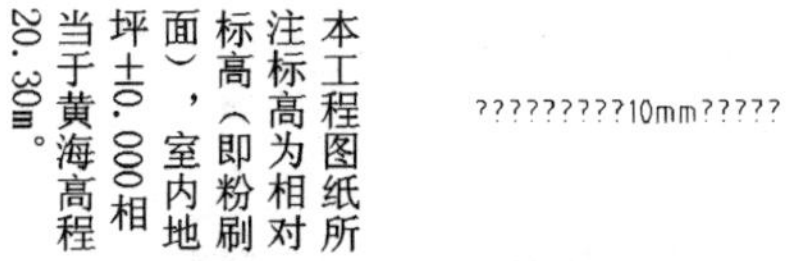

图 3-74　题 2 图

3. 打开本书配套资源中的“图 3-75. dwg”文件，文件中已经绘制好了图形，请创建合适的多重引线标注样式并完成图 3-75 所示的引线标注。

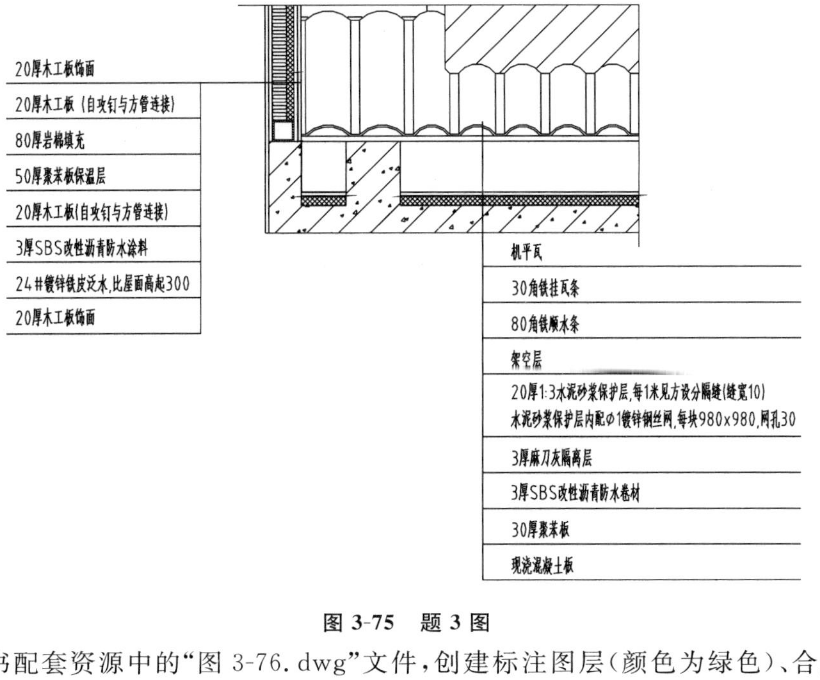

图 3-75　题 3 图

4. 打开本书配套资源中的“图 3-76. dwg”文件，创建标注图层（颜色为绿色）、合适的文字样式及标注样式，并在标注图层完成如图 3-76 所示的尺寸和文字标注。

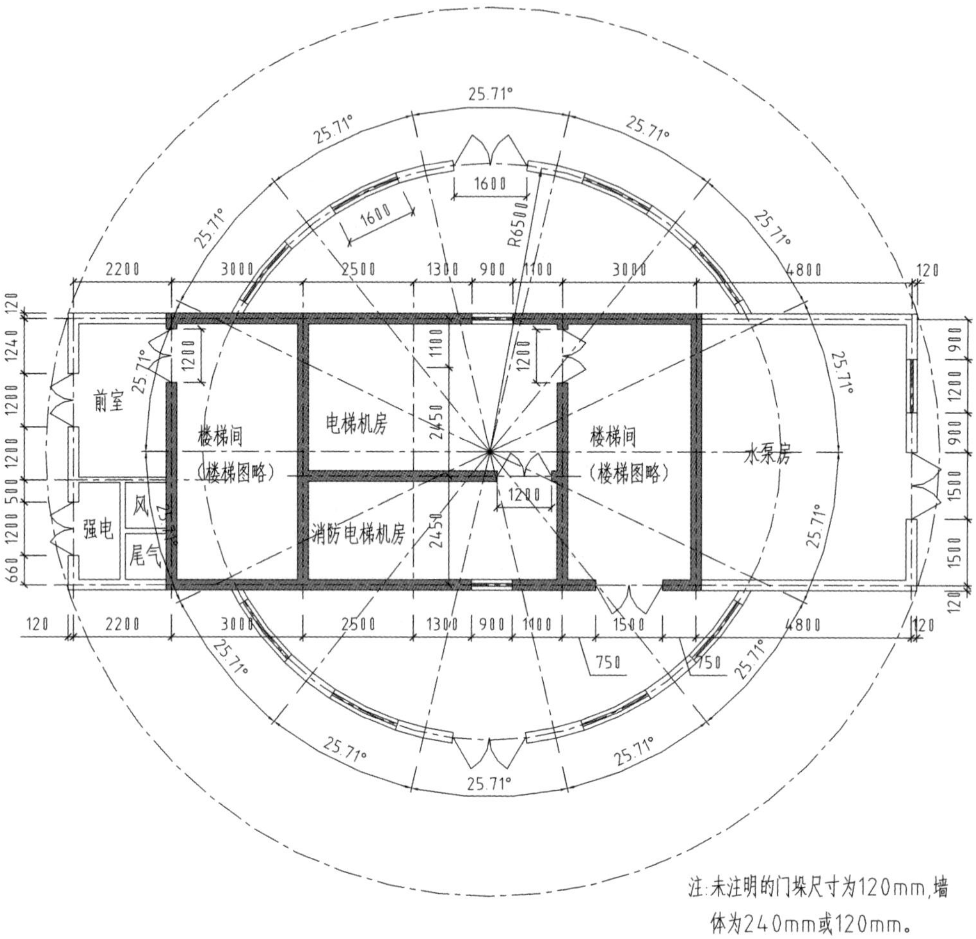

机房平面图 1:100

图 3-76　题 4 图

第4章　表格与字段的应用

【本章主要内容】

本章主要介绍表格的制作与字段的应用。

【本章重点】

表格的创建与制作；

字段的创建与使用。

4.1　表格的应用

AutoCAD 的表格功能，可以方便地创建表格、编辑表格，还可以在表格中使用公式。

4.1.1　创建表格样式

表格样式控制表格的外观，用于保证标准的字体、颜色、文本、高度和行距。用户可以使用默认的表格样式 STANDARD，也可以根据需要自定义表格样式，表格样式可以指定标题、表头（列标题）和数据行的格式。

【执行方式】

· 命令行：TABLESTYLE(TS)。

· 功能区："注释"选项卡→"表格"面板→打开"表格格式"对话框按钮 ↘ 。

【命令操作】

执行创建表格样式命令后，弹出如图 4-1 所示的"表格样式"对话框。

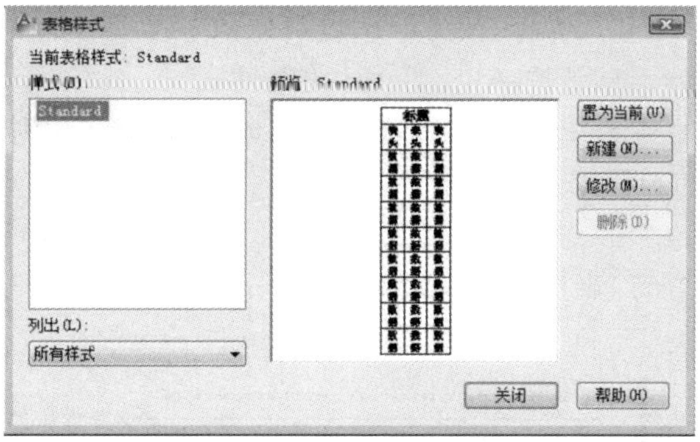

图 4-1　"表格样式"对话框

4.1.2　插入表格

系统创建的是一个空白表格，用户可根据需要在表格中填入相应内容，也可很方便地对表格内容及格式进行编辑。

【执行方式】

· 命令行：TABLE(TB)。

· 功能区：“注释”选项卡→“表格”面板→“表格”按钮。

【命令操作】

执行创建表格命令后，弹出如图 4-2 所示的“插入表格”对话框。

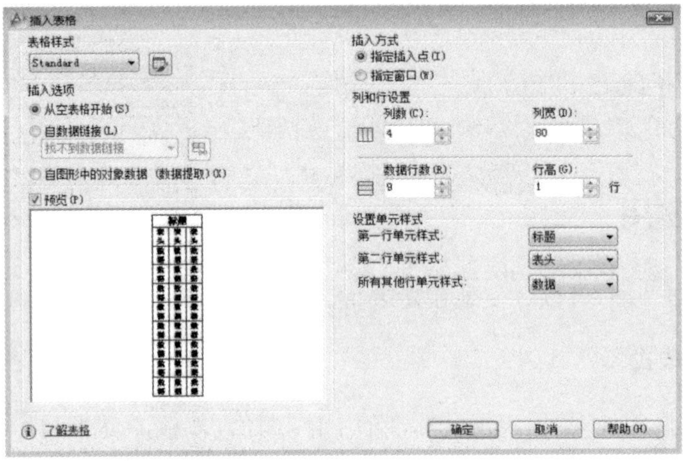

图 4-2 “插入表格”对话框

可以采用两种方式插入表格“指定插入点”和“指定窗口”，可以指定表格的行数和列数，以及列宽和行高。需要说明的是，行高的单位为“行”。

4.1.3 编辑表格

1. 表格中光标定位方式

(1)在表格单元内双击，然后开始输入文字。

(2)使用箭头键在文字中移动光标，按 Enter 键可以向下移动一个单元。

(3)要在单元中创建换行符，请按 Alt+Enter 组合键。

(4)按 Tab 键可以移动到下一个单元，按 Shift+Tab 组合键移动到上一个单元。在表格的最后一个单元中，按 Tab 键可以添加一个新行。

2. 利用夹点编辑表格

在表格边框线上单击左键，表格将变成如图 4-3 所示夹点模式，各夹点的功能如图 4-3 所示。

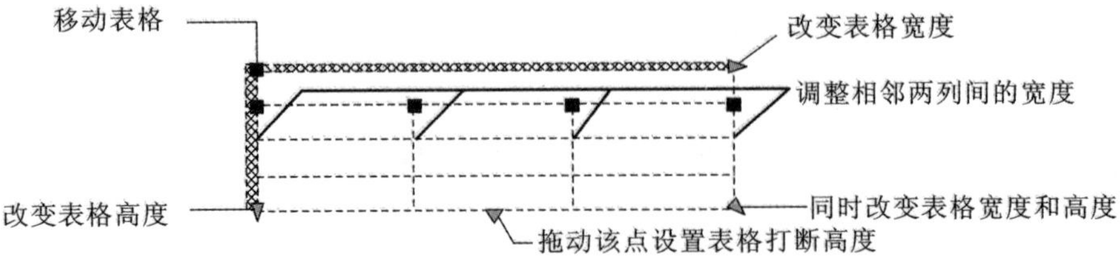

图 4-3 夹点编辑表格

3. 利用“特性”选项板编辑表格

选择要编辑的单元格，按住键盘上的“Ctrl＋1”组合键，打开“特性”选项板，如图 4-4 所示，用户可以对单元格宽度、高度、文字对齐方式、内容及高度等属性进行修改。

4. 利用“快捷菜单”编辑表格

先选择要编辑的单元格，然后单击鼠标右键，会弹出如图 4-5 所示快捷菜单，利用快捷菜单，可以进行插入行及列、删除行及列、合并单元格等操作。

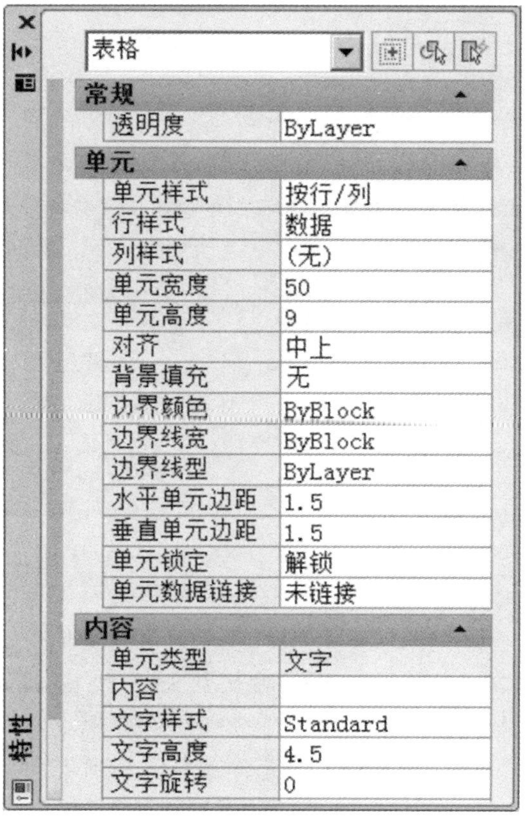

图 4-4　利用对象特性选项板编辑表格

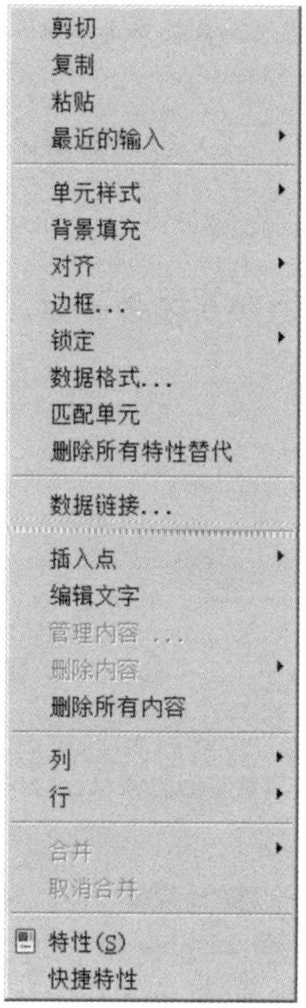

图 4-5　快捷菜单编辑表格

【例 4-1】创建如图 4-6 所示的“门窗表”，设置标题字高为 1000，表头字高为 500，数据行字高为 350，字体采用 gbcbig. shx。

创建步骤如下。

(1)用 Limits 命令设置图形界限为 42000×29700。

(2)单击“注释”选项卡→“表格”面板→“表格”按钮，打开如图 4-2 所示“插入表格”对话框。

(3)单击“启动表格样式对话框”按钮，打开如图 4-7 所示 “创建新的表格样式”对话框，输入新的样式名为“门窗表”。

(4)单击“继续”按钮，打开如图 4-8 所示“新建表格样式：门窗表”对话框。在“单元样式”下拉列表中有“标题”“表头”和“数据”三个表格要素。

门窗表						
类别	设计编号	洞口尺寸/mm		数量	备注
		宽	高		
窗	C0621	600	2100	6	
	C1520	1500	2000	4	
	C1218	1200	1800	4	
门	M0921	900	2100	6	
	M1021	1000	2100	8	

图 4-6　门窗表

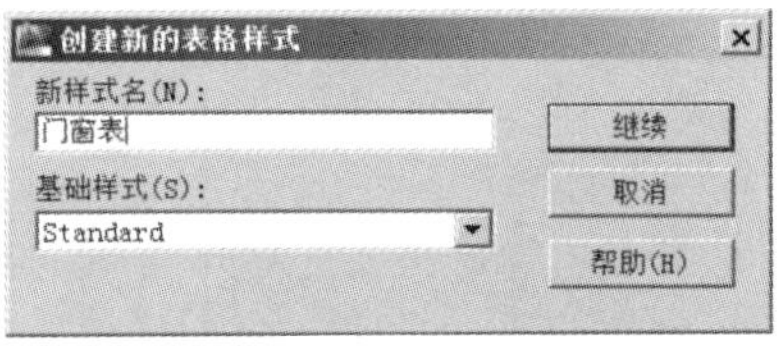

图 4-7　“创建新的表格样式”对话框

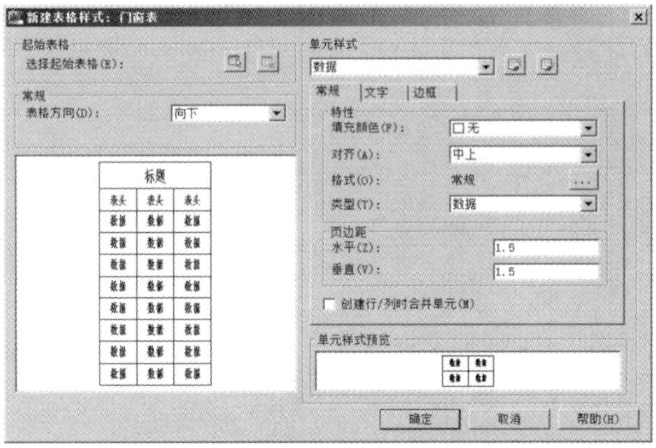

图 4-8　“新建表格样式:门窗表”对话框

(5)分别按图 4-9、图 4-10、图 4-11 所示设置“标题”单元样式的“常规”“文字”和“边框”选项卡;要使得标题外边框不显示出来,在图 4-11“边框”选项卡中,先单击“无边框”按钮,然后单击“底部边框”按钮,完成“标题”单元样式的设置。“表头”和“数据”单元样式只需分别将“文字”选项卡中的“文字高度”设置为“500”和“350”即可,单击“确定”按钮,回到“表格样式”对话框,单击“关闭”按钮,回到图 4-12 所示“插入表格”对话框。

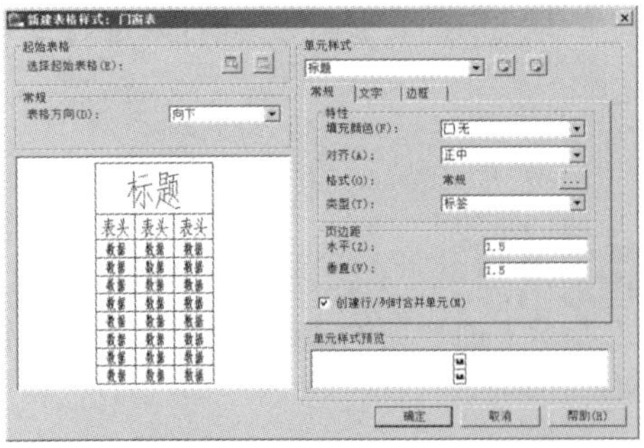

图 4-9　“标题”单元样式“常规”选项卡设置

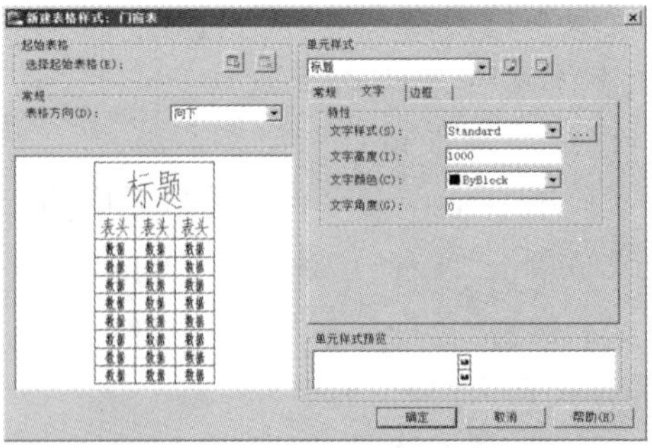

图 4-10　“标题”单元样式“文字”选项卡设置

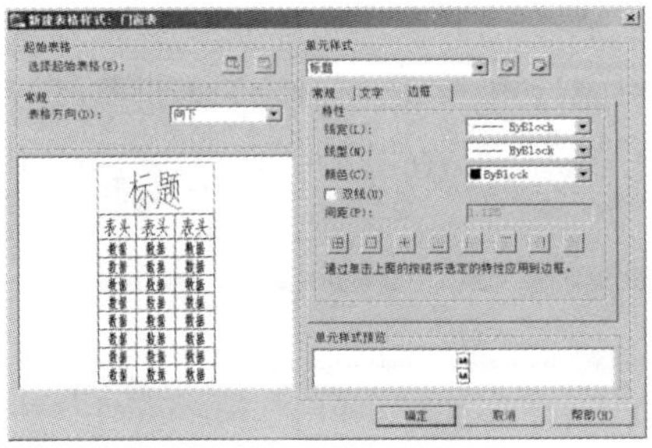

图 4-11　“标题”单元样式“边框”选项卡设置

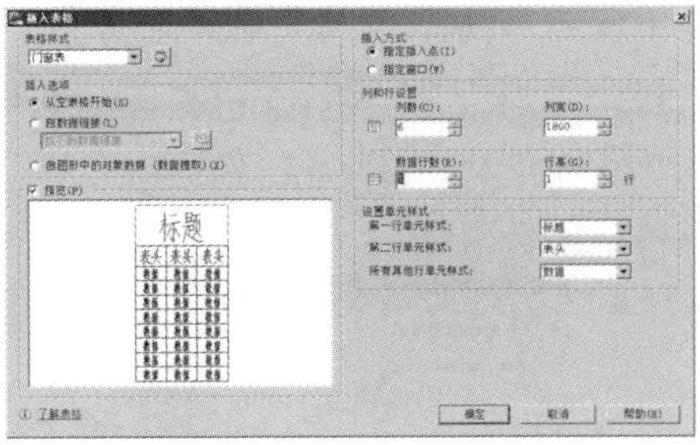

图 4-12　“插入表格”对话框

(6)因本例中表格除了有 2 列的宽度为“1800”,其他各列宽度均不相同,为少调整一列的宽度,这里设置列宽为“1800”,其余设置如图 4-12 所示。

(7)单击“确定”按钮,命令行提示:“指定插入点:”,在绘图区单击一点作为表格的放置点,拾取一点后,在绘图区放置一空白表格,同时光标定位在大标题单元格内,输入“门窗表”,按 Enter 键定位在其他单元格输入表格内容。

(8)调整列宽:第一列宽度为 1400,选择 A2 单元格或 A2 到 A6 单元格,打开“特性”选项板,在“表格宽度”文本框中输入 1400,将该列宽度调整为 1400,其他列宽采用相同的方法调整。

(9)合并单元格.表格中“洞口尺寸”“门”“窗”等多处单元格需要合并,下面说明如何合并“洞口尺寸”处单元格,选择 C2 和 D2 单元格,单击鼠标右键,在快捷菜单中选择“合并”下的“全部”或“按行”即可。其他地方可采用相同的方法处理。

4.2　字段的应用

字段用于经常变化的文字和数据信息,如日期、图纸编号、房间面积等。字段文字带有灰色背景,该背景不会被打印。

4.2.1　插入字段

【执行方式】

- 命令行:FIELD。
- 功能区:“插入”选项卡→“数据”面板→“字段”命令按钮。

另外,在“文字编辑器”中可以插入字段,在编辑表格和编辑文字的右键菜单中也可以插入字段。

下面以一个例子来说明字段的应用。

【例 4-2】如图 4-13 所示圆的半径为 650,创建以该圆半径值为对象的字段。

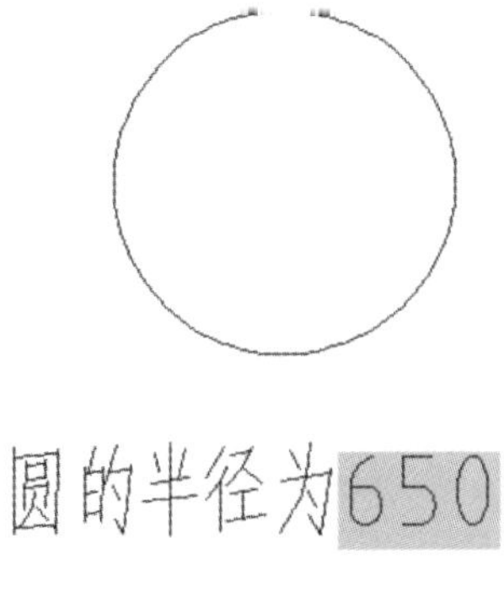

图 4-13　创建字段

操作步骤如下。

(1)绘制半径为 650 的圆。

(2)执行“多行文字”命令,在圆的下方适当位置拖曳出矩形框,在位输入“圆的半径为”字样。

(3)单击“文字编辑器”上下文选项卡中的“插入”面板中的“插入字段”按钮,打开如图 4-14

所示“字段”对话框。

(4)在“字段”对话框中“字段类别”下拉列表中选择“对象”，单击“选择对象”按钮，切换到绘图窗口，选择图中已绘制的圆，选择对象后“字段”对话框如图 4-15 所示。在“特性”列表中选择“半径”，在“格式”列表中选择“小数”。

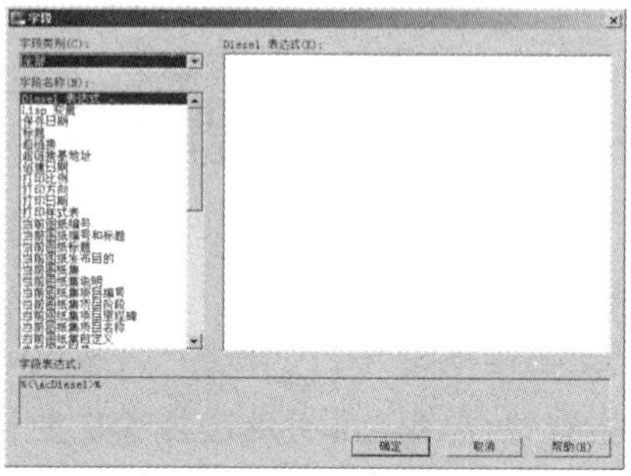

图 4-14 “字段”对话框

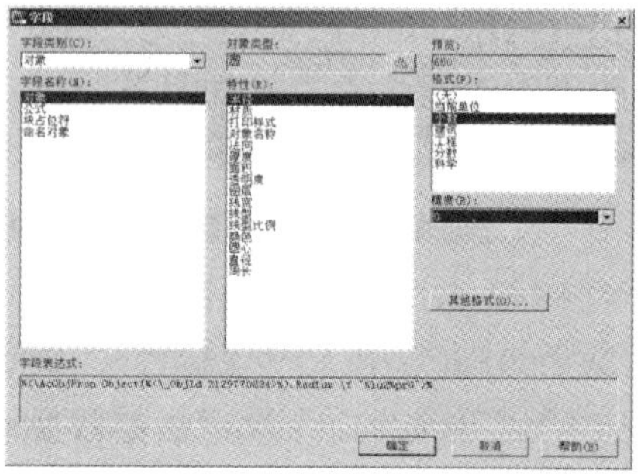

图 4-15 “字段类别”中的“对象”

(5)单击“确定”按钮，结果如图 4-13 所示。

4.2.2 更新字段

当对象改变时，相应的字段内容也要改变，我们不需要手动一个个去修改，只需使用“更新字段”命令即可。

【执行方式】

· 命令行：UPDATEFIELD。

· 功能区：“插入”选项卡→“数据”面板→“更新字段”按钮。

另外，在编辑表格和编辑文字的右键菜单中也可以更新字段。

【例 4-3】将上例中圆的半径修改为 800 后，更新字段。

操作步骤如下。

(1)在“圆的半径为 650”文字上双击，打开“文字格式”对话框，在字段“650”上右击鼠标，弹出如图 4-16 所示快捷菜单，在菜单中选择“更新字段”。

(2)单击“确定”按钮，退出命令，结果如图 4-17 所示。

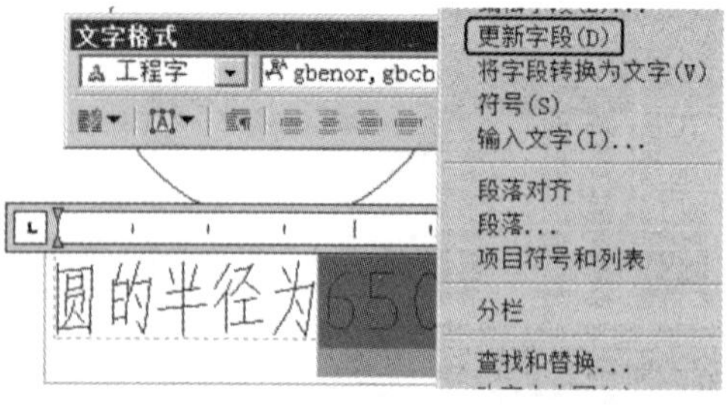

图 4-16 通过快捷菜单“更新字段”

图 4-17 字段更新后的效果

本章小结

本章介绍了表格样式、插入表格和编辑表格的方法，通过创建“门窗表”表格，介绍了它们的应用；本章还介绍了字段的创建与应用。在第 11 章，还会进一步介绍表格样式的应用。

技能训练题

1. 创建图 4-18 所示的“结构部位统计表”。

	A	B	C	D	
1	材料名称	构件部位	强度等级	备注	8
2	混凝土	基础垫层	C15		8
3		圈梁、构造柱、现浇过梁	C20		8
4		标准构件		按标准图要求	8
5		基础、标高10.170(含)以下	C35	地下室采用P8抗渗混凝土	8
6		标高10.170~26.420(含)	C30		8
7		标高26.420以上	C25	水箱采用P6抗渗混凝土	8
	20	60	40	50	

图 4-18　题 1 图

2. 通过编辑表格的方式在第 1 题中的表格上增加 3 行，并输入内容，如图 4-19 所示。

	A	B	C	D
1	材料名称	构件部位	强度等级	备注
2	混凝土	基础垫层	C15	
3		圈梁、构造柱、现浇过梁	C20	
4		标准构件		按标准图要求
5		基础、标高10.170(含)以下	C35	地下室采用P8抗渗混凝土
6		标高10.170~26.420(含)	C30	
7		标高26.420以上	C25	水箱采用P6抗渗混凝土
8	砂浆	±0.000标高以下室外部分	M7.5	水泥砂浆
9		地下室、±0.000标高以上内隔墙	M7.5	混合砂浆
10		±0.000以上外墙	M7.5	混合砂浆

图 4-19　题 2 图

第 5 章　块与参数化绘图

【本章主要内容】

本章主要介绍块的创建与应用。利用块可以提高绘图效率，简化绘图过程，节省磁盘空间。块的属性是块的另一个重要应用。本章还介绍了动态块及参数化绘图的内容。

【本章重点】

块的创建与使用。

属性的定义与编辑。

5.1　块的创建与使用

在建筑工程图中，有许多需要重复使用的图形元素，比如标题栏、卫生洁具、标高符号、门窗图例等。对于这些经常重复使用的图形，如果每次都重新绘制，将会造成大量重复工作。AutoCAD 提供的块功能，可以将逻辑上相关的复杂图形对象定义为一个块并储存在文件中，称为块定义。当需要时，就把块插入到文件当中，插入的块称为块参照。

5.1.1　定义块

【执行方式】

- 命令行：BLOCK(B)。
- 功能区："插入"选项卡→"块定义"面板→"创建块"命令按钮。

【命令操作】

执行创建块命令后，弹出如图 5-1 所示的"块定义"对话框。

图 5-1　"块定义"对话框

【选项说明】

块的定义包括块名称、基点和对象三个基本要素，缺一不可。

- "名称"列表框：用于输入块的名称或选择已经定义的块名。

·“基点”选项组：用于指定块插入时的基点，这个基点就是插入块时的插入点，默认为(0,0,0)，一般用“拾取点”的方式拾取块的基点。

·“对象”选项组：用于选定块中包含的对象，以及创建块后是保留选定的对象，删除选定的对象，还是将选定的对象转换为块。

·“方式”选项组：选中“注释性”，将创建注释性块；选中“按统一比例缩放”，插入块时将阻止块在 X、Y、Z 方向以单独比例缩放；选中“允许分解”选项，将允许块参照被分解。

·“设置”选项组：“块单位”列表用于选择块的缩放单位，通过设计中心和工具选项板调用块时，AutoCAD 将自动换算单位而不会出现比例问题。“超链接”用于将超链接与块定义相关联。

【例 5-1】将图 5-2 所示的餐桌椅平面图创建为块。

打开本书配套资源中的“图 5-2. dwg”文件，执行如下操作。

(1)启动创建块命令，弹出“块定义”对话框。

(2)在“名称”列表框中输入块的名称“餐桌椅”。

(3)单击“拾取点”按钮，切换到绘图窗口，捕捉圆心作为块的基点，切回到“块定义”对话框。

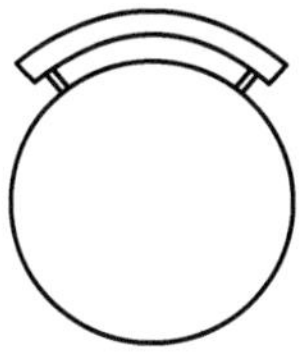

图 5-2　餐桌椅图形

(4)单击“选择对象”按钮，切换到绘图窗口，选择餐桌椅图形并回车，切回到“块定义”对话框。

(5)单击“确定”按钮，“餐桌椅”块创建完成。

5.1.2　插入块

【执行方式】

·命令行：INSERT(I)。

·菜单栏：“插入”/“块”。

·工具栏：“绘图”/“插入块”按钮。

【命令操作】

执行插入块命令后，弹出如图 5-3 所示的“插入”对话框。

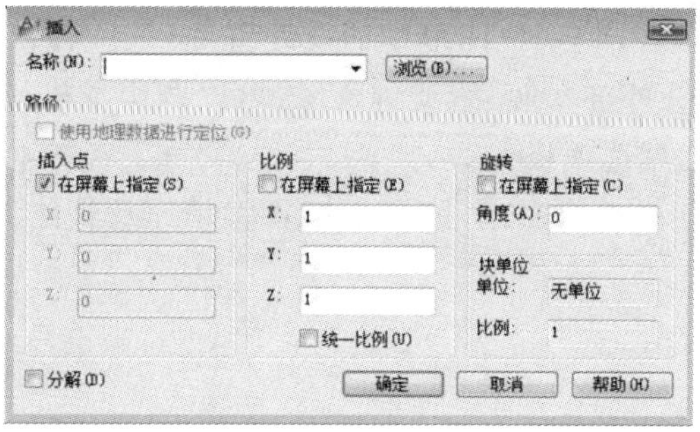

图 5-3　“插入”对话框

【选项说明】

·“名称”列表：选择插入的块名。

·“浏览”按钮：将“dwg”格式的文件作为块插入到当前图形文件中。

·“插入点”选项组：指定块的插入点，一般选中“在屏幕上指定”。

·“比例”选项组：指定插入块的缩放比例。X、Y、Z 三个方向上的比例如果相同，则选中“统一比例”,并给定 X 比例,则 Y、Z 比例与 X 比例相同;X、Y、Z 三个方向上的比例如果不相同,则单独输入比例值。“在屏幕上指定”用于插入块过程中指定比例,此时,允许用定点的方式指定比例。

· “旋转”选项组:指定块参照的旋转角度。

· “块单位”选项组:指定插入块时所使用的图形单位值。“无单位”表示插入块时采用与创建块时同样的单位值,一般选择“无单位”且“比例”文本框设置为 1,以避免出现因单位不同而产生的比例问题。

· “分解”复选框:如果选中,则插入的块参照将分解成定义块以前的原始图形对象。

【例 5-2】将例 5-1 创建的“餐桌椅”块插入到当前文件中。

操作步骤如下。

(1)启动插入块命令,弹出“插入”对话框。

(2)在“名称”列表框中选择块的名称“餐桌椅”。

(3)单击确定按钮,在屏幕适当位置单击一点,餐桌椅块插入到图形中。

【块的重点说明】

· 首先应规划块的内容,然后绘制图形。将任何图形都创建为块是没有意义的。

· 块的原始对象一般绘制在“0”层,且对象的特性(颜色、线型、线宽等)一般为“ByLayer”(随层)。在这种状态下定义块的好处是:当插入块时,插入的块参照将会随插入图层(即当前图层)的特性。

· 利用块可以实现图形的不等比缩放,而缩放(SCALE)命令只能是等比缩放。

· 插入块(INSERT)命令只能插入当前文件中定义的块,如果调用其他文件中的块到当前文件中,可以使用设计中心或工具选项板。但插入(INSERT)命令可以将其他的“dwg”格式的文件作为块插入到当前文件中,这常结合写块(WBLOCK)命令使用。

· 用户可以将常用的块放在同一个空白文件中,或者放在样板文件中,并将文件保存在适当的位置,作为图块库文件,便于图块的调用。

5.1.3 设计中心和工具选项板

通过设计中心,可以共享 AutoCAD 图形中的设计资源。可以共享块、标注样式、文字样式、表格样式、图层、布局、图案填充、外部参照、线型等资源;可以调用本机或局域网中其他计算机上的图形;可以利用设计中心定制工具选项板。

工具选项板提供了一种用来组织、共享和放置块、图案填充及其他工具的有效方法。

1. 设计中心

【执行方式】

· 命令行:ADCENTER。

· 功能区:“视图”选项卡→“选项板”面板→“设计中心”按钮。

【例 5-3】从设计中心调用卫生设施块,插入到图 5-4 所示的卫生间平面图中。

打开本书配套资源中的“图 5-4. dwg”和“建筑图块库. dwg”文件,并确保当前文件为“图 5-4. dwg”。然后执行如下操作。

(1)执行设计中心命令,弹出“设计中心”对话框,选择“打开的图形”选项卡,展开“建筑图块库. dwg”文件,选中“块”选项,如图 5-5 所示。

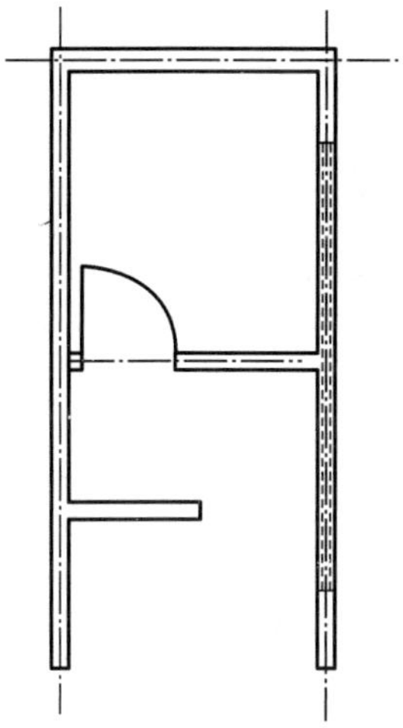

图 5-4　卫生间平面图

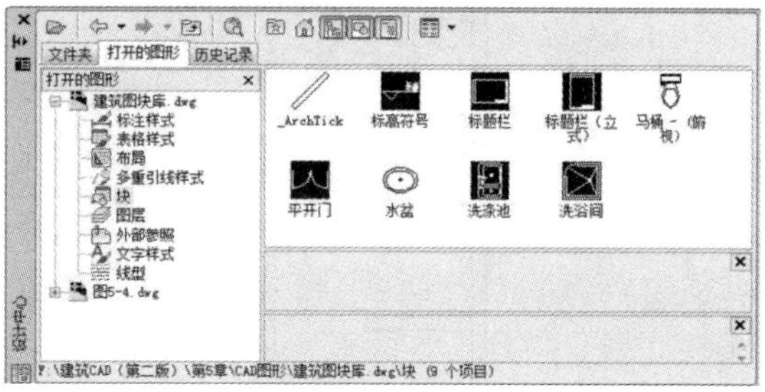

图 5-5　“设计中心”对话框的“打开的图形”选项卡

(2)选中“洗浴间”块，按住鼠标左键并拖动该块，此时光标在“设计中心”对话框界面上显示 ⊘，一直拖动到绘图区域界面上，当光标出现一个矩形框后松开鼠标，“洗浴间”图块便被拖到当前文件中，利用移动、旋转等命令将块就位。

(3)重复上一步的操作，将“马桶-(俯视)”块和“水盆”块拖动到当前文件中并就位。结果如图 5-6 所示。

【设计中心说明】

· 设计中心不但可以插入其他图形文件中的块，也可以插入当前图形文件中的块。

· 除了块以外，设计中心还可以调用其他图形文件中的其他设置，比如其他文件中的图层、文字样式、标注样式、布局等。这样可以减少重复设置的时间，提高工作效率。

2. 工具选项板

【执行方式】

· 命令行：TOOLPALETTES(TP)。

· 功能区：“视图”选项卡→“选项板”面板→“工具选项板”按钮。

【例 5-4】从设计中心调用卫生设施块，拖放到工具选项板，并从工具选项板拖放到图形中。

打开本书配套资源中的“图 5-4. dwg”和“建筑图块库. dwg”文件，并确保当前文件为“图 5-4. dwg”，然后执行如下操作。

(1)执行设计中心命令，弹出“设计中心”对话框，选择“打开的图形”选项卡，展开“建筑图块库. dwg”文件，如图 5-5 所示。

(2)执行工具选项板命令，弹出如图 5-7 所示的工具选项板窗口。从图 5-7 可以看出，工具选项板当中已经集合了多个选项板，如建模、约束、建筑等。用户可以根据需要，创建自己的选项板。在任意一个选项板名称上右击，在弹出的快捷菜单中选中“新建选项板”，则创建一个名称为“新建选项板”的选项板，在其上右击，单击“重命名选项板”，输入新的名称为“卫生设施”。在“卫生设施”选项板名称上右击，单击“上移”，一直将其移动到工具选项板的最上方(自己最常用的选项板，放在上方更方便)。

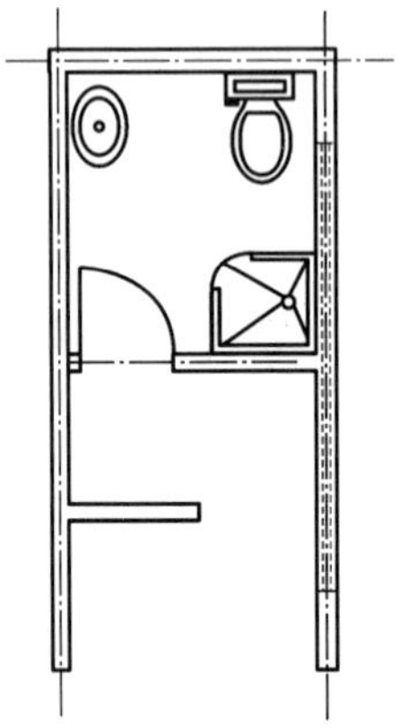

图 5-6　插入块后的图形

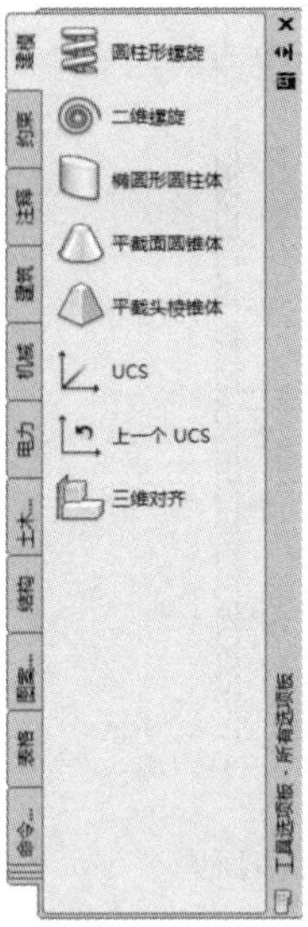

图 5-7　工具选项板

当前,“卫生设施”选项板上面还是空的。

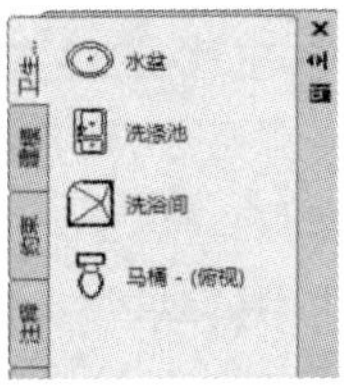

图 5-8　将块拖入“卫生设施”选项板

(3)确保“卫生设施”选项板为选中的当前选项板,在设计中心对话框中同时选中“马桶-(俯视)”“洗涤池”“洗浴间”和“水盆”块,按住鼠标左键一直拖动到工具选项板上,松开鼠标。可以看到,“卫生设施”选项板中就有了这四个块的名称和示意图标,如图 5-8 所示。

(4)关闭设计中心,在“卫生设施”选项板上单击“洗浴间”块并回到绘图区域(或拖动该块到绘图区域),可以看到,“洗浴间”块已经随光标移动,在卫生间平面图中的适当位置单击,“洗浴间”块就插入到当前图形中。

(5)重复上一步的操作,将“水盆”和“马桶-(俯视)”这两个块也插入到当前图形中。

【工具选项板说明】

· 除了通过设计中心将块拖放到工具选项板上外,还可以在图形中选中块参照,直接将块拖放到工具选项板上。也可以通过先将块复制到剪贴板上,再粘贴到工具选项板上。

· 工具选项板上只是引用了块定义的路径,当块定义的源文件被移动或被删除,则通过工具选项板无法插入块。

· 在 AutoCAD 中创建的工具选项板,仅在该版本中才能使用。

· 工具选项板中不但可以放置块,还可以将几何对象、标注、图案填充、表格等放置到工具选项板,以方便调用。比如拖动一条直线到工具选项板,则工具选项板将创建直线命令图标,单击此图标可以执行直线命令。

5.1.4　用等分方式插入块

在第 2 章曾经介绍了定数等分(DIVIDE)命令和定距等分(MEASURE)命令,我们知道这两个命令是用点等分对象。实际上,也可以用块等分对象,等分时还可以保持块与对象的对齐。下面以 2.6 节中绘制汽车坡道防滑线为例，介绍用等数等分的方式均布对象的方法。

打开本书配套资源中的“图 2-95.dwg”文件，新建一个图层，名称为“防滑线”，颜色为灰色，并将其置为当前图层。执行直线命令，在点 1、点 2 之间绘制一条直线。执行创建块命令，将这条直线定义为块，块名称为“防滑线”，基点为直线的中点。执行定数等分命令，操作过程如下。

命令：DIV

DIVIDE

选择要定数等分的对象：(选择坡道中心线)

输入线段数目或［块(B)］：B(执行块选项，回车)

输入要插入的块名：防滑线(输入块的名称)

是否对齐块和对象？［是(Y)/否(N)］<Y>：(回车，确认对齐块和对象)

输入线段数目：100(输入等分的数目，回车)

可以看到，与路径阵列取得了几乎一致的效果，只是最下面差了一条线，用直线绘出即可。读者也可以尝试用定距等分的方式绘制防滑线。

5.2　块的编辑

对块的内容进行修改编辑，也是块应用的重要内容。块的编辑包括块的分解、重定义、在位编辑、块编辑器。本节只介绍前三种，块编辑器将在 5.4 节介绍。

5.2.1　块的分解

用分解(EXPLODE)命令可以将块参照分解为定义块以前的初始状态。执行一次分解命令，只能分解一级的块，当块为嵌套块(定义块时的原始对象本身就包含块，这样创建的块称为嵌套块)时，需要对嵌套进去的块再执行分解命令，才能进一步分解为零散对象。

被分解的块参照，同其他图形没有分别，可以执行各种修改命令进行编辑。

说明：分解命令分解的只是块参照，块的定义并没有改变，当再次插入该块时，仍然是一个整体。

5.2.2　块的重定义

当被分解的块经过一系列编辑操作，修改完毕后，如果想再次创建成块，并且还用原来的名称，则称为块的重定义。块的重定义常用来批量修改块。重定义的方法与 5.1.1 中定义块的方法相同。

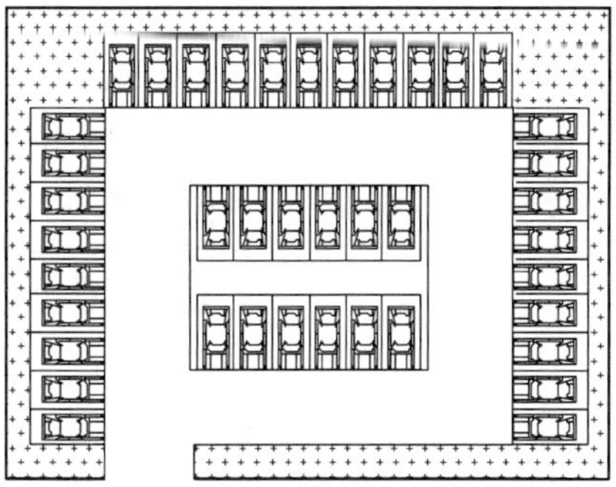

图 5-9　停车场车位布置图

【例 5-5】用重定义的方式批量修改图 5-9 所示的轿车块。

图 5-9 是某停车场停车位布置图。其中轿车图形是块(块的名称为“轿车”)，当所有轿车都布置完毕后，发现轿车图形还不完善，需要添加两条线(如图 5-10 所示)。由于轿车很多，逐个修改很麻烦，用重定义块的方法很容易解决这类问题。

首先打开本书配套资源的“图 5-9. dwg”文件，然后执行下列操作。

(1)选中任意一个轿车块，查看块基点的位置，并记下这个位置(本例块基点在轿车最前方轮廓线中点位置)。这一步很重要，因为一旦基点位置发生变化，重定义后块参照的位置也会发生变化。

(2)执行分解命令，选中任意一个轿车块，将其分解。

(3)在分解的轿车图形上补画图 5-10 所示的两条直线。

(4)执行 BLOCK 命令，弹出“块定义”对话框，在“名称”列表中选中“轿车”(目的是要保证块的名称不变)；单击“拾取点”按钮，拾取轿车最前方轮廓线中点位置作为基点(与原来轿车块的基点相同)；单击“选择对象”按钮，将修改后的轿车图形全部选中；单击“确定”按钮。此时会弹出如图5-11所示的警示框，单击“重新定义块”按钮，块的重定义完成，所有轿车块都被修改，结果如图 5-12 所示。

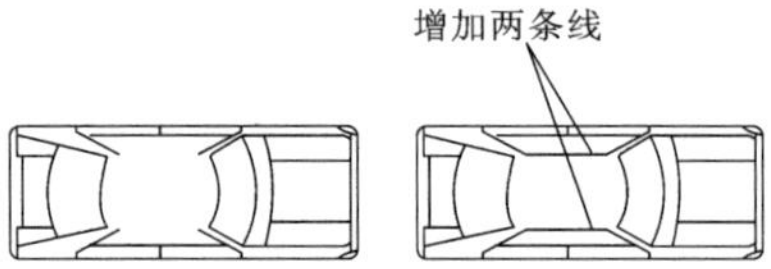

图 5-10 轿车图形的修改

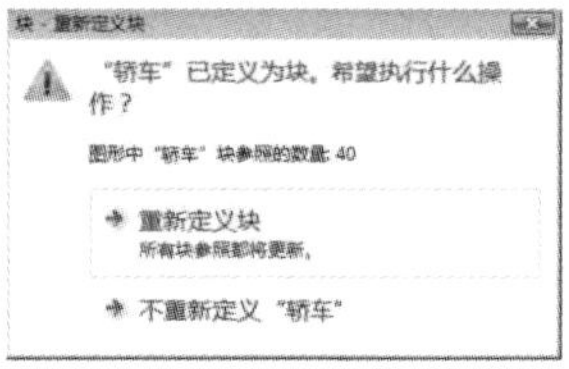

图 5-11 “块-重新定义块”对话框

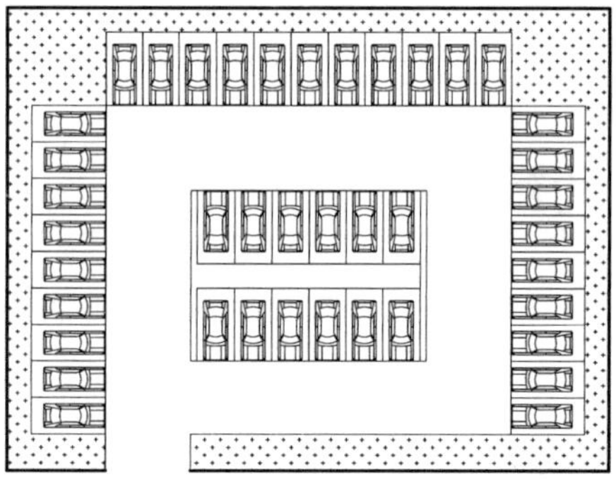

图 5-12 块重定义的效果

5.2.3 块的在位编辑

用在位编辑的方法，也可以修改块的定义，实现块的批量修改，而且不需分解块参照。

【例 5-6】用在位编辑的方式批量修改图 5-9 所示的轿车块。

首先打开本书配套资源的“图 5-9. dwg”文件，然后执行下列操作。

(1)选中任意一个轿车块，右击鼠标，在快捷菜单中单击“在位编辑块”，弹出“参照编辑”对话框，在该对话框中选中“轿车”块，单击确定。

(2)此时用户会发现，功能区出现“编辑参照”上下文面板，如图 5-13 所示，并且仅第一步中选中的块参照突出显示，其他轿车块参照消失，其他图形淡显。

图 5-13 “编辑参照”上下文面板

(3)在突出显示的轿车图形上补绘出两条直线。

(4)单击“编辑参照”上下文面板上的“保存修改”按钮，在位编辑块操作完毕。此时所有块参照都被修改，所有图形均正常显示。

5.3　块的属性

属性是块中的文字信息。在建筑工程图中，经常会有一些块包含文字信息，这些信息有些是变量，有些是常量。比如标高块，高程信息就是变量；再比如标题栏块，图号文字是常量，而具体的图号是变量。对于这些常量，可以用文字命令直接书写，对于这些变量，则应该创建成属性，并将图形和属性定义为块。通过编辑块属性的方式，可以修改这些变量信息。

5.3.1　创建带属性的块

1. 基本程序

创建带属性的块的基本程序如下。

(1)绘制要创建成块的图形对象。

(2)如果块中有不变的文字信息，则用文字命令书写这些文字。

(3)定义所需要的属性。

(4)将图形对象、文字和属性一起定义成块。

2. 命令操作

【执行方式】

· 命令行：ATTDEF(ATT)。

· 功能区："插入"选项卡→"块定义"面板→"定义属性"命令按钮。

执行上述命令后，会弹出"属性定义"对话框，如图 5-14 所示。

图 5-14　"属性定义"对话框

【选项说明】

1)"模式"选项组

· "不可见"复选框：选中此复选框，则属性在图形中不显示。

· "固定"复选框：选中此复选框，则属性值为常量，不能编辑修改。

· "验证"复选框：选中此复选框，在插入块时会提示验证属性值是否正确。

· "预设"复选框：选中此复选框，在插入块时，会将属性定义时的默认值赋予属性，不再提示输入属性值。

·“锁定位置”复选框:选中此复选框,则锁定块参照中属性的位置,不能与块的其他对象有相对位移。

·“多行”复选框:指定属性值可以包含多行文字。

2)“属性”选项组

·“标记”文本框:指定属性的标签。

·“提示”文本框:输入属性提示,输入的提示内容将在插入块时显示。

·“默认”文本框:输入默认的属性值,也可以输入字段。

3)“文字设置”选项组

用来设置属性文字的对正、样式、高度与旋转角度。

4)“插入点”选项组

指定属性在块中的位置。

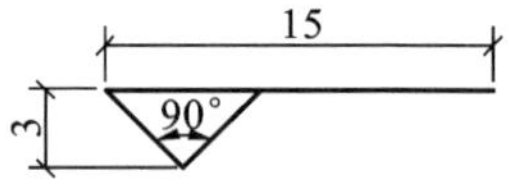

图 5-15　标高符号规格

【例 5-7】创建带属性的标高符号块,标高符号的规格如图 5-15 所示。

操作过程如下。

(1)创建文字样式。

命令行输入 ST 并回车,弹出“文字样式”对话框,单击“新建”按钮,给定新样式名为“工程字”,单击“确定”按钮,字体选“gbenor. shx”,勾选“大字体”复选框,选择大字体为“gbcbig. shx”,确保“工程字”文字样式为当前样式,关闭文字样式,完成文字样式设置。

(2)绘制标高符号图形。

(3)定义属性。

执行定义属性命令,弹出“属性定义”对话框。在“标记”文本框中输入“标高”,在“提示”文本框中输入“输入标高”,在“默认”文本框中输入“%%p0.000”。设置文字的对正为右对齐,文字样式选“工程字”,文字高度为 3.5。如图 5-16 所示。单击“确定”按钮,在标高符号图形水平线的右端点偏上的位置单击,完成属性的定义,如图 5-17 所示。

(4)定义块。

命令行输入 B 并回车,弹出“定义块”对话框。在“名称”列表框中输入“标高”作为块名,单击“拾取点”按钮,捕捉三角形下顶点为基点,单击“选择对象”按钮,将图形和属性一起选中,最后单击“确定”按钮,弹出“编辑属性”对话框,如图 5-18 所示。如果需要更改属性值,可以在文本框中修改。现在单击“确定”,完成块的定义,结果如图 5-19 所示。

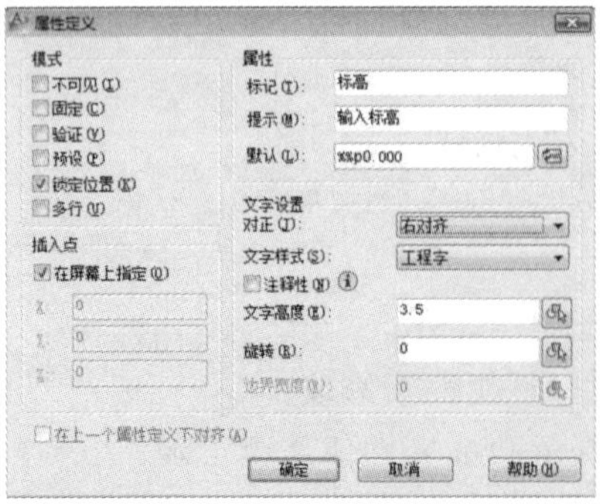

图 5-16　标高符号属性的设置

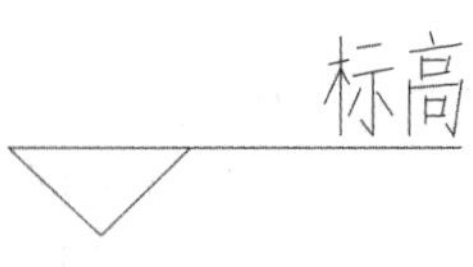

图 5-17　定义属性后的图形

(5)应用“标高”块。

单击“绘图”工具栏上的“插入块”按钮，弹出“插入”对话框，在列表中选中“标高”块，单击“确定”，此时，命令行会出现如下提示。

命令：_insert

指定插入点或［基点(B)/比例(S)/X/Y/Z/旋转(R)］:(在屏幕上单击一点)

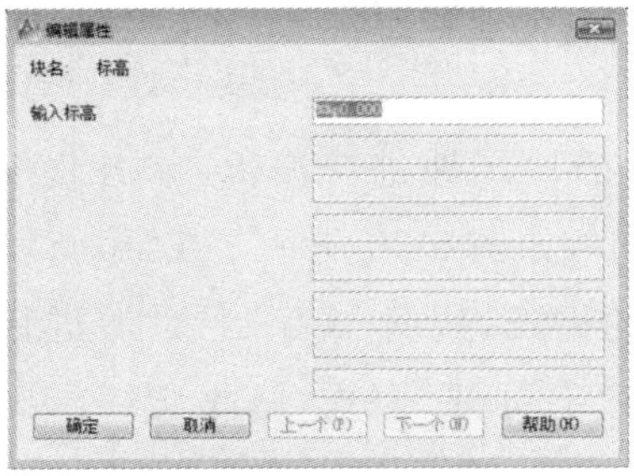

图 5-18 “编辑属性”对话框

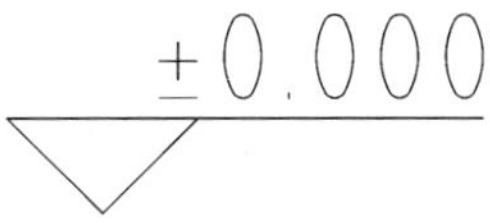

图 5-19 “标高”块定义结果

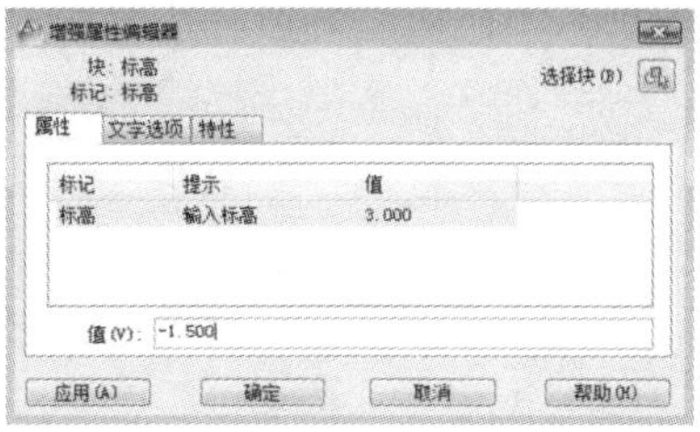

图 5-20 “增强属性编辑器”对话框

输入属性值

输入标高 <±0.000>：3.000(输入新的标高值并回车)

给定新的标高值后，观察块的变化，“±0.000”已经变为“3.000”。

在“标高”块参照上双击，弹出“增强属性编辑器”对话框，在“值”文本框中输入“－1.500”，如图 5-20 所示，单击确定，请再次观察块参照的变化。

5.3.2 块属性的编辑

块属性的编辑包括以下三个方面。

(1)编辑属性定义，即对属性的标记、提示和默认值进行修改。这可以通过创建块以前双击属性，在弹出的“编辑属性定义”对话框中修改，如图 5-21 所示。

(2)编辑属性的效果，即对属性值、文字、特性的修改。这可以通过创建块以后双击块参照，在弹出的“增强属性编辑器”对话框中修改，这在 5.3.1 中已经介绍，参看图 5-20。

(3)对属性的所有内容进行修改，包括属性的模式、定义、文字、特性等。这可以在“块属性管理器”对话框中进行修改。

下面对“块属性管理器”对话框进行介绍。

单击功能区上的“插入”选项卡→“块定义”面板→“管理属性”命令按钮)，弹出“块属性管理器”对话框，如图 5-22 所示。执行命令的前提是当前图形中必须有包含属性的块。

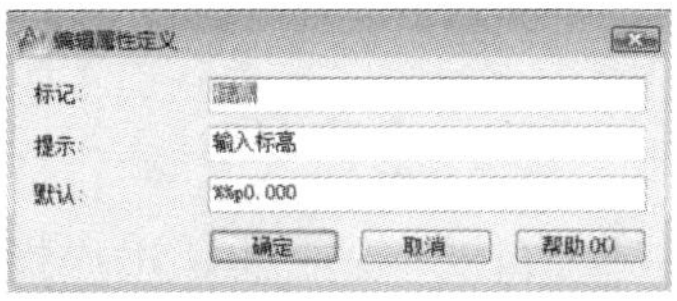

图 5-21 “编辑属性定义”对话框

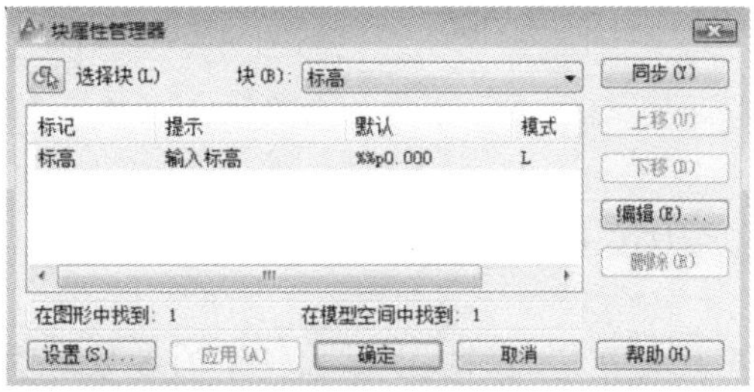

图 5-22 “块属性管理器”对话框

【选项说明】

• “选择块”按钮:执行该选项后,允许用户在图形中选择要编辑的块。

• “块”下拉列表:当前文件中所有带属性的块都会在下拉列表中出现以供选择,即便图形中没有该块的参照。选中一个块后,中间的列表中会显示出该块的参数。

• “同步”按钮:更新具有当前定义属性特性的选定块的全部实例,不会影响在每个块中指定给属性的任何值。具体应用见例 5-8。

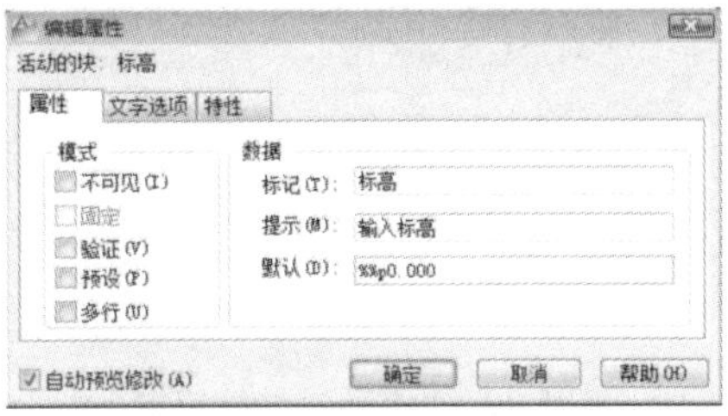

图 5-23 “编辑属性”对话框

• “编辑”按钮:对选中的块属性进行编辑,单击此按钮,会弹出“编辑属性”对话框,如图 5-23 所示。在“编辑属性”对话框中,可以对属性的模式、数据、文字、特性等进行编辑,比如将属性模式改为“不可见”模式,修改属性的标记等。

【例 5-8】重新定义“标高”块并执行“同步”选项。

操作步骤如下。

(1)插入例 5-7 创建的“标高”块,属性值采用默认,即±0.000。用复制命令再复制两个,双击复制的块,修改属性值为 3.000 和−1.500。

(2)分解属性值为±0.000 的块,用复制命令向正上方复制两个属性,并在复制的属性上双击,修改属性的标记为“标高 1”和“标高 2”,属性值分别修改为 3.200 和 6.400。这相当于增加了两个属性,原来的属性没有更改。修改完成后如图5-24所示。

图 5-24 属性定义修改

(3)执行创建块命令,块名仍为“标高”,基点为三角形的下顶点,将修改后的三个属性和图形一同选中创建成块,覆盖原来的“标高”块。此时,图形显示如图 5-25 所示。

从图 5-25 可以看出,新增加的属性并没有在已经插入的另外两个块中显示。

(4)执行“属性管理”命令,在弹出的“块属性管理器”对话框中,确保选中的块为“标高”,然后单击“同步”按钮,此时图形显示已经更新,如图 5-26 所示。

从图 5-26 中看出,新增的两个属性在其他块中已经显示,但块的原有属性值没有改变。

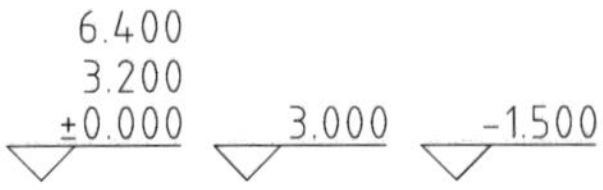

图 5-25 重定义“标高”块后的显示效果

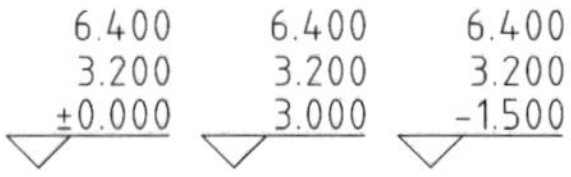

图 5-26 同步后的“标高”块

5.4 动态块

动态块是在定义的块中添加一定的参数与动作,使其具有灵活性和智能性。用户操作时可以轻松地改变图形中的动态块参照,通过自定义夹点或自定义特性来操作动态块参照中的几何图形,这使得用户可以根据需要在位调整块，而不用搜索另一个块再插入或重定义现有的块，因而大大提高了绘图的灵活性与效率。

创建动态块的基本过程如下。①在创建动态块之前规划动态块的内容。②绘制几何图形。③了解块元素如何共同作用。④添加参数。⑤添加动作。⑥定义动态块参照的操作方式。⑦保存块然后在图形中进行测试。

这里以平开门动态块创建及应用为例，抛砖引玉，读者在掌握了基本思路和方法后，可自行创建更多的动态块，构成自己的动态块库。创建平开门动态块的过程如下。

1)设计平开门动态块内容

在创建平开门动态块之前，要了解其外观以及在图形中的使用方式，确定当操作平开门动态块参照时，需要它能够变换方向、调整大小、移动位置。平开门的这些动作需要翻转参数、旋转参数、缩放参数、移动参数以及与这些参数相匹配的动作共同作用在平开门图形上来实现。如果某些参数与动作不是对图形整体对象起作用，定义时还要注意动作的先后次序。

2)绘制平开门图形

在绘图区域绘制平开门图形(圆弧半径为 1000)，并用 BLOCK 命令定义为块，块名称为“平开门”，基点为圆弧的圆心，结果如图 5-27 所示。

图 5-27　平开门图形

3)打开块编辑器

块编辑器启动方式如下。

· 功能区：“插入”选项卡→“块定义”面板→“块编辑器”按钮。

· 命令行：BEDIT(BE)。

· 右击方式：选中一个块，右击，在快捷菜单中单击“块编辑器”。

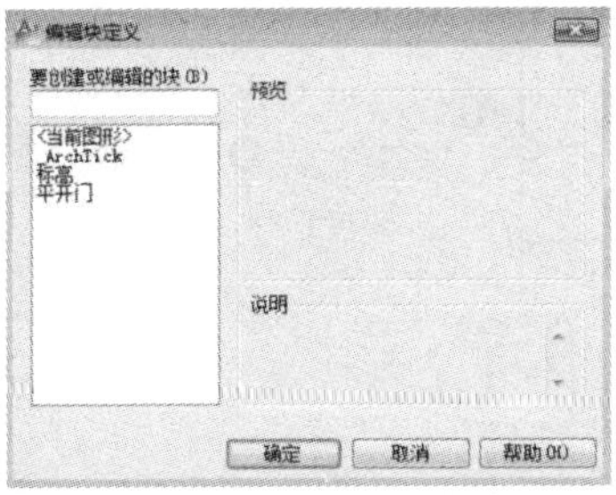

图 5-28　“编辑块定义”对话框

启动“块编辑器”命令后，弹出“编辑块定义”对话框，如图5-28所示(右击方式下，直接进入块编辑器，不再出现此对话框)，在列表中选择“平开门”，单击“确定”按钮，此时功能区出现“块编辑器”上下文选项卡，绘图窗口弹出“块编写选项板”浮动面板，在“块编写”选项板中有“参数”“动作”“参数集”和“约束”四个选项卡，如图5-29所示。

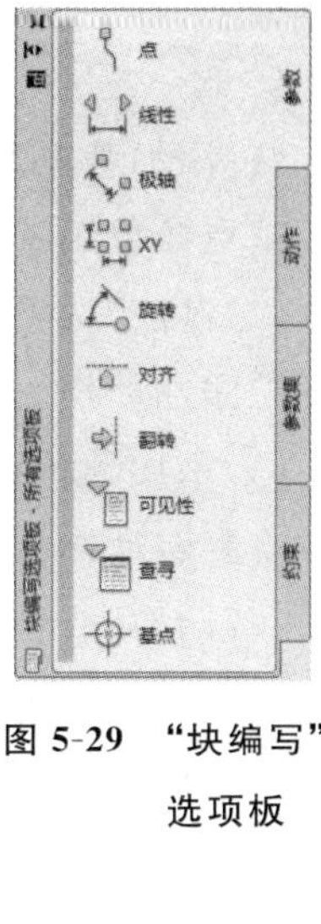

图 5-29　“块编写”选项板

4)添加参数

(1)添加翻转参数。

翻转参数用于改变门的开启方向。

在“参数”选项卡上，单击“翻转”按钮，按图 5-30(a)所示的 1、2、3 位置与次序单击鼠标，添加竖直方向翻转参数；选中翻转参数，右击鼠标，在快捷菜单中选择“移动”，根据命令行提示，把翻转参数夹点移动到图 5-30(b)所示位置;重复上述操作,添加水平方向翻转参数。最后结果如图 5-30(c)所示。

(2)添加旋转参数。

旋转参数用于改变门的方向,如横向或纵向,以适应不同方向的门洞。

在"参数"选项卡中,单击"旋转"按钮,在命令行提示下,依次单击图 5-31 所示 1、2、3 点位置,完成后如图 5-31 所示。

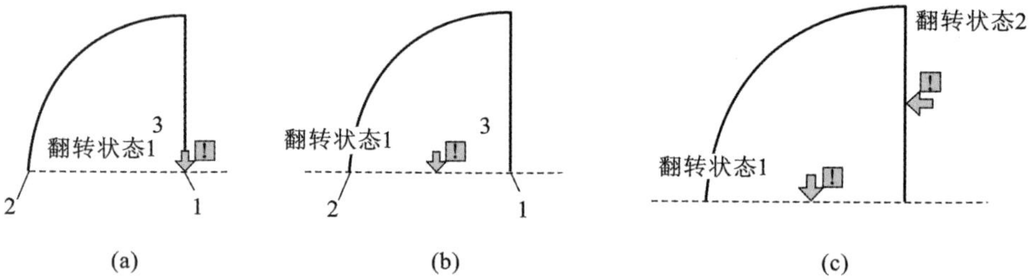

图 5-30　添加翻转参数

(3)添加线性参数。

线性参数用于约束门的尺寸,以适应不同宽度门洞的需要。

在"参数"选项卡中,单击"线性"按钮,在命令行提示下依次单击图 5-32 所示 1 点、2 点、3 点位置,添加线性参数。

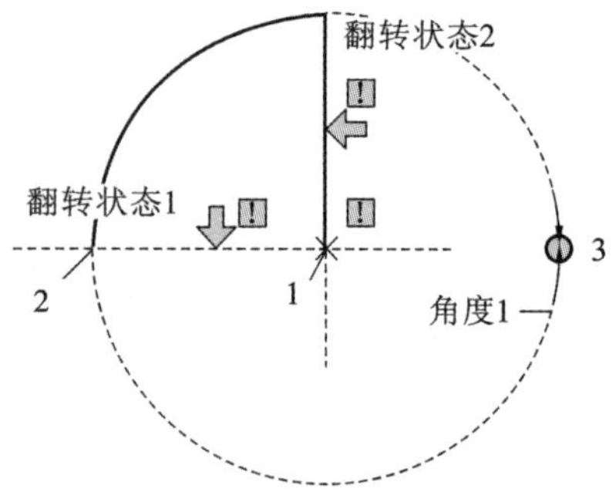

图 5-31　添加旋转参数

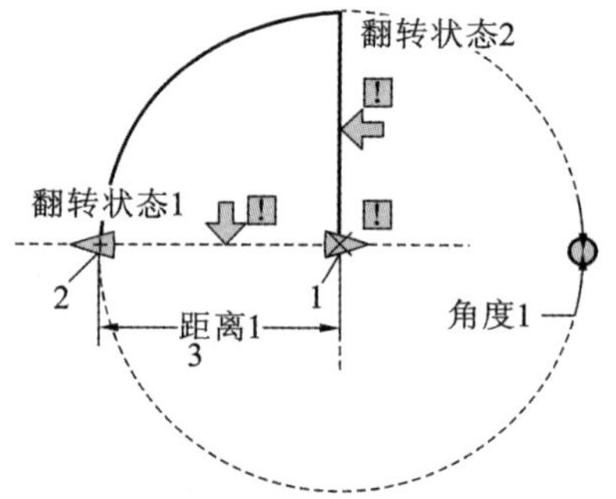

图 5-32　添加线性参数

(4)添加基点参数。

基点参数用于确定平开门块的基点。

在"参数"选项卡中,单击"基点"按钮,单击图 5-33 所示的 1 点,添加基点参数。

5)添加动作

(1)添加翻转动作。

将翻转动作与翻转参数相关联,才能实现门的翻转,其效果类似于镜像对象。

在"动作"选项卡中,单击"翻转"按钮,在命令行"选择参数"提示下,选择水平翻转参数,在"选择对象"提示下,选择翻转对象(选中门图形和所有的参数),则添加了水平翻转动作。

再次单击"翻转动作"按钮,重复上述操作,给竖直翻转参数添加动作,结果如图 5-34 所示。添加完动作后，翻转参数的警示标志消失。

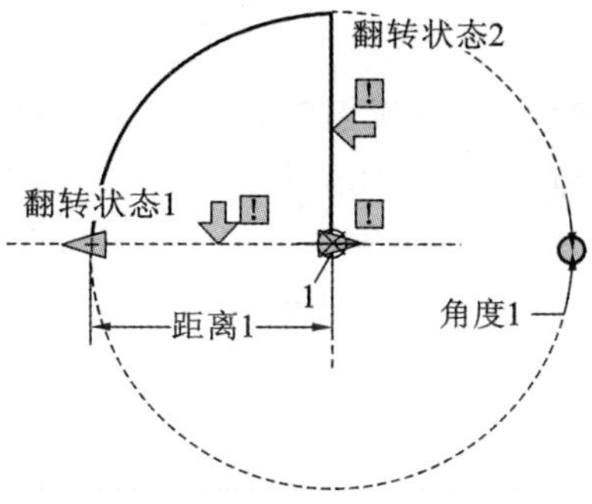

图 5-33　添加基点参数

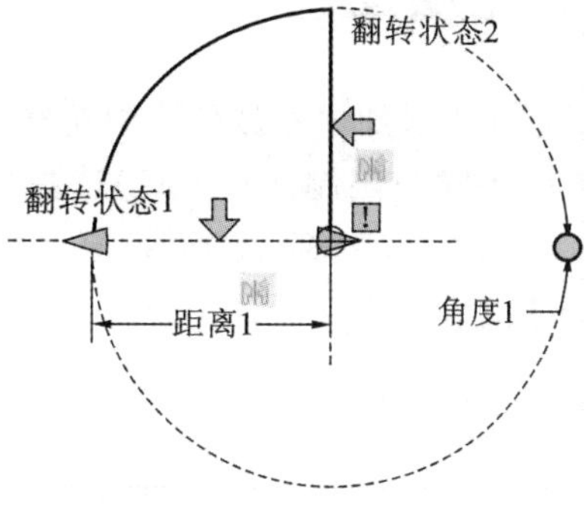

图 5-34　添加翻转动作

(2)添加旋转动作。

将旋转动作与旋转参数相关联，以实现门的旋转。

在“动作”选项卡中，单击“旋转”按钮，在命令行“选择参数”提示下，选择旋转参数，在“选择对象”提示下，选中所有的对象(包括所有参数)并回车，旋转动作添加完毕，结果如图 5-35 所示。

(3)添加缩放动作。

缩放动作与线性参数相关联，用于调整门的尺寸。

在“动作”选项卡中，单击“缩放”按钮，在命令行“选择参数”提示下，选择线性参数，在“选择对象”提示下，选择所有对象，缩放动作添加完毕，结果如图 5-36 所示。

6)修改参数

选中线性参数并右击，在快捷菜单中单击“特性”，弹出“特性”选项板，在“其他”选项中将“夹点数”改为 1。

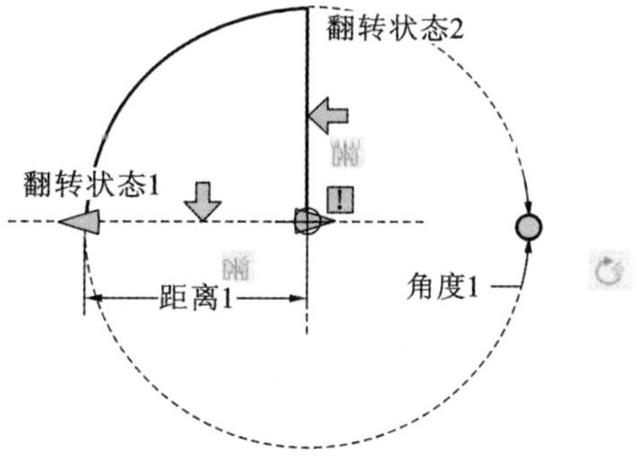

图 5-35　添加旋转动作

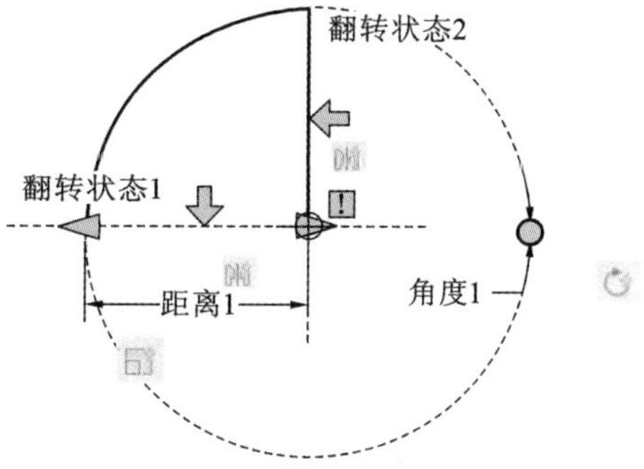

图 5-36　添加缩放动作

7)保存并测试动态块

在“打开/保存”面板上单击“保存块”按钮，再单击“关闭块编辑器”按钮，退出块编辑器。

此时选中“平开门”块，可以看到出现了很多夹点。单击或拖动夹点，可以对动态块进行测试，如果没有达到期望，则回到块编辑器中进行修改。

5.5 参数化绘图

AutoCAD 2010 增加了参数化绘图功能。参数化绘图是一项用于具有约束的设计技术，约束是对几何图形的关联与限制。AutoCAD 提供了两种约束类型：几何约束和标注约束。几何约束控制对象之间的相互关系，标注约束控制对象的距离、长度、角度和半径等。将约束用于动态块，可以使动态块创建过程大大简化。本节通过两个例子，介绍参数化绘图的基本方法。

5.5.1 参数化标题框

标题框(标题栏和图框线)是工程图纸必不可少的组成部分。传统的做法一般是将标题框制作成块，然后通过插入块的方式插入标题框。由于图纸幅面和版式的不同，需要绘制多个标题框块以备使用，块过多的话，查找起来也很麻烦。用参数化绘图的方式，可以仅绘制一个标题框，然后通过修改标注约束的方式调整标题框的尺寸，用起来很方便。

打开本书配套资源中的“图 5-37. dwg”文件，这里面已经绘制好了一个 A3 图幅的标题框，如图 5-37 所示。其中标题栏和会签栏都是块，图框线和幅面线都是矩形。

下面通过参数化标题框，学习参数化绘图的基本功能。

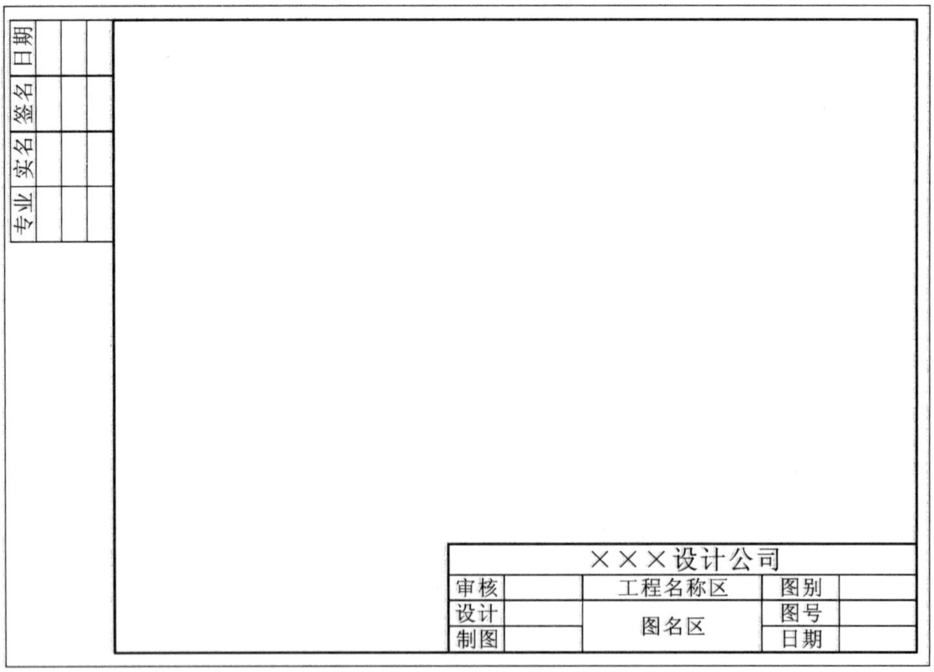

图 5-37 A3 图幅标题框

1. 约束简介

在功能区上的“参数化”选项卡中有“几何约束”和“标注约束”两个约束面板，如图 5-38 所示。

1)几何约束

几何约束控制件及功能如表 5-1 所示。

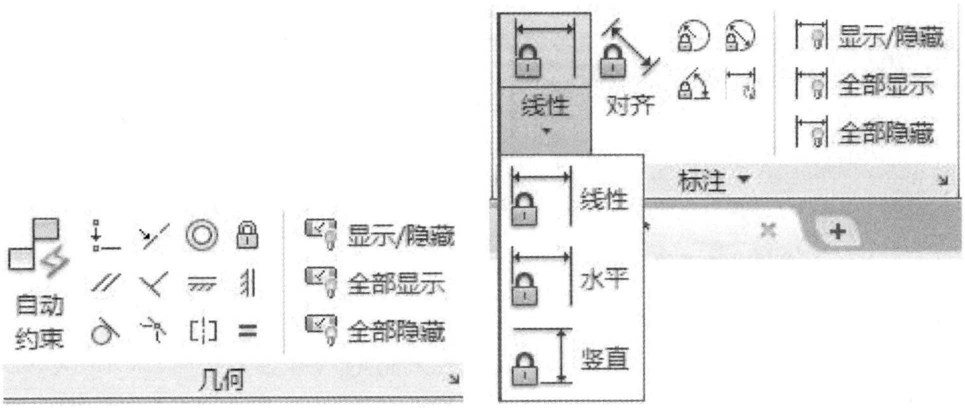

(a)　　　　(b)

图 5-38　约束面板

(a)几何约束面板；(b)标注约束面板

表 5-1　几何约束类型及功能

约束类型	图标	功　　能
重合		约束两个点使其重合，或者约束一个点使其位于曲线(或曲线的延长线)上
垂直		使选定的直线位于彼此垂直的位置
平行		使选定的直线彼此平行
相切		将两条曲线约束为保持彼此相切或其延长线保持彼此相切
水平		使直线或点对位于与当前坐标系的 X 轴平行的位置
竖直		使直线或点对位于与当前坐标系的 Y 轴平行的位置
共线		使两条或多条直线段沿同一直线方向
同心		将两个圆弧、圆或椭圆约束到同一个中心点
平滑		将样条曲线约束为连续，并与其他样条曲线、直线、圆弧或多段线保持几何连续性
对称		使选定对象受对称约束，相对于选定直线对称
相等		将选定圆弧和圆的尺寸重新调整为半径相同，或将选定直线的尺寸重新调整为长度相同
固定		将点和曲线锁定在位

2)标注约束

标注约束常用控件类型及功能如表 5-2 所示。

表 5-2　标注约束类型及功能

约束类型	图标	功　　能
对齐		约束不同对象上两个点之间的距离
水平		约束对象上的点或不同对象上两个点之间的 X 距离
竖直		约束对象上的点或不同对象上两个点之间的 Y 距离

续表

约束类型	图标	功　　能
角度		约束直线段或多段线段之间的角度、由圆弧或多段线圆弧扫掠得到的角度，或对象上三个点之间的角度
半径		约束圆或圆弧的半径
直径		约束圆或圆弧的直径

2. 为标题框添加几何约束

单击“几何约束”面板→“自动约束”按钮，选中标题框的所有对象并回车，AutoCAD自动为标题框的图线添加了几何约束，如图 5-39 所示。在参数化绘图中，一般先执行自动约束，然后对不合适的约束进行修改或删除。添加几何约束后，如果想观察某一个对象被添加了哪些约束，可以将光标移到这个对象上，与其有关的几何约束亮显。

【约束分析】

从图 5-39 可以看出，执行自动约束命令添加了如下约束。

重合约束：标题栏块和会签栏块的基点与矩形顶点为重合约束。

水平约束：幅面线和图框线这两个矩形上边线为水平约束，即图 5-39 所示的线 1 和线 2。

垂直约束：幅面线和图框线这两个矩形上边线与左侧边线为垂直约束，即线 1 和线 3 为垂直约束、线 2 和线 4 为垂直约束。由于有了垂直约束，线 3 和线 4 自然就是竖直的，所以不再有竖直约束，否则将会过约束，过约束是不允许的，这在手动添加约束时要注意。

平行约束：线 1 和线 6 平行约束、线 2 和线 5 平行约束、线 3 和线 7 平行约束、线 4 和线 8 平行约束。因为有了平行约束，所以线 1 和线 7 没有垂直约束，否则也会过约束，其他线同此。

通过这些约束，标题框的形状被确定下来。

3. 为标题框添加标注约束

单击“几何约束”面板→“全部隐藏”按钮，此时不显示几何约束。

单击“标注约束”面板上的“水平”标注约束，在幅面线矩形上方的两个顶点处单击并回车，添加了一个水平的线性约束，约束标题框的总长度。同样执行“水平”标注约束，完成图框线和幅面线之间水平距离的约束，如图 5-40 所示。

单击“竖直”标注约束，在幅面线矩形右侧的两个顶点处单击并回车，添加了一个竖直的线性约束，约束标题框的总宽度。同样执行“竖直”标注约束，完成图框线和幅面线之间竖直距离的约束，如图 5-41 所示。

标题框参数化绘图结束。

需要说明的是，标注约束同样不能过约束，比如图 5-41 中的水平标注约束，已经有了约束 d1，又有约束 d2 和 d3，在约束 d2 和 d3 之间的部分就不能再有线性约束了，否则就会过约束。

现在可以尝试将 A3 幅面改为 A2 幅面了。双击图 5-41 所示的约束 d1，将 420 修改为 841，双击 d4，将 297 修改为 594，同样，分别双击约束 d3、d5、d6，将 5 改为 10。

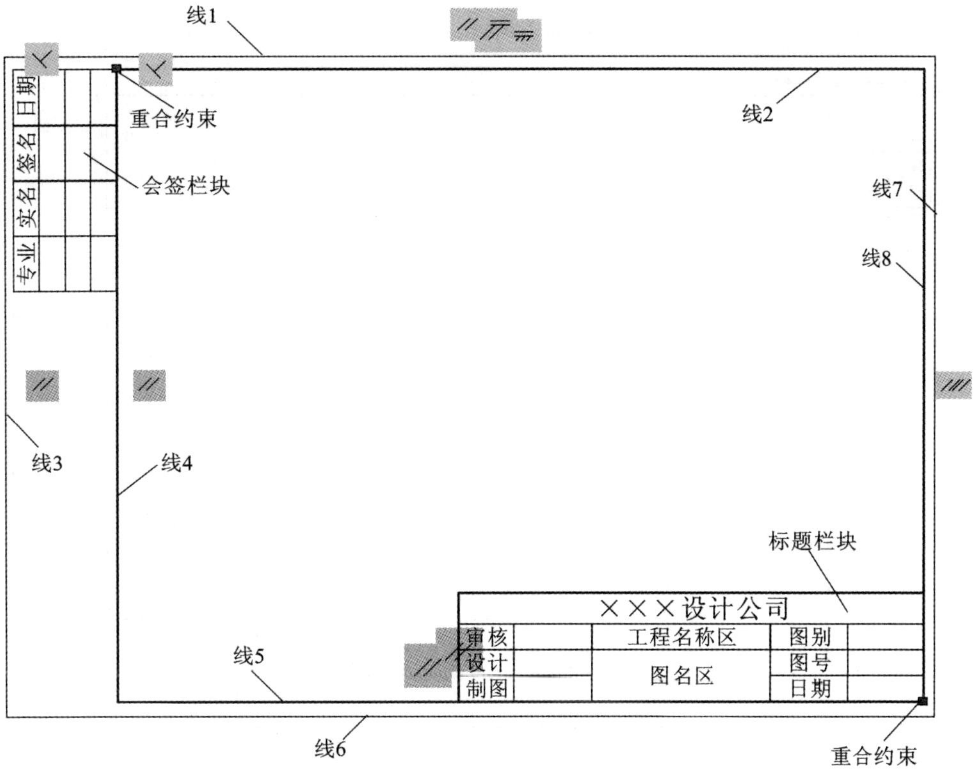

图 5-39　添加几何约束后的标题框

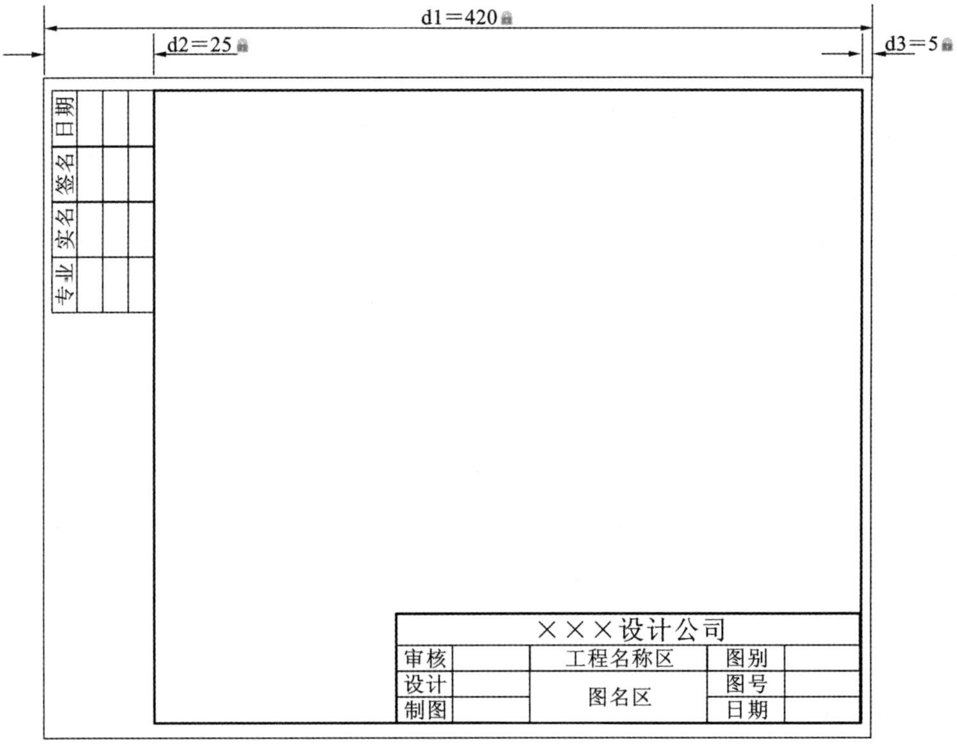

图 5-40　添加三个水平标注约束

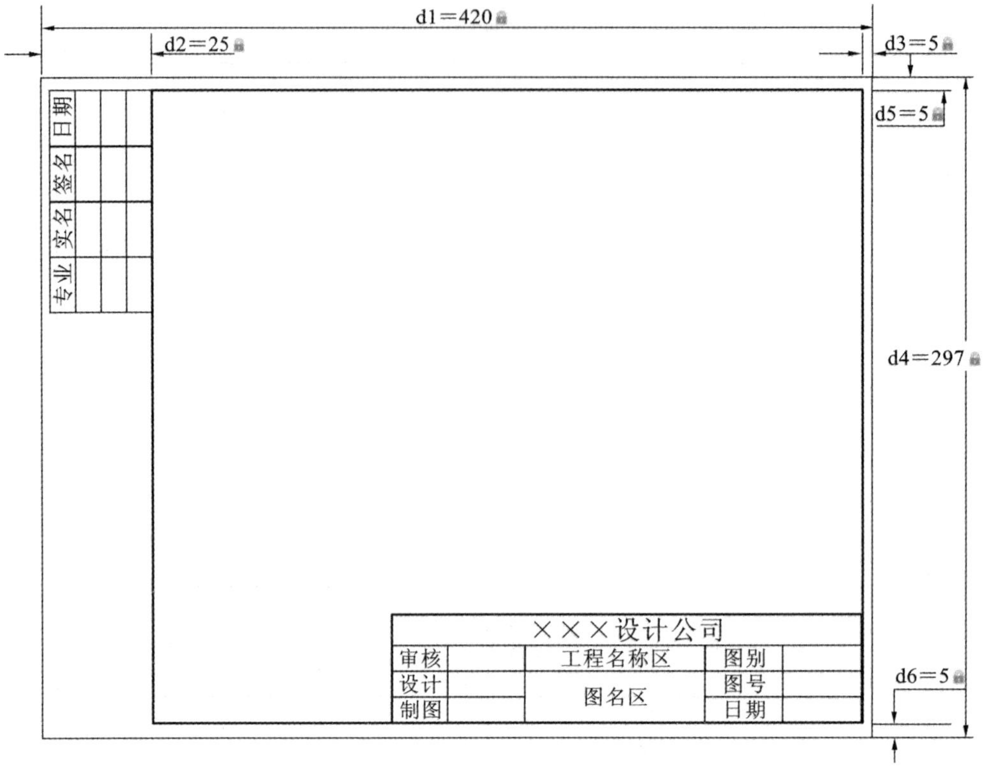

图 5-41 添加三个竖直标注约束

5.5.2 参数化汽车坡道

参数化绘图在图形构思、方案设计与修改阶段具有明显的优势。在 2.6 节我们曾经绘制过汽车坡道平面图，如果用参数化绘图的方式，将会使绘图工作大大简化，而且便于编辑修改。汽车坡道平面图请参看第 2 章图 2-60。

1. 设置绘图环境

1)新建图形文件

单击“新建”命令，在“选择样板”对话框中单击“打开”，则打开 AutoCAD 默认模板文件“acadiso. dwt”。

2)设置图形界限

将图形界限设置为从(0,0)到(59400,42000)，并执行全部缩放命令，使图形界限全屏显示。

3)创建图层

新建 “墙线”“点画线”两个图层，其中“点画线”图层颜色为红色，线型为“CENTER”，“墙线”图层线宽为 0.4，其余默认。

4)设置线型比例

单击“格式”菜单/“线型”，弹出“线型管理器”对话框，将“全局比例因子”设置为 50。

2. 绘制初始图形

将“点画线”层置为当前图层。执行圆和直线命令，绘制如图 5-42 所示的两个圆和三条直线，其中线 1 为水平线。只要绘制出它们的大致位置关系即可，对具体的位置和尺寸都没有要求，三条直线尽可能长些，以便与圆能够有真实的切点而不是相切到延长线上，直线也可以用构造线代替。

3. 几何约束图形

单击“几何约束”面板上的“相切约束”按钮，在命令行“选择第一个对象”的提示下，选择图5-42所示的圆 1，在“选择第二个对象”提示下，选择线 1，可以看到，线 1 向下平移到与圆 1 相切。

说明：相切约束有选择的先后顺序，后选择的对象向先选择的对象移动并相切。除了水平、竖直和固定约束外，其余约束都有选择的顺序。

再次执行相切约束，先选择圆 1，后选择线 2。用同样的方法，分别将线 2 和线 3 与圆 2 相切，结果如图 5-43 所示。

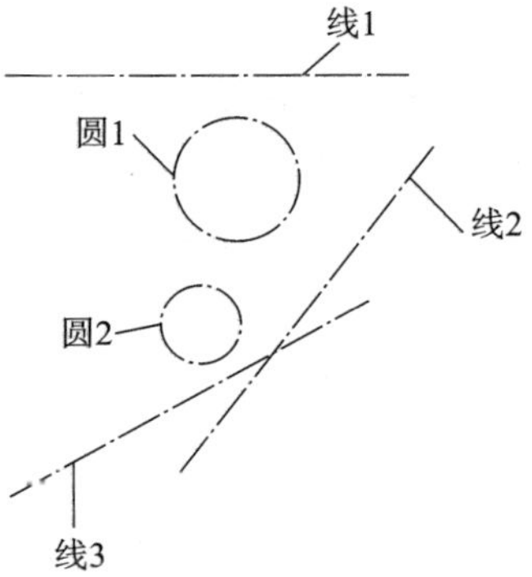

图 5-42　汽车坡道初始图形

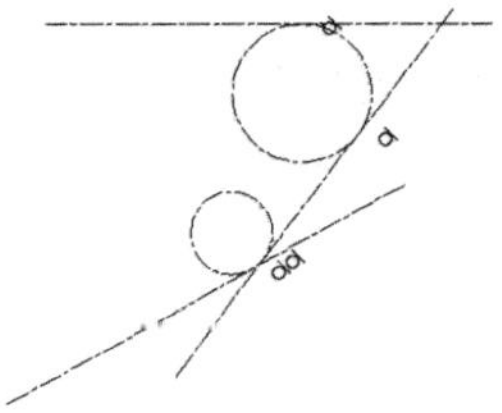

图 5-43　相切约束图形

4. 修剪图形

执行修剪命令，修剪长出的直线和多余的圆弧，结果如图 5-44 所示。修剪后原来的约束被自动删除。

5. 再次几何约束图形

单击“自动约束”，选择所有对象后回车，添加了自动约束。如图 5-45 所示。

图 5-44　修剪后的图形

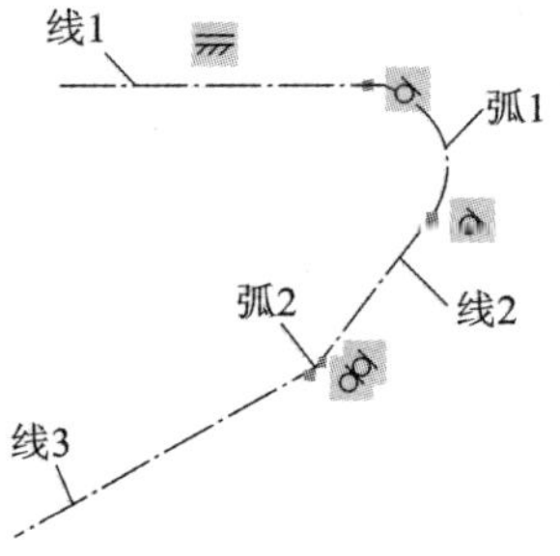

图 5-45　添加自动约束

【约束分析】

由图 5-45 可以看出，AutoCAD 自动添加了如下约束。

水平约束：对线 1 添加了水平约束，控制线 1 处于水平状态。

相切约束：线和弧保持相切约束，这样不论如何变化，相切关系不变。

重合约束：在所有线的交点处为重合约束，这样不论如何变化，线之间保持连续。

6. 标注约束图形

单击“几何约束”面板上的“全部隐藏”,将几何约束隐藏。显示过多的几何约束,会浪费计算机资源,使系统反应变慢。为了控制直线的长度、圆弧的半径、直线间的角度等,需要进行标注约束。

单击“标注约束”面板上的“水平”标注约束按钮,在如图 5-45 所示线 1 的两个端点单击,然后在上方适当位置单击,放置尺寸线的位置,回车结束,再次执行“水平”标注约束,单击线 1 的右端点和线 2 的上端点,并在适当位置放置尺寸线。执行“半径”标注约束,选择弧 1 标注半径,再次执行“半径”约束,选择弧 2 标注半径。执行“对齐”标注约束,单击线 2 的两个端点,标注线 2 的长度,同样标注线 3 的长度。执行“角度”标注约束,选择线 2 和线 3,标注二者的角度。结果如图 5-46 所示。

7. 修改标注约束

现在可以通过修改标注约束的值,以得到需要的尺度。双击图 5-46 所示的水平标注 d1,将尺寸改为 7700,同样,将弧度 1 的值改为 8750,将 d2 值改为 8558,将角度 1 值改为 30,将 d3 值改为 10000,将弧度 2 值改为 6000,将 d4 值改为 8000,结果如图 5-47 所示。读者也可以尝试变换不同的值,以体会尺寸驱动图形的效果。

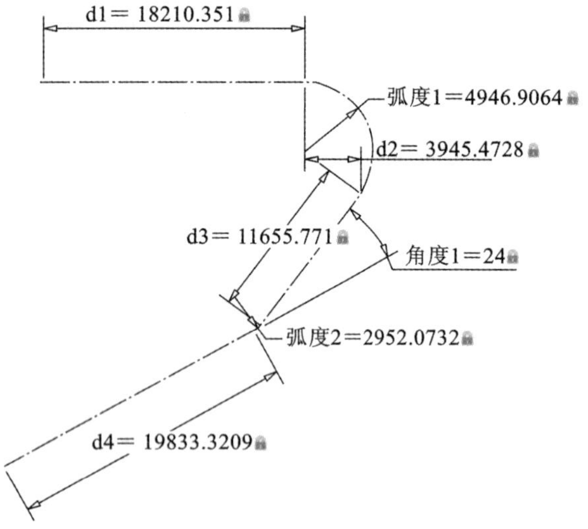

图 5-46　标注约束图形

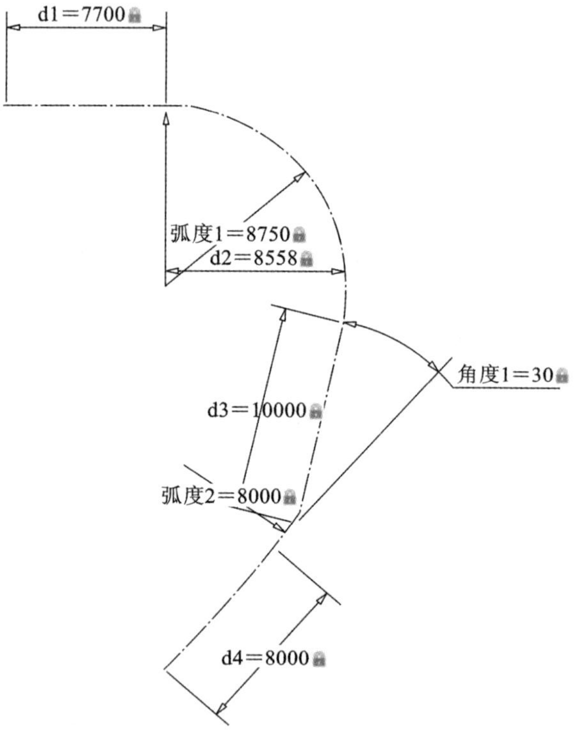

图 5-47　修改标注约束后的图形

8. 绘制墙线

如果尺寸已经定型,则可以删除约束,进一步绘制其他图形。单击“管理”面板上“删除约束”,选择所有对象后回车,将标注约束删除。执行多段线编辑命令(PE),将整个图形合并成一条多段线。执行偏移命令,将多段线向两侧各偏移 2750,将得到的两条多段线再分别向各自两侧偏移 120,得到墙线,将墙线放在“墙线”图层。将“墙线”图层置为当前图层,执行直线命令,将墙线端部封口，结果如图 5-48 所示。

9. 约束图形

单击“自动约束”，选择全部对象，对图形再次添加几何约束，结果如图 5-49 所示。自动约束有时不能完全满足需求，需要手动添加约束，比如让水平的两条墙线与墙的中心线对称。

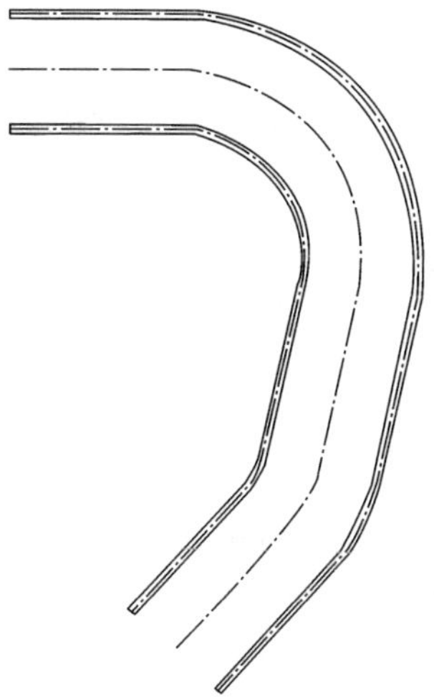

图 5-48　绘制墙线

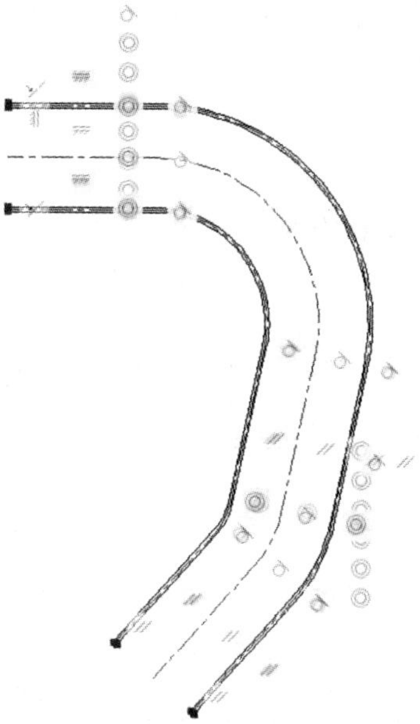

图 5-49　添加自动约束

现在单击“几何约束”面板上的“全部隐藏”，将几何约束隐藏。单击“对称”约束按钮，按顺序选择图 5-50 所示的线 1、线 2 和线 3，这样，线 1 和线 2 相对线 3 对称。对下方的水平墙线进行同样的操作，结果如图 5-50 所示。再次将所有几何约束隐藏。

执行“标注约束”面板上的“竖直”线性标注约束命令，约束墙体中心线和坡道中心线之间的距离、墙的厚度，如图 5-51 所示。

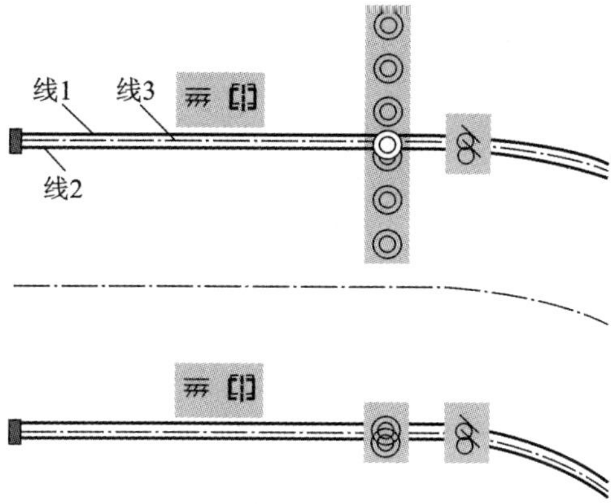

图 5-50　添加对称约束

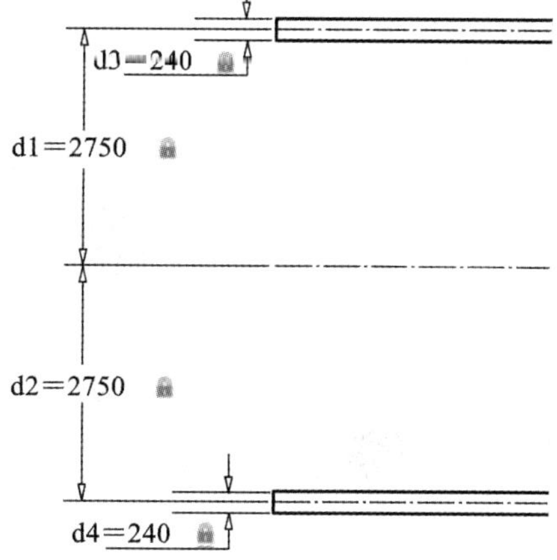

图 5-51　添加竖直标注约束

现在可以双击标注约束，修改约束值，看看坡道图形的变化了。

本章小结

块的应用对于提高绘图效率、节省计算机资源和协同工作具有重要作用。本章介绍了块的创建、应用、编辑、块属性、动态块等内容，本章的范例与建筑工程紧密结合、编排精心。参数化绘图是 AutoCAD 2010 版增加的功能，利用参数化绘图，可以快速构造图形，快速修改图形，是辅助设计软件的发展趋势。

技能训练题

1. 打开本书配套资源中的“图 5-52. dwg”文件，文件中已经绘制了如图 5-52 所示卫生洁具的图形，将这些图形按图示名称创建为块，并将文件保存在适当位置。

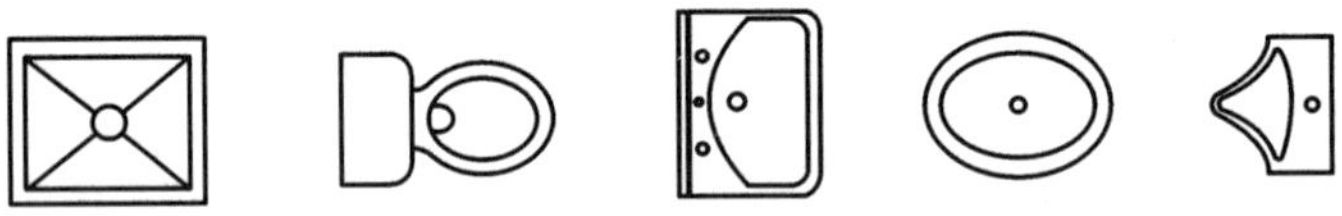

图 5-52 题 1 图

2. 打开本书配套资源中的“图 5-53. dwg”文件，文件中已经绘制了卫生间平面图，利用设计中心调出第 1 题中创建的块，完成卫生间平面图中卫生洁具的布置，如图 5-53 所示。

3. 在第 2 题的基础上批量修改块。用重定义块的方法在“坐便器”块上添加一个圆形按钮，用在位编辑块的方法在“台盆 2”块上添加一个水龙头，见图 5-54，修改结果如图 5-55 所示。

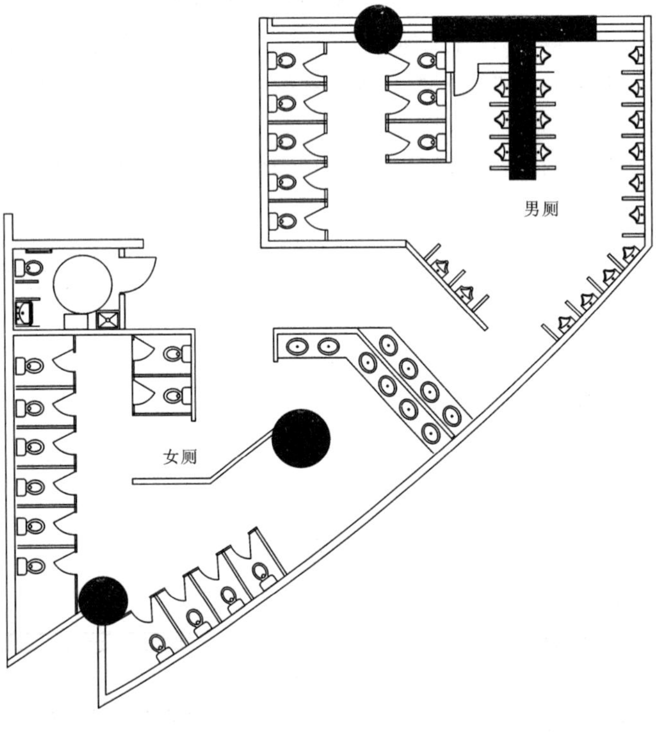

图 5-53 题 2 图：布置卫生洁具

图 5-54 块的修改

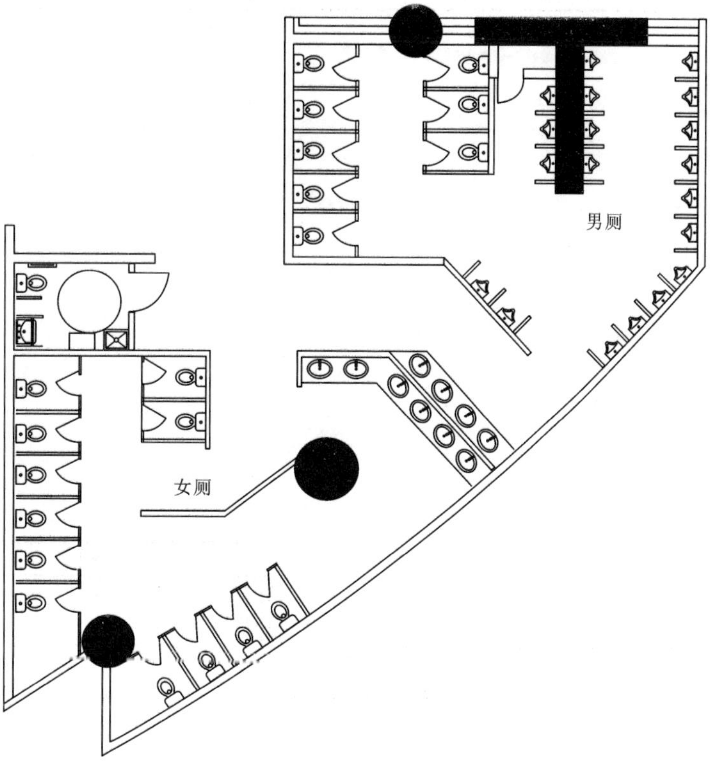

图 5-55　题 3 图：批量修改块

4. 绘制一个 A3 幅面的标题框并创建为块，会签栏和标题栏的详细尺寸见图 5-56、图 5-57，结果见图 5-58。并尝试创建标题栏属性块。

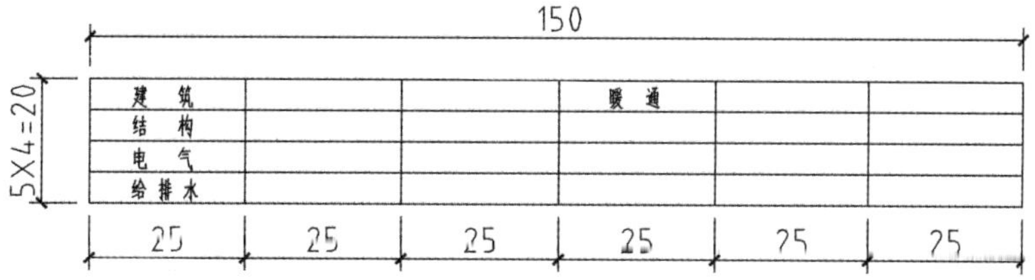

图 5-56　会签栏

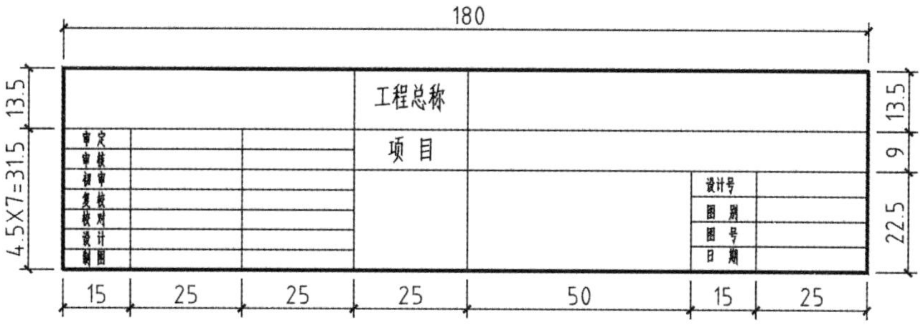

图 5-57　标题栏

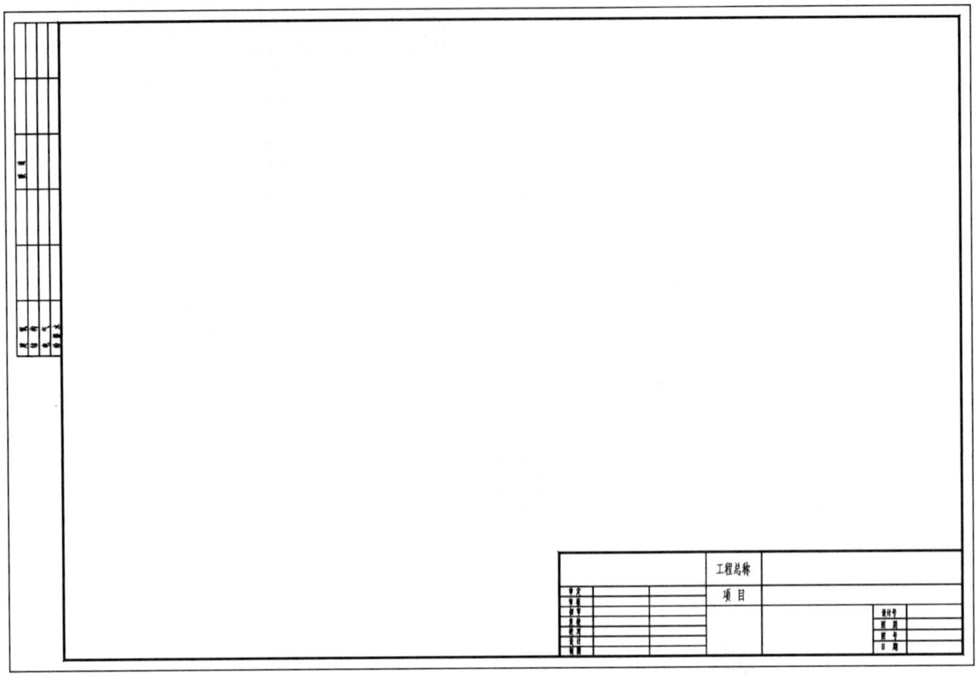

图 5-58　标题框

第 6 章　图形信息查询与样板文件

【本章主要内容】

本章主要介绍图形信息查询的工具，边界与面域和创建样板文件。利用样板文件可避免每次绘图都设置绘图环境的重复工作，提高绘图效率。对于一个单位来说，样板文件可以是大家共同的一个模板，以使绘图标准化。

【本章重点】

查询距离和面积；

样板文件的创建与使用。

6.1　图形信息查询

查询功能可以查询对象的信息，这些信息包括距离、角度、长度、半径、面积、坐标等。

6.1.1　查询坐标

【执行方式】

- 命令行：ID。
- 功能区："默认"选项卡→"实用工具"面板→"点坐标"按钮。

【命令操作】

执行 ID 命令后，单击要查询的点，在命令行当中会显示该点的 X、Y、Z 坐标。

6.1.2　查询距离

测量两点之间的距离或多点之间的总长度。

【执行方式】

- 命令行：MEASUREGEOM(或 DIST)。
- 功能区："默认"选项卡→"实用工具"面板→"距离"按钮。

【命令操作】

执行查询距离命令后，用鼠标拾取两个点并回车，则测算出两点之间的距离，同时会给出两点在 XOY 平面的倾角、与 XOY 平面的夹角，以及两点间的 X、Y、Z 增量值。执行该命令后，如果在命令行提示下输入 M，可以同时测量多个点之间的距离并计算总长度。

DIST(DI)命令只能测定两个点之间的距离，不能测定多点之间的距离。

6.1.3　查询半径

测量圆或圆弧的半径和直径。

【执行方式】

· 命令行：MEASUREGEOM。

· 功能区："默认"选项卡→"实用工具"面板→"半径"按钮。

【命令操作】

执行查询半径命令后，选择需要查询的圆或圆弧，则命令行会给出圆或圆弧的半径和直径值。

6.1.4 查询角度

可以测量圆、圆弧、直线或顶点的角度。

【执行方式】

· 命令行：MEASUREGEOM。

· 功能区："默认"选项卡→"实用工具"面板→"角度"按钮。

【命令操作】

执行查询角度命令后，选择查询的对象，则命令行给出被测对象的角度。按 Esc 键可退出角度查询。

6.1.5 查询面积

可以指定一系列的点，以测量这些点所围形状的面积和周长；可以测量封闭对象的面积和周长；可以加或减选择对象的面积，并给出总面积。

【执行方式】

· 命令行：MEASUREGEOM(或 AREA)。

· 功能区："默认"选项卡→"实用工具"面板→"面积"按钮。

【命令操作】

执行查询面积命令后，默认情况是指定一系列的点以测量面积，如果输入"O"则可以选择封闭对象以测量面积和周长。如果执行"增加面积"或"减少面积"选项，则可以测量增加或减少面积后的总面积。

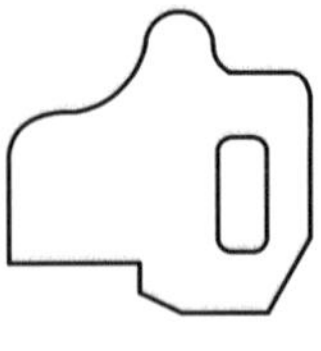

图 6-1　例 6-1 图

【例 6-1】打开本书配套资源中的"图 6-1. dwg"文件，测量图形的总面积及减去中间带圆角矩形的面积，以及外轮廓的周长，图形如图 6-1 所示。

首先执行多段线编辑(PE)命令，将外轮廓合并为多段线。

单击"默认"选项卡→"实用工具"面板→"面积"按钮，启动面积查询命令，操作如下。

命令：_MEASUREGEOM

输入选项［距离(D)/半径(R)/角度(A)/面积(AR)/体积(V)］<距离>：_area

指定第一个角点或［对象(O)/增加面积(A)/减少面积(S)/退出(X)］<对象(O)>：A(执行"增加面积"选项，回车)

指定第一个角点或［对象(O)/减少面积(S)/退出(X)］：O(执行"对象"选项，回车)

("加"模式) 选择对象：(选择图形外轮廓)

区域 = 13232.7238,周长 = 481.0289(测量出外轮廓的面积与周长)

总面积 = 13232.7238

("加"模式) 选择对象:(直接回车)

区域 = 13232.7238,周长 = 481.0289

总面积 = 13232.7238

指定第一个角点或[对象(O)/减少面积(S)/退出(X)]: S(执行"减少面积"选项,回车)

指定第一个角点或[对象(O)/增加面积(A)/退出(X)]: O(执行"对象"选项,回车)

("减"模式) 选择对象:(选择中间带圆角的矩形)

区域 = 1155.7076,周长 = 140.4287(带圆角矩形的面积和周长)

总面积 = 12077.0162(减去带圆角矩形后的总面积)

("减"模式) 选择对象: * 取消 * (按 Esc 键取消)

这样,得到图形的总面积是 13232.7238,周长为 481.0289,减去带圆角矩形后的面积为 12077.0162。

6.1.6　列表查询

【执行方式】

- 命令行:LIST。
- 功能区:"默认"选项卡→特性面板→"列表"按钮。

【命令操作】

执行 LIST 命令,首先选择对象并回车,则在文本窗口中会给出对象的信息,这些信息包括对象类型、所在空间、所在图层、处理码及几何数据。

6.2　边界与面域

6.2.1　创建边界

边界命令可以将零散对象组合成的封闭图形构建成一个独立的多段线或面域对象。

【执行方式】

- 命令行:BOUNDARY。
- 功能区:"默认"选项卡→"绘图"面板→"边界"命令按钮。

【例 6-2】打开本书配套资源中的"图 6-2.dwg"文件,文件中有一个由圆弧段和直线段构成的图形,如图 6-2 所示,测量图形的总面积及周长。

单击"默认"选项卡→"绘图"面板→"边界"命令按钮,弹出"边界创建"对话框,如图 6-3 所示。在"对象类型"下拉列表中选中"多段线",单击"拾取点"按钮,切换到绘图窗口,在图形内部任意位置单击并回车,命令行提示"已创建一个多段线"。

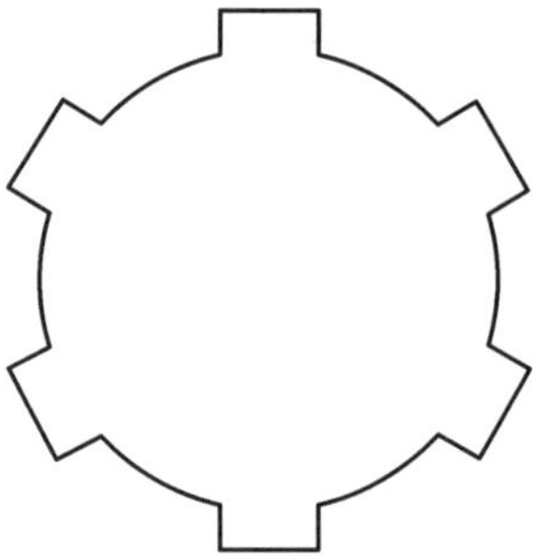

图 6-2 例 6-2 图

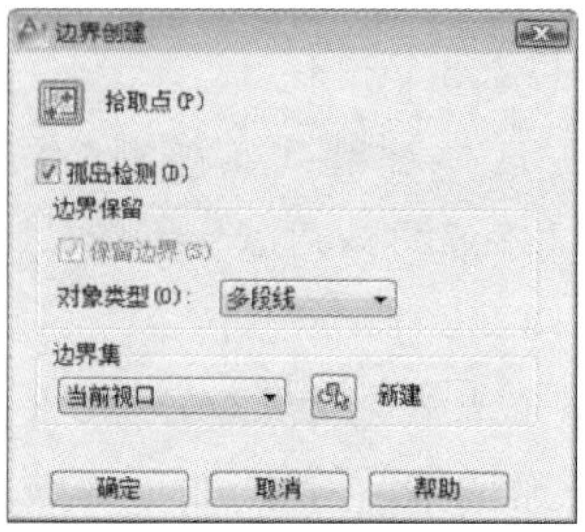

图 6-3 “边界创建”对话框

单击“默认”选项卡→“实用工具”面板→“面积”按钮，启动面积查询命令，执行“对象”选项，选择刚刚创建的多段线，命令行显示为：区域＝808.9682，周长＝128.2118。

6.2.2 创建面域

面域是闭合的二维区域，可以对面域进行布尔运算（并集、差集和交集）以创建复杂图形，也可以拉伸面域以生成三维实体。

【执行方式】

- 命令行：REGION(REG)。
- 功能区：“默认”选项卡→“绘图”面板→“面域”按钮。

【例 6-3】绘制如图 6-4 所示的地面拼花图案。

操作过程如下。

执行矩形命令，绘制边长为 200 的正方形，然后绘制正方形的外接圆，结果如图 6-5 所示。

执行复制命令复制圆，复制的基点为图 6-5 所示的 1 点，目标点为 2 点，结果如图 6-6 所示。

将图 6-6 中上方的圆环形阵列八个，阵列中心点为下方圆的圆心，阵列后删除矩形和中间的圆，如图 6-7 所示。

图 6-4 例 6-3 图

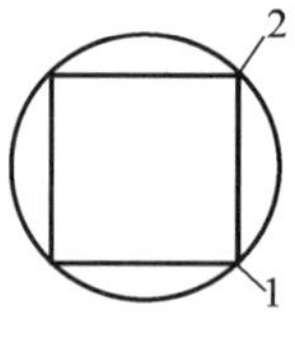

图 6-5 绘制矩形和圆

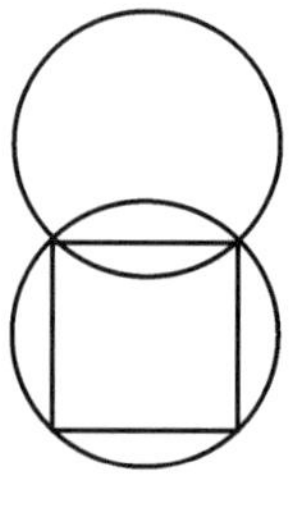

图 6-6 复制圆

执行面域命令，选择八个圆，将八个圆创建为面域，命令行提示为：“已提取 8 个环，已创建 8 个面域”。

单击“应用程序状态栏”上的“切换工作空间”按钮，在弹出的快捷菜单中单击“三维基础”，切换到三维基础工作空间，功能区出现了三维绘图的一些工具，单击“默认”选项卡→“编辑”面板→“并集”按钮，选择图 6-7 所示的 A、C、E、G 四个圆形面域后回车，将这四个面域合并为一个面域。同样，对 B、D、F、H 四个面域求并集。

仍然在"三维基础"工作空间，单击"交集"按钮，选择上一步形成的两个面域并回车，对这两个面域求交集，结果如图 6-8 所示。

执行圆命令，绘制一个外围的大圆，然后按图 6-4 所示填充图案，地面拼花绘制完毕。

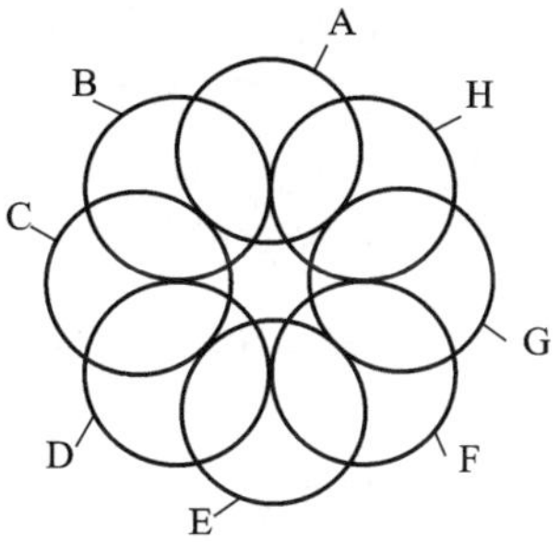

图 6-7　环形阵列圆

图 6-8　对面域求交集

单击"应用程序状态栏"上的"切换工作空间"按钮，在弹出的快捷菜单中单击"草图与注释"，切换回"草图与注释"工作空间。

6.3　样板文件

用户每次绘制新图形时，若从缺省设置创建文件，需要设置很多参数，如图形界限、图层、多线样式、标注样式等，但对一个专业或一项工程来说，很多绘图参数基本相同，能不能一次设置多次应用，从而减少无谓枯燥的重复性操作，而让设计者把主要精力集中于如何搞好设计上呢？AutoCAD 充分考虑到用户的需求，那就是设置样板文件(.dwt)。

样板文件是指含有一定参数的绘图环境的图形文件，其扩展名为".dwt"。AutoCAD 默认把样板文件保存在"template"文件夹内。通俗讲，样板文件就相当于手工绘图时绘图前准备好了的图纸、图板以及其他绘图工具的绘图室，每次绘图时都与进入绘图室进行绘图一样，绘图室中的绘图环境已基本准备好了，每次绘图不用从零开始准备。

一般建筑类绘图样板文件可包括如下内容：单位设置、图形界限、页面设置、图层设置、文字样式、标注样式、多线样式、图框标题栏等。

下面通过创建 A3 样本文件为例，介绍样板文件的创建过程。

6.3.1　A3 样板文件的创建

1. 新建文件

在"快速访问工具栏"中，单击"新建"按钮，打开"选择样板"对话框，单击"打开"后面的按钮，在下拉列表中选中"无样板打开-公制"，创建新的".dwg"图形文件。

2. 存为样板文件

在"快速访问工具栏"中，单击"保存"按钮，打开"图形另存为"对话框，在如图 6-9 所示的"文件类型"下拉列表中选择"AutoCAD 图形样板(*.dwt)"，并把文件命名为"A3 样板"，如图 6-10 所示，单击"保存"按钮，弹出图 6-11 所示对话框，输入适当的样板文件说明后单击 "确定"按钮，在"template"文件夹中创建了"A3 样板.dwt"文件，当然也可以选择其他目录进行保存。

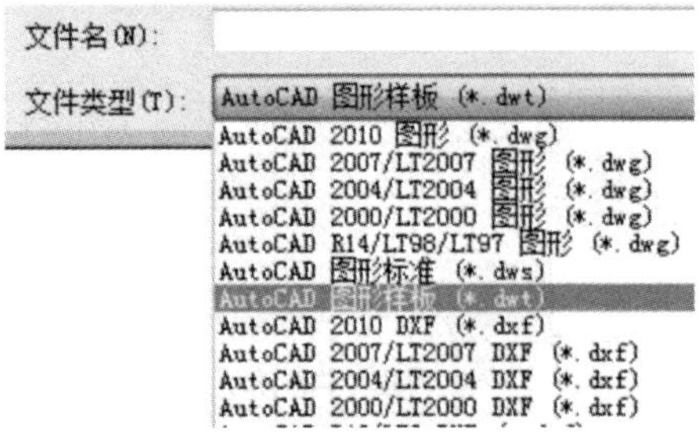

图 6-9　选择 dwt 格式

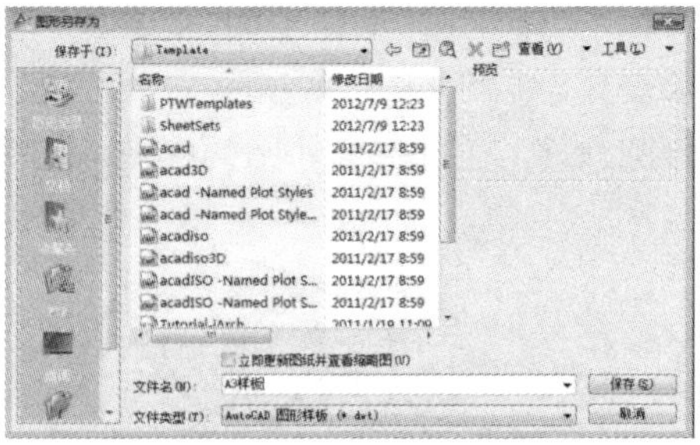

图 6-10　命名样板文件

3. 设置图形单位

单击“应用程序”按钮 →“图形实用工具”→“单位”,打开图 6-12 所示“图形单位”对话框,参照图 6-12 设置其中的各参数,主要有:长度的测量单位类型为“小数”,精度为“0”;角度类型设为“十进制度数”,精度为“0”。

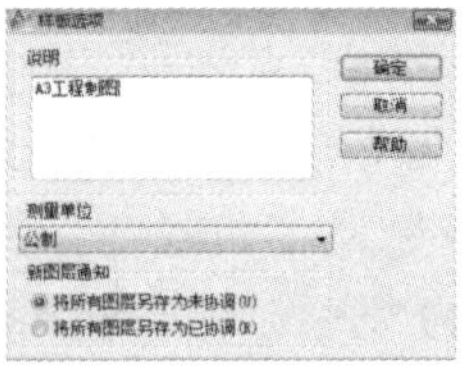

图 6-11　书写样板文件说明

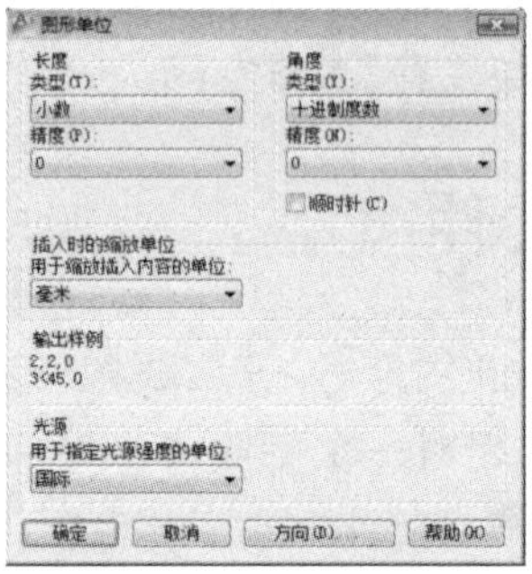

图 6-12　“图形单位”对话框

4. 图形界限

命令行输入 LIMITS(LI),启动图形界限命令。设置图形界限从(0,0)到(42000,29700)。执行全部缩放命令,将视口按图形界限缩放。

5. 图层设置

打开“图层特性管理器”对话框,参照图 6-13 设置绘制建筑图较为通用的图层并设置相应图层特性。

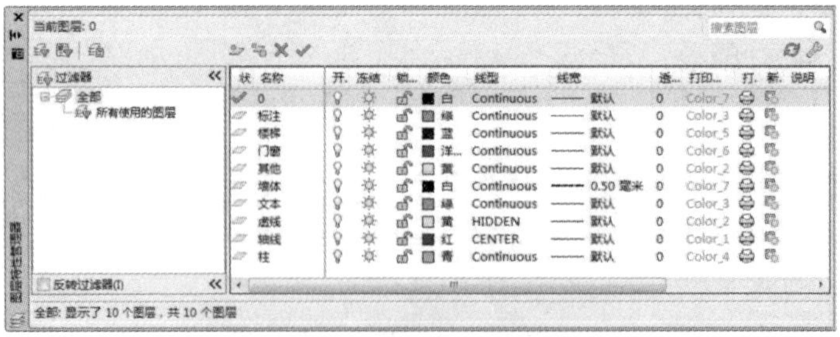

图 6-13　图层设置结果

6. 设置文字样式

执行“文字样式”命令,参照图 6-14、图 6-15 设置两种绘制建筑图纸常用的文字样式“工程字”

和“宋体”。读者根据需要，可以设置更多的文字样式。

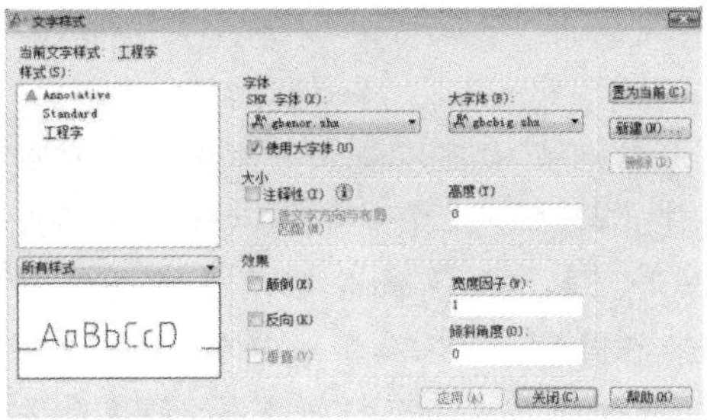

图 6-14 设置“工程字”文字样式

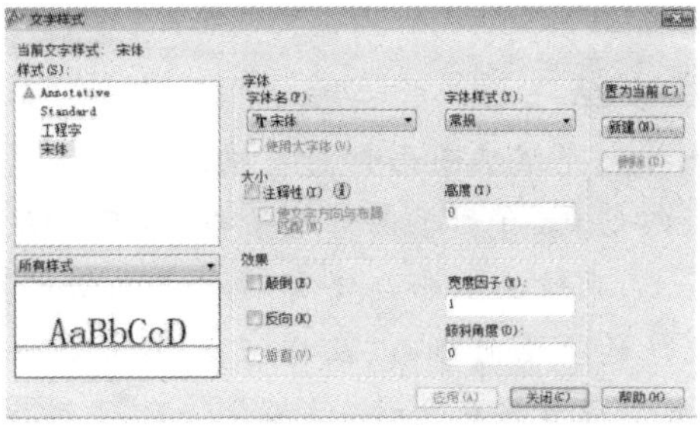

图 6-15 设置“宋体”文字样式

7. 设置标注样式

执行“标注样式”命令，参考第 4 章内容，设置两种绘制建筑图纸常用的标注样式“建筑 100”和“建筑 20”，其中“建筑 100”标注样式的标注特征比例设置为 100，“建筑 20”标注样式的标注特征比例设置为 20，然后在建筑 100 基础上创建一种标注子样式“建筑 100：半径”，将“建筑 100：半径”箭头形式设置为“实心闭合”，标注样式的详细设置见本书配套资源“第 6 章”文件夹中的“A3 样板.dwt”文件。

8. 设置多线样式

单击“格式”菜单/“多线样式”，参照图 6-16 设置“370”多线样式。

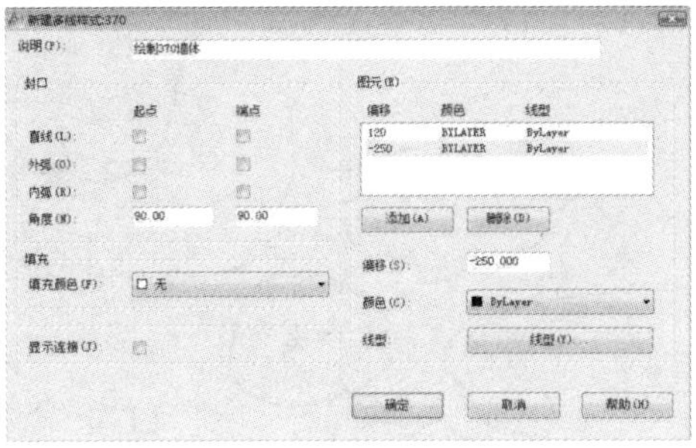

图 6-16 “370”多线样式

9. 绘制 A3 图框、标题栏

图框和标题栏的绘制过程此处略去，其内容读者可参看本书 5.5 节图 5-37，或者参看本书配套资源中的“A3 样板.dwt”文件。

10. 页面设置

页面设置的内容和方法详见本书第 7 章。在本书配套资源“第 6 章”文件夹中的“A3 样板.dwt”文件中，已经设置好了布局页面，读者可参阅。

11. 保存

单击“保存”按钮，“A3 样板.dwt”文件创建完毕。

6.3.2 A3 样板文件的应用

单击“快速访问工具栏”→“新建”按钮，弹出“选择样板”对话框，找到上一节创建的“A3 样板.dwt”并打开，我们就以“A3 样板.dwt”作基础创建了一个“.dwg”文件（以前设置的各项绘图环境参数都存在),选择适当位置、命名保存后即可开始绘图工作。

本章小结

本章首先介绍了图形信息查询的一些工具。图形信息查询可以使用户及时、准确地了解图形的基本几何信息,有利于图形的检查、管理和统计工作。面域和边界命令可以辅助信息查询工具查看图形信息,同时面域命令还有助于快速创建复杂图形。本章还系统介绍了样板文件的创建过程及样板文件的主要内容,以及样板文件的使用。虽然不同行业、不同专业样板文件的内容不尽相同,但都需要设置样板文件,以简化工作过程,提高工作效率。读者可根据需要,创建属于自己的样板文件。

技能训练题

打开本书配套资源中的"图 6-17. dwg"文件,文件中已经绘制了如图 6-17 所示某科学馆二层平面分区图。试测量各分区的面积、建筑总面积及建筑物周长。(提示:中庭不包含在建筑面积之内)

答案(未考虑单位):分区 A 面积 704599613,分区 B 面积 186876297,分区 C 面积 309310757,分区 D 面积 260940341,分区 E 面积 358232563,分区 F 面积 206930287,分区 G 面积 327415183,分区 H 面积 186300971,总面积 2540606012,周长 344674。

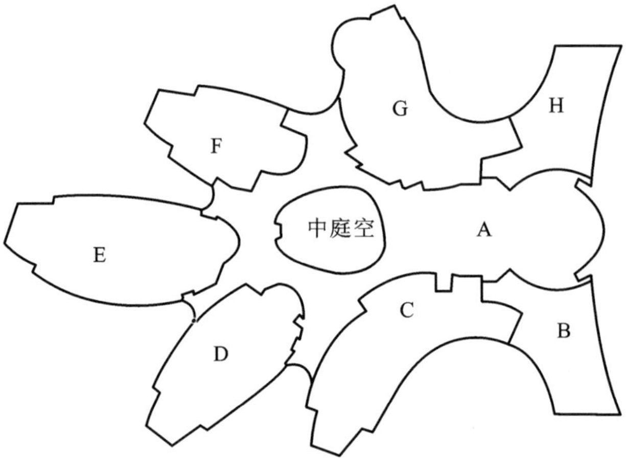

图 6-17　题 1 图

第 7 章　工程图打印输出

【本章主要内容】

掌握图形打印的方法，能够打印规范的工程图，是学习 AutoCAD 的重要环节。本章介绍在模型空间打印工程图和在图纸空间打印工程图的方法。

【本章重点】

在模型空间打印单一比例视图的图纸；

在图纸空间打印多比例视图的图纸。

7.1　模型空间与图纸空间

用 AutoCAD 绘制的建筑工程图只是一些电子图形，这些图形最终是要打印到图纸上的。能否将电子图形规范地打印到图纸上，与打印以前一系列的设置和操作是分不开的。因此，掌握图形打印的一些概念、方法和技巧，显得尤为重要。

在 AutoCAD 中有两个工作空间，分别是模型空间和图纸空间。通常在模型空间进行绘图工作，而将绘制好的图形在图纸空间进行布局、打印。

7.1.1　模型空间

模型空间是一个三维空间，主要用于几何模型的构建。“模型”是代表现实世界物体的对象，可以在模型空间按物体的实际尺寸绘制、编辑对象，也就是说，我们可以在模型空间按 1∶1比例绘制图形。而要表现我们的绘图结果，则可以在图纸空间完成。当启动 AutoCAD 后，默认处于模型空间，绘图窗口下面的“模型”选项卡处于激活状态。如果单击“布局”选项卡，则进入图纸空间。

7.1.2　图纸空间

如果说模型空间是设计、绘图的空间，则图纸空间就是布局图纸、表现视图的空间。

我们在进行手工绘图时，首先在图板上固定好图纸，然后在图纸上按制图标准要求绘制幅面线、图框线和标题栏。当这些准备工作都完成后，才开始布置图形，展开绘图工作。图纸空间就是模拟手工绘图时的一张空白图纸，可以在图纸空间先绘制好幅面线、图框线和标题栏（通常是以属性图块的形式插入），然后将模型空间绘制的图形布置到图纸空间（通过布局视口），通过一定的设置和操作，可以使图形按规范的要求打印输出。

在 AutoCAD 中，图纸空间是以布局的形式使用的。

图纸空间有如下特点。

(1)图纸空间模拟一张图纸，最接近手工绘图方法，符合绘图的思维习惯。

为什么这么说呢？我们在手工绘图时，“图形对象”按一定比例绘制在图纸上，而“非图形对象”（如标注、文字、各种符号、轴线编号等）都是按制图标准规定的大小和格式直接书写在图纸上，与绘图的比例没有关系。比如以 1:100 比例绘制一幅建筑平面图，规定文字用 3.5 mm 字高书写，在图纸上就直接书写 3.5 mm 高度的字即可，不会因为绘图比例是 1:100，而将文字书写成 0.035 mm 的高度。在图纸空间输出图形时，文字以及其他非图形对象，可以直接以其实际大小书写到图纸空间，所以说最接近手工绘图。

(2)方便地解决了在一张图纸上布置多个不同比例视图的问题。

当我们在模型空间绘图时，最理想的状态是用 1:1的比例绘图，然后输出时以需要的比例打印到图纸上，因为这样可以避免折算尺寸的烦恼。当需要在一张图纸上布置多个比例的视图时，用模型空间比较烦琐，用图纸空间却非常方便。

(3)可以方便地生成局部放大图。

在建筑工程图中，由于平、立、剖面图通常都是以较小的比例输出，所以局部的一些细节不能清晰显示，这种情况除了在平、立、剖面图中采用简化画法，然后通过详图细致表达外，还有的用局部放大图直接表达，如卫生间局部放大图等。在图纸空间可以在原始图基础上方便地生成局部放大的视图，而不需要重新绘制局部放大图。

(4)可以使图纸的管理更有效率。

模型空间只有一个，但可以有多个布局。对于习惯于在一个文件中绘制多幅图形的人员而言(比如将一栋建筑的所有建筑施工图都放在一个文件中)，可以将不同的图形布置在不同的布局中，比如将首层平面图放置在一个布局中，将标准层平面图放置在另一个布局中，然后给布局选项卡取相应的名字，管理、查找和打印等都非常方便。

(5)AutoCAD 的新版本越来越支持图纸空间。

比如 AutoCAD 2005 版增加的图纸集、AutoCAD 2008 版增加的注释性，都是支持图纸空间的重要工具。

7.1.3 布局

布局是一种图纸空间环境，它模拟图纸页面，提供直观的打印设置。在布局中可以创建并放置视口对象，还可以添加标题栏或其他几何图形。可以在同一个文件中创建多个布局以显示不同视图，每个布局可以包含不同的打印比例和图纸尺寸。布局显示的图形与打印到图纸上的图形完全一样，实现了所见即所得。

默认情况下，AutoCAD 提供两个布局，即【布局 1】选项卡和【布局 2】选项卡。用户可以创建更多的布局，也可以修改和重命名原有的布局。

一般情况下，运用布局输出或打印图形的通常步骤如下：

①创建模型图形；

②配置打印设备；

③指定布局页面设置，如打印设备、图纸尺寸、打印区域、打印比例和图形方向；

④插入标题栏；

⑤在布局中创建浮动视口，设置浮动视口的视图比例；

⑥按照需要在布局中创建注释；

⑦打印布局。

7.2　在模型空间打印工程图

7.2.1　在模型空间打印单一比例视图的图纸

1. 打印过程

打开本书配套资源中的“模型(单一).dwg”文件，文件中已经有一个绘制好的卫生间平面图，计划用 1∶50 的比例打印到 A3 幅面的图纸上。为了便于系统地理解打印过程，这里从绘图开始介绍。

1)用 1∶1的比例在模型空间绘制图形

文件中的卫生间平面图采用 1∶1的比例绘制，即按真实尺寸绘制。需要强调的是，图形中使用了 CENTER 和 HIDDEN 这两种线型，在“线型管理器”对话框中将线型的“全局比例因子”设置为 20(即 0.4×50，在 1∶1比例打印时，CENTER 和 HIDDEN 这两种线型的全局比例为 0.4，打印结果比较合理，现在要按 1∶50 比例打印，所以应将 0.4 乘以 50，即提前放大 50 倍)。

2)标注尺寸和文字

创建一个名称为“建筑 50”的标注样式，基本设置见“模型(单一).dwg”文件，需要特别说明的是，将“调整”选项卡中的“全局比例”设置为 50，即设置成打印比例1∶50的倒数。将“建筑 50”标注样式置为当前样式，进行尺寸标注，标注过程从略。

标注轴线符号和图名，它们的字高均为 250(5×50，其中 5 指的是在图纸上的高度为 5 mm，需要提前放大 50 倍)。结果如图 7-1 所示。

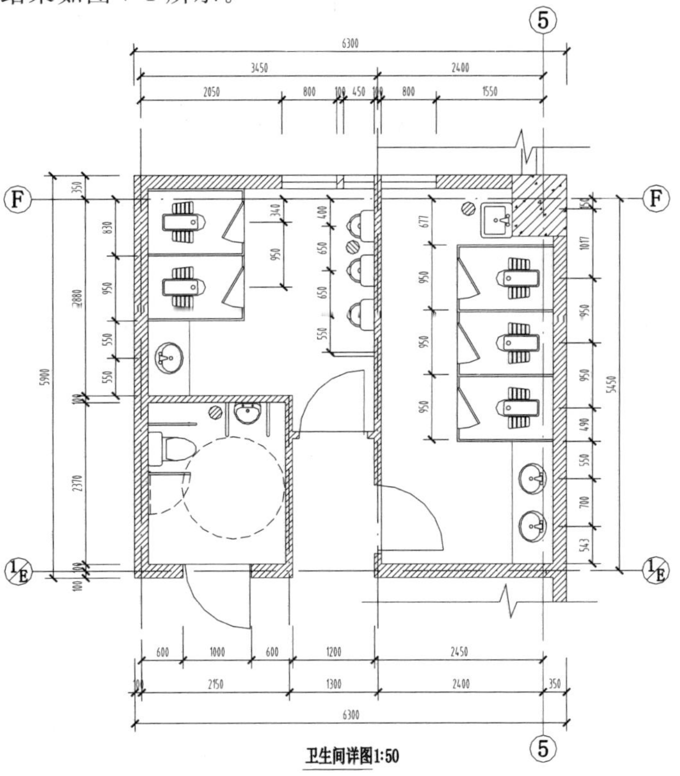

图 7-1　标注卫生间平面图

3)插入标题框块

文件中已创建标题框块,执行插入块命令,将标题框块放大 50 倍插入到适当位置,使图形在标题框内布置合理,如图 7-2 所示,也可参见本书配套资源中的“图 7-2.dwg”文件。标题框块是一个带属性的块,可以按图 7-2 所示修改属性值。

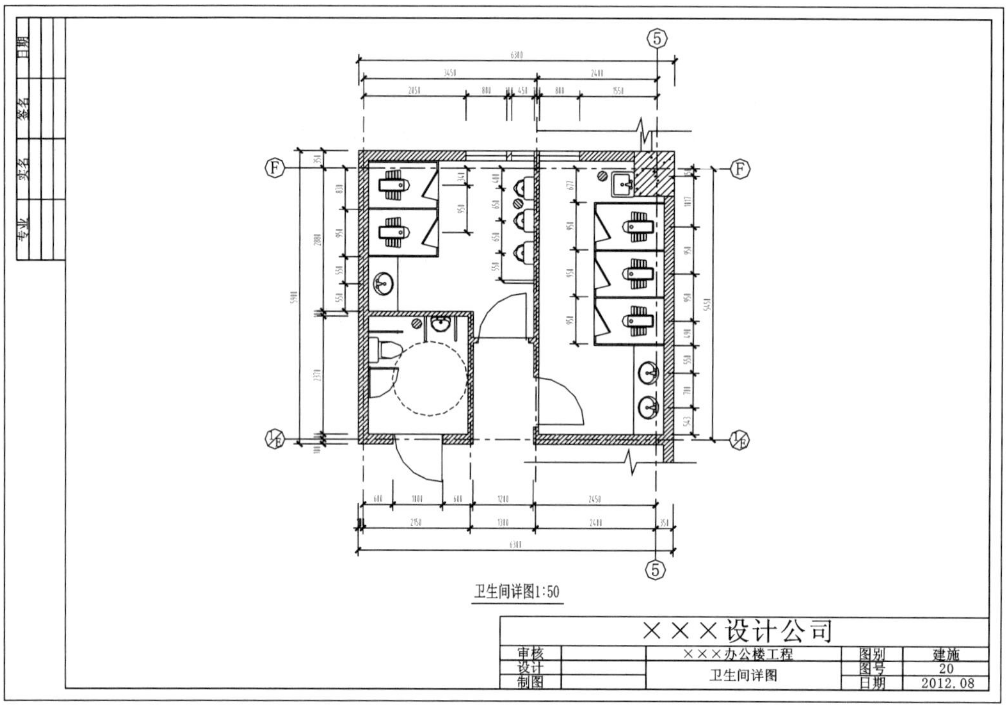

图 7-2 图形在标题框内的布置

4)打印页面设置

单击“应用程序”按钮→“打印”工具集→“打印”,弹出“打印-模型”对话框,如图 7-3 所示。

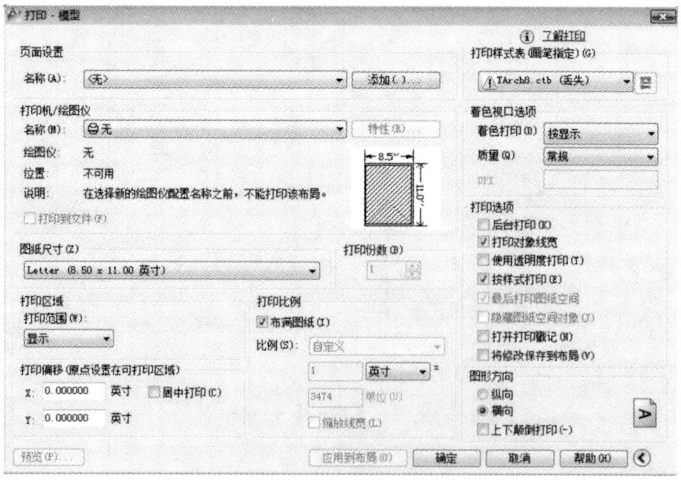

图 7-3 “打印-模型”对话框

在“打印机/绘图仪”选项组的“名称”下拉列表中选择打印机。如果计算机中已经安装了物理打印机，则选择该打印机。此处选择“DWF ePlot. pc3”打印机，这是一个虚拟的电子打印机，可以将图形打印成 dwf 格式的文件，dwf 格式的文件可以用“Autodesk DWF Viewer ”浏览器浏览。

在“图纸尺寸”选项组的下拉列表中选择图纸的尺寸，根据上面选择的打印机的不同，此下拉列表内容有相应变化。这里选择“ISO full bleed A3(420. 00×297. 00)”选项(单位:mm)，这是全尺寸的 A3 图纸，可打印范围为 420 mm×297 mm。

在“打印区域”选项组的“打印范围”下拉列表中选择“窗口”选项，此时切换到绘图窗口，以供用户选择要打印的窗口范围。捕捉标题框块的两个对角点，则这两个对角点所形成的矩形范围就是打印区域。

在“打印偏移”选择组中，勾选“居中打印”复选框。

在“打印比例”选项组中，取消勾选“布满图纸”复选框，在“比例”下拉列表中选择“1:50”的打印比例。

在“打印样式表(笔画指定)”选项组的下拉列表中选择“monochrome. ctb”选项，在默认情况下，“monochrome. ctb”打印样式表会将所有颜色的图线打印成黑色。

打印页面设置的结果如图 7-4 所示。

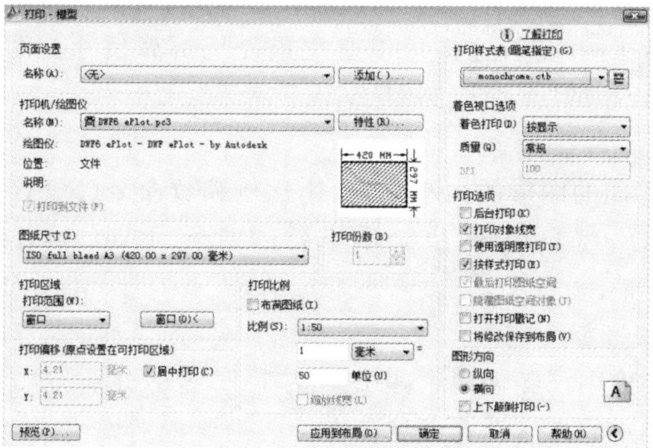

图 7-4　打印页面设置结果

5)打印

单击“打印-模型”对话框中的“确定”按钮，会要求输入打印文件保存的文件名，输入文件名并选择保存的位置，则执行打印。打印以前可以单击“预览”按钮查看效果。如果用真实的物理打印机，则直接打印到图纸上，不会出现保存打印文件名的提示。

2. 要点说明

(1)在模型空间应以 1:1比例绘图，以避免折算尺寸的烦恼。简化画法、折断画法等除外。

(2)线型比例、标注特征比例、文字高度、符号大小、标题框等要根据打印比例进行折算。

(3)模型空间打印图纸，仅适用于二维图形。

(4)本例中的标题框块在定义时的幅面尺寸为 410 mm×287 mm，比标准的 A3 幅面要小，这是不得已而为之。我们知道，在手工绘图时，一张 A3 图纸的尺寸比420 mm×297 mm 要大一些，这样可以在图纸上绘制完整大小的幅面线(幅面线的大小为 420 mm×297 mm)。但是标准的 A3 打印机要求的图纸规格是标准的 A3 幅面，即 420 mm×297 mm，这样，图纸的边界正好是幅面线的位置，显然，幅面线打印不出来。为了解决这个问题，只能让幅面线的尺寸小于 420 mm×297 mm，图框线的尺寸也相应变小。这样绘制的标题框不标准，但可以确保图形比例的正确。可以说，一个只支持 A3 幅面的打印机，是无法用 A3 大小的纸张打印出一张完整的标准 A3 图纸的。如果用大幅面的绘图仪出图，则不会有此问题。

7.2.2　在模型空间打印多个比例视图的图纸

在模型空间可以输出多个比例视图的图纸，但操作复杂，衍生问题多，笔者并不建议这种方式。但是，这种方式在实际当中应用还很多，所以有必要介绍一下。读者可以将这种方式与 7.3.2 介绍的方式进行比较，优缺点自明。

1. 打印过程

打开本书配套资源中的“模型(多个).dwg”文件，这个文件中已经有一幅绘制好的卫生间详图和四幅卫生间设施的安装详图，共有 1∶50、1∶10、1∶5和 1∶2四种比例的图形需要打印，并且打印在一张 A3 幅面的图纸上，打印比例为 1∶50。请先删除文件中比例的标示。为了便于系统地理解打印过程，我们仍然从绘图开始介绍。

1)用 1∶1的比例在模型空间绘制图形

这几幅图形都是用 1∶1的比例绘制的。请读者记住，不论最终打印的比例如何，也不论采用何种方式打印，都要用 1∶1的比例绘图，这样可以避免重复地折算尺寸。图形中使用了 CENTER 和 HIDDEN 这两种线型，将线型的“全局比例因子”设置为 20。

2)缩放图形

保持需要 1∶50 比例打印的图形的大小不变，用比例缩放命令(SCALE)将 1∶10 比例的图形放大 5 倍(因为打印比例为 1∶50，1∶10 和 1∶50 有 5 倍的差距，下同)，将 1∶5比例的图形放大 10 倍，将 1∶2比例的图形放大 25 倍。

3)标注尺寸和文字、符号等

“模型(多个).dwg”文件中已经创建了四个标注样式，名称分别为“建筑 50”“建筑 10”“建筑 5”和“建筑 2”，这四个标注样式的具体设置详见该文件。需要特别说明两点，一是不论视图的比例有多少个，打印比例只能有一个，一般选择最小的比例作为打印比例，即打印比例为 1∶50，所以这四个标注样式的标注特征比例都应为打印比例的倒数，即 50，这样才能保证打印到图纸上以后，标注的文字高度、箭头大小等一致；二是这四个标注样式设置的唯一不同是“测量单位比例”的不同，“建筑 50”的测量单位比例为 1，“建筑 10”的测量单位比例为 0.2(因为图形已经放大了 5 倍，测量值是放大 5 倍后的数值，但标注结果必须显示其真实数值，所以需要将测量值再缩小 5 倍，即测量单位比例应为 0.2，下同)，“建筑 5”的测量单位比例为 0.1，“建筑 2”的测量单位比例为 0.04。将“建筑 50”标注样式置为当前，标注 1∶50 比例的图形，标注完成后，将“建筑 10”标注样式置为当前，标注 1∶10 比例的图形。同样，完成 1∶5和1∶2两种比例图形的尺寸标注。

由于在图纸上，文字大小要一致，和图形的比例没有关系，所以为了在图纸上取得一致的效果，不论何种比例的图形，应该注写同样字高的文字。比如图名，在图纸上的高度要求为 5 mm，在文件中应该注写 5×50＝250 的高度，这样在以 1∶50 比例打印到图纸上时，高度仍为 5 mm。执行文字命令，完成图名的注写。

各种符号(比如轴线编号、标高符号等)的注写也需要提前放大 50 倍，道理同文字的注写。

4)插入标题框块

文件中已创建标题框块，执行插入命令，将标题框块放大 50 倍插入到绘图窗口中，执行移动命令，将各个比例图形移动到标题框内，并合理布置，结果如图 7-5 所示，或参见本书配套资源中的“图 7-5. dwg”文件。

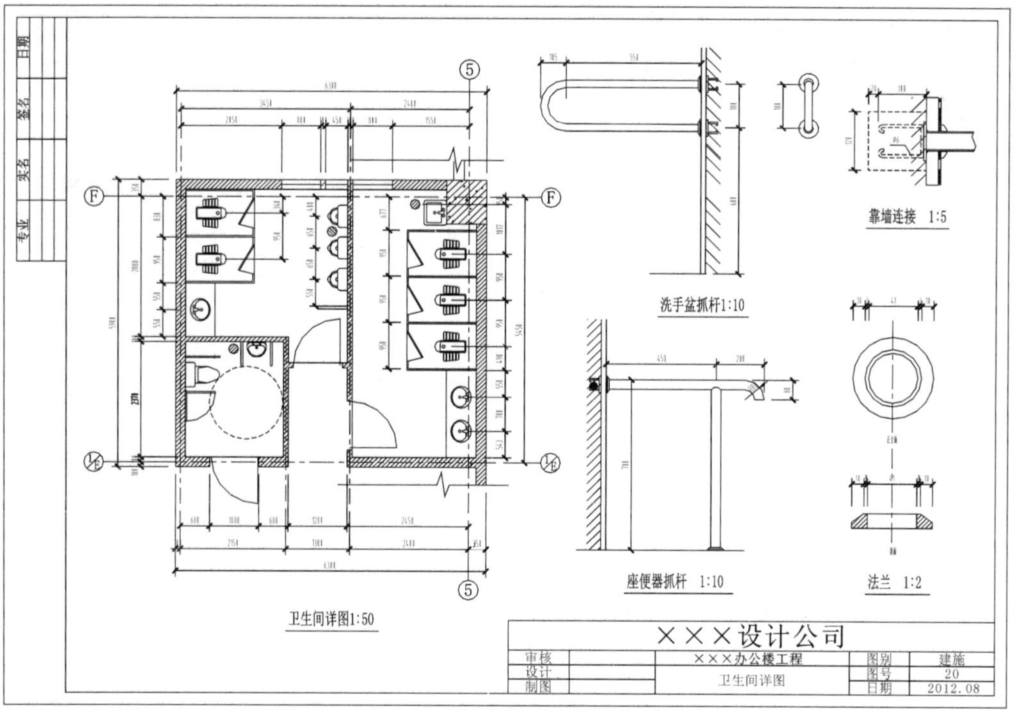

图 7-5　模型空间布置多比例视图

5)打印页面设置

打印页面设置内容同 7.2.1 小节，特别说明，打印比例仍为 1∶50。设置好打印页面后，便可执行打印操作。

2. 要点说明

(1)在模型空间要以 1∶1 比例绘图，以避免折算尺寸的烦恼。

(2)线型比例、标注特征比例、文字高度、符号大小、标题框等要根据打印比例进行折算。

(3)有多少个比例的视图，就要创建多少个标注样式，这些标注样式的标注特征比例应相同，即都是打印比例的倒数，但它们的测量单位比例因子是不同的，应取为打印比例和视图比例的比值。所有标注样式的其他设置应完全相同。

7.3　在图纸空间打印工程图

7.3.1　在图纸空间打印单一比例视图的图纸

1. 打印过程

打开本书配套资源中的“布局(单一). dwg”文件，这个文件与“模型(单一). dwg”文件内容相同,已经有一幅绘制好的卫生间平面图,计划用 1∶50 的比例打印到 A3 幅面的图纸上。为了便于阐明问题,这里从绘图开始介绍。

1)用 1∶1的比例在模型空间绘制图形

文件中的卫生间平面图采用 1∶1的比例绘制,即按真实尺寸绘制。需要强调的是,在图纸空间打印图形,可以不用折算线型比例,图形中使用了 CENTER 和 HIDDEN 这两种线型,将“线型管理器”对话框中的“全局比例因子”设置为 0.4,并勾选“缩放时使用图纸空间单位”复选框即可。

2)创建布局

下面介绍用“布局向导”创建新布局的方法。

命令行输入布局向导命令“LAYOUTWIZARD”,弹出“创建布局-开始”对话框,在“输入新布局名称”文本框内输入“卫生间详图”,如图 7-6 所示。单击“下一步”按钮。

弹出“创建布局-打印机”对话框,选择“DWF ePlot. pc3”打印机,如图 7-7 所示。单击“下一步”按钮。

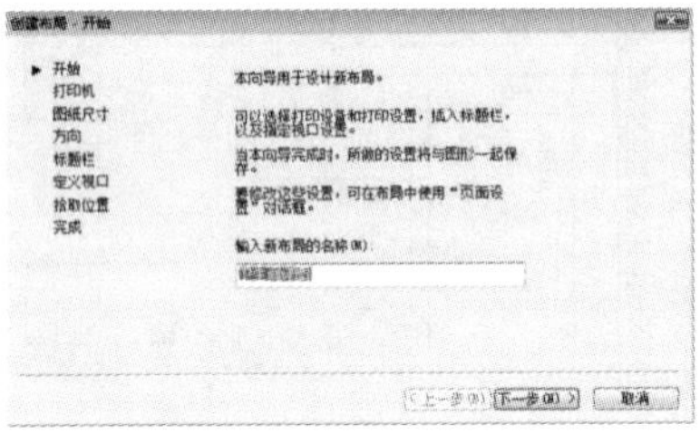

图 7-6 “创建布局-开始”对话框

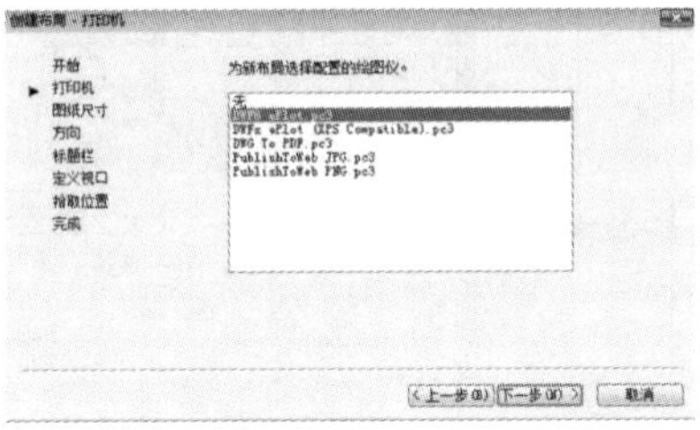

图 7-7 “创建布局-打印机”对话框

弹出“创建布局-图纸尺寸”对话框,选择图纸尺寸为“ISO full bleed A3(420.00×297.00 mm^2)”,并确保图形单位为“毫米”,如图 7-8 所示。单击“下一步”按钮。

弹出“创建布局-方向”对话框,确保方向为“横向”,如图 7-9 所示,单击“下一步”按钮。

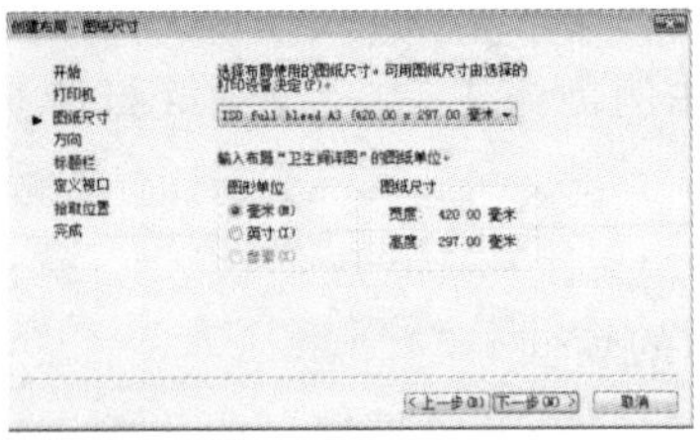

图 7-8 “创建布局-图纸尺寸”对话框

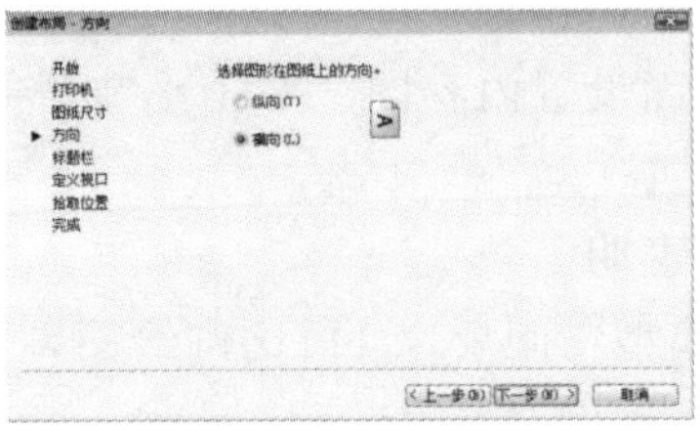

图 7-9 “创建布局-方向”对话框

弹出“创建布局-标题栏”对话框,选择“无”,如图 7-10 所示。单击“下一步”按钮。

弹出“创建布局-定义视口”对话框,选择“无”,如图 7-11 所示。这里之所以选择“无”,是因为在上一步的“创建布局-标题栏”对话框中,没有给定标题栏,所以视口的位置不好确定。单击“下一步”按钮。

弹出“创建布局-完成”对话框,单击“完成”按钮。所创建的布局出现在屏幕上。同时,功能区出现“布局”上下选项卡,上面集合了一些布局操作的工具面板。

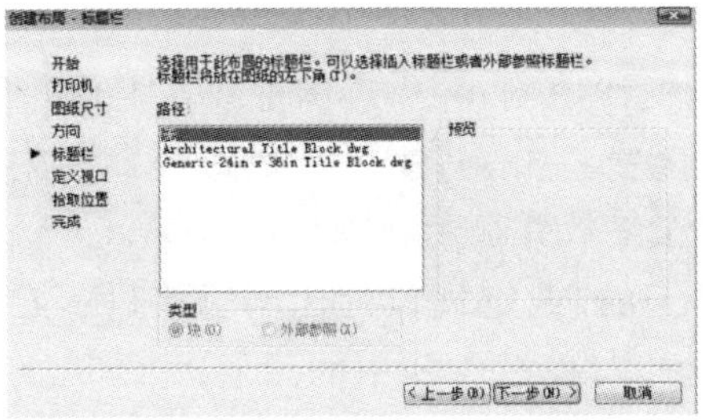

图 7-10 “创建布局-标题栏”对话框

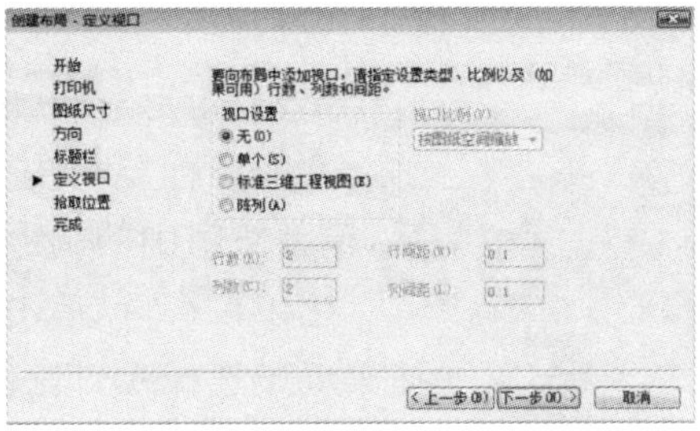

图 7-11 “创建布局-定义视口”对话框

3)插入标题框

将“0”层置为当前图层。由于在创建布局的过程中没有给定标题栏，所以需要现在插入标题框。文件中已经有标题框块的定义，执行插入块命令，按 1:1的比例将标题框块插入到“卫生间详图”布局中，让标题框块的插入点靠近布局的右下角点，并尽量使标题框块四周剩余空间均匀。结果如图 7-12 所示。

图 7-12 插入标题框块后的布局

请读者注意，在布局中有一个虚线的矩形框，这代表当前打印机的可打印区域，虚线框外部不能被打印，所以包括标题框在内的所有对象均应布置在虚线框内。不同类型的打印机，可打印区域不同，实际应用中请注意。

4)创建浮动视口

打开“图层特性管理器”，新建一个图层，名称为“视口”，将“视口”层设置为“禁止打印”，并将“视口”层置为当前图层。

创建视口工具位于“布局”上下文选项卡上的“布局视口”面板，见图 7-13，有矩形、多边形和对象三种创建视口的方法，矩形是创建矩形视口，多边形是创建多边形视口，对象可以将图形对象转

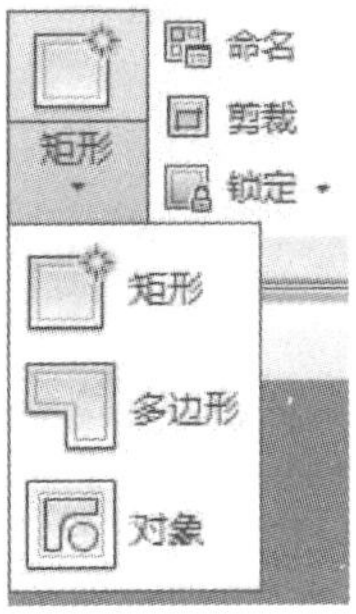

图 7-13 “布局视口”面板

换为视口。

单击“矩形”按钮，在图框线内侧，并靠近图框线左上角的位置单击，然后在靠近标题栏右上角的位置单击，创建一个矩形视口。创建完视口后，模型空间中的图形自动完全缩放并显示在视口内。

选中该视口，单击状态栏上的“选定视口的比例”按钮，在弹出的快捷菜单中选择视口比例 1∶50，此时模型空间中的图形以 1∶50 的比例显示在布局中。

在视口内双击，则视口被激活，此时视口边线呈粗线显示。激活视口以后，相当于进入模型空间，此时可以执行各种绘图与编辑命令对模型空间中的图形进行修改，但更多的操作是执行平移命令和视图缩放(ZOOM)命令调整图形的显示大小和位置。但要注意，一旦执行视图缩放命令，视口比例将发生变化，需要重新给定视口比例。在视口外双击，则回到图纸空间，此时视口边线呈细线显示。

下面用一个比喻，来理解视口的概念。我们在模型空间绘制图形，如何让模型空间的图形在图纸空间显示出来呢？可以想象一个人站在一栋建筑物(相当于模型空间的图形)前面，在这个人的眼前放一张图纸(相当于图纸空间，这张图纸上已经绘制好图框和标题栏)，由于图纸的遮挡，看不见这栋建筑物(相当于在图纸空间不能直接看见模型空间中的图形)。现在在图纸上的适当位置开一个孔，然后在孔的位置放置一块透明的玻璃，就可以通过这个孔看到建筑物了(相当于在图纸空间可以看到模型空间的图形)，我们把这个孔称为视口。显然，这个孔可大可小，位置也可以由我们自己来定，也就是视口可以调整大小和位置。通过图纸上的孔能看到建筑物的多大范围，视图纸和建筑物的距离而定，如果想看到整栋建筑物，只要离建筑物远一些即可，如果只是看局部，可以离近一些。这个可调整的距离相当于视口的比例。不论多大的建筑物，只要保证一定的距离，都可以通过小孔完整的显示出来，也就是说，模型空间的图形不论多大，只要视口比例足够小，都能通过视口，在图纸空间显示出来。

如果想在图纸上既看到建筑物全部，也可以查看建筑物细部，可以再开一个小孔，仍然放置一块透明的玻璃，然后将图纸在两个孔之间剪开，保持一个孔所在的图纸不动，观看建筑物全貌，将另一个孔所在的图纸靠近建筑物，观看建筑物的细部，这就相当于在图纸空间创建两个视口，一个视口用较小的比例显示模型空间的整个图形，另一个视口用较大的比例显示图形的细节。所以，在图纸空间可以方便地布置不同比例的视图。

由于小孔前面放置了一块玻璃，所以通过小孔只能看到模型而不能修改模型，也就是说，完全处于图纸空间中。现在将玻璃移开，不但能看到模型，还可以通过小孔修改模型，即从图纸空间进入了模型空间，我们称这种状态为“模型空间(浮动)”(通俗的称为“激活视口”)，与之相对应的“模型”选项卡中的模型空间称为“模型空间(平铺)”。

一旦通过小孔看到的建筑物满足了要求，就可以将小孔的位置固定，使其看到的模型不再变化，我们把这个过程称为视口显示锁定。

5)标注尺寸和文字

创建一个名称为“建筑 0”的标注样式(文件中已创建)，基本设置见“布局(单一).dwg”文件，特别强调的是，应勾选“调整”选项卡中的“将标注缩放到布局”复选框，这样，标注特征比例将根据布局视口比例自行调整，不用再考虑打印比例的问题。确保当前位于图纸空间(视口未被激活)，将

“建筑0”标注样式置为当前样式，并将“标注”层置为当前图层，进行尺寸标注，标注过程略，但需要说明，标注时一定要结合对象捕捉工具，捕捉到模型空间上的点，这样测量出来的尺寸是模型空间的尺寸，即物体的真实尺寸，否则，测量的是图纸空间中的尺寸。

将“文字”层置为当前图层，注写文字和符号。对于文字和各种符号，因为是在图纸空间注写，只要注写真实的大小即可，不需要考虑比例的问题。

尺寸、文字和符号注写的结果如图7-14所示，也可参见本书配套资源中的“图7-14.dwg”文件。

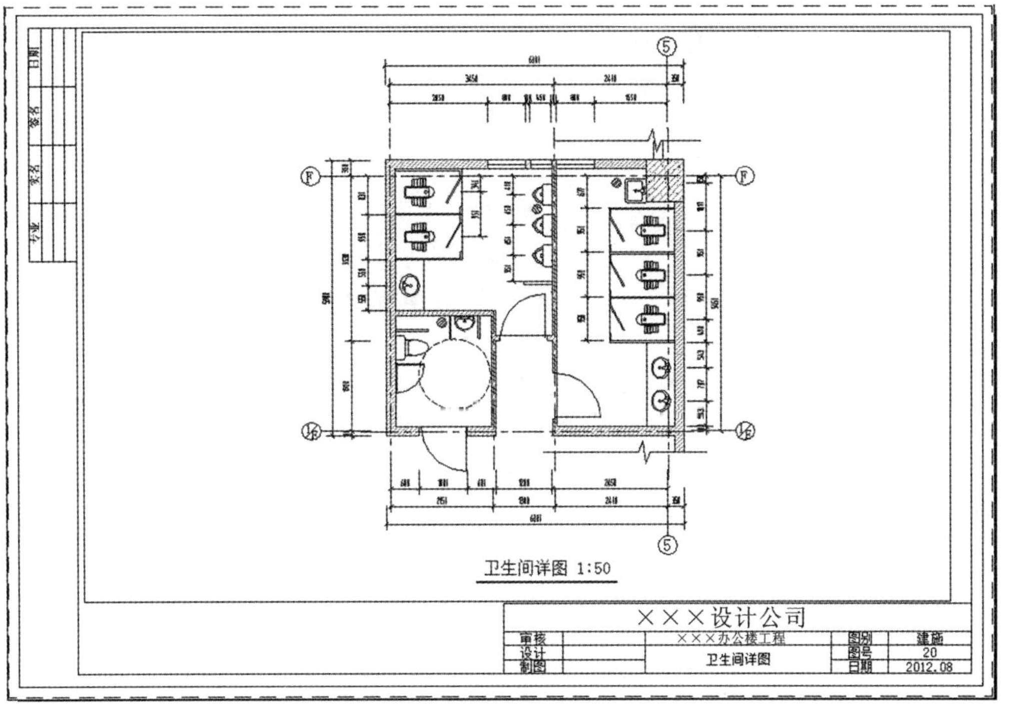

图7-14　在图纸空间进行注释

6)打印

右击“卫生间详图”选项卡，在快捷菜单中单击“打印”，弹出“打印-卫生间详图”对话框，如图7-15所示。

在图7-15中，打印机和图纸尺寸已经在创建布局时设定好，此处只需修改打印样式表，选择“monochrome.ctb”样式表。注意，打印范围应为“布局”，打印比例为1∶1，即将布局以1∶1的比例打印到图纸上，所以这两处都不需修改，也不应修改。

单击“确定”按钮，可以进行打印操作。

2. 要点说明

(1)在模型空间要以1∶1比例绘图。

(2)应该在“线型管理器”对话框中勾选“缩放时使用图纸空间单位”，这样，线型显示不需要考虑打印比例的问题。

(3)在布局中标注尺寸，需要在“标注样式管理器”中的“调整”选项卡中选中“将标注缩放到布局”。

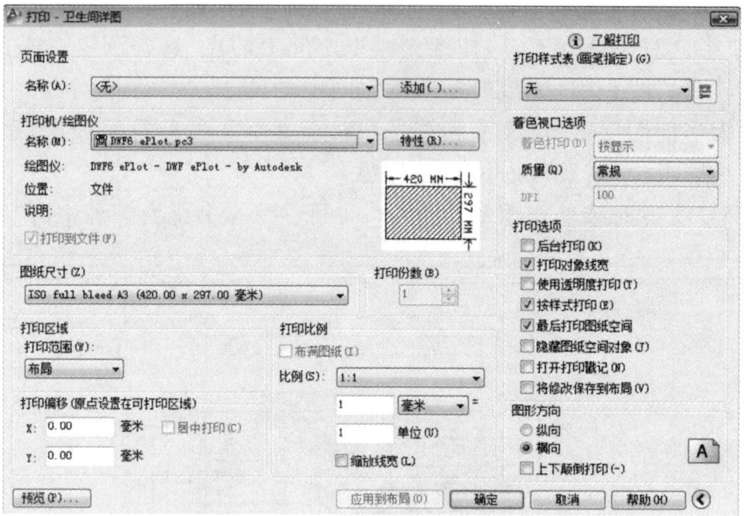

图 7-15 “打印-卫生间详图”对话框

(4)在布局中注写文字、符号等,不需考虑比例问题。

(5)视口可以同其他对象一样进行诸如复制、移动、缩放、夹点编辑等操作。

(6)进行标注时一定要捕捉到模型空间的对象,否则将会标注错误的尺寸。

(7)一般情况下,视口不应被打印,所以应该将视口单独放置在一个图层,并将这个图层设置为“禁止打印”。

7.3.2 在图纸空间打印多个比例视图的图纸

1. 打印过程

打开本书配套资源中的“布局(多个).dwg”文件,这个文件与“模型(多个).dwg”文件内容相同,已经有一幅绘制好的卫生间平面图以及四幅设备安装详图,共有 1:50、1:10、1:5和 1:2四种比例的图形需要打印,并且打印在一张 A3 幅面的图纸上。请先删除文件中比例的标示。为了便于阐明问题,仍然从绘图开始介绍。

1)用 1:1的比例在模型空间绘制图形

文件中的卫生间平面图和设施安装图均采用 1:1的比例绘制,即按真实尺寸绘制,并确保将“线型管理器”对话框中的“全局比例因子”设置为 0.4,并勾选“缩放时使用图纸空间单位”复选框。

2)创建布局和视口

为了加深对布局的理解,本例采用通过“布局”选项卡修改原有布局的方式创建新布局。

首先激活“布局 1”选项卡,然后在“布局 1”选项卡上右击,在弹出的快捷菜单中选择“页面设置管理器”,弹出“页面设置管理器”对话框,单击“修改”按钮,弹出“页面设置-布局 1”对话框,设置打印机、图纸尺寸和打印样式表,结果如图 7-16 所示。设置完成后单击“确定”按钮,回到“页面设置管理器”对话框,单击“关闭”按钮,退出“页面设置管理器”对话框。右击“布局 1”选项卡,在快捷菜单中选择“重命名”,输入新的布局名称“卫生间详图”。

按 7.3.1 所述方法插入标题框块。然后创建一个“视口”层并设置为“禁止打印”,将“视口”层置为当前图层。单击“矩形视口”按钮,在标题框内创建一个视口,将视口比例设置为 1:50,双击这个视口，用平移命令将卫生间平面图显示在视口之中，如图7-17所示，也可参见本书配套资源中的"图7-17.dwg"文件。

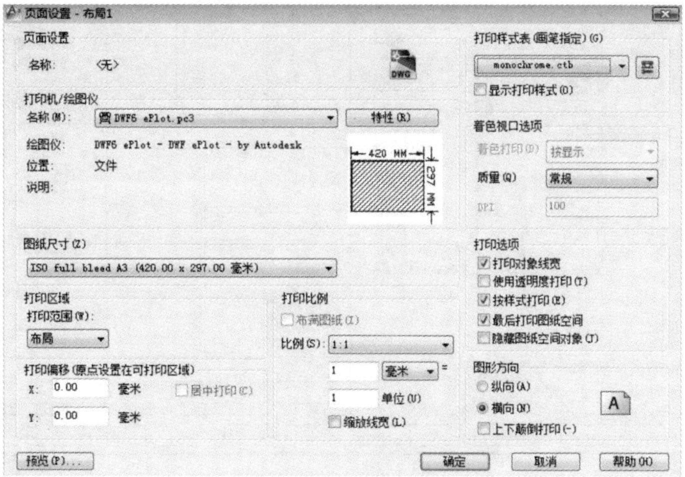

图7-16　布局1的页面设置

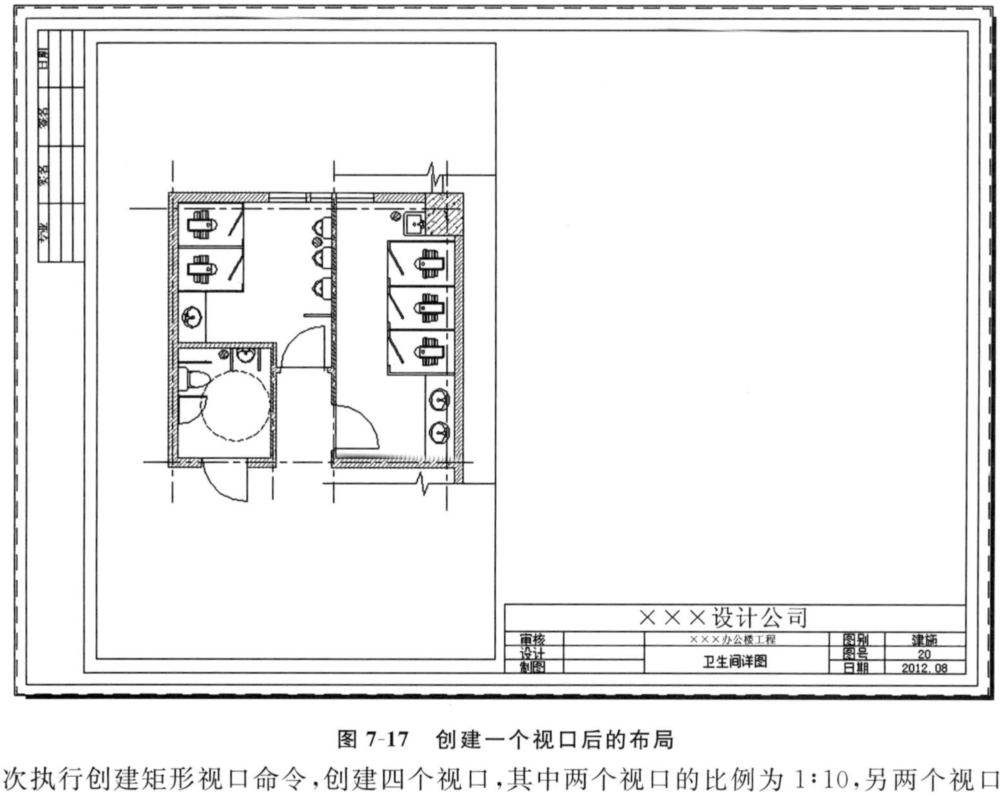

图7-17　创建一个视口后的布局

再次执行创建矩形视口命令，创建四个视口，其中两个视口的比例为1:10，另两个视口的比例分别为1:5和1:2，在每个视口内双击，然后通过平移命令将图形平移到视口内，结果如图7-18所示。

视口也是对象，如果创建的视口过大或过小，或者位置不合适，可以通过多种编辑命令进行修改。

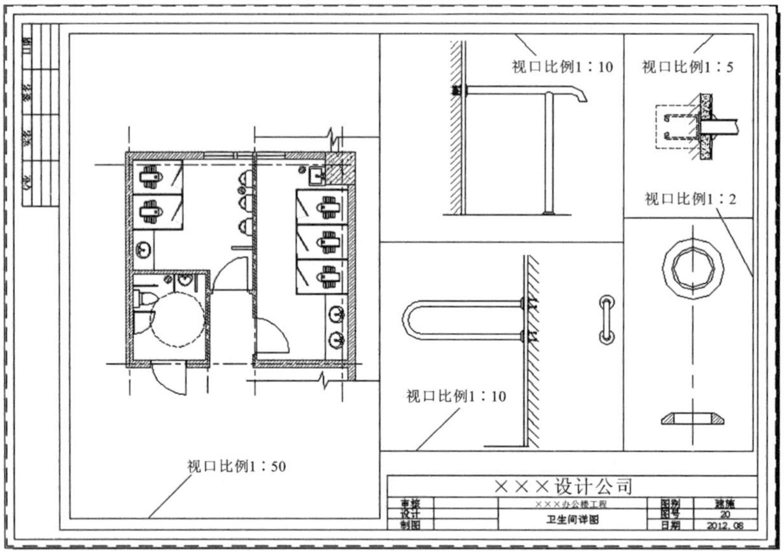

图 7-18　创建多个比例视口后的布局

3)标注尺寸和文字

按 7.3.1 所述创建一个“建筑 0”的标注样式(文件中已经创建),并将此标注样式置为当前,将“标注”层置为当前图层,执行标注命令,结合捕捉工具完成图形的标注。

将“文字”层置为当前图层,注写文字和符号。

结果如图 7-19 所示,也可参看本书配套资源中的“图 7-19.dwg”文件。注意,在注释过程中,预先创建的视口尺寸可能不合适,此时可以调整视口的尺寸,本例中将 1:50 比例的视口向右侧扩大了一些,两个 1:10 比例的视口相应缩小了一些。

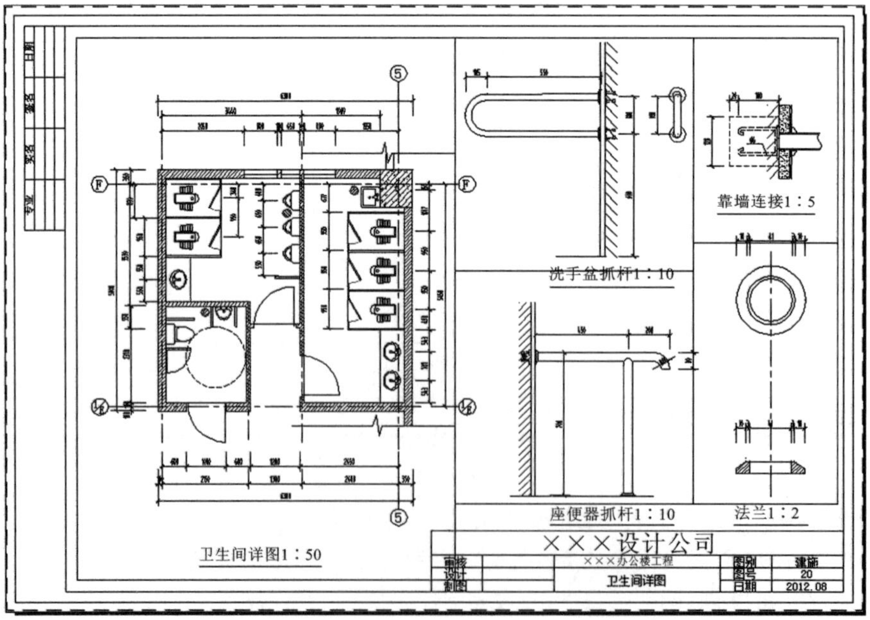

图 7-19　尺寸、文字和符号注写后的布局

4)打印

执行打印操作,结果如图 7-20 所示。

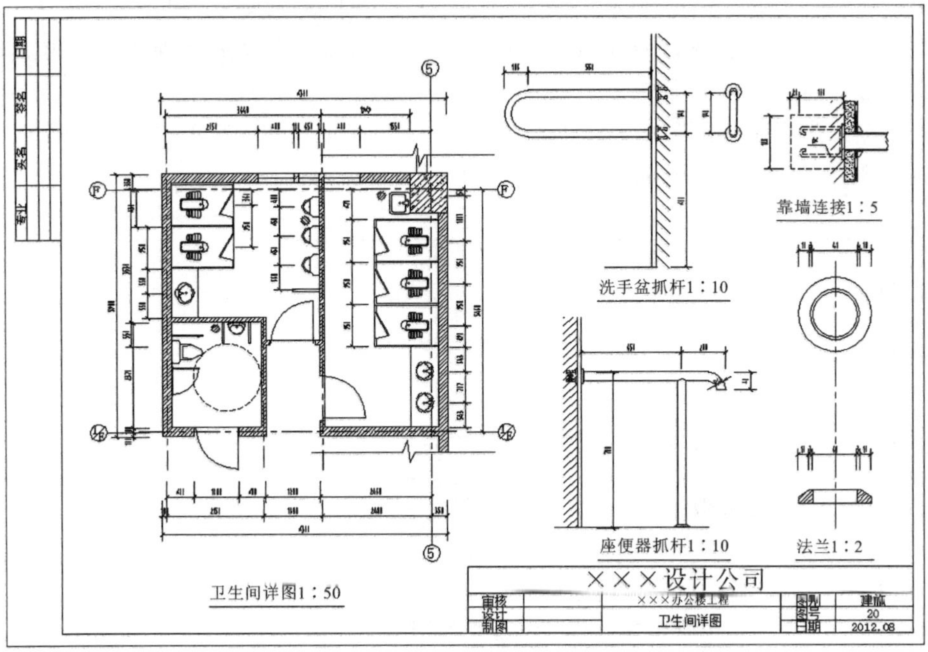

图 7-20　打印多比例视图的布局

2. 要点说明

(1)在模型空间要 1∶1比例绘图。

(2)应该在"线型管理器"对话框中勾选"缩放时使用图纸空间单位",这样,不论视口比例如何,AutoCAD 将根据视口比例自动换算线型比例。

(3)不论有多少个比例的视图,只要创建一个标注样式即可,但要在"标注样式管理器"中选中"将标注缩放到布局"。

(4)在布局中注写文字、符号等,不需考虑比例问题。

(5)视口可以同其他对象一样进行诸如复制、移动、缩放、夹点编辑等操作。

(6)进行标注时一定要捕捉到模型空间的对象,否则将会标注错误的尺寸。

(7)一般情况下,视口不应被打印,所以应该将视口单独放置在一个图层,并将这个图层设置为"禁止打印"。

7.3.3　在图纸空间创建局部放大图

1. 图纸布局

打开本书配套资源中的"局部放大图.dwg"文件,这个文件中有一个自动扶梯剖面图,计划用 1∶100的比例将此图输出到 A3 幅面的图纸上,同时还要以 1∶25 的比例输出自动扶梯底部基础的局部放大图(图形中红色圆圈起的部位)。

1)建立布局

激活"布局 1"选项卡,删除原有的视口,然后在"布局 1"选项卡上右击,在快捷菜单中单击"重命名”,输入新的名称“自动扶梯剖面图”。右击“自动扶梯剖面图”选项卡,单击“页面设置管理器”,在“页面设置管理器”对话框中单击“修改”按钮,进入“页面设置-自动扶梯剖面图”对话框,参照图 7-16 进行页面设置,完成后单击“确定”,回到“页面设置管理器”对话框,单击“关闭”按钮。

将“0”层置为当前图层,执行插入命令,插入标题框块,插入点靠近布局的右下角点。

2)创建矩形视口

将“视口”层置为当前图层(“视口”层已经设置为禁止打印),单击“矩形视口”按钮,在标题框内创建一个矩形视口,将视口比例调整为 1∶100,如图 7-21 所示。

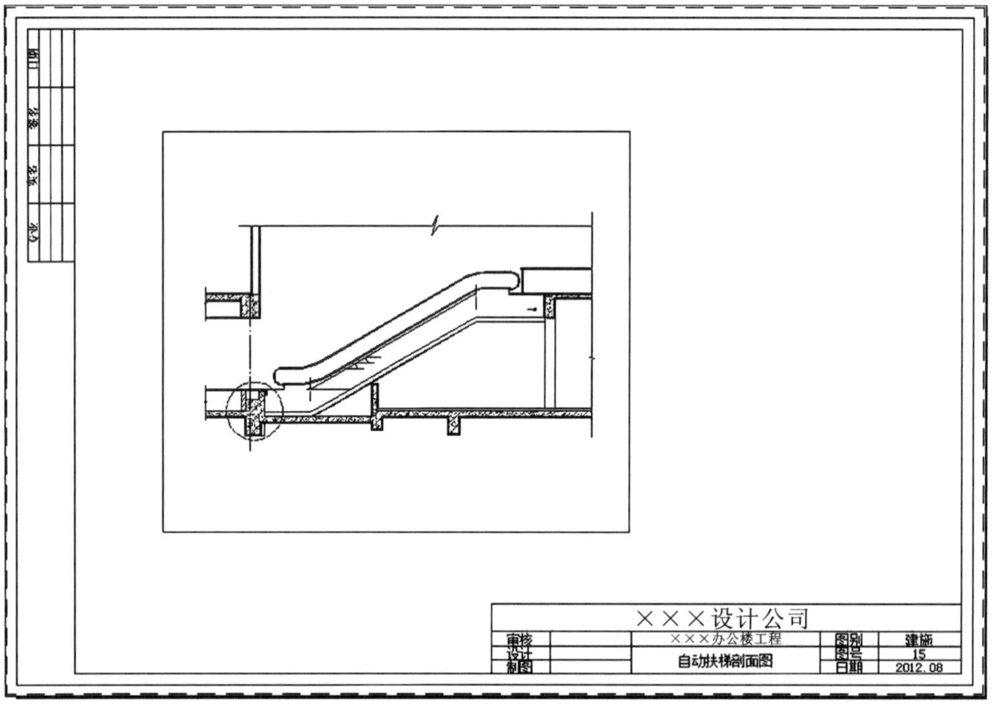

图 7-21　创建矩形视口后的布局

3)创建圆形视口

将“0”层置为当前图层,在矩形视口右侧空白处绘制一个半径为 50 的圆,单击“布局视口”面板→“对象”按钮,选择圆,则圆转换为圆形视口,自动扶梯剖面图全部显示在圆形视口内。将圆形视口的视口比例设置为 0.04(1∶25),激活圆形视口,用平移命令将需要局部放大的部位显示在圆形视口内。结果如图 7-22 所示,或参见本书配套资源中的“图 7-22.dwg”文件。此处之所以在“0”层绘制圆形视口而不是在“视口”层,是因为圆形视口需要打印到图纸上。

4)标注尺寸、文字和符号

文件中已创建一个“建筑 0”的标注样式,以此样式为基准标注尺寸。在“标注”层完成尺寸、文字和符号注释,注释过程略,结果如图 7-23 所示,或参见本书配套资源中的“图 7-23.dwg”文件。

5)显示一致性的调整

因为圆形视口比例要大于矩形视口,在图形放大的同时,一些不应放大的内容也随着放大,比如本例中的填充图案,两个视口中的图案显示应一致。还有些不应在局部放大图中显示的对象,如

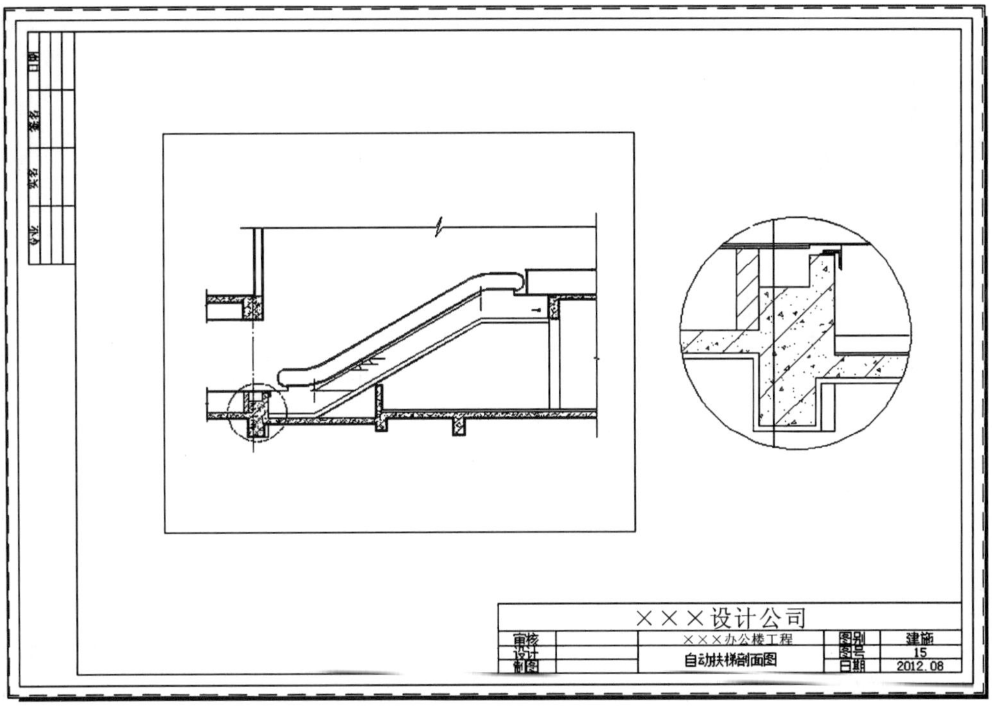

图 7-22　创建圆形视口后的布局

图形中的圆，不应该被显示。类似这样的问题可以通过在当前视口中冻结图层的办法解决。

在布局中打开“图层特性管理器”对话框，可以看到上面的内容与在模型空间中有所不同，增加了“视口”的内容，如“视口冻结”“视口颜色”等。这些特性可以单独指定给某个视口，而不影响其他视口和模型空间的显示。

激活圆形视口，在图层下拉列表中的“填充”层上单击“在当前视口中冻结或解冻”图标，则“填充”层上的所有内容在圆形视口内被冻结而不显示，而矩形视口内的填充图案仍然正常显示。同样，将“3”层在圆形视口内冻结，虚线圆在圆形视口消失，而在矩形视口内仍然正常显示。

新建“填充 1”图层，激活矩形视口，在图层下拉列表中将“填充 1”层在矩形视口内冻结，这样在圆形视口内的改动就不会影响矩形视口的显示。

将“填充 1”层置为当前层，选中圆形视口，在状态栏托盘右侧单击“最大化视口”按钮，圆形视口被最大化，现在可以执行填充命令完成砖墙图案、钢筋混凝土图案和金属图案的填充，注意填充比例要缩小到以前的图案的四分之一，读者可以先查看原来图案填充的比例，记住这些比例后再填充。填充完毕后单击状态栏托盘上的“最小化视口”按钮即可。视口的最大化，可以防止视口比例的改变。结果如图 7-24 所示，也可参见本书配套资源中的“图 7-24. dwg”文件。

注：在 AutoCAD 2008 版以后，增加了注释性功能，注释性的图案可以自动完成缩放过程，AutoCAD 2008 版及以后版本的用户，可以尝试注释性功能。可以用注释性功能的还有块、文字、标注、多重引线等。注释性功能主要用于在图纸空间布局视图并输出。有关注释性功能的详细内容，请参见 AutoCAD 帮助文件。

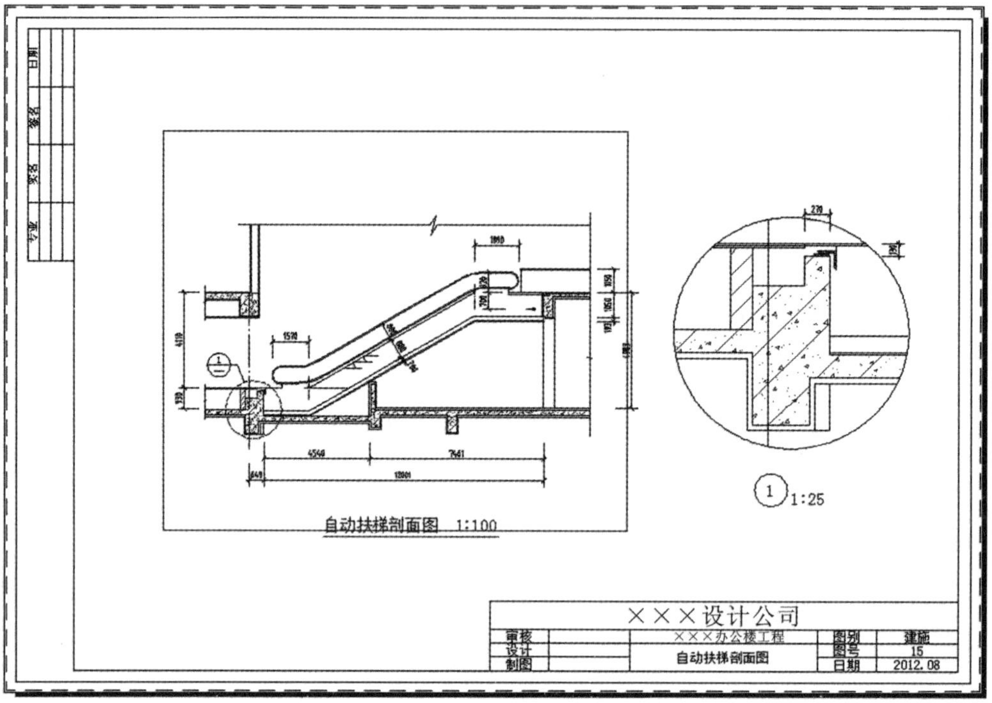

图 7-23 完成注释后的布局

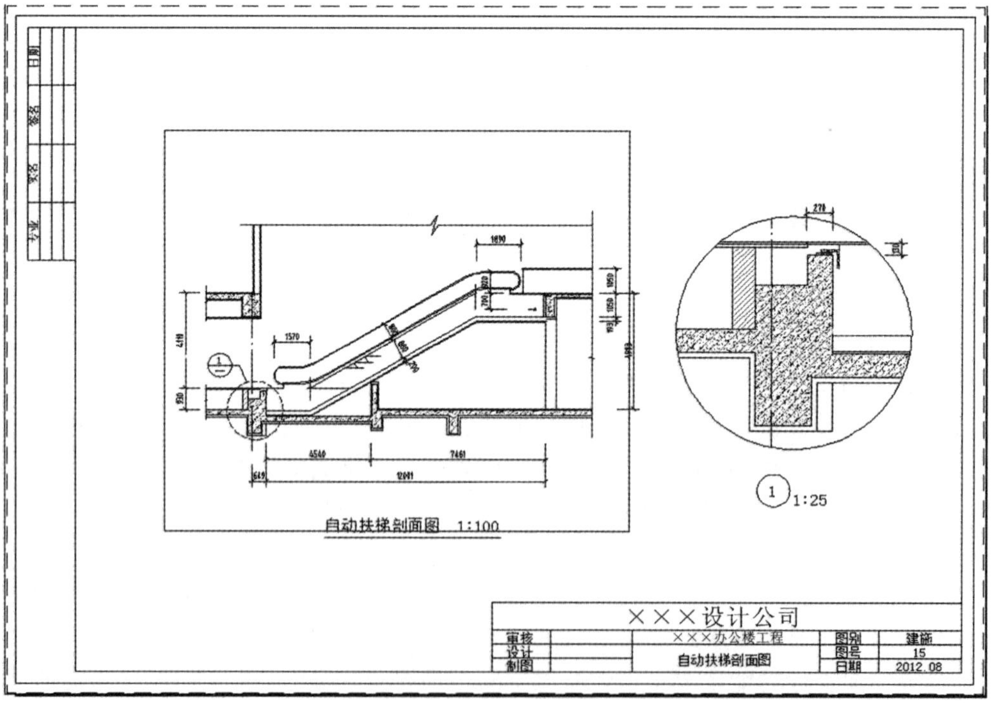

图 7-24 完成填充后的布局

2. 要点说明

(1)在图纸空间中,图层的选项会增加,以控制不同视口中图形的显示。

(2)最大化视口有锁定视口的作用,避免视口比例被更改。用"视口锁定"的方式也可以避免视口比例被更改,方法是选择视口边框,右击鼠标,在弹出的快捷菜单中选择"显示锁定"/"是"选项。

本章小结

按制图标准的规定规范地打印输出工程图是用 AutoCAD 绘图的重要内容,但由于多方面的原因,这一部分一直是初学者学习 AutoCAD 的短板,甚至很多 AutoCAD 的老用户也没有透彻领会。图形的打印输出并不仅仅是简单的打印命令问题,而是与打印前的绘图环境、绘图过程和绘图方式紧密相关的系统性问题,本章的讲解重点也是用户应着重理解的重点就在于此。可以说没有解决这个问题,就没有掌握好 AutoCAD 软件。

技能训练题

1. 打开本书配套资源中的"图 7-25. dwg"文件,文件中已经绘制了如图 7-25 所示住宅楼南立面图。试在模型空间以 1∶100 比例将该图形打印到 A3 幅面图纸上。标题框可调用本书配套资源中的"模型(单一). dwg"文件中的标题框块。

图 7-25　题 1 图

2. 试将第 1 题中的图形在图纸空间以 1∶100 比例布置并打印到 A3 幅面图纸上。标题框可调用本书配套资源中的"模型(单一). dwg"文件中的标题框块。

3. 打开本书配套资源中的"图 7-26. dwg"文件,文件中已经绘制了如图 7-26、图 7-27、图 7-28

所示的三幅图形。试用在图纸空间布置多比例视图的方式将这三幅图形打印到 A3 幅面图纸上。标题框可调用本书配套资源中的“模型(单一).dwg”文件中的标题框块。

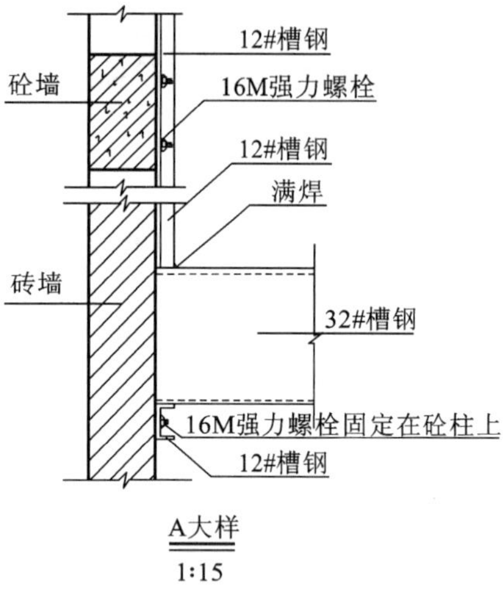

图 7-26　题 3 图 1

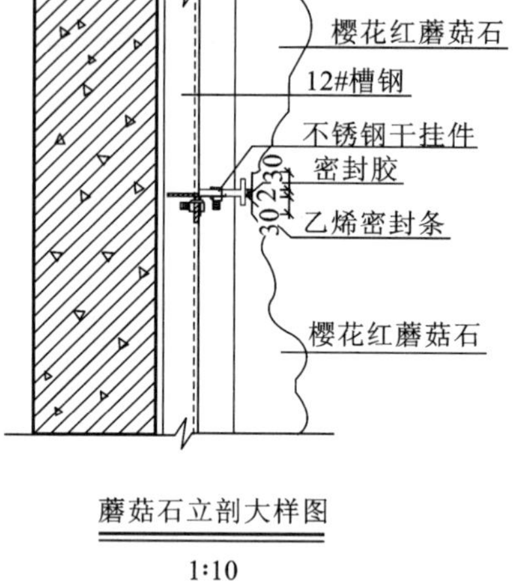

图 7-27　题 3 图 2

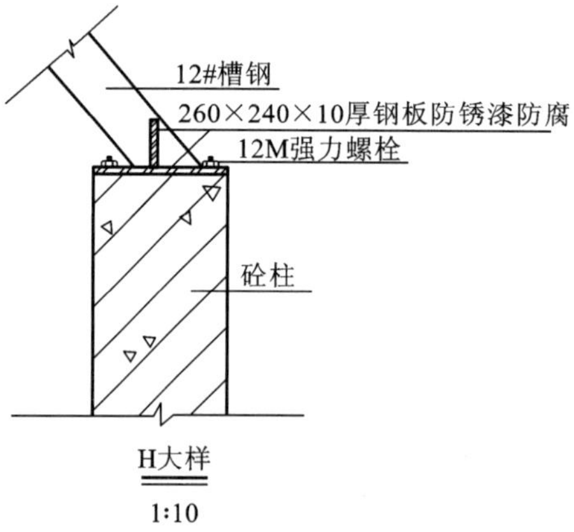

图 7-28　题 3 图 3

第 8 章　绘制建筑平面图

【本章主要内容】

本章以绘制别墅首层平面图为例，系统介绍用 AutoCAD 绘制建筑平面图的基本思路、过程和方法。

为了保证学习的系统性和连续性，本书从第 8 章到第 11 章，将依次介绍同一栋建筑的平面图、立面图、剖面图和总平面图的绘制过程。

8.1　绘制建筑平面图的基本步骤

建筑平面图是建筑物的水平剖面图，也就是用一个假想的水平面，在窗台之上剖开整栋建筑物，移去处于剖切平面上方的部分，将留下的部分按俯视方向在水平投影面作正投影所得到的图样。建筑平面图主要反映建筑物内部结构、功能、室内外环境、交通联系情况和室内外构件、设施布置情况等，是建筑施工图的重要组成部分。

用 AutoCAD 绘制建筑平面图的基本步骤如下：

(1)调用样板文件以创建作图文件；

(2)绘制定位轴线；

(3)绘制墙体、柱子；

(4)绘制门窗、楼梯等建筑构配件；

(5)绘制细部构造和设施；

(6)尺寸、标高标注，文字注释，索引及剖切符号标注；

(7)图形布局及输出。

本章绘制如图 8-1 所示别墅首层平面图，图形资源见本书配套资源中的“图8-1. dwg”文件。

8.2　绘制定位轴线

8.2.1　调用样板文件

打开本书配套资源中的“第 8 章”文件夹，这里有一个已经创建好的样板文件“A3 样板”，双击这个文件，进入 AutoCAD 绘图界面。这个样板文件是按第 6 章介绍的方法创建的，只不过增加了布局页面设置的内容，创建了两个布局选项卡：“A3 横式”和“A3 立式”。下面根据绘图需要对这个样板文件进行简单修改。

单击“默认”选项卡→“特性”面板→线性下拉列表中的“其他”选项，弹出“线型管理器”对话框，将线型的“全局比例因子”设置为 40，单击“确定”退出。这样的线型比例，将保证在模型空间绘图时，线型显示比较合理，如果以后在图纸空间打印图形，根据需要再做调整即可。

将文件另存为“别墅首层平面图”，开始绘图操作。

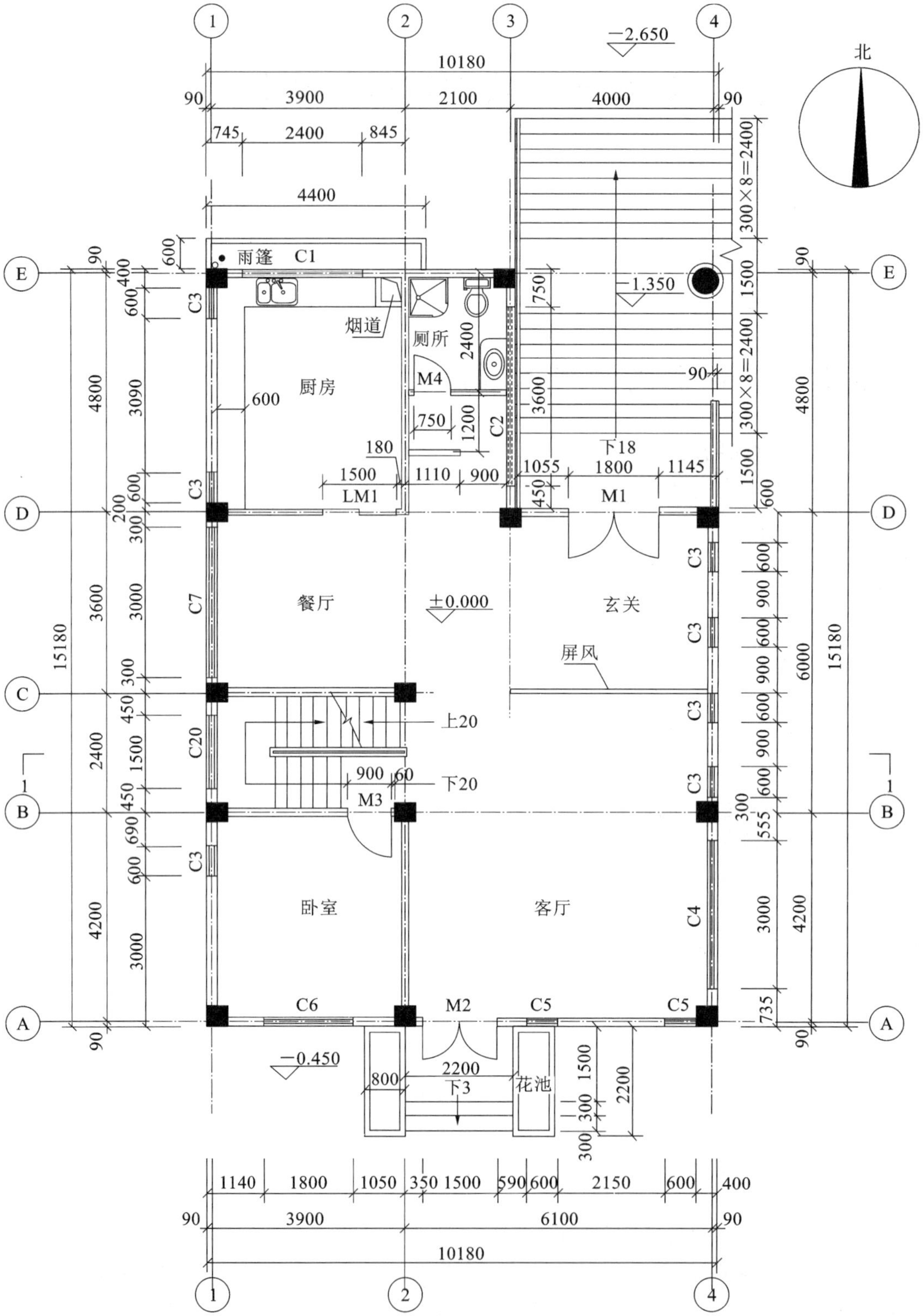

首层平面图 1∶100

图 8-1 别墅首层平面图

8.2.2　绘制定位轴线

将“轴线”层置为当前层，执行构造线命令，绘制一条水平构造线和一条竖直构造线，如图 8-2(a)所示。执行偏移命令，将水平构造线依次向上偏移 4200、2400、3600 和 4800。同样将竖直构造线依次向右偏移 3900、2100 和 4000。结果如图 8-2(b)所示。

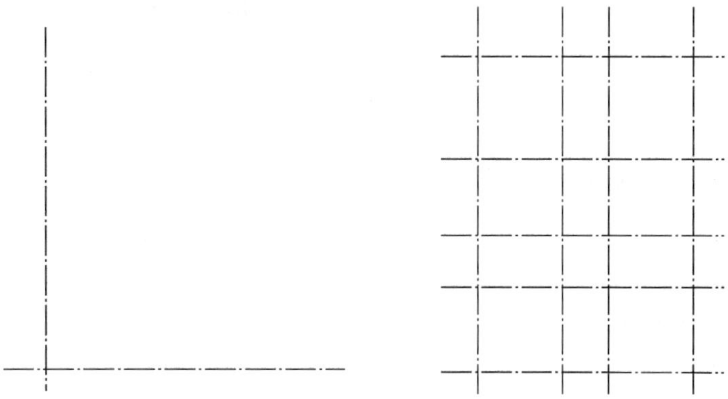

(a)　　(b)

图 8-2　绘制轴网

8.3　绘制墙体和柱子

8.3.1　绘制墙体

墙体的绘制方法主要有三种：第一种方法是利用多段线或直线沿轴线的交点绘制单线的墙体，然后利用偏移命令得到墙体的厚度，再利用修剪、夹点编辑等操作修整不规范的墙角部位；第二种方法是利用多线命令直接绘制双线的墙体，然后用多线编辑命令进行修整，直至符合要求；第三种方法是前两种方法的组合应用。在实际绘图中，要根据具体情况选择合适的方法。下面主要介绍利用多线绘制墙体的方法。

利用多线绘制墙体，要根据墙体是否与轴线对称，确定是否创建多线样式。AutoCAD默认的多线样式为“STANDARD”，对于与轴线对称的墙体，用“STANDARD”就可以了，如果遇到不对称的情况(如 370 墙)，则需要创建新的多线样式。本例中墙体均与轴线对称，故多线样式采用系统默认样式。

1. 绘制 180 墙

将“墙体”层置为当前层，单击“绘图”菜单/“多线”，或从命令行输入 ML 并回车，启动多线命令，绘制厚度为 180 的外墙。多线的比例为 180，对正为“无”，依次单击图 8-3 所示的 1～6 点，最后执行“闭合”选项，闭合多线，结果如图 8-3 所示。回车重复多线命令，绘制楼梯间墙体，结果如图 8-4所示。

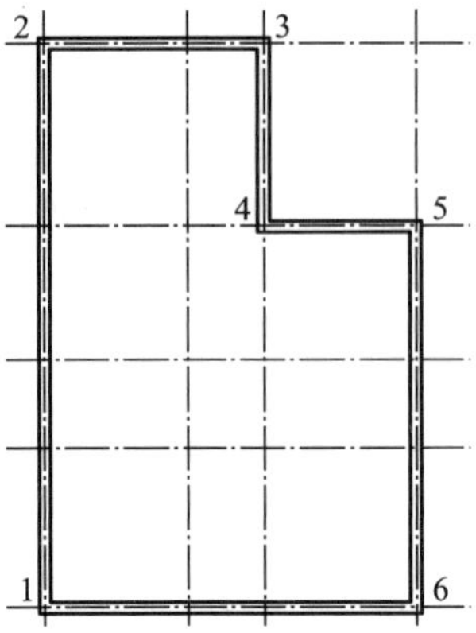

图 8-3　绘制外墙多线

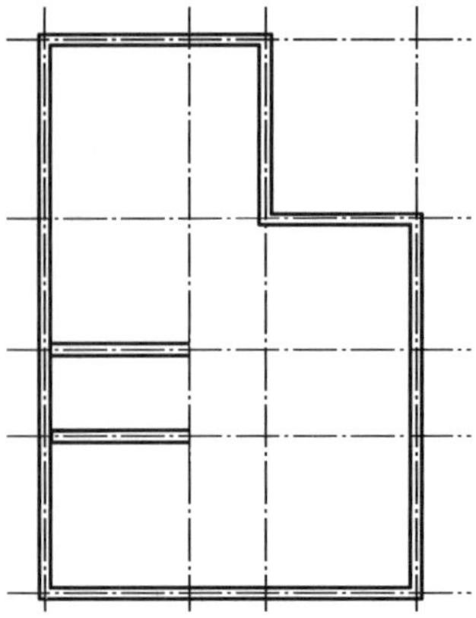

图 8-4　绘制楼梯间多线

2. 绘制 120 内墙

执行多线命令,多线比例为 120,对正为“无”,绘制卧室与客厅的隔墙、厨房与餐厅和厨房与厕所的隔墙。结果如图 8-5 所示。

执行偏移命令,将最上方的构造线向下偏移 2400,将偏移得到的构造线再向下偏移 1200,得到两条辅助线。执行多线命令,多线比例为 120,对正为“无”,绘制厕所内的 120 隔墙,绘制完成后,删除刚刚偏移得到的两条辅助构造线,结果如图 8-6 所示。

3. 编辑多线

为了观察方便,将“轴线”层关闭,在多线上双击(或执行 MLEDIT 命令),在弹出的“多线编辑工具”对话框中选择“T 形打开”工具,切换到绘图窗口,将所有 T 形相交的多线都打开,如图 8-7 所示。图 8-7 中“不编辑”所指的位置不打开,“角点结合”所指的位置,应该用“多线编辑工具”对话框中的“角点结合”工具完成,“补绘直线”所指位置补绘一条直线段,将墙体封口。

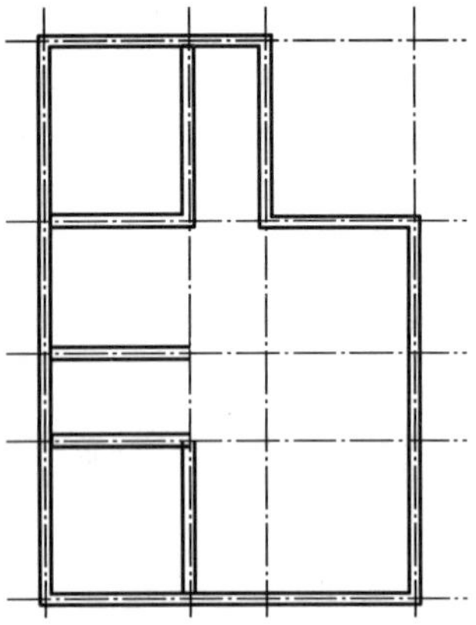

图 8-5　绘制 120 内墙

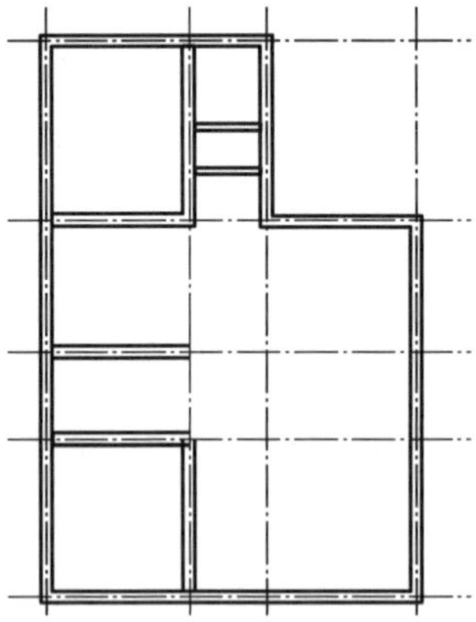

图 8-6　绘制厕所隔墙

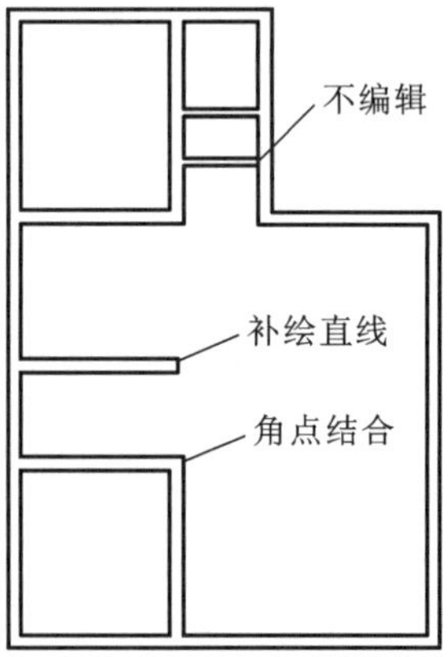

图 8-7　多线编辑结果

8.3.2　绘制柱子

本例中有两种柱子,一种是断面尺寸为 400×400 的正方形柱,另外一种是直径为 500 的圆形柱。

1. 绘制正方形柱

打开“轴线”层，并确保“墙体”层为当前层。执行矩形命令，在图形空白区域绘制一个边长为 400 的正方形。执行图案填充命令，对正方形填充“SOLID”图案。执行复制命令，以矩形柱左上角点为基点，图 8-8 所示的 1 点为目标点，复制填充后的矩形；仍然执行复制命令，完成其他位置柱的复制，注意不同位置柱复制的基点有所不同，结果如图 8-8 所示。

2. 绘制圆形柱

执行圆命令，绘制直径为 500 的圆，命令行提示如下。

命令：_circle

指定圆的圆心或［三点(3P)/两点(2P)/相切、相切、半径(T)］：from(启动“捕捉自”功能)

基点：(捕捉最上方轴线和最右侧轴线的交点，即图 8-9 所示的 2 点，作为基点)

<偏移>：@－160，－160(输入圆心相对于基点的坐标)

指定圆的半径或［直径(D)］：250(圆的半径为 250，回车，结束命令)

以刚刚绘制的圆的圆心为圆心，绘制一个半径为 350 的圆。对半径为 250 的圆填充“SOLID”图案，结果如图 8-9 所示。

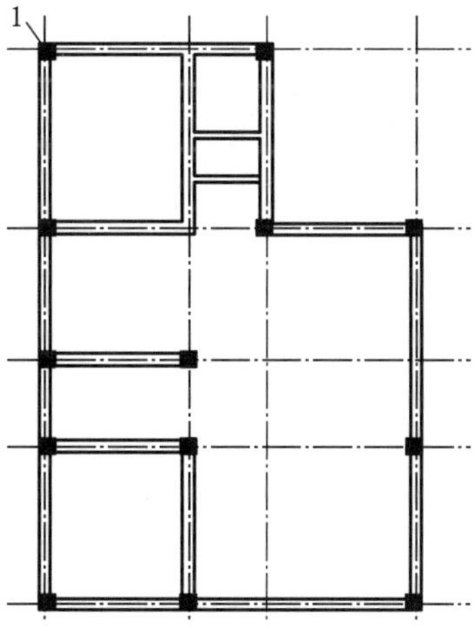

图 8-8　绘制矩形柱

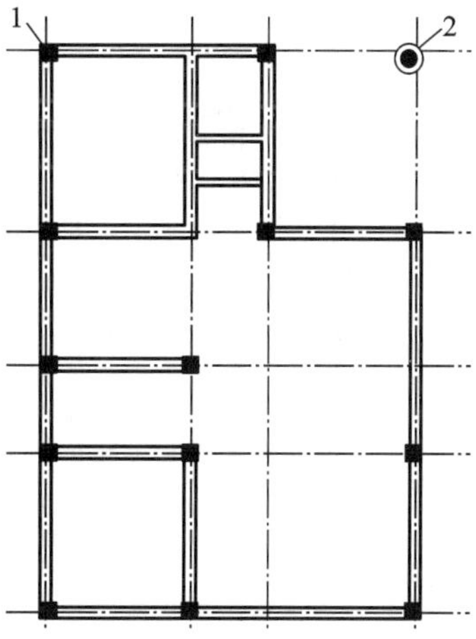

图 8-9　绘制圆形柱

8.4　绘制屏风、门、窗

8.4.1　绘制屏风

将“门窗”层置为当前层。用直线命令绘制屏风，捕捉图 8-1 所示的④轴墙体的内边线与Ⓒ轴的交点并单击，然后向左绘制 3910 长的水平直线，再向上绘制 50 长的竖直直线，再向右绘制 3910 长的水平直线，屏风绘制完毕，如图 8-10 所示。

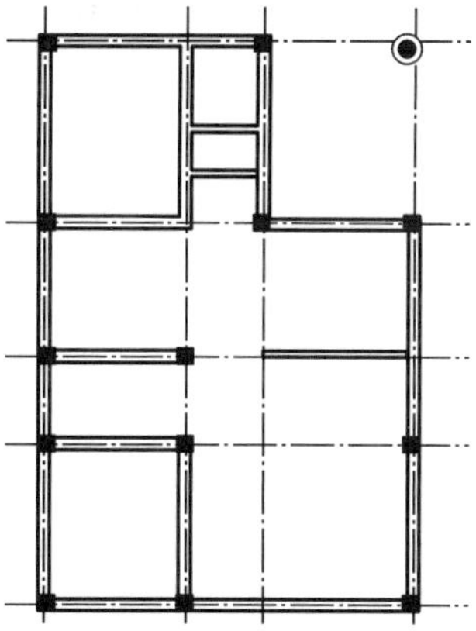

图 8-10　绘制屏风

8.4.2 开门、窗洞口

按图 8-1 所示尺寸绘制门窗洞口端线，本例除图中注明的尺寸外，门后墙垛的尺寸均为 120。将“墙体”层置为当前层，首先绘制图 8-1 所示 E 轴上介于①、②轴之间的编号为 C1 的窗洞线。启动直线命令，确保状态栏上的“极轴”“对象捕捉”和“对象追踪”打开，操作过程如下。

命令：_line

指定第一点：745(捕捉图 8-11 所示 1 点，向右移动光标，确保 0°极轴追踪线出现的情况下，输入 745 并回车)

指定下一点或［放弃(U)］：(向下移动光标，捕捉 270°极轴与墙体内边线的交点并单击)

指定下一点或［放弃(U)］：(回车，结束命令)

执行偏移命令，将刚刚绘制的直线向右偏移 2400，得到窗洞线。在绘制门窗洞端线时，可以根据具体情况综合运用直线、移动、偏移、复制等命令，方法不拘一格，绘制结果如图 8-11 所示。绘制完所有门窗洞端线后，利用修剪命令对门窗洞进行修剪，为了避免误操作，修剪时将“轴线”层关闭，由于③轴上的窗为高窗，因此不需要修剪，修剪结果如图 8-12 所示。

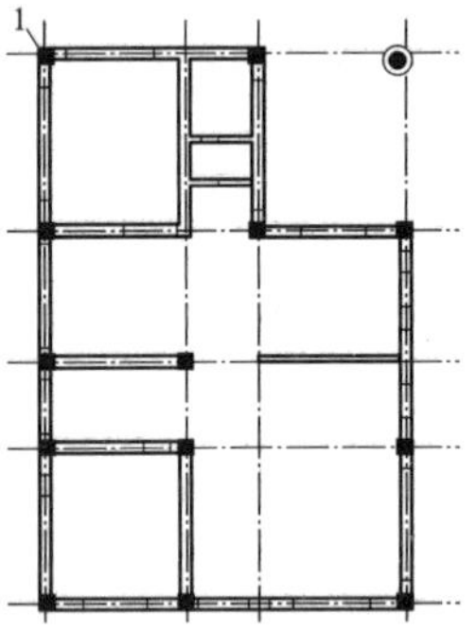

图 8-11　绘制门窗洞端线

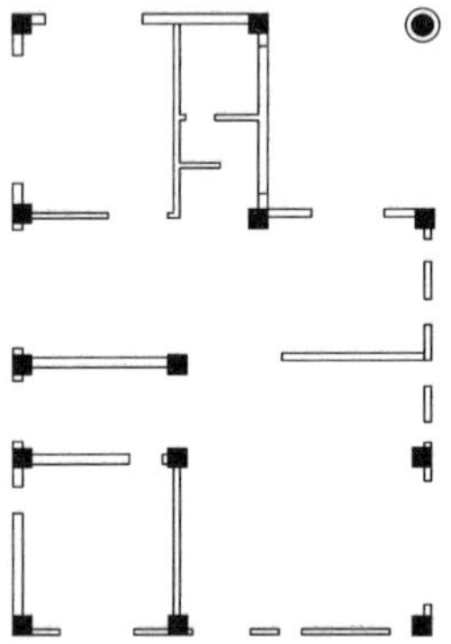

图 8-12　修剪门窗洞口

8.4.3 绘制窗

1. 用直线绘制窗

将“门窗”层置为当前层，执行直线命令，分别捕捉图 8-13 所示的 1 点和 2 点，绘制一条直线。执行偏移命令，将直线向下依次偏移三个 60，该窗绘制完毕。

2. 用插入块方式绘制窗

对于门、窗这些常用的图例，也可以提前创建为块，然后用插入块的方式绘制更便捷，下面介绍用插入块的方式绘制窗。在本书配套资源中的“A3 样板”文件中，已经制作好了窗块，名称是“窗图例”，这是一个动态块，可以方便地调整窗的长、宽尺寸。

执行插入命令，在弹出的“插入”对话框中选择“窗图例”块，设置旋转角度为$-90°$，如图 8-14 所示。单击“确定”按钮，捕捉图 8-13 所示的 3 点作为插入点，将块插入到图形中，然后选中该块，此时显示如图 8-15

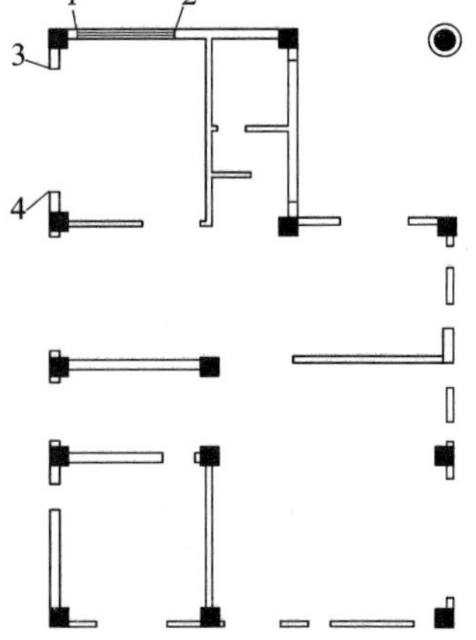

图 8-13　用直线绘制窗图例

所示的夹点。拖动箭头向下的夹点，然后单击 4 点，窗的长度调整完毕，拖动箭头朝右的夹点，然后单击窗洞的内侧顶点，窗的宽度调整完毕，结果如图 8-16 所示。

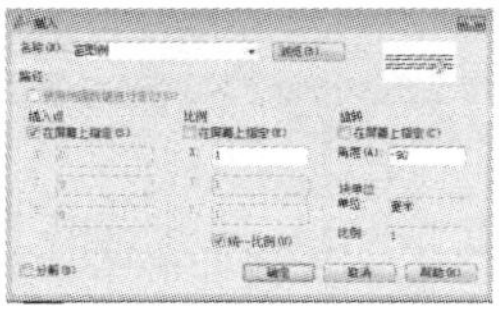

图 8-14　“插入”对话框中的设置

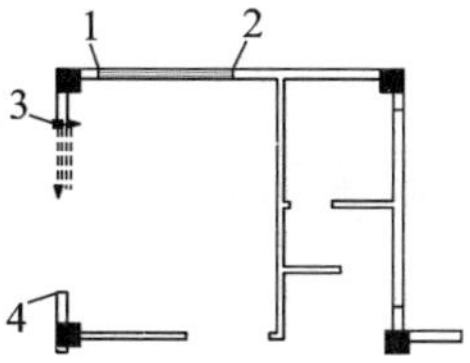

图 8-15　插入“窗图例”块

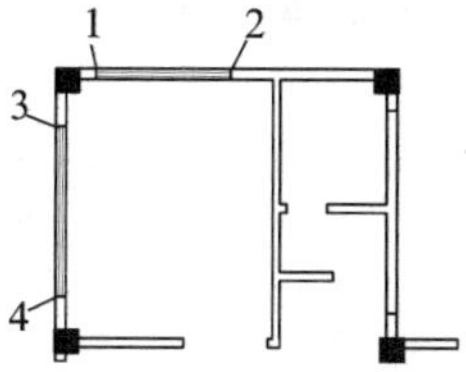

图 8-16　调整“窗图例”块

对于使用 AutoCAD 2006 及以后版本的用户，用动态块的方式，既便捷又快速。对于使用更早版本的用户，虽然也可以用块来绘制窗，但由于窗洞尺寸的不同，用起来并不方便，建议相关读者用第一种方式绘制窗。本书其他窗均采用动态块的方式绘制，注意③轴线厕所墙体上的窗为高窗，所以线型应为虚线，即“HIDDEN”线型。窗的绘制结果如图 8-17 所示。

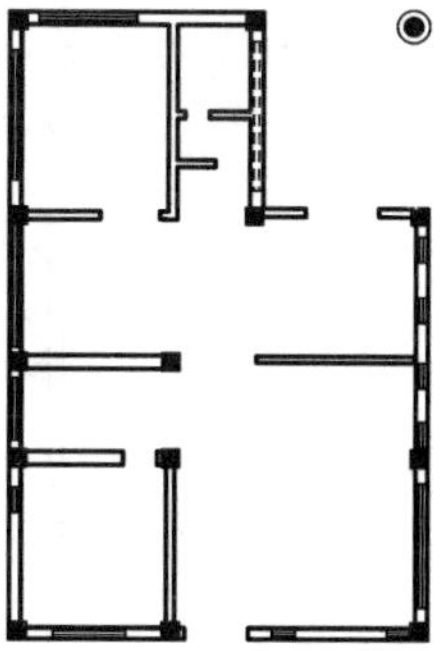

图 8-17　窗的绘制结果

8.4.4　绘制门

1. 绘制平开门

在图 8-18 所示的 1 点和 2 点间绘制一条辅助直线。执行插入块命令，在弹出的“插入”对话框中选中“平开门”块，单击确定，将块插入到图 8-18 所示的 1 点。“平开门”块是一个动态块，选中该块，可以看到有很多控制该块动作的夹点。拖动圆弧末端的拉伸夹点，然后单击直线的中点，这样门的尺寸就调整好了。执行镜像命令，镜像该块，得到另一门扇，删除辅助直线。再次插入“平开门”动态块，通过调整动态块的拉伸夹点▶调整块的大小、通过单击翻转夹点➡调整块的方向，完成其他平开门的绘制，结果如图 8-18 所示。

2. 绘制推拉门

执行直线命令，在图 8-19 所示的 3 点和 4 点间绘制水平直线。执行偏移命令，将该水平直线向下偏移 60，将得到的直线再向下偏移 60。执行直线命令，在上、下两条水平直线的中点间绘制一条竖直直线。执行修剪命令，以竖直直线为边界，修剪上、下两条水平直线。推拉门绘制完毕，结果如图 8-19 所示。

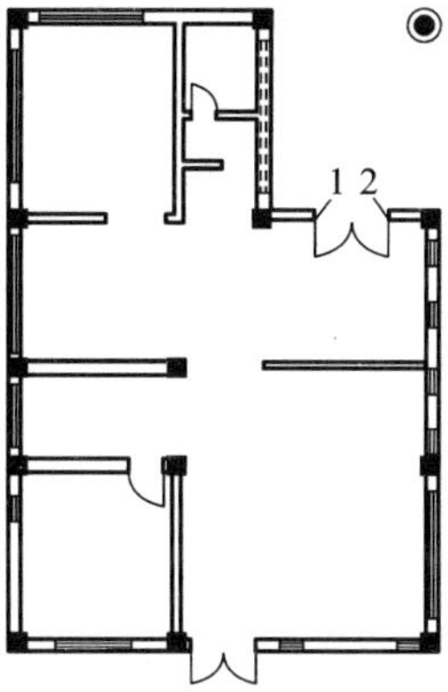

图 8-18　绘制平开门

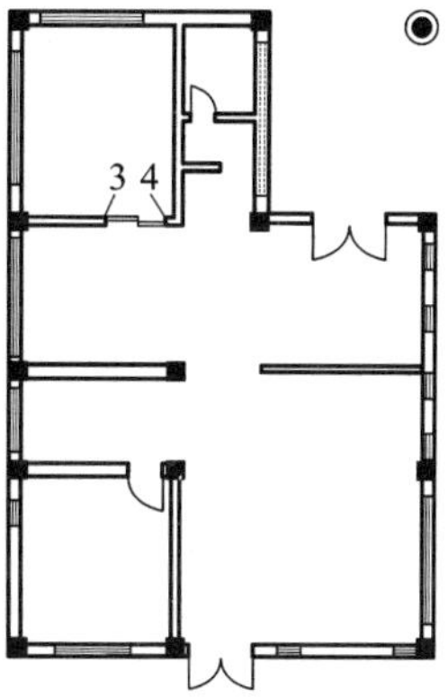

图 8-19　绘制推拉门

8.5 绘制楼梯

8.5.1 绘制扶手

执行偏移命令,将从下方起第二条构造轴线(B 轴线)向上偏移 1200,将得到的构造线上、下各偏移 90;将从左侧计第二条构造线(2 轴线)向右偏移 50,将得到的构造线再向左偏移 2750,结果如图 8-20 所示。将“楼梯”层置为当前层,执行矩形命令,在图 8-20 所示的 1,2 点间绘制一个矩形,删除刚刚偏移得到的所有构造线,将矩形向内侧偏移 60,结果如图 8-21 所示。

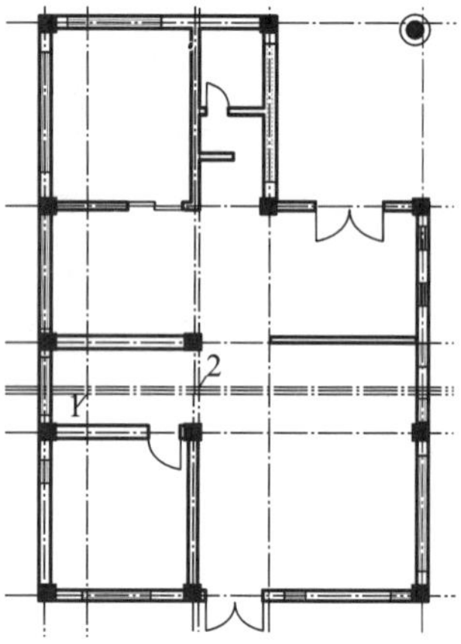

图 8-20 偏移辅助线

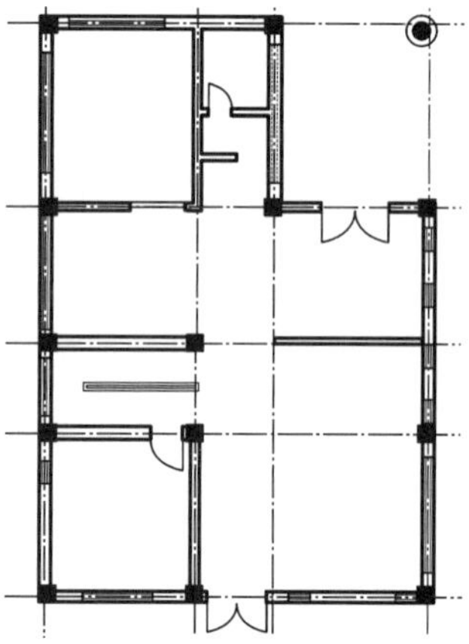

图 8-21 绘制矩形

8.5.2 绘制上行踏步

上行踏步踏面宽为 280。按图 8-22 所示在②轴线上墙线和扶手线之间绘制一条辅助直线,将该直线向左侧移动 90,然后向左依次偏移四个 280。然后绘制一条折断线,用修剪命令,修剪折断线左侧的踏面线,结果如图 8-22 所示。

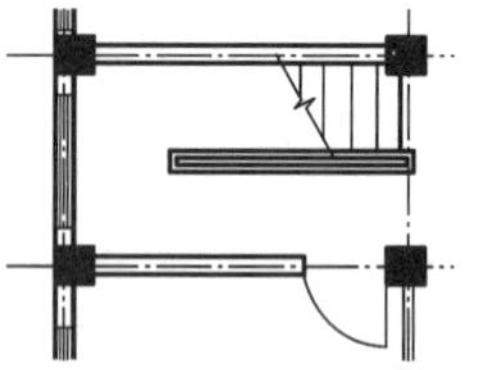

图 8-22 绘制上行踏步

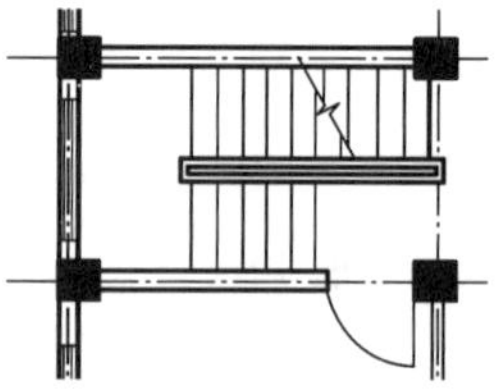

图 8-23 绘制下行踏步

8.5.3 绘制下行踏步

下行踏步踏面宽为 260。执行直线命令,在卧室门洞左上顶点和扶手之间绘制一条竖直直线,将该直线向左侧移动 90,然后阵列该直线,阵列的行数为 2 行,列数为 6 列,行间距为 1200,列间距为-260(为不关联阵列,AutoCAD 2012 以前版本不涉及关联问题)。阵列后折断线左侧还可以有一条踏面线的空间,再偏移一个 260 即可。将踏面线超过折断线的部位修剪,结果如图 8-23 所示。

8.6　绘制其他设施及构配件

8.6.1　绘制厨房烟道

将“墙体”层置为当前层，执行直线命令，在图 8-24 所示的 1 点正左方 460 处为直线起点，向下绘制 540 长，向正右方交点捕捉墙体边线。执行多线命令，多线比例为 120，对正为“无”，以刚刚绘制的直线段为轴线绘制多线，完成后将直线删除。在多线上双击，在弹出的“多线编辑工具”对话框中选中“T 形打开”，将烟道多线与墙体多线相交处打开。执行直线命令，绘制烟道洞图例线。结果如图 8-24 所示。

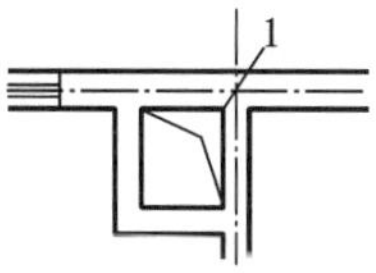

图 8-24　绘制烟道

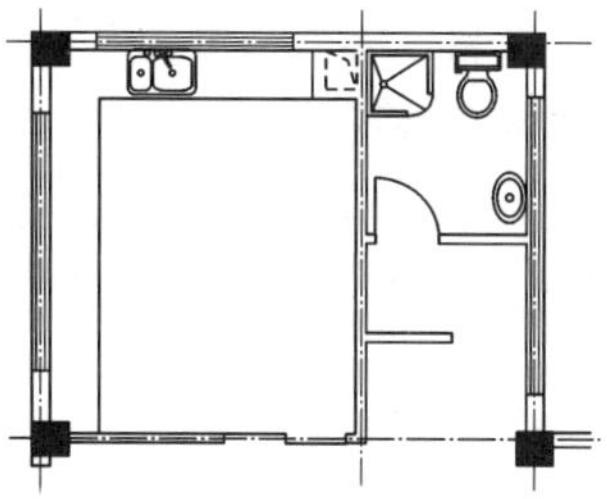

图 8-25　绘制厨房、卫生间设施

8.6.2　绘制厨房、厕所设施

将“设施”层置为当前层，执行直线命令，以烟道左下墙角为起点，向左绘制长 2630 的水平直线，再向下绘制竖直直线与墙体相交。

执行插入命令，分别插入“洗涤池”“水盆”“洗浴间”“马桶-(俯视)”四个块到图 8-25 所示位置，并调整块的方向。在本书配套资源“A3 样板. dwt”文件中有这四个块的定义。

8.6.3　绘制室外构件

1. 绘制矩形花池和三级台阶

将“其他”层置为当前层，绘制别墅南出入口处两个矩形花池和三级台阶。启动矩形命令，单击图 8-26 所示 1 点(柱边线中点)，作为矩形第一个角点，输入相对坐标“@－800，－2200”确定矩形对角点，用偏移命令将该矩形向内偏移 100，用镜像命令，以门处两个圆弧的交点所在的竖直方向为镜像线，镜像这两个矩形，矩形花池绘制完毕。用直线命令绘制一条辅助线，起点为左侧花池的右下角点，终点为右侧花池的左下角点，用移动命令将该直线向上移动 100，得到第一条台阶线，然后用偏移命令偏移出另外两条台阶线，偏移距离均为 300。

2. 绘制雨篷

雨篷位于别墅的北侧。执行多段线命令，起点为建筑外墙的左上角点，向上绘制 600，向右绘制 4400，向下绘制 600；将该多段线向内偏移 100，雨篷绘制完毕。用圆命令绘制两个小圆，圆的直径为 100，圆心相对于雨篷内墙面与柱的交点坐标分别为“200，200”和“60，60”。对其中上侧的圆(实为落水口)填充“ANSI31”图案，图案比例为 5。结果如图 8-27 所示。

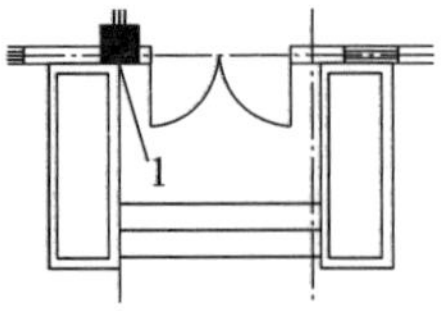

图 8-26 绘制花池和三级台阶

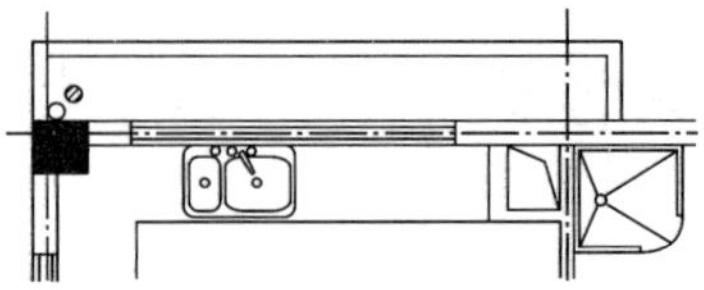

图 8-27 绘制雨篷

3. 绘制北侧出入口的台阶和扶手

将“楼梯”层置为当前层，执行直线命令，在图 8-28 所示的 A、B 两点之间绘制一条直线，将该直线向上移动 1500，然后执行矩形阵列命令，对该直线进行矩形阵列。阵列参数为：行数为 9 行，列数为 1 列，行间距为 300，阵列关联性为不关联。将阵列后的最上方一条直线向上偏移 1500，然后对此直线再次执行矩形阵列命令，阵列的参数同上。台阶踏步绘制完毕。

以图 8-28 所示 A 点为起点，阵列后的最上一条直线的左端点为终点，绘制一条竖直直线，即台阶左边线，将此直线向右偏移 30，将偏移得到的直线再向右偏移 60，绘制出台阶左侧扶手。以 B 点为起点，绘制一条竖直向上的直线，直线长度为 2160，即台阶右边线，将此直线向左偏移 30，将得到的直线再向左偏移 90，绘制出台阶右侧扶手。用直线补齐扶手端线，并将台阶右边线缩短至与台阶踏步线平齐。结果如图 8-28 所示。

用直线命令在台阶右侧适当位置绘制折断线，以折断线为延伸边界，延伸台阶踏步线至折断线。执行修剪命令，修剪扶手线内侧的台阶踏步线，结果如图 8-29 所示。

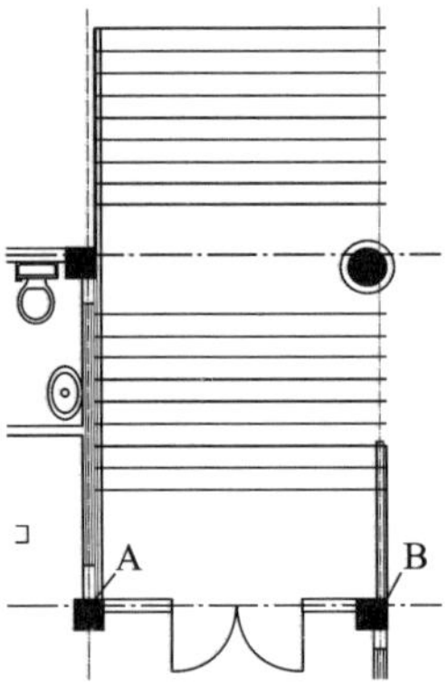

图 8-28 绘制台阶和扶手

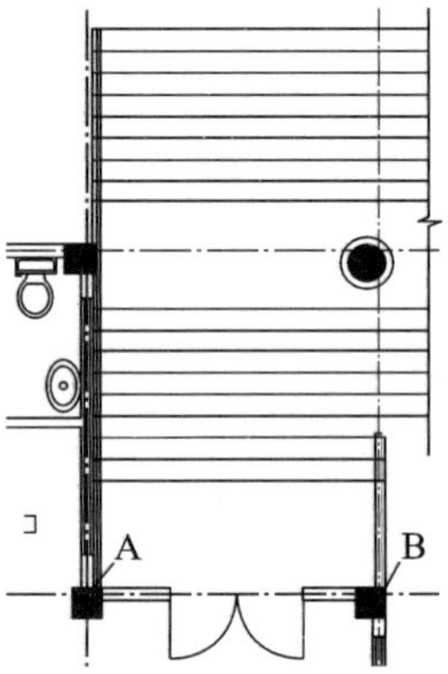

图 8-29 修整台阶

绘制一个矩形，使整幅图形都在矩形范围内，然后以矩形为修剪边界，将矩形外侧的构造线修剪掉，然后删除矩形。

8.7 图形注释

8.7.1 尺寸及符号标注

1. 尺寸标注

标注尺寸时请注意制图标准的基本规定，如室外尺寸主要标注三道，细部尺寸在内，总尺寸在外，尺寸线之间的距离为 7～10 mm(指的是打印到图纸上的尺寸)，尺寸尽量集中标注等。由于尺寸标注过程比较简单，这里就不一一详述了。将“标注”层置为当前层，将“建筑 100”标注样式置为当前标注样式，运用线性标注、连续标注等标注命令进行尺寸标注，结果如图 8-30 所示。

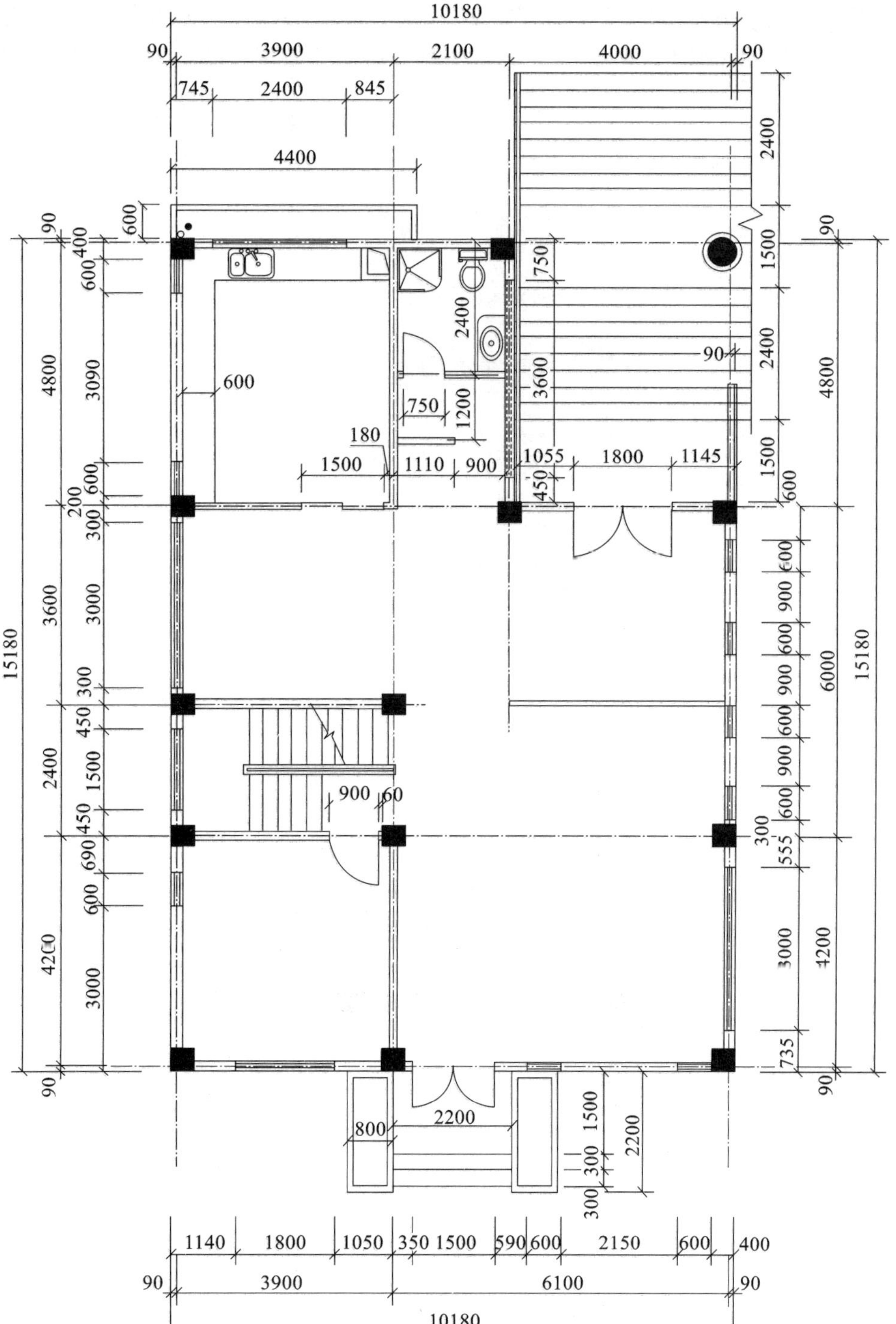

图 8-30　尺寸标注结果

北侧出入口台阶的尺寸标注需要编辑，下面对此进行介绍。选中尺寸为 2400 的两个尺寸标注，右击鼠标，在弹出的快捷方式单击“特性”，弹出“特性”选项板，在“特性”选项板的“文字”选项组的“文字替代”文本框中输入“300X8=＜＞”，(其中×号为大写的 X，＜为小于号，＞为大于号)，如图 8-31 所示，然后关闭“特性”选项板，此时这两个标注的尺寸数字已经改为“300×8=2400”，如图 8-32 所示。

图 8-31 “特性”选项板中的设置

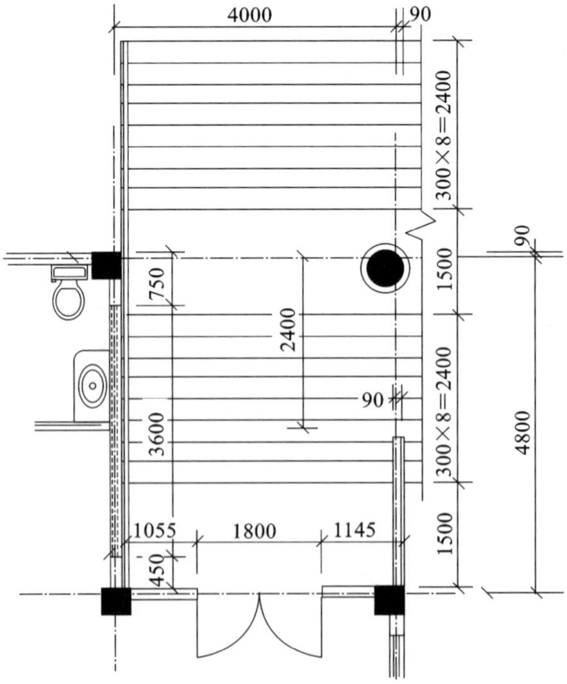

图 8-32 尺寸标注修改结果

2. 符号标注

图形中的符号主要有标高符号、轴线编号、指北针、楼梯和台阶行进方向箭头、剖切符号等。

1)轴线编号

轴线编号圆的直径为 800,文字高度为 500,文字样式为“宋体”(文件中已经创建“宋体”文字样式),可以先绘制出一个轴线符号(比如编号①),然后复制出其余的符号并修改文字即可。

2)指北针

指北针圆的直径为 2400,箭头可用直线绘制,下端宽度为 300,用“SOLID”图案填实,并在箭头端部书写文字“北”,字高为 350。

3)标高符号

标高符号可以插入文件中的“标高符号”块(本书配套资源“A3 样板. dwt”文件中有标高符号块的定义),这是一个带属性的动态块,通过双击块可以修改属性值,选中块并单击“翻转”夹点可以改变块的方向。

4)楼梯和台阶行进方向箭头

行进方向可以用多段线绘制,利用多段线的宽度选项可以绘制出箭头,箭头的起点宽度为 100,端点宽度为 0,长度为 300。

5)剖切符号

剖切符号用线宽为 0.5 mm 的粗线绘制,然后注写剖切编号,字高为 350。

符号标注结果如图 8-33 所示。

8.7.2 文本注释

文本注释主要用到的命令有单行文字(TEXT)命令和多行文字(MTEXT)命令,以及编辑文字的 DDEDIT 命令。对于较简单的单行文本,最好用 TEXT 命令注写,对于段落文本,最好用 MTEXT 命令,这样便于编辑。如果有较大篇幅的文本的话,最好在 Word 软件中录入,然后粘贴到 AutoCAD 中的“多行文字编辑器”中进行编辑。

本例中文本注释的主要内容包括房间名称、构件名称、门窗编号、楼梯和台阶的行进方向、图名等。将“文本”层置为当前层,将“工程字”文字样式置为当前样式,运用 TEXT 或 MTEXT 命令注写文本,其中除图名文字高度为 500 外,其余所有文字的高度均为 350,文本注释结果如图 8-33 所示。

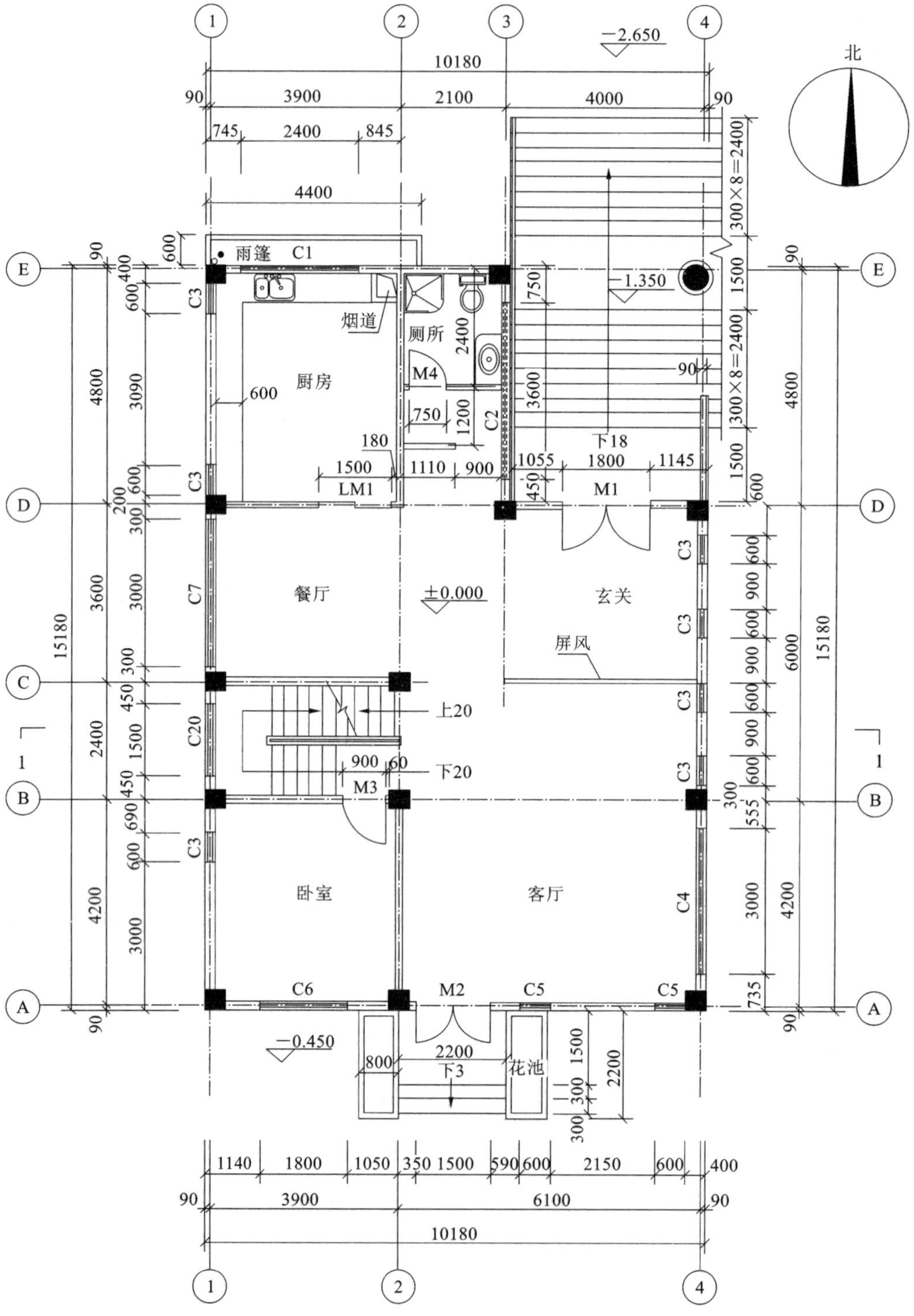

首层平面图 1：100

图 8-33　图形注释结果

8.8　图纸布局

单击“A3 立式”选项卡，进入图纸空间，将“A3 立式”选项卡重命名为“首层平面图”。双击布局中的标题框块，在弹出的“增强属性编辑器”对话框中将图名改为“首层平面图”，其余属性值可自行更改。在标题框内紧靠图框线创建一个矩形视口，将矩形视口放在“Defpoints”层，即定义点层，这个图层为不打印图层。将视口比例设置为 1∶100。图纸布局完毕，执行打印操作，便可打印布局了。

技能训练题

1. 绘制如图 8-34 所示的别墅二层平面图，此图与图 8-1 的首层平面图是同一工程，图中未明

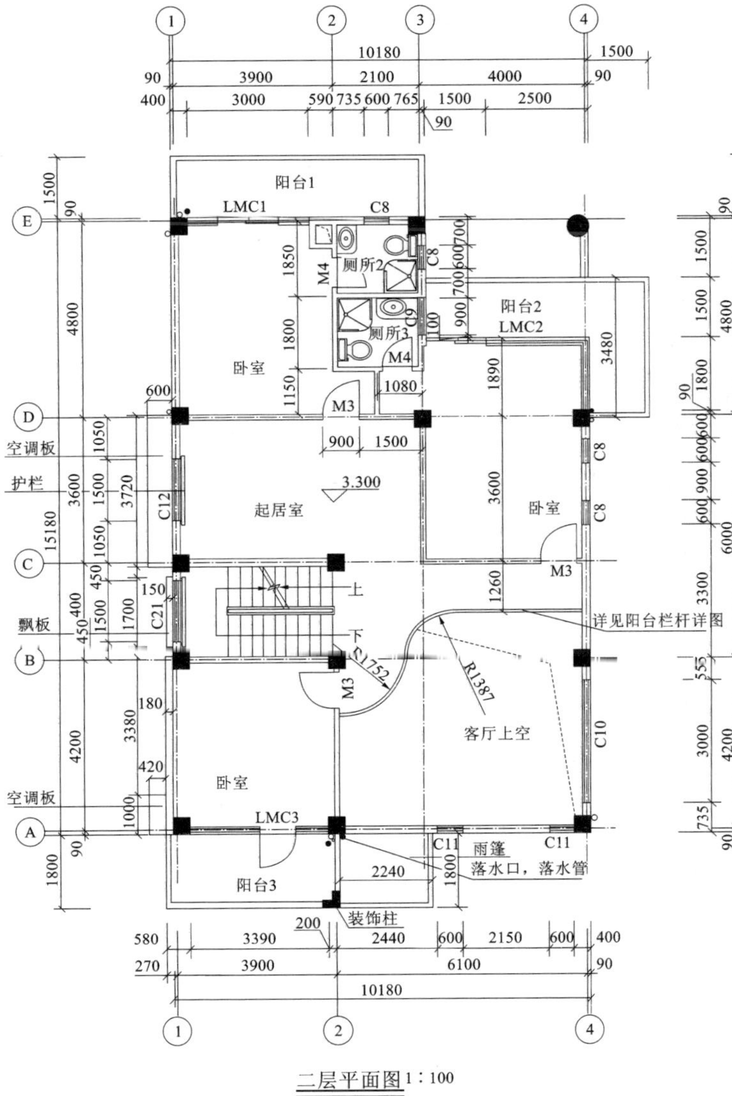

图 8-34　题 1 图

确标注的尺寸请参见本章相关内容或自定。

2. 绘制如图 8-35 所示的别墅屋顶平面图，此图与图 8-1 的首层平面图是同一工程，图中未明确标注的尺寸请参见本章相关内容或自定。

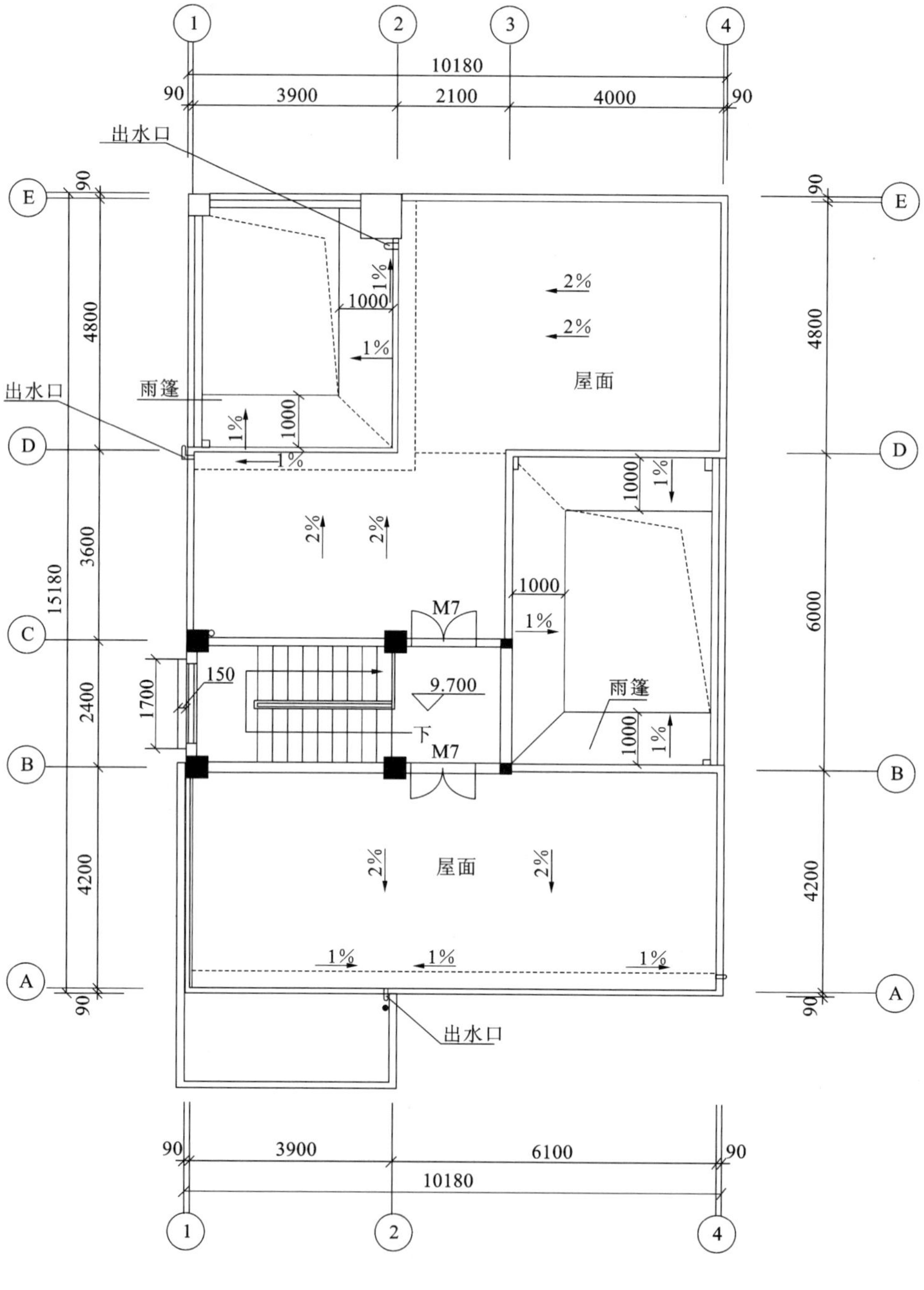

屋顶平面图 1：100

图 8-35　题 2 图

第 9 章　绘制建筑立面图

【本章主要内容】

本章主要介绍绘制建筑立面图的基本过程和方法，通过本章练习强化对 AutoCAD 软件的操作。

9.1　绘制建筑立面图的基本步骤

建筑立面图主要表现建筑物的体型和外貌、外墙装修、门窗的位置与形式，以及遮阳板、窗台、阳台、栏板、雨篷、台阶、花池等构配件的位置、形状与尺寸。立面图与平面图有着密切的联系。

用 AutoCAD 绘制建筑立面图，通常根据平面图画出竖向辅助线，依据标高确定水平辅助线，然后依据辅助线定位画出立面各要素。绘制建筑立面图的基本步骤如下。

(1)编辑修改平面图，创建绘制立面图的条件和环境；

(2)绘制地坪多段线、定位辅助线、建筑外轮廓线等；

(3)绘制门、窗、阳台、雨篷等构件外轮廓线；

(4)绘制门、窗、栏杆、外墙装修分界线等细部构件；

(5)装修材料图例、文本和标高、尺寸标注；

(6)图形布局及输出。

本章以绘制如图 9-1 所示的别墅①～④轴立面图为例，介绍用 AutoCAD 软件绘制建筑立面图的方法和过程。图形资源见本书配套资源中的“图 9-1. dwg”文件。

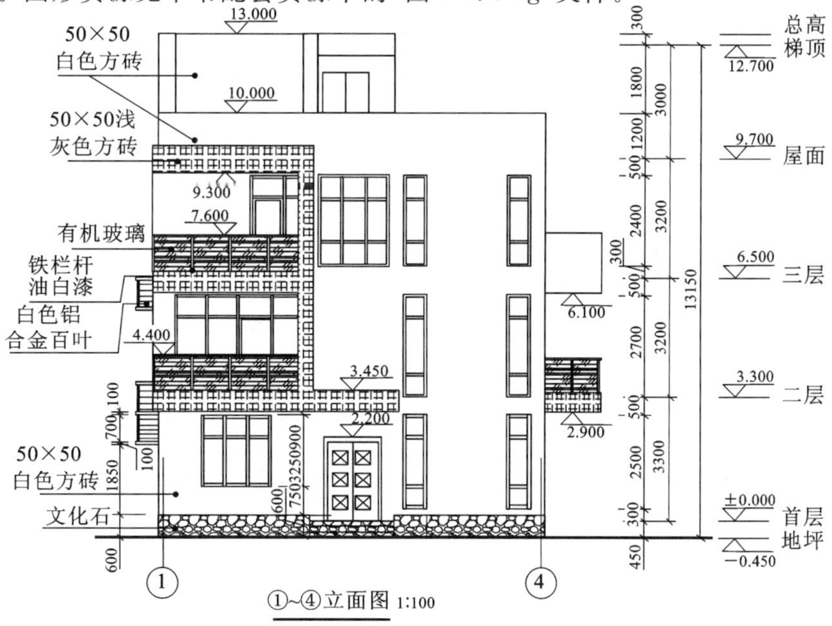

图 9-1　建筑立面图

9.2 绘图条件的创建

9.2.1 设置平面条件图

平面图是立面图的基础和依据,但是平面图中有许多信息与绘制立面图无关。例如建筑物内部的墙体、楼梯、设施以及文字、标注等。这些信息的存在,一方面会占用一定的磁盘空间,影响图形的生成速度,另一方面会干扰绘图者的操作,影响图形的绘制。所以在调出平面图后,首先应删除与绘制立面图无关的内容。为了避免误删,可以将需保留的内容所在的图层关闭或锁定,然后再删除无关的内容。

如果建筑物各层立面变化不大,可以选择首层或标准层平面图作为绘制立面图的条件图;但当建筑各层立面变化较大时,则应分开处理,利用各层的平面图分别绘制相应的立面图,最后再拼接和修改成完整的立面图。

打开第 8 章绘制的“别墅首层平面图. dwg”文件,另存为“别墅 1-4 轴立面图. dwg”文件,利用删除和修剪命令去掉与绘制立面图无关的内容,仅保留南墙、墙洞和室外花池,结果如图 9-2 所示。

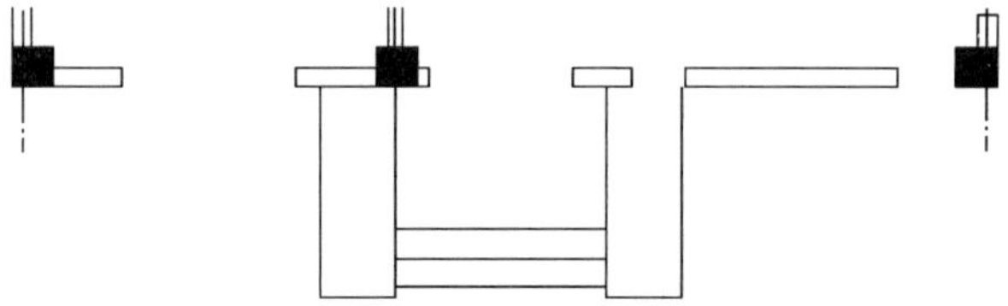

图 9-2 绘制立面的平面条件图

9.2.2 绘图环境设置

新建四个图层:轮廓层、地坪层、构件层、细部层。“轮廓”层颜色为黑色,线型为“Contiounus”,线宽为 0.5mm;“地坪”层的颜色为红色,线型为“Contiounus”;“构件”层颜色为黑色,线型为“Contiounus”;“细部”层颜色为青色,线型为“Contiounus”。在线型管理器中将线型全局比例因子设置为 40。

9.3 绘制地坪、辅助线

9.3.1 绘制地坪

将“地坪”层置为当前层。在修改后的平面条件图正下方适当位置(保证绘制立面图有足够的空间)绘制地坪,地坪用多段线绘制,线宽为 100,长度要大于建筑物总长。

9.3.2 绘制辅助线

1. 绘制横向定位辅助线

将“轴线”层置为当前层。执行直线命令,捕捉地坪多段线的两个端点绘制一条与地坪多段线完全重合的直线。执行移动命令，将此直线向上移动 50，此时直线与宽 100 的多段线上缘平齐。

说明：绘制地坪通常用指定宽度的多段线，而不是通过特性给定线宽，因为当线宽较大时，后者会造成立面图在高度上的误差。由于建筑立面位于地坪的上方，如果以这条宽 100 的多段线为水平基准绘制立面图的话，会造成 50 单位的误差(1∶100 比例输出，图纸上的误差为 0.5 mm)。如图 9-3 所示，图中灰色区域为 100 宽的多段线，"线 1"为与多段线完全重合的直线，"线 3"为以多段线为基准绘制的一条竖直直线。显然，如果"线 3"的长度为 500 的话，其位于多段线区域外的只有 450 长，造成了 50 单位的误差。"线 2"为向上移动 50 后的直线，如果以"线 2"为基准绘制"线 4"的话，误差便消除了。

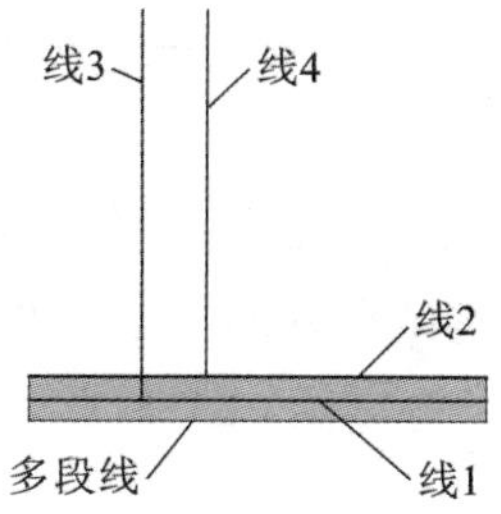

图 9-3　消除立面误差示意图

执行偏移命令，将直线依次向上偏移 450、3300、3200、3200、3000、300，生成各层地面标高位置线及总高位置线。

用文字注释辅助线，以利于后面的绘图，结果如图 9-4 所示。

2. 绘制纵向定位辅助线

单击"绘图"面板→"射线"命令按钮，启动射线命令，分别以图 9-5 所示的 A、B、C、D、E、F、G、H、I、J、K、L 点为射线的起点，向下绘制竖直射线，作为竖直辅助线，以地坪多段线为修剪边界，将地坪多段线下方的射线部分修剪掉，结果如图 9-5 所示。为了绘图方便，将"地坪"层关闭。

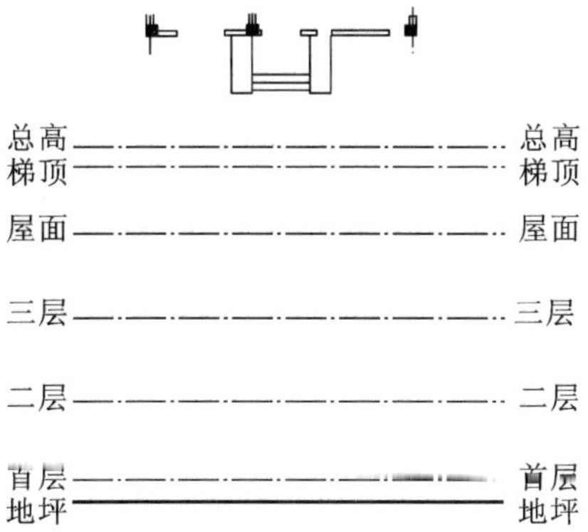

图 9-4　绘制横向辅助线

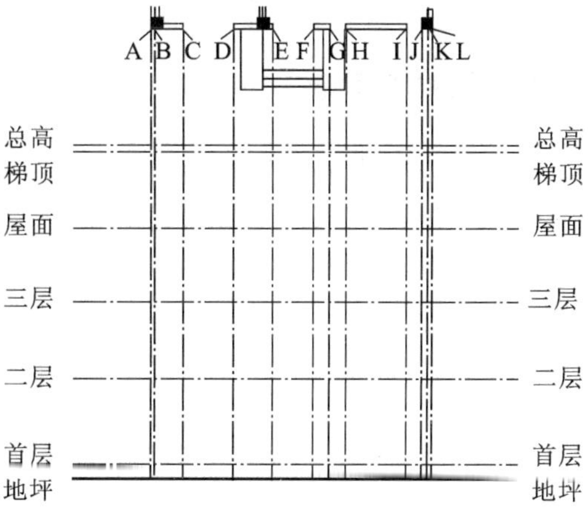

图 9-5　绘制纵向辅助线

9.4　绘制阳台、雨篷、装饰柱

9.4.1　绘制阳台

执行偏移命令，将二层、三层、屋面三条辅助线分别向下偏移 400，得到阳台辅助线。

将"构件"层置为当前层。执行矩形命令，绘制图 9-6 中 A 点附近的矩形，操作过程如下。

```
命令：_rectang
指定第一个角点或［倒角(C)/标高(E)/圆角(F)/厚度(T)/宽度(W)］：180(利用对象追
```

踪功能,在如图 9-6 所示的 A 点正左方 180 处确定矩形起点)

指定另一个角点或[面积(A)/尺寸(D)/旋转(R)]: @4230,550(给出对角点的相对坐标)

运用复制命令复制矩形,以图 9-6 所示 A 点为复制基点,目标点分别为 B、C 点。执行拉伸命令,将 C 点处的矩形的宽度再向上伸长 150。以 D 点和 E 点为顶点绘制矩形,D 点处的矩形长度为 1500,宽度为 550,E 点处的矩形长度为 1500,宽度为 1600。结果如图 9-6 所示。

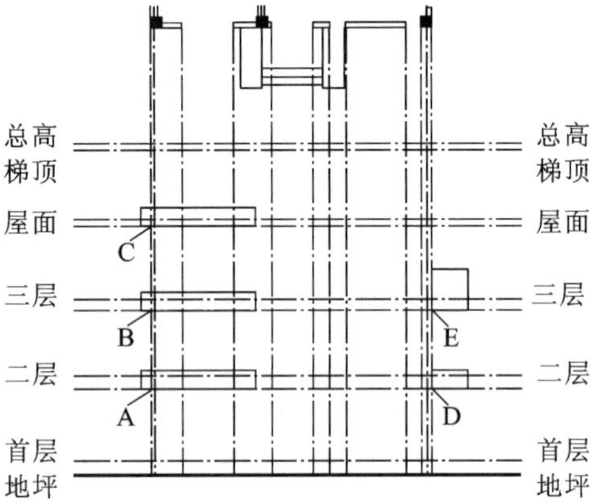

图 9-6 绘制阳台

9.4.2 绘制装饰柱及雨篷

将"轴线"层关闭,在图 9-6 所示 A 点处矩形的右上端点和 C 点处矩形的右下端点间绘制一条直线,将此直线向左偏移 400,装饰柱绘制完毕。执行矩形命令绘制雨篷,以 A 点处矩形的右下端点为起点,向右上方绘制矩形,矩形的长度为 2240,宽度为 550。完成后如图 9-7 所示。利用修剪命令修剪图形,结果如图 9-8 所示。

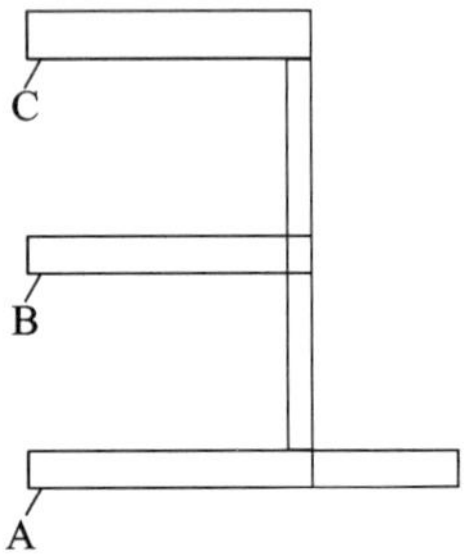

图 9-7 绘制装饰柱、雨篷

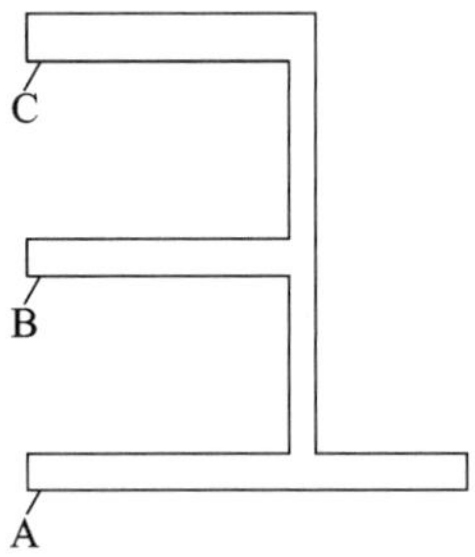

图 9-8 阳台、装饰柱、雨篷最终结果

9.4.3 绘制阳台栏杆

将"细部"层置为当前层,运用直线命令,以如图 9-9 所示的 F 点为起点,向正上方绘制一条长 900 的竖直线,然后向正右方绘制一条水平线至装饰柱的左边线。将竖直线向正右方移动 30,将所得的直线向右侧偏移 30，生成栏杆立柱；运用复制命令，将栏杆立柱向正右方复制，复制距离分别为 1000、2000、3000，得到其他立柱。将水平线向上偏移 50，生成栏杆扶手。完成后的图形如图 9-9 所示。

运用直线命令和对象追踪功能，在图 9-10 所示的 G 点正上方 110 处的两立柱之间绘制一条水平直线，运用偏移命令，将该直线向上偏移 20，生成栏杆的一根横挡。执行矩形阵列命令复制其他横挡，阵列的参数为 6 行、4 列、行间距 130、列间距 1000、不关联。用修剪命令修剪超出阳台的横挡。结果如图 9-10 所示。

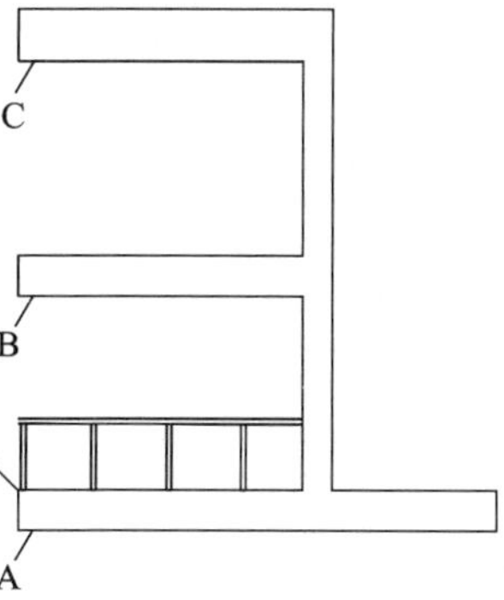

图 9-9　绘制立柱与扶手

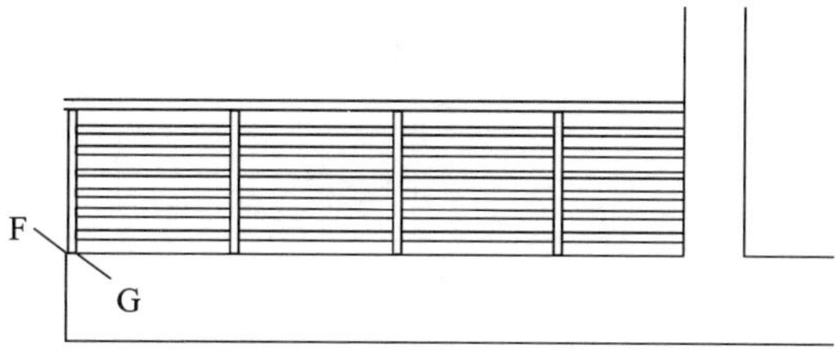

图 9-10　绘制横挡

将“填充”层置为当前层，对立柱和横挡之间的区域填充“ANSI34”图案，图案的比例为 30。运用复制命令，将阳台栏杆部分的所有图形复制到三层的同一位置。用同样方法绘制别墅右侧阳台栏杆，其中两立柱之间的距离为 735，其余尺寸同刚刚绘制的阳台栏杆。完成后如图 9-11 所示。

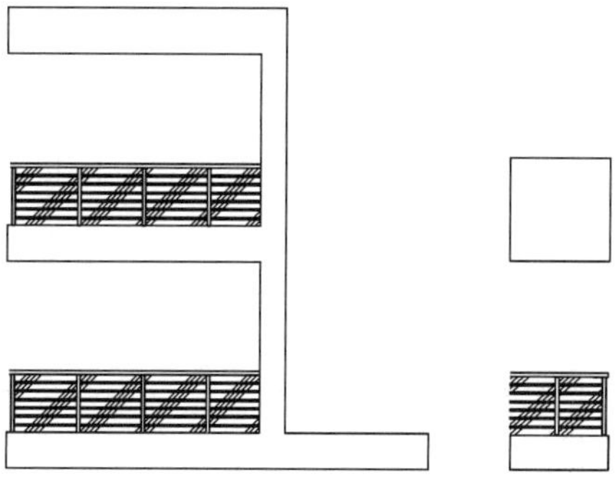

图 9-11　阳台栏杆绘制结果

9.5　绘制外轮廓、门窗立面

9.5.1　绘制外轮廓线

删除绘制阳台时的三条水平辅助线。将“轮廓”层置为当前层，打开“轴线”层，运用多段线命令，依次单击如图 9-12 所示的 A、B、C、D、E、F、G、H 各点，绘制外轮廓线。其中 F 点在 E 点正上方

900。

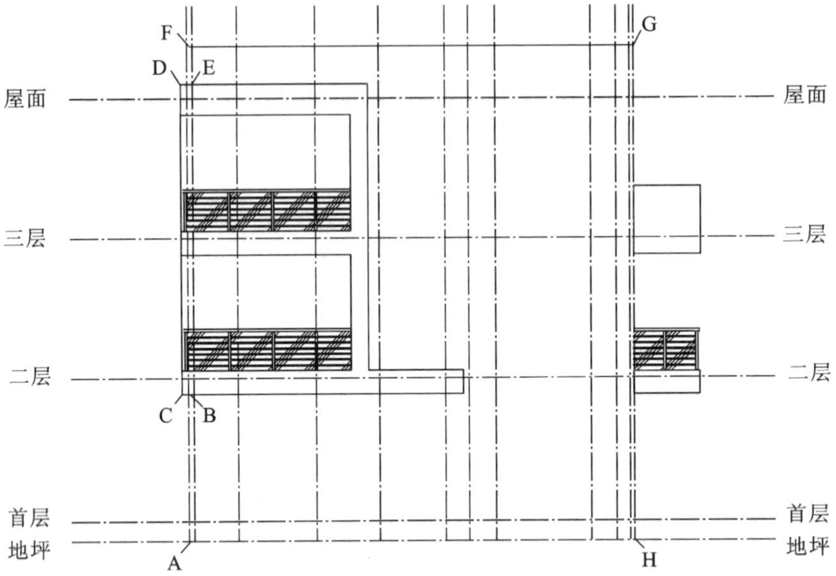

图 9-12 绘制立面外轮廓线

9.5.2 绘制门窗立面

1. 绘制门窗定位辅助线

运用偏移命令，将首层定位线向上偏移 300，将得到的直线再向上偏移 2500；将二层定位线向上偏移 2700；将三层定位线向上偏移 300，将得到的直线向上偏移 2400。门窗定位辅助线绘制结果如图 9-13 所示。

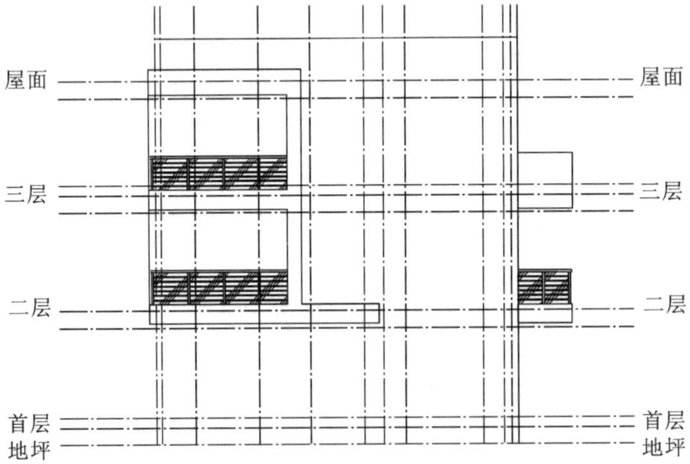

图 9-13 门窗定位辅助线

2. 绘制门窗立面

1)绘制窗立面

将“门窗”层置为当前层，执行矩形命令，在如图 9-14 所示的 A 点和 B 点间绘制矩形，得到窗洞。

执行偏移命令，将该矩形向内偏移 50，执行分解命令，将偏移得到的矩形分解为四条直线。将上方的水平直线向下偏移，偏移距离依次为 500、50、1300 和 50。执行延伸命令，将竖直的两条直线的端点延伸至窗洞处。结果如图 9-14 所示。

运用复制命令，以图 9-15 中 A 点为基点，复制该窗（包含窗洞矩形），目标点为 C 点。

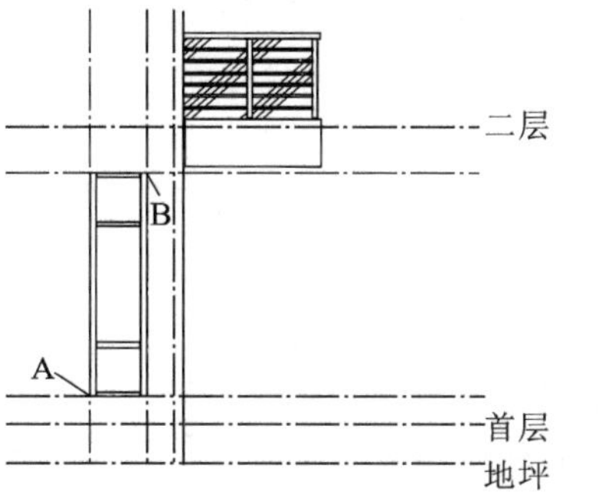

图 9-14　绘制窗

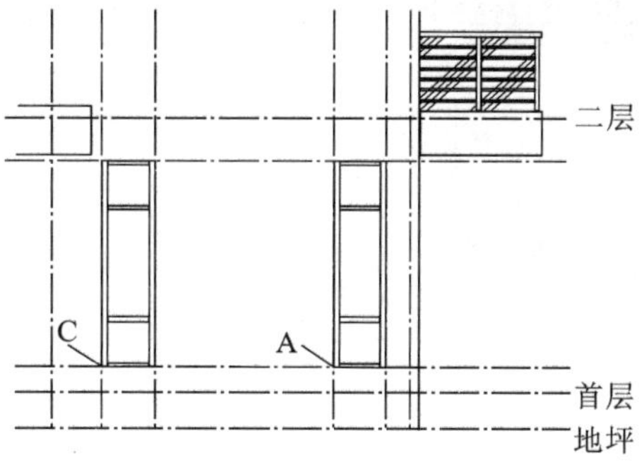

图 9-15　复制窗

绘制其他窗，窗的规格尺寸见图 9-16，图中未注明的尺寸与刚刚绘制的窗相同。窗的绘制结果见图 9-17。

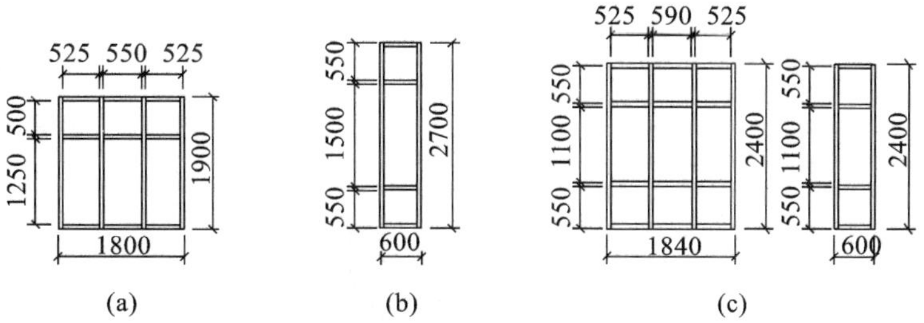

图 9-16　各层窗的规格尺寸

(a)首层窗；(b)二层窗；(c)三层窗

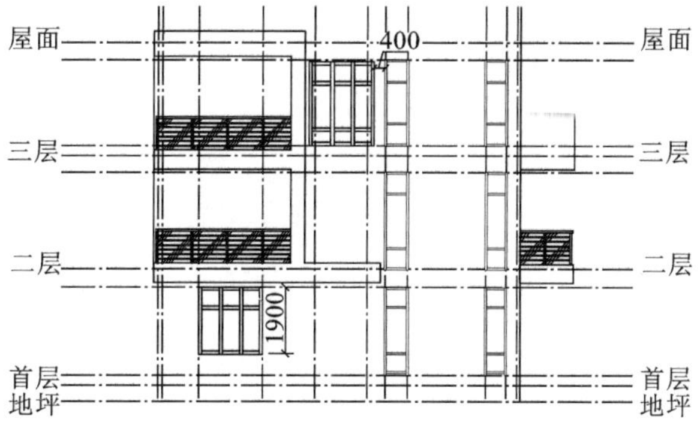

图 9-17　窗的绘制结果

2)绘制门联窗

下面介绍二层及三层阳台处门联窗的绘制，这两处的门联窗都被装饰柱和栏杆遮挡住一部分。先绘制二层门联窗，关闭“轴线”层，执行多段线命令，以图 9-18 所示 E 点（E 点在 D 点正右方 580 处）为多段线起点，向上绘制 1600，再向正右方绘制到装饰柱边线的交点，执行偏移命令，将该多段

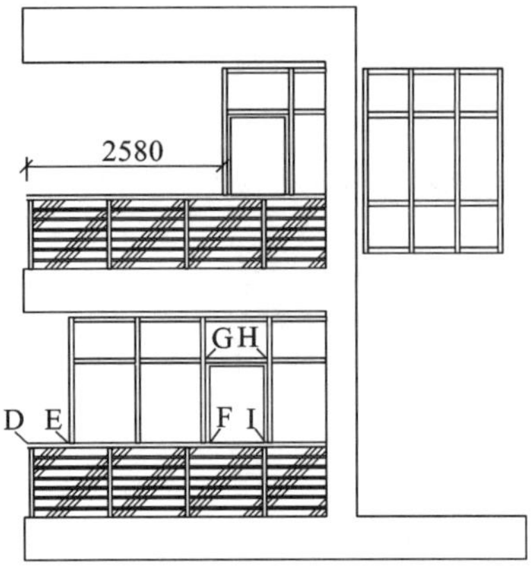

图 9-18 绘制门联窗

线向右下方偏移 50,执行分解命令,将偏移后的多段线分解为两条直线。将竖直直线向右方依次偏移 800、50、800、50、800、50。将水平直线向下方依次偏移 500、50。然后运用修剪命令和延伸命令整理图形。

执行多段线命令,依次单击图 9-18 所示的 F、G、H、I 点,绘制一条多段线,将此多段线向内偏移 30,得到门的图线,删除原多段线。二层门联窗绘制完毕。

三层门联窗的定位尺寸见图 9-18,其他尺寸参考二层门联窗,绘制过程略,结果如图 9-18 所示。

3)绘制门立面

打开"轴线"层,删除绘制窗时创建的几条辅助线。执行多段线命令,起点为门的左侧定位辅助线与首层定位辅助线的交点,向正上方绘制 2200,然后向右垂足捕捉门的右侧定位辅助线,终点为门的右侧定位辅助线与首层定位辅助线的交点。将该多段线向内偏移 100。执行直线命令,利用中点捕捉绘制门的中线。执行矩形命令,参照图 9-19 所示尺寸绘制一个矩形,并用直线绘制矩形的对角线,复制其他矩形,完成门的绘制,如图 9-20 所示。

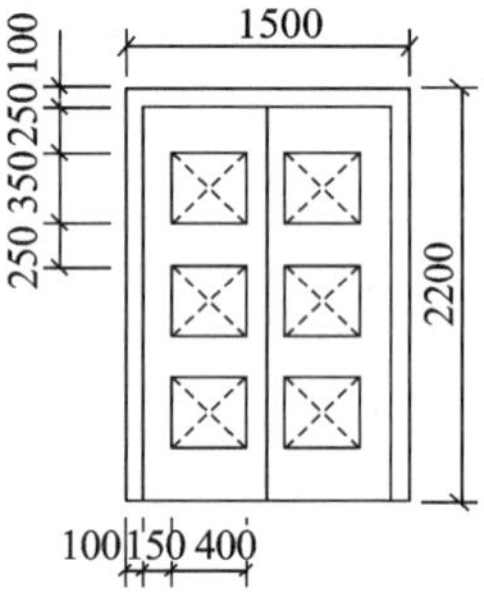

图 9-19 门的规格尺寸

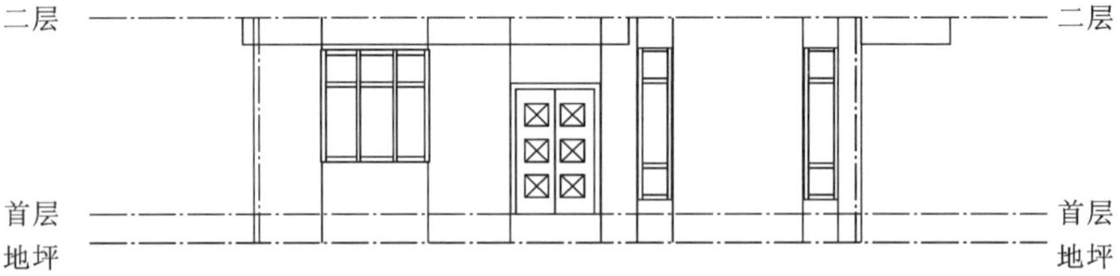

图 9-20 绘制门

9.6 绘制其他构件

9.6.1 绘制花池、勒脚和台阶

删除竖向的定位辅助线,仅保留两侧的墙体轴线,将"轴线"层置为当前层,从平面条件图的花池向下引四条辅助直线至与地坪线相交,如图 9-21 所示。

将"构件"层置为当前层,启动矩形命令,以图 9-22 所示 A 点为起点、B 点上方 600 为端点绘制矩形,以 A 点为基点,C 点为目标点复制该矩形,花池绘制完毕。用直线命令绘制花池之间的台阶,每级台阶高度为 150。以左侧花池左上角点为起点绘制水平直线,至与左侧建筑外轮廓线相交,作为勒脚线,同样,绘制右侧的勒脚线,结果如图 9-22 所示。为了避免出现混淆,图中用粗线表示花池、勒脚和台阶。

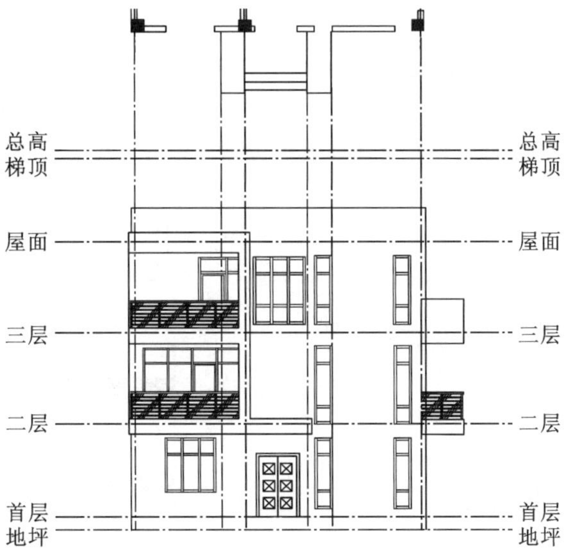

图 9-21　绘制竖向辅助线

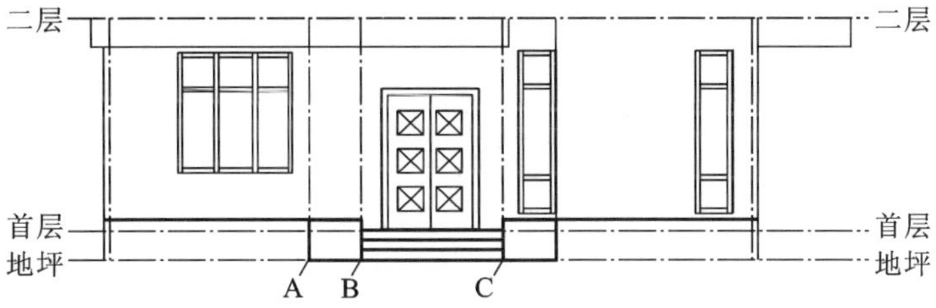

图 9-22　绘制花池、台阶、勒脚

9.6.2　绘制伸出屋顶的楼梯间和构件

删除绘制花池时的四条竖向定位辅助线，将“轴线”层置为当前层，从平面条件图中柱的位置向下引四条辅助线至与屋面辅助线相交，如图 9-23 所示。

将“构件”层置为当前层。运用直线命令，以图 9-24 所示的 A 点为起点，B 点为第二点，C 点(C 点在 B 点正右方 6180 处)为第三点，D 点(D 点在 C 点的正下方)为终点绘制直线。仍然用直线命令，分别连接点 E 和点 F、点 G 和点 H、点 I 和点 J。为了清晰起见，图 9-24 中用粗线表示刚刚绘制的屋面构件。

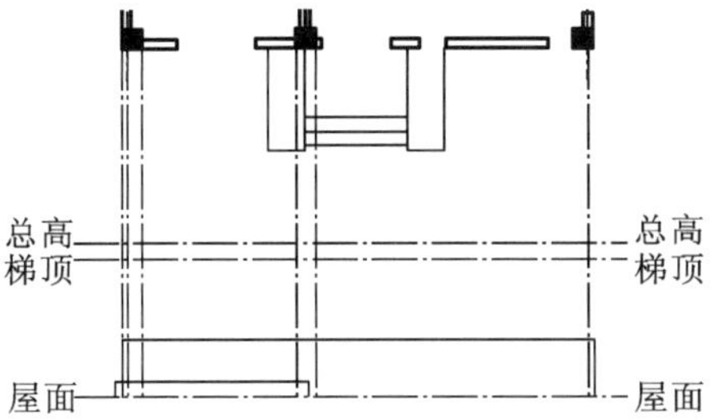

图 9-23　绘制辅助线

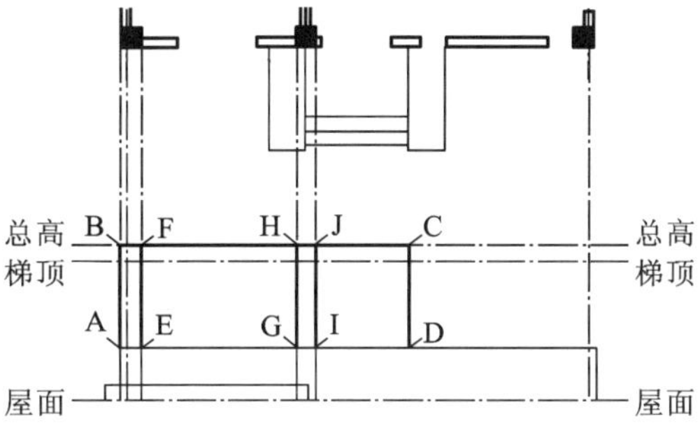

图 9-24　绘制屋面构件

将图 9-24 所示的 BC 段水平直线向下偏移 600，然后以 IJ 段直线为修剪边界，将此直线左侧修剪掉。以此直线为修剪边界，将 IJ 段直线的上方修剪掉，结果如图9-25所示。将 IJ 段直线向右依次偏移 120、600、600，将水平直线向下偏移 450，然后修剪图形，完成楼梯间门的绘制，将门的图形放在“门窗”层，关闭“轴线”层，打开“地坪”层，此时建筑立面图的效果如图 9-26 所示。

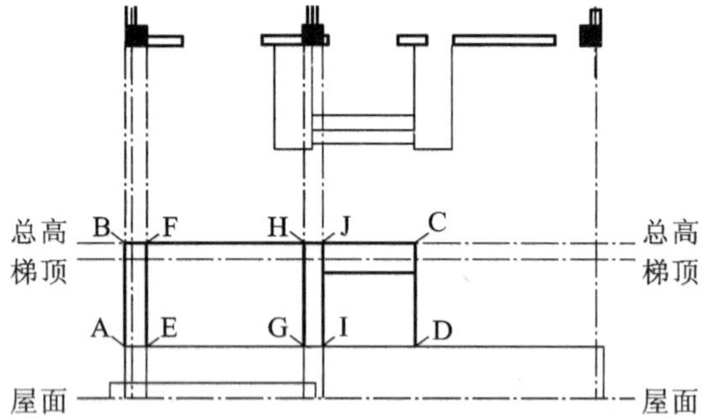

图 9-25 修剪图形

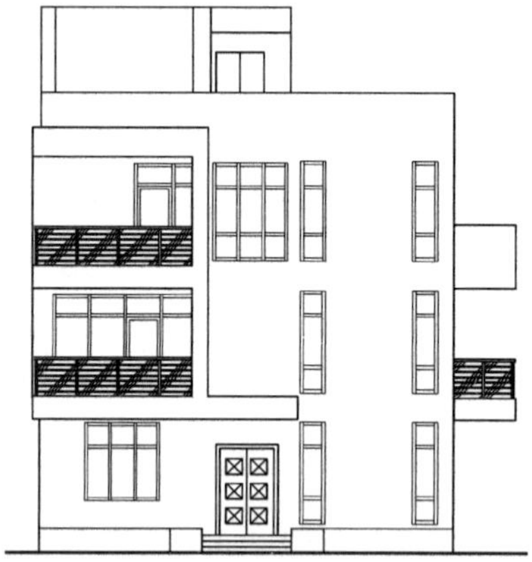

图 9-26 绘制屋面构件后的立面图

9.6.3 绘制空调搁板

打开“轴线”层，将首层定位线向上偏移 2000，得到一条辅助线。将“构件”层置为当前层，执行矩形命令，以辅助线和左侧建筑轮廓线的交点为矩形的第一角点，向左上方绘制矩形，矩形的长为 600，宽为 100。执行复制命令，复制对象为矩形，在矩形正上方 800 处复制出另一个矩形，在这两个矩形左侧端点之间绘制一条竖直直线，将直线向右移动 30，然后将直线向右偏移 50，第一个搁板绘制完毕。执行复制命令，将搁板向正上方复制出另外两个搁板，复制距离分别为 800 和 3600，用修剪命令将复制出的搁板被外墙挡住的部位修剪掉。删除刚刚偏移得到的辅助线，并关闭“轴线”层。

将“填充”层置为当前层，在搁板内部填充“ANSI31”图案，填充角度为－45°，比例为 40，结果如图 9-27 所示。

删除平面条件图，保留水平辅助线和①、④两条轴线，但都缩短至图 9-28 所示(可借助修剪命令完成)，删除其他的竖直辅助线。

9.6.4 立面效果的处理

至此，建筑立面图已基本绘制完毕。为了使立面更形象，突出装饰材料的质感，需要绘制立面材料的图例。

将“填充”层置为当前层，对阳台和装饰柱填充“NET”图案，填充比例为 40，对建筑勒脚以下部位填充“GRAVEL”图案，填充比例为 20，结果如图 9-28 所示。

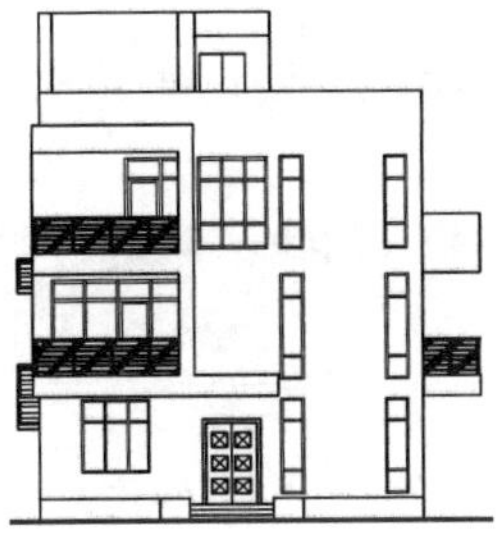

图 9-27　绘制空调搁板

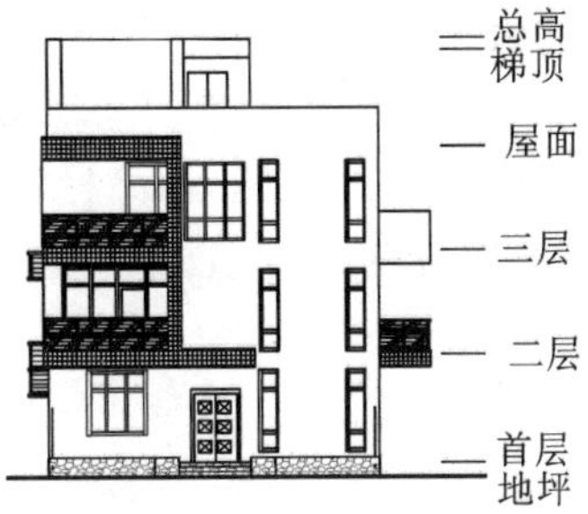

图 9-28　填充立面图案

9.7　图形注释

9.7.1　标注尺寸及符号

建筑立面图宜标注室内外地面、楼面、阳台、门、窗处的标高，也可以标注相应的高度尺寸；如有需要，还可以标注一些局部尺寸，如建筑构配件定位和定形尺寸。为了标注清晰、整齐和便于看图，通常将各层相同构件的标高标注在同一竖直线上。

1)线性尺寸标注

将“标注”层置为当前层，将“建筑 100”标注样式置为当前样式。按图 9-29 所示标注尺寸。

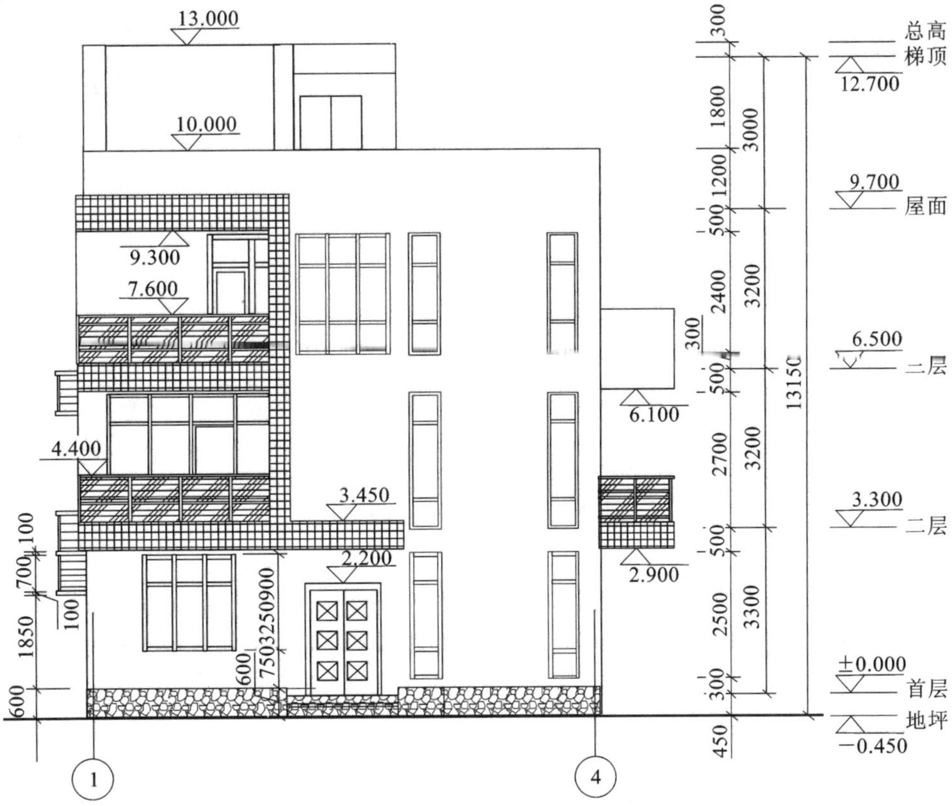

图 9-29　标注尺寸和符号

2)标高、轴线编号标注

执行插入块命令,将“标高符号”动态块放大 100 倍插入到图形中,通过单击夹点,可以调整块的方向,双击块可以修改属性值,标高标注结果如图 9-29 所示。

轴线编号圆的直径为 800,文字高度为 500,文字样式为“宋体”,轴线编号标注结果见图 9-29。

9.7.2 标注文本

外墙立面及一些构配件与设施的装修材料、做法等,常用指引线引出进行文字说明。从 AutoCAD 2008 版开始,引线标注功能得到了显著增强,增加了多重引线样式和多重引线标注。

1. 设置引线标注样式

单击“格式”菜单/“多重引线”,弹出多重引线样式对话框,单击“修改”按钮,按图 9-30～图9-32 所示修改各选项卡的设置。

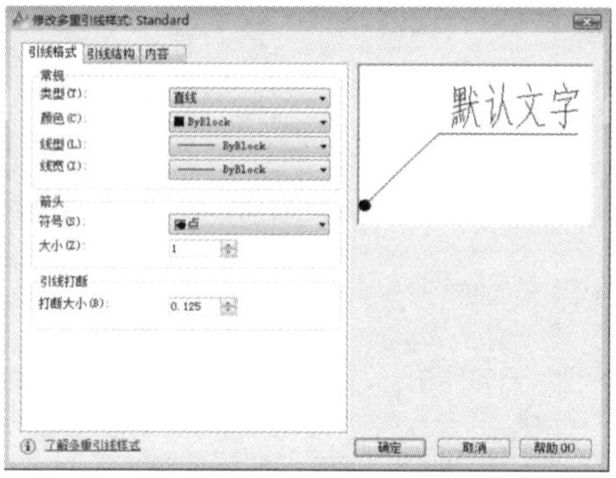

图 9-30 “引线格式”选项卡设置

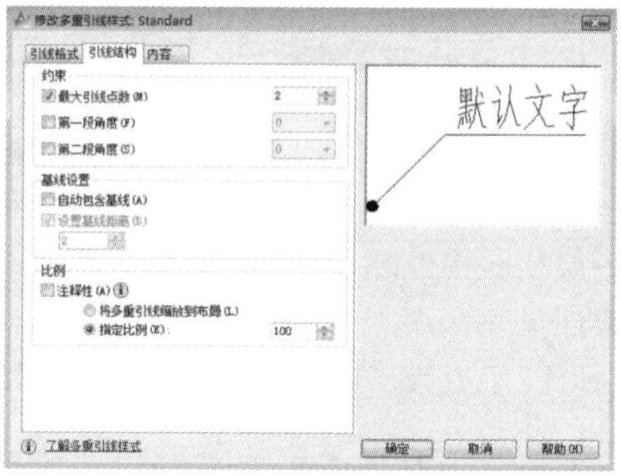

图 9-31 “引线结构”选项卡设置

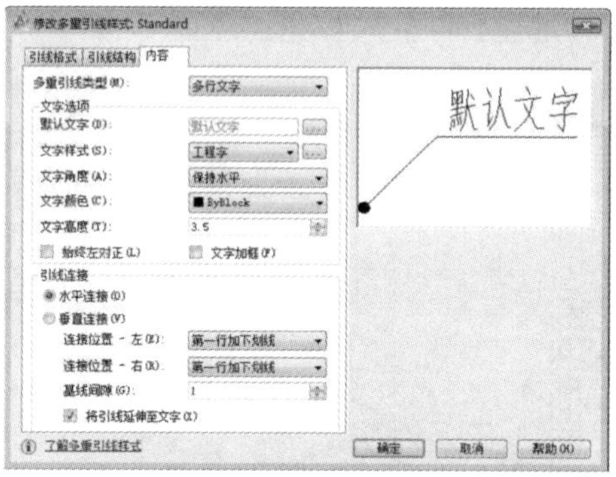

图 9-32 “内容”选项卡设置

2. 引线标注

单击“标注”菜单/“多重引线”(或命令行执行 MLEADER 命令),按图 9-33 所示完成引线标注。标注完的引线可能参差不齐,此时可以选中所有引线标注,然后右击鼠标,在弹出的快捷菜单中单击“特性”,弹出“特性”选项板,在“文字”选项组的“对正”文本框中选择“左”对正,此时所有引线的文字都是左对齐,然后通过夹点编辑的方式调整文字的对齐位置,使引线标注整齐美观。

对于图 9-33 上方的“50×50 白色方砖”的两条引线标注,可以在引线标注完成后,选中该引线并右击,在弹出的快捷菜单中单击“添加引线”按钮,然后在图形适当位置单击作为第二条引线箭头的位置。

对于 AutoCAD 2008 版以前的用户，由于没有多重引线的概念，可以用引线(LEADER)命令完成引线标注，但需要在“标注样式管理器”对话框中设置引线箭头的形式和大小。也可以绘制直线作为引线，然后在直线上注写文字完成引线标注。

3. 注写图名

将“宋体”文字样式置为当前样式，执行多行文字命令，完成图名和比例的注写。对于图名中的轴线符号“①～④”，可以在“多行文字编辑器”中右击鼠标，在弹出的快捷菜单中单击“符号”子菜单的“其他”选项，在弹出的“字符映射表”中选择相应的字符。最后在图名的下方绘制一条 0.5mm 线宽的粗实线，结果如图9-33所示。

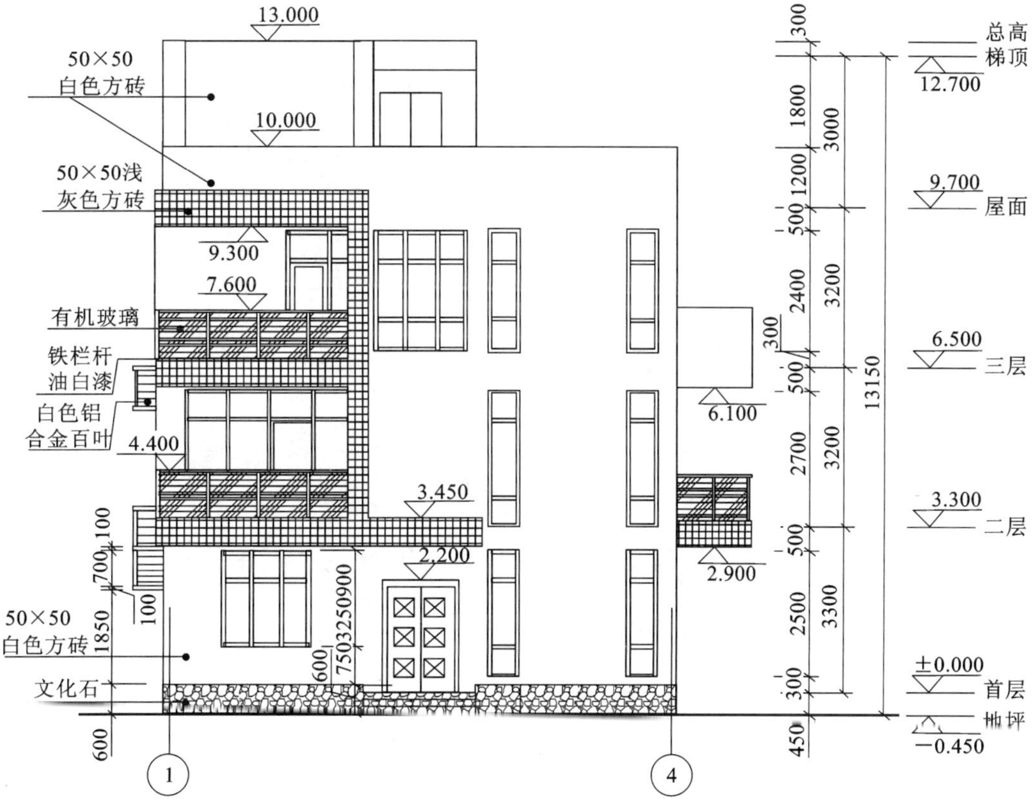

①~④立面图 1:100

图 9-33　引线标注和图名注写

9.8　图纸布局

单击“A3 横式”选项卡，进入图纸空间，将“A3 横式”选项卡重命名为“1-4 轴立面图”。双击布局中的标题框块，在弹出的“增强属性编辑器”对话框中将图名改为“1-4 轴立面图”，其余属性值可自行更改。在标题框内紧靠图框线创建一个矩形视口，将矩形视口放在“Defpoints”层，即定义点层,这个图层为不打印图层。将视口比例设置为 1∶100。图纸布局完毕,执行打印操作,便可打印布局了。

技能训练题

绘制如图 9-34 所示的别墅④～①轴立面图,此图与图 9-1 中的①～④轴立面图是同一工程的立面图,图中未明确标注的尺寸请参见本章相关内容及图 8-1、图 8-34 或自定。

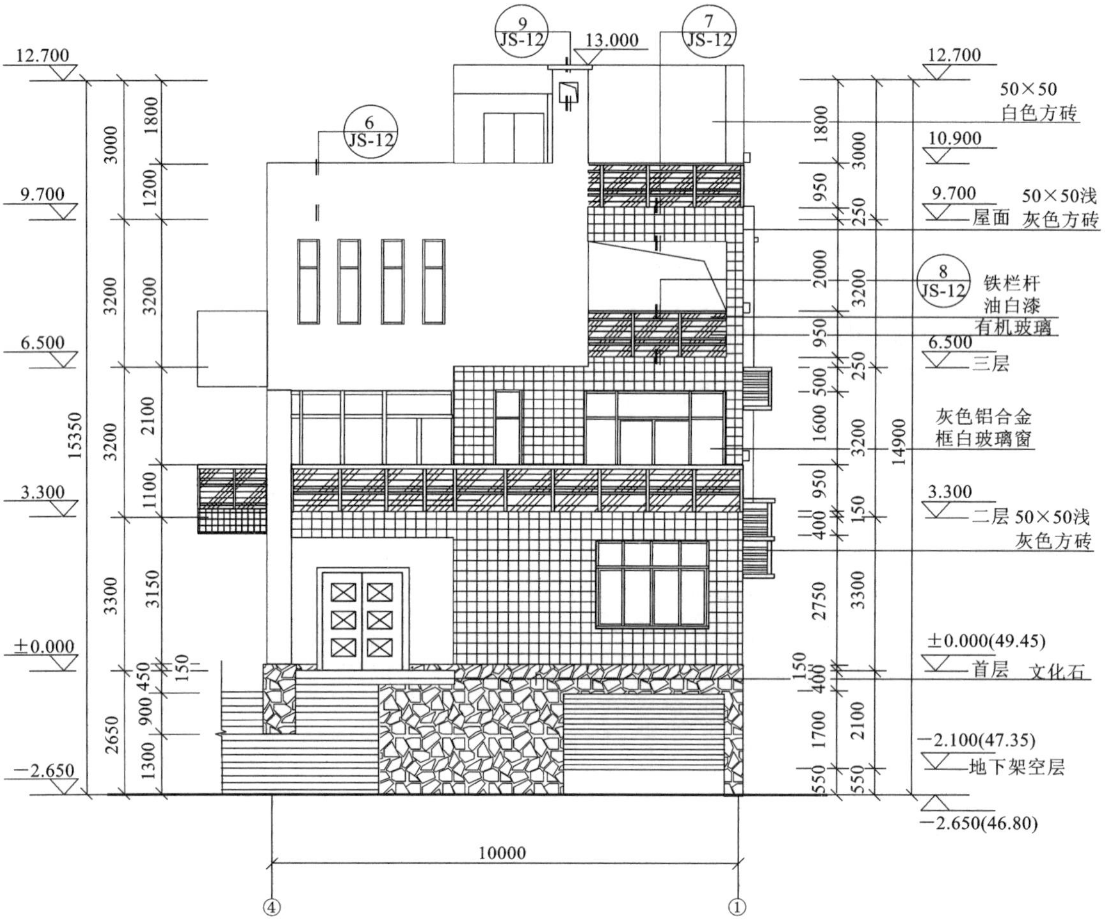

④~①轴立面图 1:100

图 9-34　题 1 图

第 10 章　绘制建筑剖面图

【本章主要内容】

本章主要介绍绘制建筑剖面图的基本过程和方法，通过本章练习强化对 AutoCAD 软件的操作。

10.1　绘制建筑剖面图的基本步骤

建筑剖面图是房屋的垂直剖面图，剖切位置应选在能反映房屋全貌、构造特征，以及有代表性的地方，例如在层高不同、层数不同、内外空间分隔或构造比较复杂处，并经常通过门窗洞或楼梯剖切。

建筑剖面图应包括被剖切到的断面和投射方向可见的构配件，以及必要的尺寸、标高等。它主要用来表示房屋内部的分层、结构形式、构造方式、材料、做法、各部位之间的关系及其高度等情况。建筑剖面图和建筑平面图、立面图一样，也是建筑施工的重要依据。

用 AutoCAD 绘制建筑剖面图，可以用平面图和立面图作为其生成的基础，平面图主要提供各种结构、构件和构造的位置依据，立面图主要用来提供层高、门窗高、阳台位置、檐口位置等信息。

绘制建筑剖面图的基本步骤如下：

(1)利用平面图和立面图，创建绘制建筑剖面图的必要条件；

(2)绘制与平面图对应的竖直辅助线；

(3)绘制与立面图对应的水平辅助线；

(4)绘制墙体、楼板、楼梯平台、楼梯；

(5)绘制门窗、阳台、女儿墙、檐口、过梁、圈梁等；

(6)填充材料图例；

(7)标注必要的尺寸和标高、标注索引符号、注写文字说明等。

本章以绘制如图 10-1 所示的别墅 1—1 剖面图为例，介绍用 AutoCAD 软件绘制建筑立面图的方法和过程。

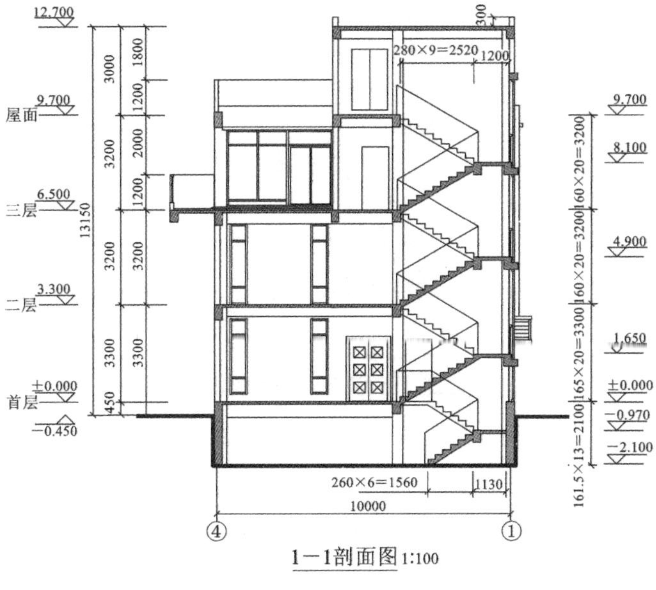

图 10-1　建筑剖面图

10.2　绘图条件的创建

10.2.1　创建平、立面条件图

打开本书配套资源第 8 章中的“A3 样板”文件，将文件另存为“别墅 1—1 剖面图”，并将第 8 章

绘制的平面图(在本书配套资源的"图 8-1. dwg"中)和第 9 章绘制的立面图(在本书配套资源的"图 9-1. dwg"中)复制到"别墅 1—1 剖面图"文件中。

首先将"轴线"层置为当前层,绘制一条辅助直线,连接"首层平面图"上的 1—1 剖切位置线。然后用修剪、删除等操作,将剖视方向另一侧的图形(辅助线上方的所有图形)全部清除。然后用删除命令将留下的部分中与绘图无关的内容删除(如尺寸标注,看不见的构件、文字等),注意保留相应的轴线。由于投射方向的关系,需要把留下的部分旋转 180 度,完成的平面条件图如图 10-2 所示。

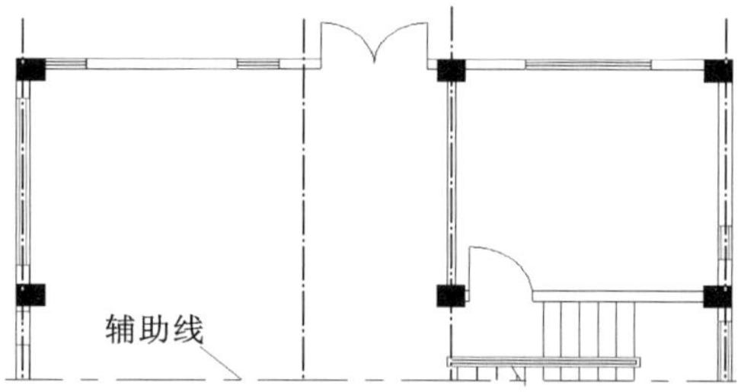

图 10-2 绘制平面条件图

删除"1-4 立面图"上与绘图无关的尺寸标注、引线标注、图名等,将余下的图形移动到平面条件图的左下方,与平面条件图一起组成平、立面条件图,结果如图 10-3 所示。

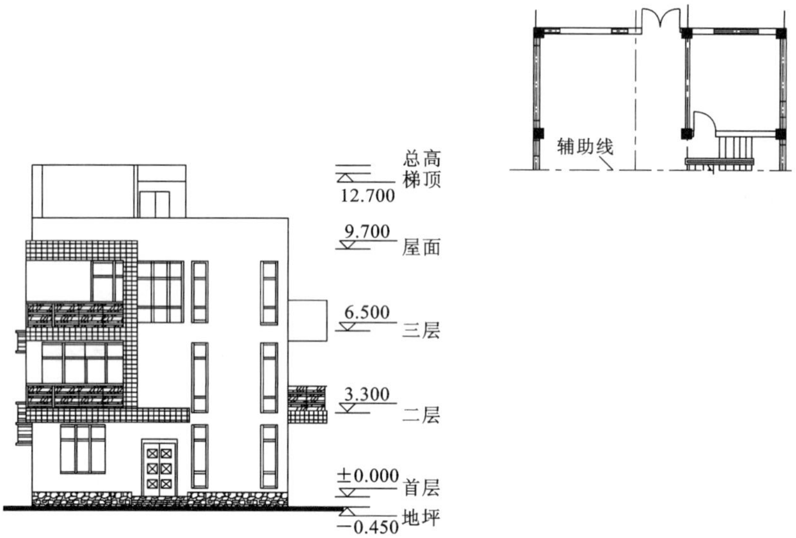

图 10-3 绘制剖面图的平、立面条件图

10.2.2 绘图环境设置

新建三个图层:梁板层、楼梯 A 层、楼梯 B 层。"楼板""楼梯 A"这两个层的颜色为黑色,线宽为 0.5mm,"楼梯 B"层颜色为黄色,线宽为默认。"楼梯 A"层用来放置剖切到的楼梯结构,"楼梯 B"层用来放置未剖切到但可见的楼梯结构。

10.2.3 绘制辅助线

将"轴线"层置为当前层。执行直线命令,根据平面条件图,绘制建筑剖面图建筑构件的竖向定位线；根据立面条件图，绘制建筑剖面图建筑构件的横向定位线，将首层 0 标高定位线向下偏移 2100，得到地下室架空层定位线，移动立面图中的层名文字标记至剖面图相应位置，在地下室架空层辅助线处注写“地下室架空层”字样，如图 10-4 所示。

为了便于观察，上面绘制的只是主要构件和楼层高度的定位辅助线，门、窗、阳台等细部的辅助线并没有绘制，可以在绘制细部时随时添加。

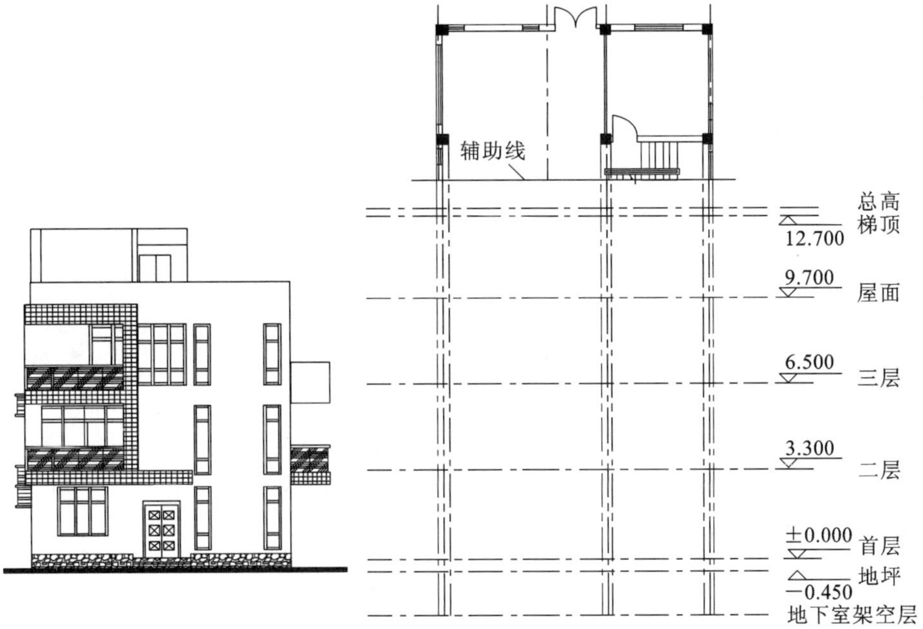

图 10-4 绘制辅助线

10.3 绘制地坪、墙体、楼板、楼梯平台、梁

10.3.1 绘制地坪

将“地坪”层置为当前层，执行多段线命令，线宽为 100，依次单击图 10-5 所示的 A、B、C、D、E、F 点。用偏移命令，将刚刚绘制的多段线向下偏移 50，并将原来的多段线删除，完成地坪的绘制，结果如图 10-5 所示。

绘制完成地坪后，将“墙体”层置为当前层，并将“地坪”层关闭。

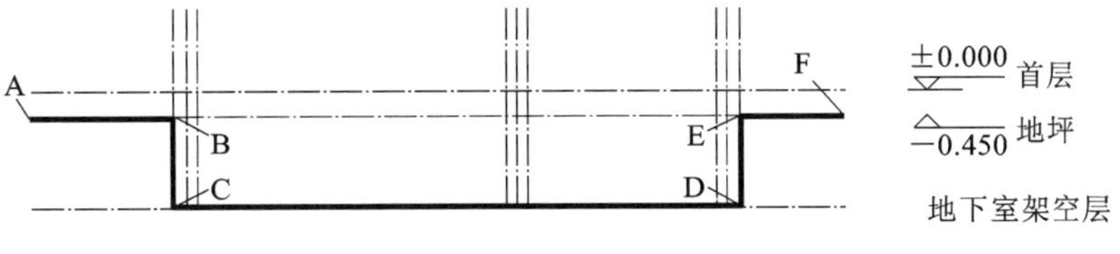

图 10-5 绘制地坪

10.3.2 绘制墙体

这里用多线绘制墙体，由于墙体比较简单，所以不另建多线样式，采用系统默认的多线样式"STANDARD"。

1. 绘制 250 墙体

执行多线命令，多线比例为 250，对正为"上"，在图 10-6 中 C 点和 G 点之间绘制多线，然后复制该多线，复制的基点为多线的右下端点，目标点为 D 点，生成右侧的 250 墙。结果如图 10-6 所示，图中粗线为多线。

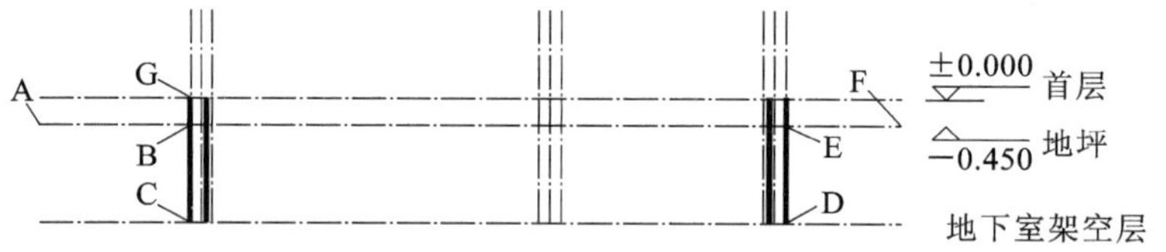

图 10-6　绘制 250 多线墙体

2. 绘制 180 墙体

执行多线命令，多线比例为 180，对正为"上"，在图 10-7 中的 G 点、H 点之间绘制一条多线。仍然执行多线命令，多线比例为 180，对正为"下"，在 I 点、J 点之间绘制一条多线。将平面条件图中的左数第二条竖直轴线延长至三层定位线位置，再次执行多线命令，多线比例为 180，对正为"无"，在 K 点、L 点之间绘制一条多线。结果如图 10-7 所示。

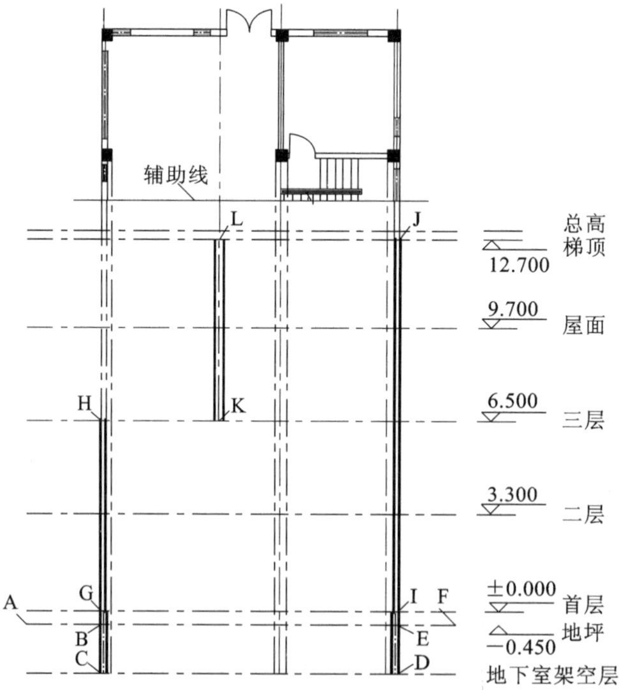

图 10-7　绘制 180 多线墙体

10.3.3　绘制楼板

运用多线命令绘制楼板，多线比例为 100，对正为“上”，以图 10-8 中 G 点为多线起点，向正右方绘制 6280 长，得到首层楼板；以 L 点为起点，向右绘制至 J 点，得到楼梯间顶板；以 M 点为起点，向右绘制 2190 长，得到屋面板。复制首层楼板，基点为 G 点，复制到二层和三层相应位置，得到二层、三层楼板。运用夹点编辑功能，将三层楼板多线向正左方延伸 1500，生成阳台板。结果如图 10-8 所示。

绘制完楼板后，删除所有的竖直辅助线，补绘代表墙体轴线的竖直辅助线。结果如图 10-9 所示。

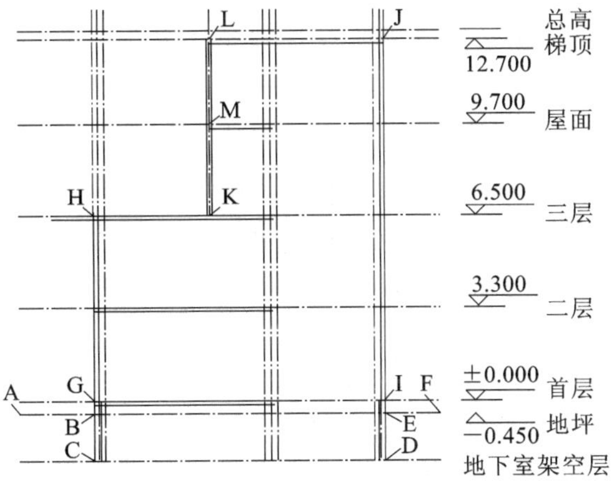

图 10-8　绘制楼板

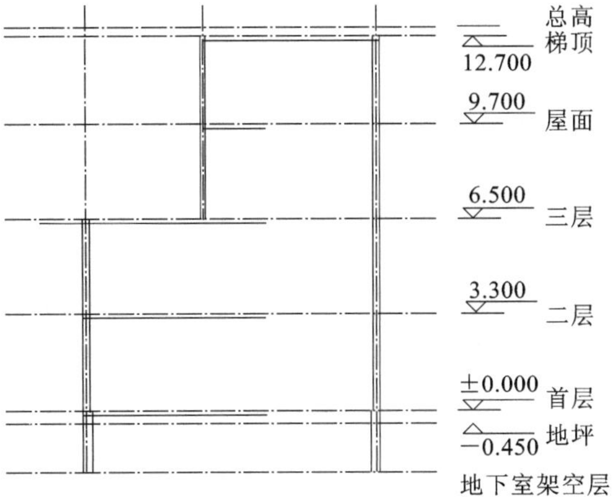

图 10-9　绘制辅助线

10.3.4　绘制楼梯平台

1. 绘制楼梯平台定位线

将“轴线”层置为当前层，用偏移命令，将首层定位线向下偏移 970，生成地下室楼梯平台（标高－0.970）处的定位线，然后将右侧墙体轴线向左偏移 1290，以生成的直线作为修剪边界，将标高－0.970 处的辅助线左侧修剪掉，将留下的部分向上偏移 2620，再依次将生成的直线向上偏移 3250、3200，生成各层楼梯平台标高位置线，最后删除偏移得到的竖直辅助线，效果如图 10-10 所示。

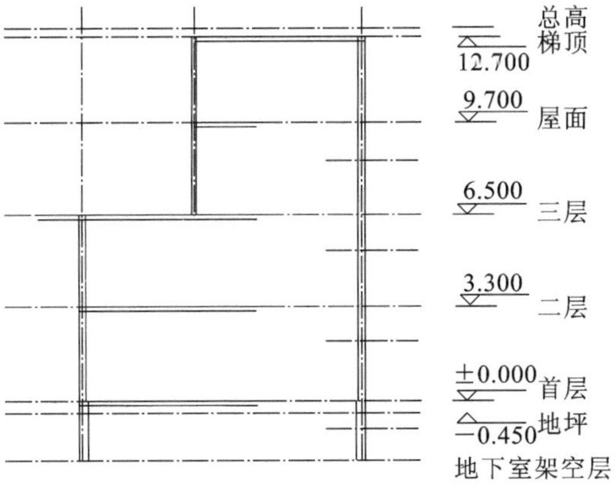

图 10-10　绘制楼梯平台定位线

2. 绘制楼梯平台板

将“梁板”层置为当前层，运用多线命令，绘制各层楼梯平台板，平台板厚度为 100。其中地下室楼梯平台起点为辅助线左端点，绘至与 250 墙体相交；其余各层楼梯平台均以相应辅助线左端点为起点，向正右方绘制 1280 长。完成后的效果如图 10-11 所示。

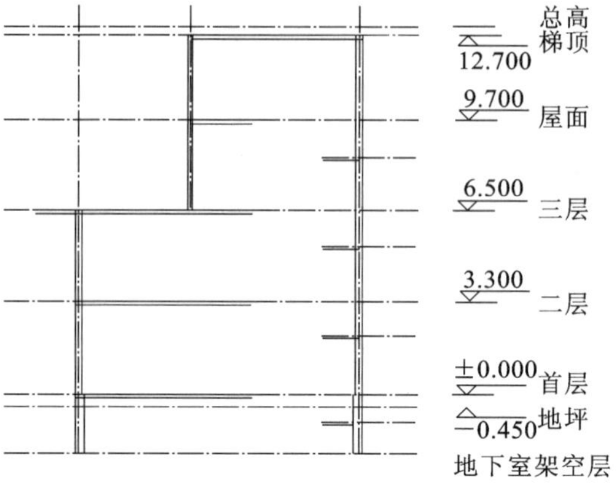

图 10-11 绘制楼梯平台板

10.3.5 绘制梁

本章绘制的建筑剖面图,共有五种尺寸的梁,其中四种矩形梁和一种“L”形梁。它们的尺寸如图 10-12 所示。其中规格为 200×400 的矩形梁只用于首层和二层间的楼梯平台,规格为 250×500 的矩形梁用于二层和三层楼板的左端,规格为 280×200 的矩形梁用于楼梯间顶部的窗过梁,其余矩形梁规格均为 250×400,“L”形梁用于楼梯间处的外墙圈梁。

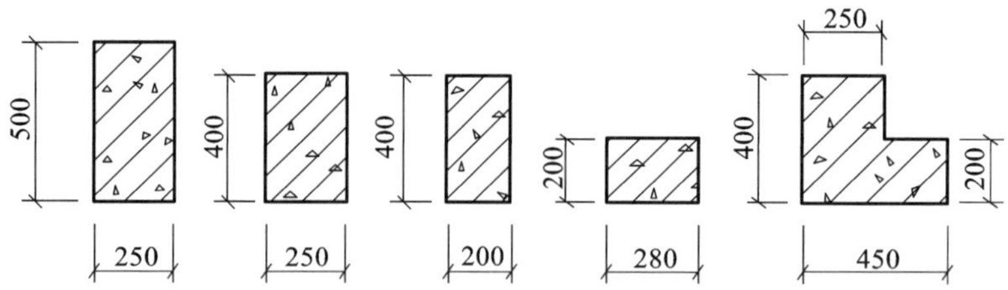

图 10-12 梁的形状

将“轴线”层关闭,将“梁板”层置为当前层,绘制梁的轮廓,由于梁的绘制比较简单,这里不再赘述绘制过程,可参照图 10-13 绘制。

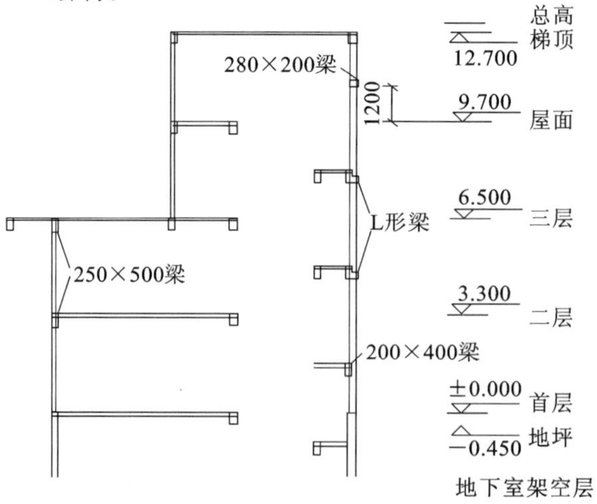

图 10-13 梁的绘制结果

10.3.6　结构的细部处理

在已绘制的图形部分，由于是按单个构件绘制的图形，构件与构件之间的连接需要处理。

1. 编辑已有图形

确保“轴线”层关闭，用分解命令将所有的多线分解，然后用修剪命令将多余的图线剪掉，修剪完成后用直线将未封闭的结构闭合，结果如图 10-14 所示。

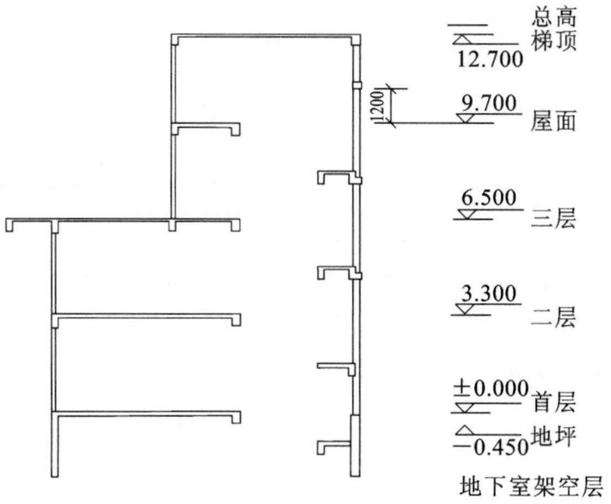

图 10-14　墙体、楼板和梁的处理结果

2. 补绘其他结构

(1)将“梁板”层置为当前层，补绘露台上方的梁，该梁的规格为 250×500。

(2)将“墙体”层置为当前层，用直线补绘露台处梁上的装饰墙，该墙高 1100，厚 120。

(3)用直线补绘楼梯间屋面墙体，该墙高 300，厚 120。

(4)用直线补绘露台边缘墙体，该墙高 250，厚 120。

补绘结果如图 10-15 所示。

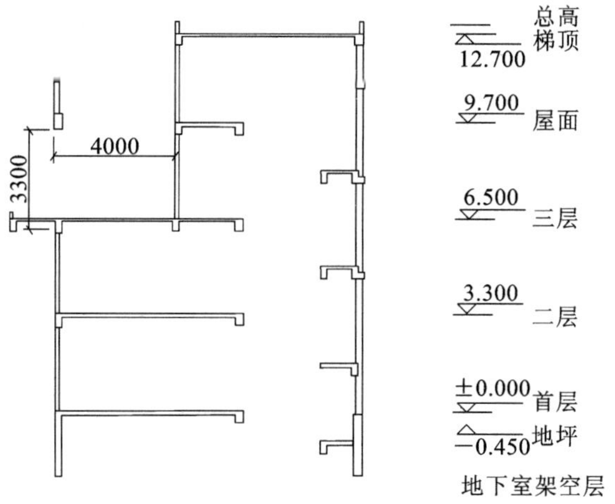

图 10-15　补绘梁和墙体

10.4 绘制楼梯

楼梯剖面图的绘制是建筑剖面图中较复杂的部分。在本章中,有三种样式的楼梯:架空层楼梯,首层楼梯,二层和三层楼梯。各种楼梯因层高不同,踏步尺寸也不尽相同,绘制时应注意。

10.4.1 绘制架空层楼梯

架空层层高 2100,共 13 级踏步,踏步高度为“2100/13”,踏面尺寸为 260。

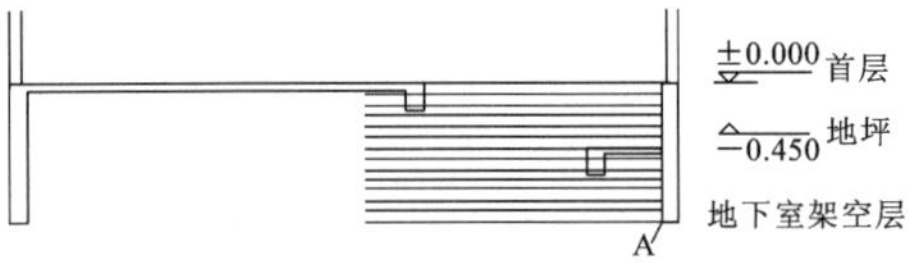

图 10-16 绘制水平定位线

1. 绘制水平定位线

用直线命令,以图 10-16 中 A 点为起点向左绘制一条水平直线,其长度略大于楼梯间进深即可,然后将该直线矩形阵列,行数为 14 行,列数为 1 列,行间距为“2100/13”,关联性为“不关联”,阵列后的效果如图 10-16 所示。

2. 绘制竖直定位线

利用平面条件图中的楼梯平面,生成竖直的定位辅助线。启动延伸命令,选择最下面的水平线(图 10-16 中 A 点所在的水平线)作为延伸边界,选择平面条件图上 260 宽踏步线作为延伸对象,延伸后的效果如图 10-17 所示。

3. 绘制踏步

将“楼梯 A”层置为当前层,用直线命令,利用交点捕捉,沿着辅助定位线的交点绘制楼梯踏步的剖切段;将“楼梯 B”层置为当前层,用直线命令,沿着辅助定位线交点绘制楼梯踏步的投影段。绘制完成后删除除了最下端水平辅助线外的所有辅助线,此时的效果如图 10-18 所示。

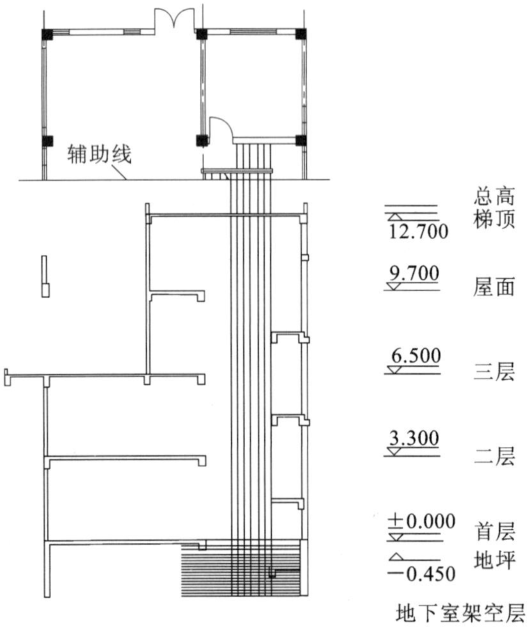

图 10-17 绘制竖直定位线

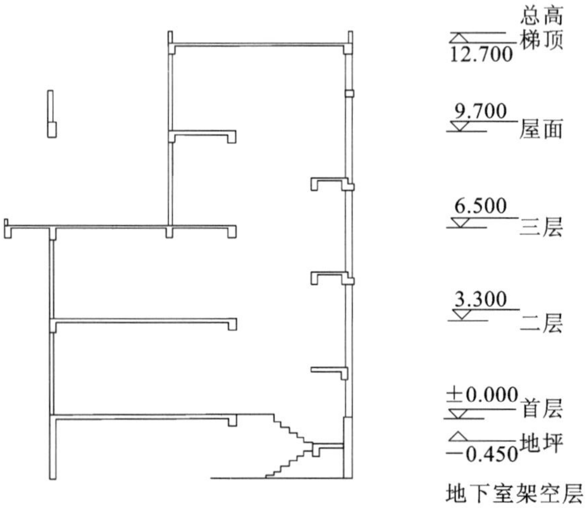

图 10-18 绘制踏步

4. 绘制楼梯板

将“楼梯 A”层置为当前层，用直线命令，捕捉如图 10-19 所示的 B、C 点，绘制一条直线；将“楼梯 B”层置为当前层，用直线命令，捕捉 D、E 点，绘制一条直线。用偏移命令，将直线 BC、DE 及线 L 均向下偏移 100，然后利用修剪和延伸命令编辑楼梯板，结果如图 10-20 所示。

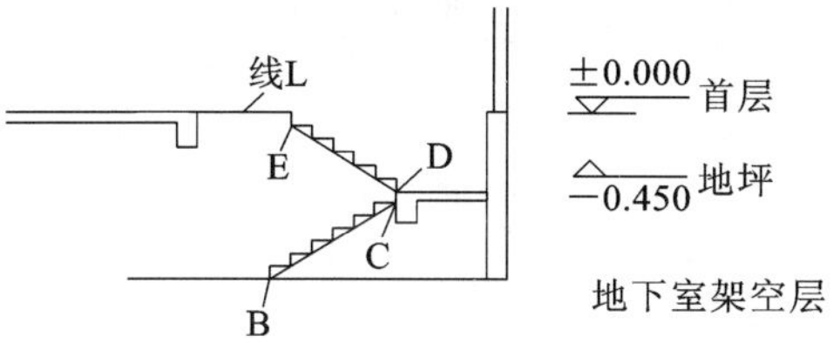

图 10-19　绘制楼梯板辅助线

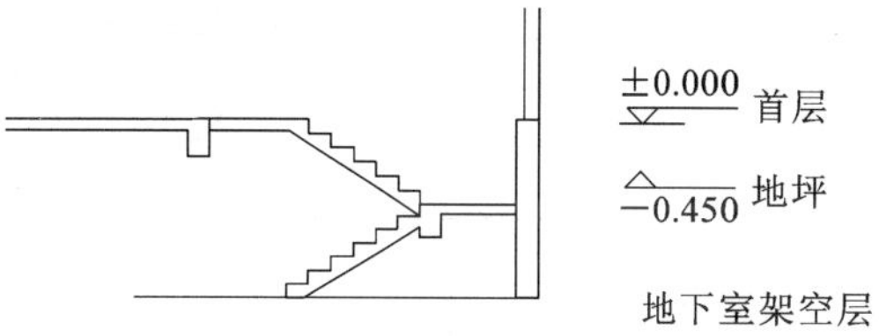

图 10-20　编辑楼梯板

10.4.2　绘制首层楼梯

首层层高为 3300，共 20 步级，故每一个踢面尺寸为 165，从楼梯平面图可知，踏面尺寸为 280。由于都是整数，可以采用比绘制架空层楼梯更简单的办法。

1. 绘制踏步

将“楼梯 A”层置为当前层，用直线命令，捕捉首层楼梯梁的右上端点（图 10-21 中的 F 点）为起点，向正上方绘制 165 长，然后向正右方绘制 280 长（直线的终点为 G 点），完成第一级踏步。复制这两条直线，基点为 F 点，目标点为 G 点，完成第二级踏步，依次向上复制，完成这一梯段的踏步。

将“楼梯 B”层置为当前层，用直线命令，以楼梯平台梁的左上端点（图 10-21 中的 H 点）为起点，向上方绘制 165 长，向正左方绘制 280 长（直线的终点为 I 点），完成第一级踏步。复制这两条直线，基点为 H 点，目标点为 I 点，完成第二级踏步，依次向上复制，完成首层楼梯踏步，结果如图 10-21 所示。

2. 绘制楼梯板

楼梯板的绘制方法与地下室架空层楼梯板绘制方法相同，板厚仍为 100，绘制完成后综合运用修剪、延伸等命令进行编辑，结果如图 10-22 所示。

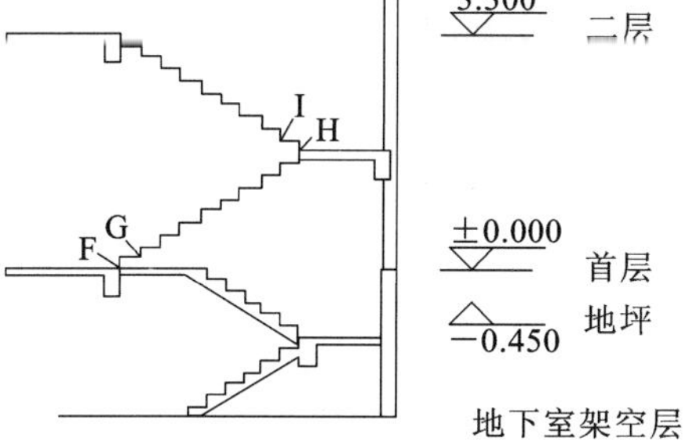

图 10-21　绘制首层楼梯踏步

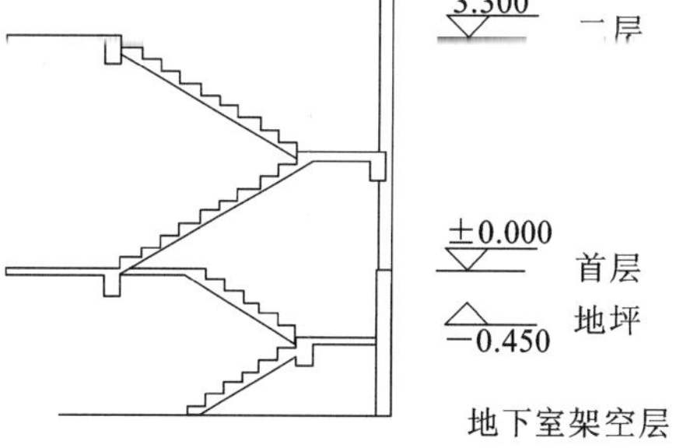

图 10-22　绘制首层楼梯板

10.4.3　绘制二、三层楼梯

二、三层层高都是 3200，每一层有 20 步级，所以踢面尺寸都是 160，由楼梯平面图可知，踏面尺寸为 280。可以先绘制二层楼梯，然后复制二层楼梯，得到三层楼梯。绘图过程同首层楼梯，这里不再赘述。楼梯绘制结果如图 10-23 所示。

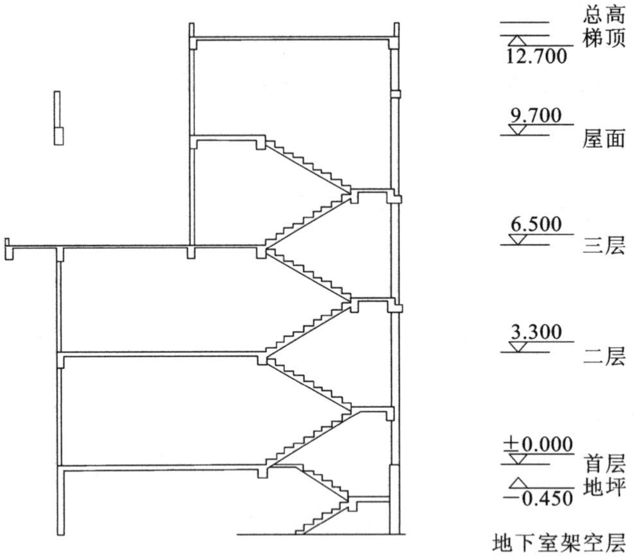

图 10-23　楼梯绘制结果

10.4.4　绘制楼梯扶手和栏杆

将"其他"层置为当前层，运用直线命令，绘制代表栏杆的竖直线，长度为 1050，除架空层的三条竖直线距踏步边线 130 外，其余竖直线距踏步边线均为 140。用直线顺次连接各条竖直线的上顶点，得到扶手线，将被梯段挡住的扶手线修剪掉，结果如图 10-24 所示。

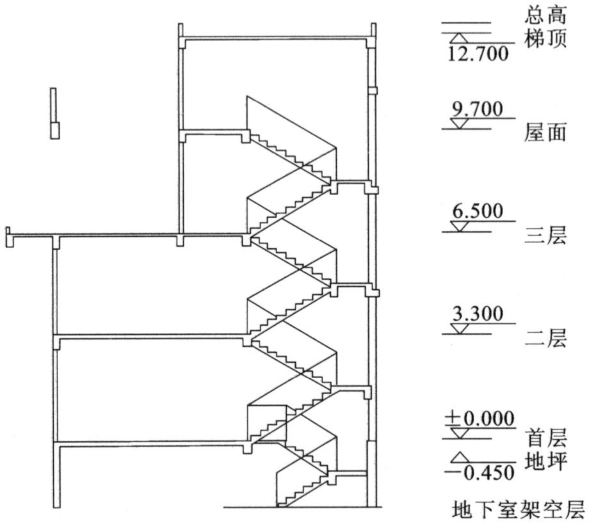

图 10-24　绘制栏杆和扶手

10.5　填充材料图例及绘制细部

10.5.1　填充材料图例

本章中的结构有钢筋混凝土结构和砌体结构，其中钢筋混凝土结构剖面应填充“SOLID”图案，砌体结构不填充图案。将“填充”层置为当前层，填充结果如图 10-25 所示。

10.5.2　绘制墙、柱、梁可见轮廓线

在剖面图中，有一些墙体、柱和梁虽然未被剖切到，但它们的轮廓线可见，应该画出来。

1. 绘制柱可见轮廓

将“其他”层置为当前层，启动直线命令，运用对象追踪功能，追踪图 10-26 所示的 A 点，在该点的正右方 400 处绘制直线的起点，然后向正上方绘制 11400 长。继续直线命令，追踪图 10-26 所示的 B 点，在该点的正左方 400 处绘制直线的起点，向正上方垂足捕捉楼梯间顶板的下边线。将此直线向左偏移 3390，得到的直线再向左偏移 400。用修剪命令，将这四条直线被其他构件遮挡处修剪掉，结果如图 10-26 所示。

用直线连接如图 10-26 所示的 C 点和 D 点，柱轮廓线绘制完毕。

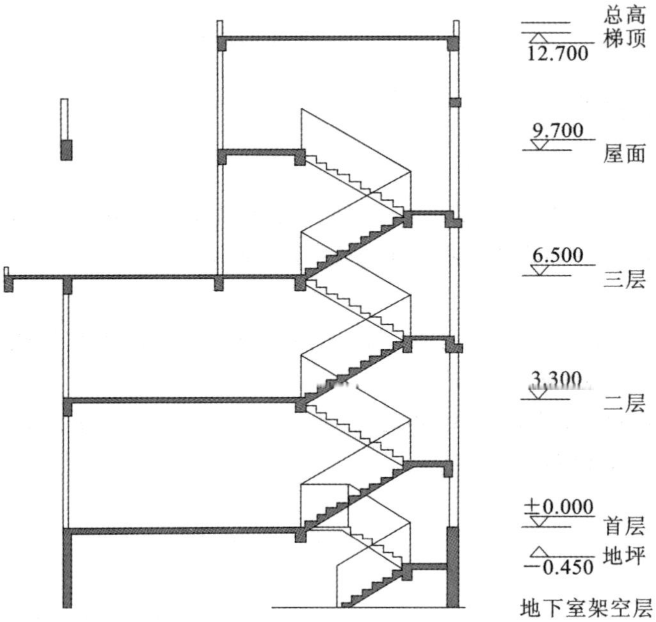

图 10-25　填充钢筋混凝土构件

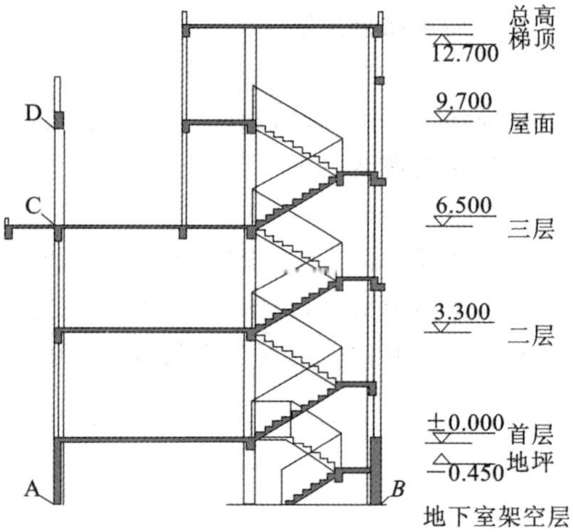

图 10-26　绘制可见的柱轮廓

2. 绘制墙可见轮廓

执行直线命令，以图 10-27 中的 E 点（E 点在 B 点正上方 5000）为起点，向右绘制 180，向上绘制 7100，然后垂足捕捉外墙线（垂足为 F 点）。用直线连接图 10-27 中的 G 点和 H 点，并将此直线向下偏移 900。墙体轮廓线绘制完毕。

3. 绘制梁可见轮廓

如图 10-28 所示，执行直线命令，以 I 点为起点，向右绘制水平直线至 J 点，执行修剪命令，将梁线 IJ 被柱轮廓线遮挡部分修剪掉；执行直线命令，以 K 点(K 点在柱的轮廓线上，距三层楼板下边线 400)为起点，向右绘制水平直线至 L 点；以 M 点(M 点在柱的轮廓线上，距二层楼板下边线 300)为起点，向右绘制水平直线至 N 点；以 O 点(O 点在柱的轮廓线上，距首层楼板下边线 400)为起点，向右绘制水平直线至 P 点；以 Q 点为起点，向右绘制水平直线至 R 点。梁轮廓线绘制完毕。

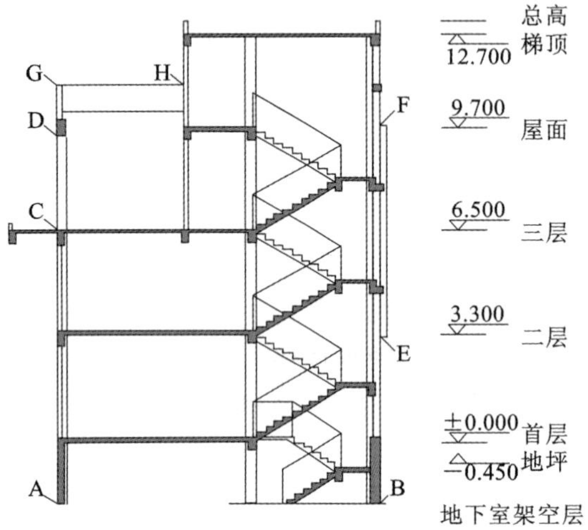

图 10-27　绘制可见的墙体轮廓

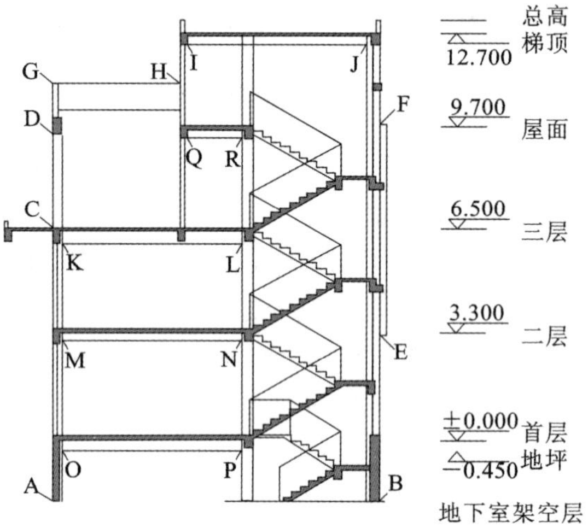

图 10-28　绘制可见的梁轮廓

10.5.3　绘制露台细部和右墙飘板、空调搁板

1. 绘制露台雨篷

用直线连接如图 10-29 所示的 S 点和 T 点，得到雨篷的上边线，然后将该直线向下偏移 100，得到雨篷的下边线，用直线将这两条线的左端点连接，将被遮挡的柱轮廓线修剪掉。

2. 绘制露台栏杆

执行直线命令，以图 10-30 中 U 点(U 点为墙的中点)为起点，向正上方绘制 900 长，将此直线向左右各偏移 15，然后删除此直线，得到露台栏杆的立柱。

启动矩形命令，按图 10-31 所示位置绘制一个边长为 50 的正方形，并将正方形向内偏移 5，得到栏杆扶手断面。用直线绘制露台侧墙线。结果如图 10-30 所示。

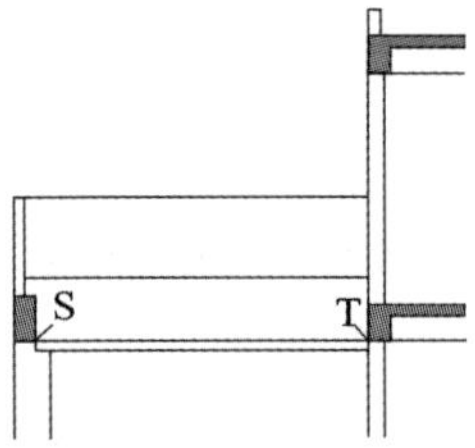

图 10-29　绘制露台雨篷

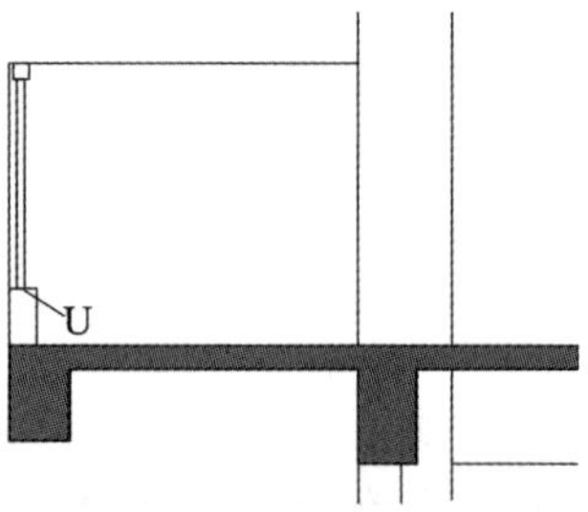

图 10-30　绘制露台栏杆

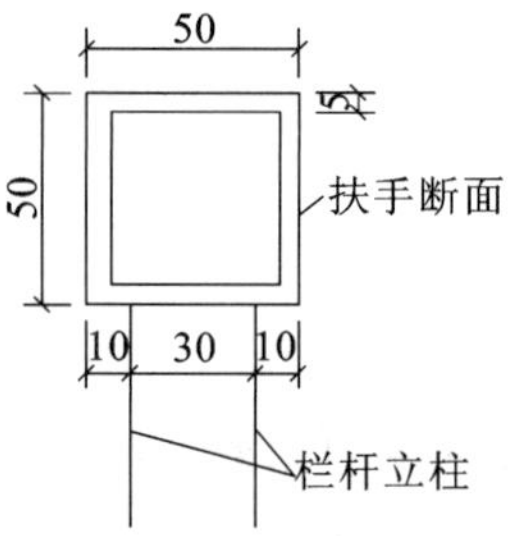

图 10-31　扶手与立柱的关系

3. 绘制露台防水层及散水

用直线连接如图 10-32 所示的 V 点和 W 点，然后将该直线向正上方上移动 60，得到露台防水层，将得到的直线再向上偏移 40，得到露台散水线，将这条线在柱轮廓线右侧的部位修剪掉，并将柱轮廓线在其下方的部位修剪掉，如图 10-32 中 X 点处所示。然后以 X 点为起点，绘制一条斜线，斜线的终点在防水层线上，距 X 点的水平距离为 150。

4. 绘制右墙飘板

由于图形简单，这里不介绍其绘制过程，仅仅给出绘制参数：飘板顶距墙体上端 600，飘板厚 100，挑出墙体 100，如图 10-33 所示。

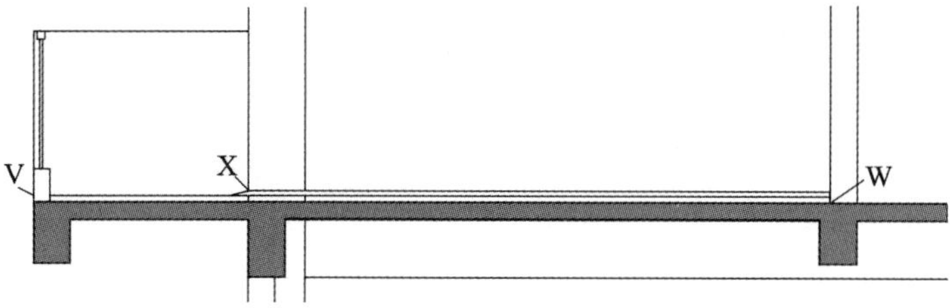

图 10-32　露台防水层及散水绘制结果

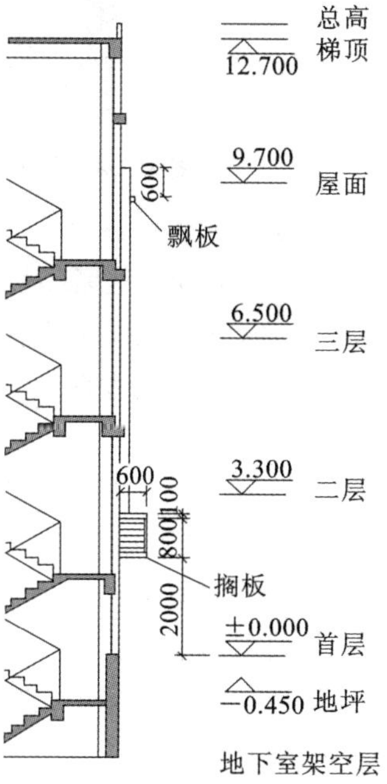

图 10-33　绘制飘板和搁板

5. 绘制空调搁板

空调搁板的绘制过程在第 8 章中已经介绍，这里不再赘述，仅仅给出绘图参数，如图 10-33 所示，未明确的参数见第 8 章。

10.6　绘制门窗

1. 绘制首层和二层门、窗立面

结合第 8 章图 8-1"首层平面图"中 1—1 剖面的剖切位置和第 9 章中图 9-1"①～④立面图"可知，剖面图中首层的两扇窗和一扇门、二层的两扇窗与①～④立面图中的相同，只是观察的方向相反。所以可以先复制立面图中的门和窗至空白区域，然后统一镜像门和窗，将镜像后的门和窗移到剖面图的相应位置即可。在用 AutoCAD 绘图过程中，利用已有成果，可以大大加快绘图速度，提高工作效率。

具体操作如下：启动复制命令，在①～④立面图中复制首层的门及门右侧首层和二层的四扇窗至图形空白区域，然后启动镜像命令，镜像线为任意的竖直直线，创建这五个图形的对称图形，删除原图形。启动移动命令，基点为门的右下端点，目标点为图 10-34 中的 A 点(A 点为首层地面线与柱左边线交点)正左方 50。

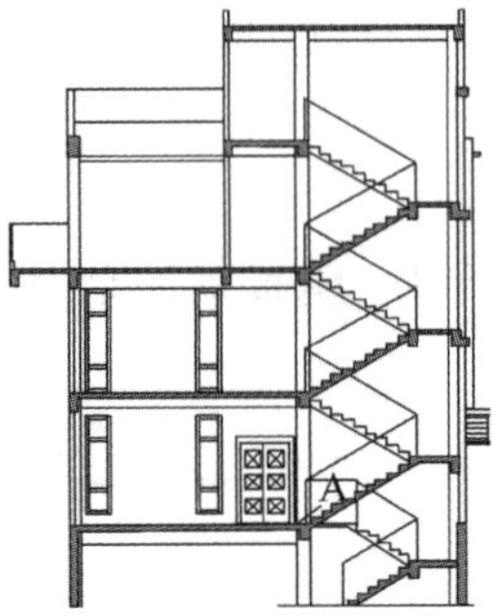

图 10-34　绘制首层和二层门窗

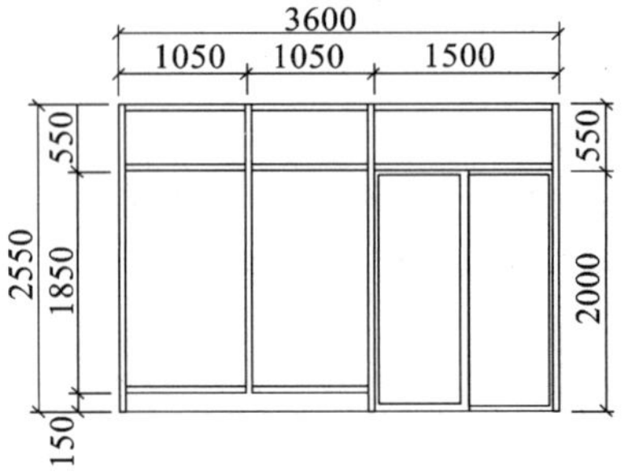

图 10-35　三层门联窗绘图参数

2. 绘制三层门联窗

三层门联窗左侧紧靠柱边线，右侧紧靠墙体边线，上面紧靠雨篷下边线，具体尺寸如图 10-35 所示，在"门窗"层绘制，这里不详细介绍其绘制过程了。

3. 绘制其他门立面

剖面图中还有首层卧室门、三层书房门和楼梯间通屋顶的三个门。这三个门都用矩形画出，由于比较简单，下面只给出其绘图参数，读者可自行完成。

首层卧室门：宽 900，高 2100，以图 10-36 中 A 点定位，门的左下角点在 A 点的正右方 460；绘制完成后需要修剪掉被楼梯和扶手遮挡的部分。

三层书房门：宽 900，高 2100，以图 10-36 中 B 点定位，门的右下角点在 B 点的正左方 120。

楼梯间顶部双扇门：宽 1200，高 2100，以图 10-36 中 C 点定位，门的右下角点在 C 点的左方、上方 150 处。

所有门、窗立面绘制完成后的图形如图 10-36 所示。

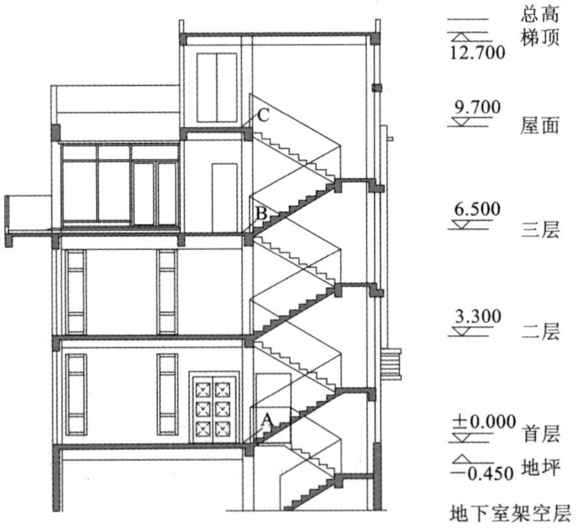

图 10-36　门、窗绘制结果

4. 绘制幕墙剖面

楼梯间处外墙饰面为玻璃幕墙。首先绘制幕墙横挡，确保"门窗"层为当前层，执行多段线命令，按图 10-37 所示尺寸绘制幕墙横挡外轮廓，然后将多段线向内偏移 3，生成幕墙横挡。用移动命令，将横挡移动至楼梯间顶层外墙窗过梁处，其顶边中点距墙外边线 D 点 50，如图 10-38 所示。

将横挡图形在竖直方向上镜像，将镜像后的图形移动到三层外墙的"L"形柱上，位置与图10-38 中的横挡对正。

在两个横挡间用直线命令绘制玻璃和密封，其效果如图 10-39 所示。

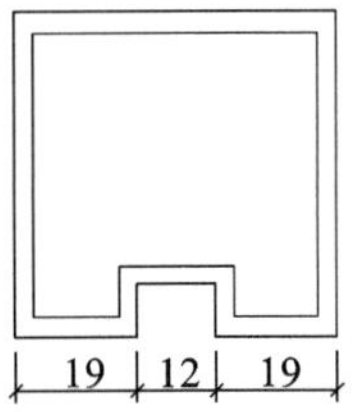

图 10-37 幕墙横挡绘图参数

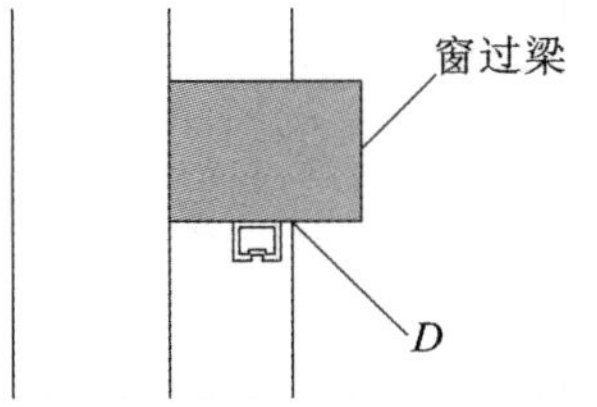

图 10-38 幕墙横挡位置

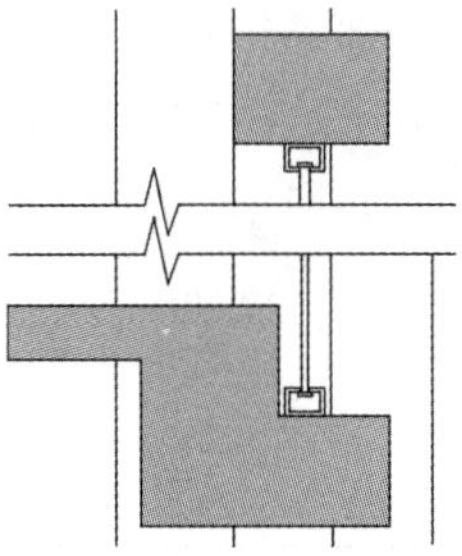

图10-39 三层楼梯间幕墙的效果

同样方法完成楼梯间外墙上首层和二层处幕墙的绘制。

5. 绘制楼梯平台护栏

楼梯休息平台外侧由于是幕墙，没有防护墙体，所以应设置防护栏，由于这里的护栏剖面与露台处的护栏剖面相同，所以直接复制露台剖面即可。定位方法为护栏立柱中点距楼梯平台板外边线 50，如图 10-40 所示。

至此，建筑剖面图的图形部分全部绘制完毕，结果如图 10-41 所示。

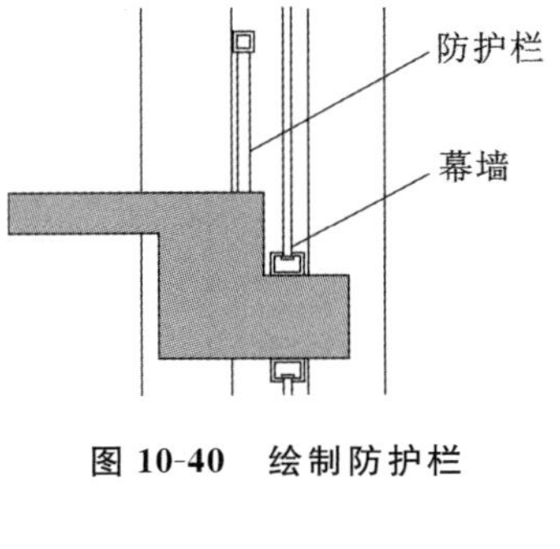

图 10-40 绘制防护栏

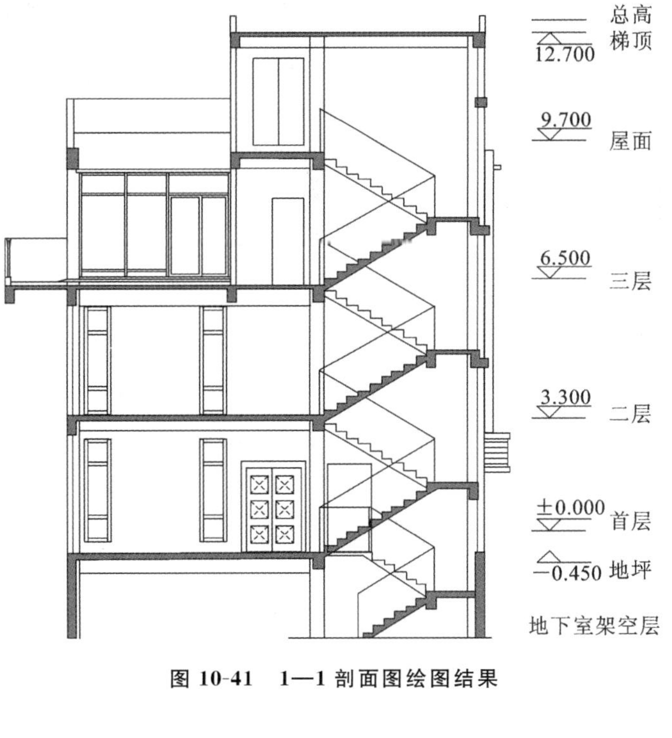

图 10-41 1—1 剖面图绘图结果

10.7 尺寸及符号标注

在剖面图中,应该标注出被剖切到的外墙竖向尺寸,包括细部尺寸、层高和总高;同时还应标注出主要构件的标高。

本范例中左侧标注外墙的主要尺寸和地坪、楼地面、屋顶标高,右侧主要标注楼梯间处楼梯的具体尺寸以及楼梯平台、楼地面标高。对于某些细部尺寸,可以在图形内部标注。

在剖面图中,还要标注出主要轴线的编号及轴线间距离。最后需要注写图名和比例。

由于这些内容在前面都已经介绍过,这里就不再重复了。标注结果如图 10-42 所示。

至此,1—1 剖面图绘制完成。

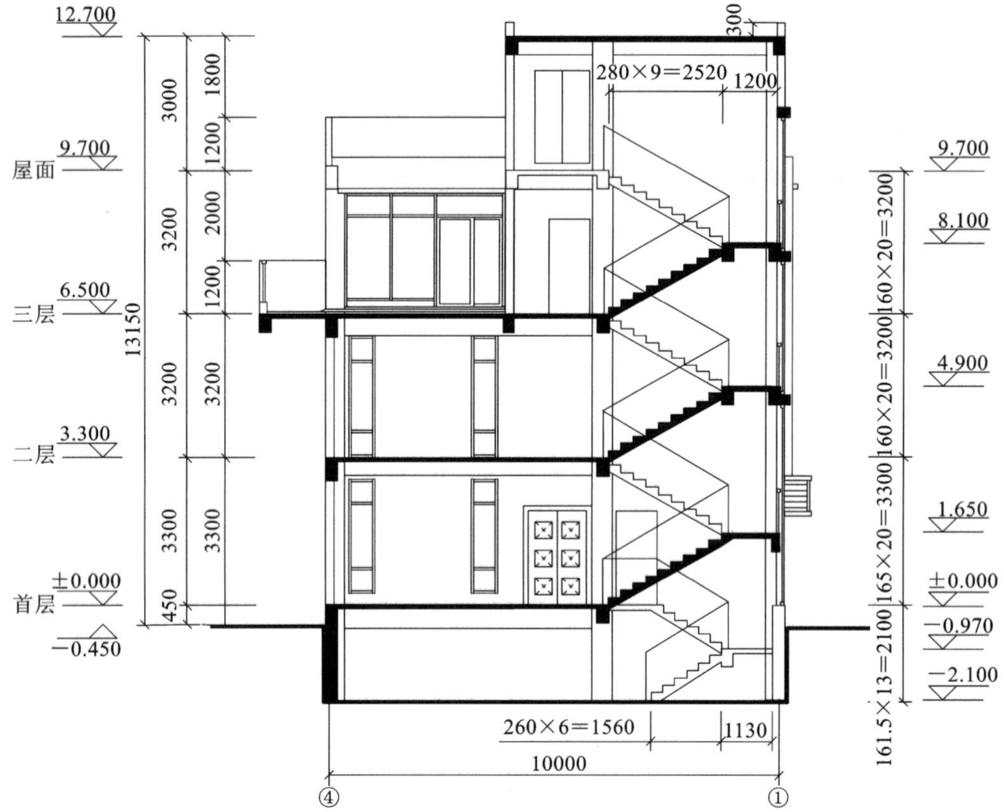

1—1剖面图 1:100

图 10-42 标注建筑剖面图

技能训练题

绘制图 10-43 所示的台阶剖面图,图中未明确的尺寸请自定,注意本图采用了断开的简化画法。

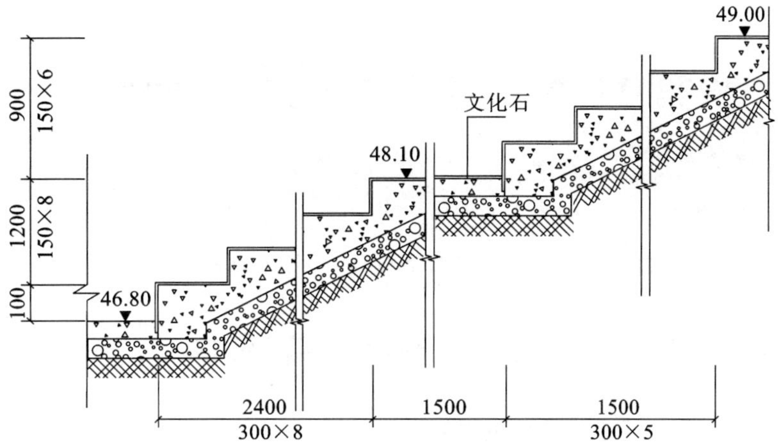
49.00
文化石
48.10
46.80
900
150×6
1200
150×8
100
2400
300×8
1500
1500
300×5

图 10-43　台阶剖面图

第 11 章　绘制建筑总平面图

【本章主要内容】

本章主要介绍绘制建筑总平面图的基本过程和方法，通过本章练习强化对AutoCAD软件的操作。

11.1　建筑总平面图的表达内容与样本文件

总平面图是新建建筑在基地范围内的总体布置图。它表达新建建筑的总体平面布局、体量和位置，周围环境、地形地貌、道路和绿化的布置情况，以及一些设施（如停车场）等的布置情况。

11.1.1　建筑总平面图的表达内容

建筑总平面图表达的主要内容如下。

(1)坐标网和坐标值。

(2)用等高线或标高表达的地形地貌。

(3)用图例表达的新建、原有、拟拆除的建筑物或构筑物，以及它们之间的位置关系。

(4)用图例表达的道路、场地、绿化等建筑周围的环境情况。

(5)表示朝向和风向的指北针或风玫瑰图。

(6)相关的技术经济指标。

11.1.2　创建总图样板文件

建筑总平面图中的图层、线型、标注样式等内容与建筑平、立、剖面图有较大差别，最好创建独立的样板文件。由于建筑总平面图中图例应用较多，所以样板文件中最好包括常用的图例图块，如植物、雨水集水口、标高、坐标、风玫瑰、指北针等。

1. 设置单位格式和图形界限

新建一个 dwg 文件，单击“格式”菜单/“单位”，弹出“绘图单位”对话框，确保长度类型为“小数”，将长度单位精度调整为“0”。

单击“格式”菜单/“图形界限”，将图形界限设置为从(0,0)到(42000,29700)，并执行全部缩放命令，使图形界限全屏显示。

2. 创建文字样式

新建一个“工程字”文字样式，字体选择“gbenor. shx”和“gbcbig. shx”的组合，并将“工程字”文字样式置为当前样式。

3. 创建标注样式

新建一个名称为“建筑 150”的标注样式，其中“线”“符号和箭头”“文字”三个选项卡中的设置参见本书配套资源“第 8 章”文件夹下的“A3 样板”文件中的设置。在“调整”选项卡中将“标注特征比例”设置为“使用全局比例”，比例值为 150；在“主单位”选项卡中，将“测量单位比例因子”设置为

0.001，并确保单位格式为"小数"，精度为"0.00"。设置完成后将"建筑 150"标注样式置为当前。

4. 创建表格样式

单击"格式"菜单/"表格样式"，在弹出的"表格样式"对话框中单击"新建"按钮，新建一个名称为"技术经济表"的表格样式，并做如下设置。

(1)在"单元样式"下拉列表中选择"数据"，在"常规"选项卡中，将"对齐"设置为"正中"，将水平和垂直页边距均设置为150，如图 11-1 所示。在"文字"选项卡中的"文字样式"下拉列表中选择"工程字"；将"文字高度"设置为 350，如图 11-2 所示。

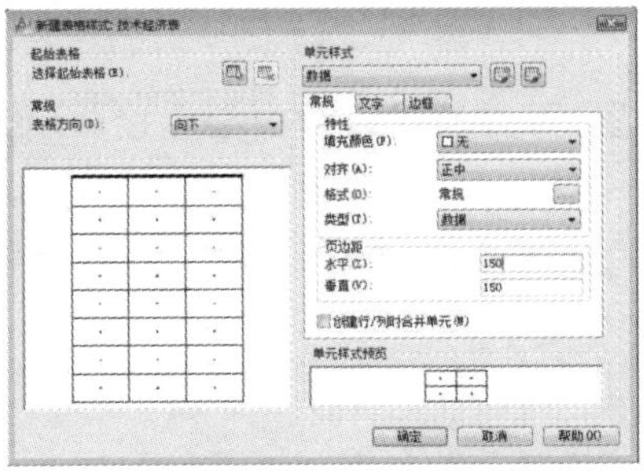

图 11-1　"数据"单元"常规"选项卡的设置

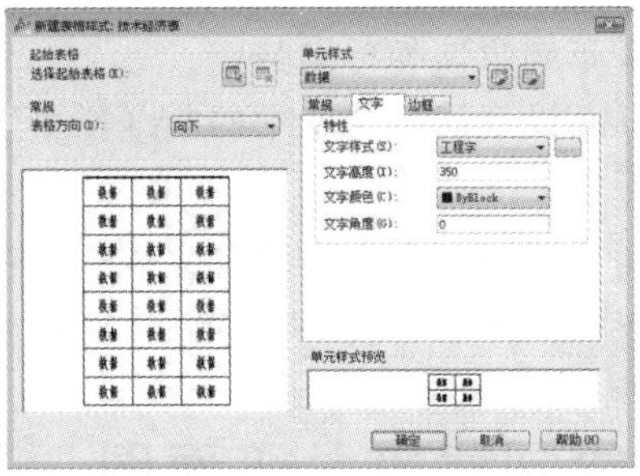

图 11-2　"数据"单元"文字"选项卡的设置

(2)在"单元样式"下拉列表中选择"表头"，在"常规"选项卡中，将"对齐"设置为"正中"，将水平和垂直页边距均设置为 150，如图 11-3 所示。在"文字"选项卡中的"文字样式"下拉列表中选择"工程字"，将"文字高度"设置为 350，如图 11-4 所示。

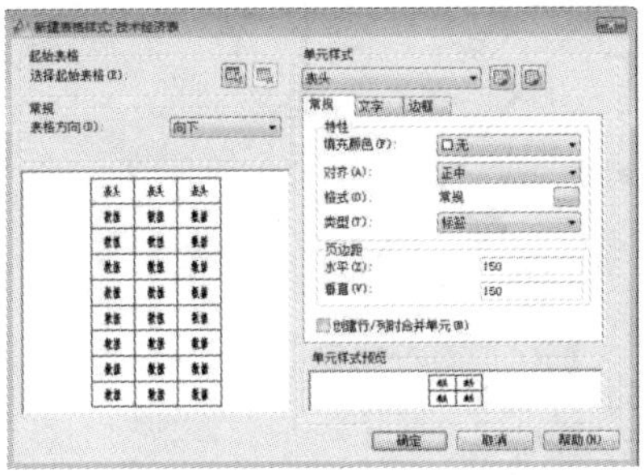

图 11-3　"表头"单元"常规"选项卡的设置

图 11-4　"表头"单元"文字"选项卡的设置

(3)在"单元样式"下拉列表中选择"标题"，在"常规"选项卡中，将"对齐"设置为"正中"，将水平和垂直页边距均设置为 150，如图 11-5 所示。在"文字"选项卡中的"文字样式"下拉列表中选择"工程字"，将"文字高度"设置为 500，如图 11-6 所示。

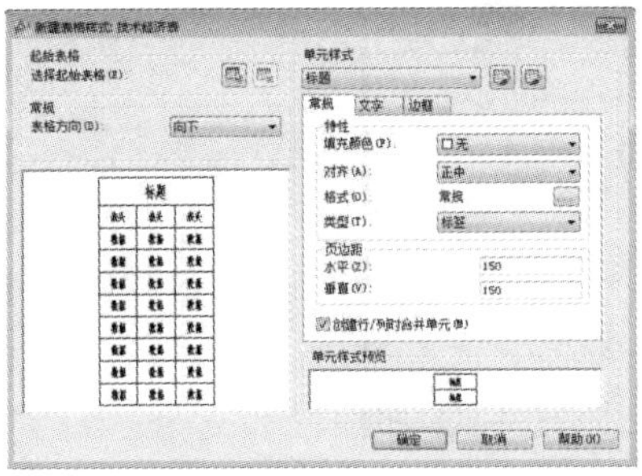

图 11-5　"标题"单元"常规"选项卡的设置

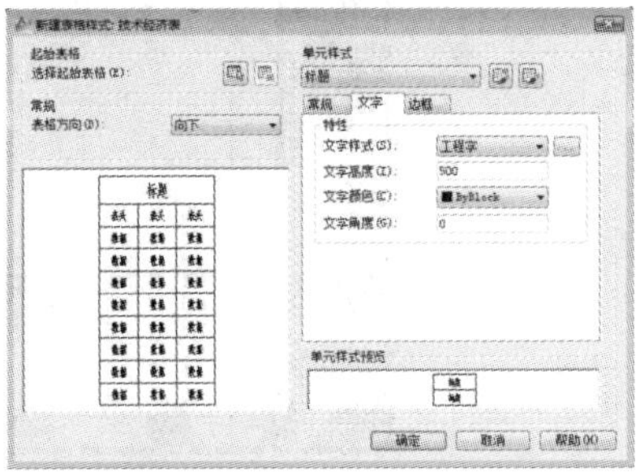

图 11-6　"标题"单元"文字"选项卡的设置

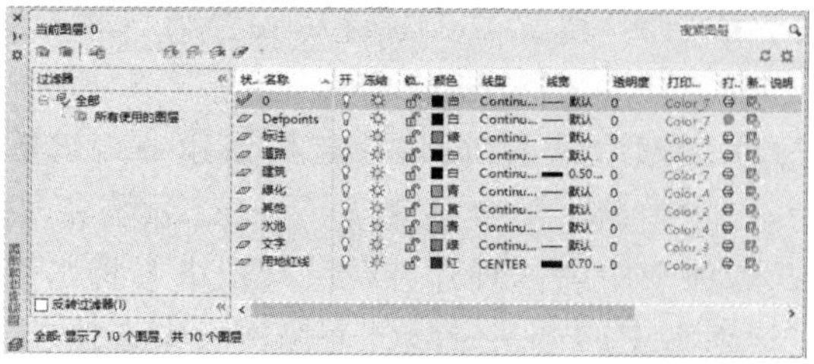

图 11-7　图层的设置

5. 设置线型及线型比例

单击“格式”菜单/“线型”，弹出“线型管理器”对话框，加载“HIDDEN”线型和“CENTER”线型，然后将全局比例因子设置为 60。

6. 创建图层

按图 11-7 创建图层，并设置图层的线型、颜色及线宽特性。

7. 设置布局页面和标题块

布局页面设置同第 8 章中的“A3 样板”文件中的设置，可以通过设计中心直接调用该样板文件中的布局设置。

当上面介绍的所有内容设置完成后，将文件另存为“总图样板.dwt”文件。以上设置可参见本书配套资源“第 11 章”文件夹下的“总图样板.dwt”文件。

11.2　绘制建筑总平面图

下面以绘制如图 11-8 所示的总平面图为例，介绍总平面图的绘制过程。首先打开上一节创建的“总图样板.dwt”文件，另存为“总平面图.dwg”文件，开始绘图工作。

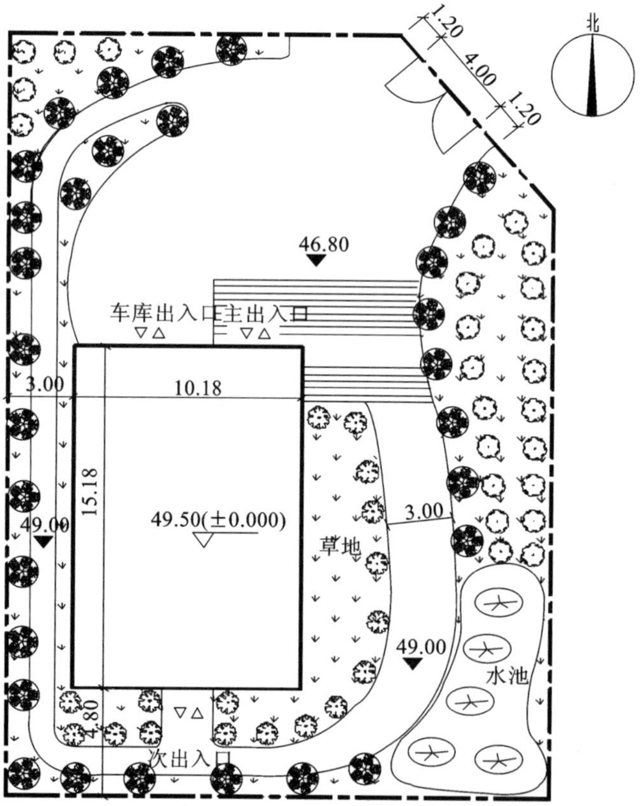

图 11-8　某别墅总平面图

11.2.1　绘制图形部分

1. 绘制用地界线

将“用地红线”层置为当前层，运用多段线命令绘制用地红线，命令行提示如下，结果如图 11-9 所示。

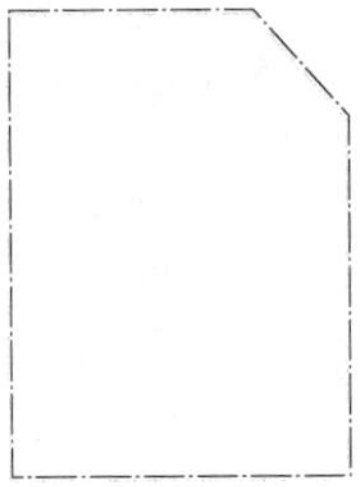

图 11-9　绘制用地红线

命令：_pline

指定起点：(在适当位置单击，确定第一点)

当前线宽为 0

指定下一个点或［圆弧(A)/半宽(H)/长度(L)/放弃(U)/宽度(W)］：(向正左方绘制 17450 长)

指定下一点或［圆弧(A)/闭合(C)/半宽(H)/长度(L)/放弃(U)/宽度(W)］：(向正下方绘制 33850 长)

指定下一点或［圆弧(A)/闭合(C)/半宽(H)/长度(L)/放弃(U)/宽度(W)］：(向正右方绘制 24200 长)

指定下一点或［圆弧(A)/闭合(C)/半宽(H)/长度(L)/放弃(U)/宽度(W)］：(向正上方绘制 26140 长)

指定下一点或［圆弧(A)/闭合(C)/半宽(H)/长度(L)/放弃(U)/宽度(W)］：c(输入“闭合”选项，回车结束)

2. 绘制新建建筑物轮廓

将“建筑”层置为当前层，运用矩形命令绘制新建建筑物轮廓，命令行提示如下，结果如图 11-10 所示。

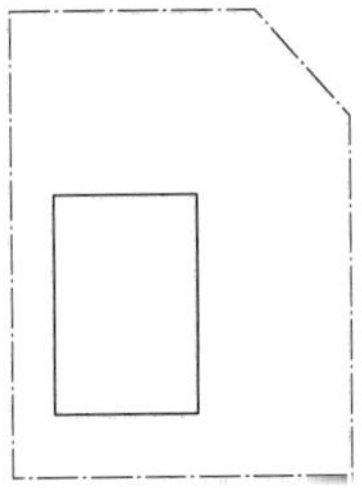

图 11-10　绘制新建建筑物轮廓

命令：_rectang

指定第一个角点或［倒角(C)/标高(E)/圆角(F)/厚度(T)/宽度(W)］：from(执行“捕捉自”功能)

基点：(捕捉用地红线的左下角点)

＜偏移＞：@3000,4800(输入相对坐标)

指定另一个角点或［面积(A)/尺寸(D)/旋转(R)］：@10180,15180(输入新建建筑物的轮廓尺寸，回车结束)

3. 绘制道路

在命令行键入“UCS”并回车，建立新的用户坐标系，命令行提示如下：

命令：ucs

当前 UCS 名称：*世界*

指定 UCS 的原点或［面(F)/命名(NA)/对象(OB)/上一个(P)/视图(V)/世界(W)/X/Y/Z/Z 轴(ZA)］＜世界＞：(单击如图 11-11 所示的 A 点)

指定 X 轴上的点或＜接受＞：(回车选择“接受”，命令结束)

这样，将新的用户坐标系的原点设置为图 11-11 所示的 A 点，坐标轴方向不变。由于采用了新的用户坐标系，下面绘图过程将采用绝对坐标。

将“道路”层置为当前层，运用多段线命令绘制道路边线，命令行提示如下。

命令:PLINE
指定起点:−5000,0
当前线宽为 0
指定下一个点或[圆弧(A)/半宽(H)/长度(L)/放弃(U)/宽度(W)]:−5000,−800
指定下一点或[圆弧(A)/闭合(C)/半宽(H)/长度(L)/放弃(U)/宽度(W)]:A
指定圆弧的端点或
[角度(A)/圆心(CE)/闭合(CL)/方向(D)/半宽(H)/直线(L)/半径(R)/第二个点(S)/放弃(U)/宽度(W)]:−5200,−1000
指定圆弧的端点或
[角度(A)/圆心(CE)/闭合(CL)/方向(D)/半宽(H)/直线(L)/半径(R)/第二个点(S)/放弃(U)/宽度(W)]:−14280,−3412
指定圆弧的端点或
[角度(A)/圆心(CE)/闭合(CL)/方向(D)/半宽(H)/直线(L)/半径(R)/第二个点(S)/放弃(U)/宽度(W)]:−16447,−7580
指定圆弧的端点或
[角度(A)/圆心(CE)/闭合(CL)/方向(D)/半宽(H)/直线(L)/半径(R)/第二个点(S)/放弃(U)/宽度(W)]:L
指定下一点或[圆弧(A)/闭合(C)/半宽(H)/长度(L)/放弃(U)/宽度(W)]:−16447,−30850
指定下一点或[圆弧(A)/闭合(C)/半宽(H)/长度(L)/放弃(U)/宽度(W)]:A
指定圆弧的端点或
[角度(A)/圆心(CE)/闭合(CL)/方向(D)/半宽(H)/直线(L)/半径(R)/第二个点(S)/放弃(U)/宽度(W)]:−14447,−32850
指定圆弧的端点或
[角度(A)/圆心(CE)/闭合(CL)/方向(D)/半宽(H)/直线(L)/半径(R)/第二个点(S)/放弃(U)/宽度(W)]:L
指定下一点或[圆弧(A)/闭合(C)/半宽(H)/长度(L)/放弃(U)/宽度(W)]:−4447,−32850
指定下一点或[圆弧(A)/闭合(C)/半宽(H)/长度(L)/放弃(U)/宽度(W)]:A
指定圆弧的端点或
[角度(A)/圆心(CE)/闭合(CL)/方向(D)/半宽(H)/直线(L)/半径(R)/第二个点(S)/放弃(U)/宽度(W)]:2540,−26291
指定圆弧的端点或
[角度(A)/圆心(CE)/闭合(CL)/方向(D)/半宽(H)/直线(L)/半径(R)/第二个点(S)/放弃(U)/宽度(W)]:1540,−16270
指定圆弧的端点或
[角度(A)/圆心(CE)/闭合(CL)/方向(D)/半宽(H)/直线(L)/半径(R)/第二个点(S)/放弃(U)/宽度(W)]:1256,−14854

指定圆弧的端点或

[角度(A)/圆心(CE)/闭合(CL)/方向(D)/半宽(H)/直线(L)/半径(R)/第二个点(S)/放弃(U)/宽度(W)]：853,—12670

指定圆弧的端点或

[角度(A)/圆心(CE)/闭合(CL)/方向(D)/半宽(H)/直线(L)/半径(R)/第二个点(S)/放弃(U)/宽度(W)]：875,—10870

指定圆弧的端点或

[角度(A)/圆心(CE)/闭合(CL)/方向(D)/半宽(H)/直线(L)/半径(R)/第二个点(S)/放弃(U)/宽度(W)]：4403,—4618

指定圆弧的端点或

[角度(A)/圆心(CE)/闭合(CL)/方向(D)/半宽(H)/直线(L)/半径(R)/第二个点(S)/放弃(U)/宽度(W)]:(回车,结束命令)

结果如图 11-11 所示。

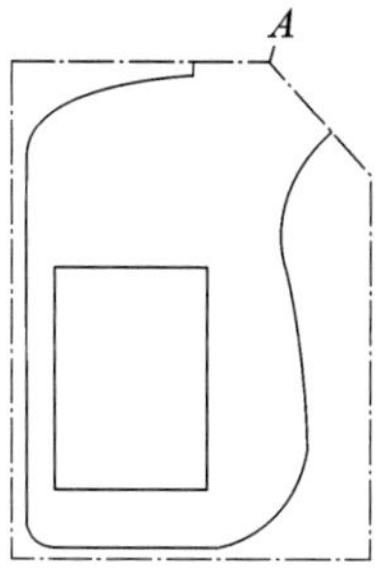

图 11-11　用多段线绘制道路边线

仍然用多段线命令绘制第二条和第三条道路边线,命令行提示如下。

命令：_pline

指定起点：—10460,—29050

当前线宽为 0

指定下一个点或[圆弧(A)/半宽(H)/长度(L)/放弃(U)/宽度(W)]：—10460,—31250

指定下一点或[圆弧(A)/闭合(C)/半宽(H)/长度(L)/放弃(U)/宽度(W)]:A

指定圆弧的端点或

[角度(A)/圆心(CE)/闭合(CL)/方向(D)/半宽(H)/直线(L)/半径(R)/第二个点(S)/放弃(U)/宽度(W)]：—10860,—31650

指定圆弧的端点或

[角度(A)/圆心(CE)/闭合(CL)/方向(D)/半宽(H)/直线(L)/半径(R)/第二个点(S)/放弃(U)/宽度(W)]:L

指定下一点或[圆弧(A)/闭合(C)/半宽(H)/长度(L)/放弃(U)/宽度(W)]：—14447,—31650

指定下一点或[圆弧(A)/闭合(C)/半宽(H)/长度(L)/放弃(U)/宽度(W)]:A

指定圆弧的端点或

[角度(A)/圆心(CE)/闭合(CL)/方向(D)/半宽(H)/直线(L)/半径(R)/第二个点(S)/放弃(U)/宽度(W)]：—15247,—30850

指定圆弧的端点或

[角度(A)/圆心(CE)/闭合(CL)/方向(D)/半宽(H)/直线(L)/半径(R)/第二个点(S)/放弃(U)/宽度(W)]:L

指定下一点或[圆弧(A)/闭合(C)/半宽(H)/长度(L)/放弃(U)/宽度(W)]：—15247,—7540

指定下一点或［圆弧(A)/闭合(C)/半宽(H)/长度(L)/放弃(U)/宽度(W)］:A

指定圆弧的端点或

［角度(A)/圆心(CE)/闭合(CL)/方向(D)/半宽(H)/直线(L)/半径(R)/第二个点(S)/放弃(U)/宽度(W)］：－13608,－4451

指定圆弧的端点或

［角度(A)/圆心(CE)/闭合(CL)/方向(D)/半宽(H)/直线(L)/半径(R)/第二个点(S)/放弃(U)/宽度(W)］：－10282,－2986

指定圆弧的端点或

［角度(A)/圆心(CE)/闭合(CL)/方向(D)/半宽(H)/直线(L)/半径(R)/第二个点(S)/放弃(U)/宽度(W)］：－9897,－4202

指定圆弧的端点或

［角度(A)/圆心(CE)/闭合(CL)/方向(D)/半宽(H)/直线(L)/半径(R)/第二个点(S)/放弃(U)/宽度(W)］：－14292,－13870

指定圆弧的端点或

［角度(A)/圆心(CE)/闭合(CL)/方向(D)/半宽(H)/直线(L)/半径(R)/第二个点(S)/放弃(U)/宽度(W)］:(回车,结束命令)

命令：_pline

指定起点：－8260,－29050

当前线宽为 0

指定下一个点或［圆弧(A)/半宽(H)/长度(L)/放弃(U)/宽度(W)］：－8260,－31250

指定下一点或［圆弧(A)/闭合(C)/半宽(H)/长度(L)/放弃(U)/宽度(W)］:A

指定圆弧的端点或

［角度(A)/圆心(CE)/闭合(CL)/方向(D)/半宽(H)/直线(L)/半径(R)/第二个点(S)/放弃(U)/宽度(W)］：－7860,－31650

指定圆弧的端点或

［角度(A)/圆心(CE)/闭合(CL)/方向(D)/半宽(H)/直线(L)/半径(R)/第二个点(S)/放弃(U)/宽度(W)］:L

指定下一点或［圆弧(A)/闭合(C)/半宽(H)/长度(L)/放弃(U)/宽度(W)］：－6118,－31650

指定下一点或［圆弧(A)/闭合(C)/半宽(H)/长度(L)/放弃(U)/宽度(W)］:A

指定圆弧的端点或

［角度(A)/圆心(CE)/闭合(CL)/方向(D)/半宽(H)/直线(L)/半径(R)/第二个点(S)/放弃(U)/宽度(W)］：－473,－26387

指定圆弧的端点或

［角度(A)/圆心(CE)/闭合(CL)/方向(D)/半宽(H)/直线(L)/半径(R)/第二个点(S)/放弃(U)/宽度(W)］：－1543,－16270

指定圆弧的端点或

［角度(A)/圆心(CE)/闭合(CL)/方向(D)/半宽(H)/直线(L)/半径(R)/第二个点(S)/

放弃(U)/宽度(W)]:L

指定下一点或［圆弧(A)/闭合(C)/半宽(H)/长度(L)/放弃(U)/宽度(W)]：－4270，－16270

指定下一点或［圆弧(A)/闭合(C)/半宽(H)/长度(L)/放弃(U)/宽度(W)]:(回车，结束命令)

绘制结果如图 11-12 所示。

用样条曲线命令绘制水池，不必拘泥于尺寸，只要不超出用地红线和道路边线即可。如图 11-13所示。

4. 绘制台阶

将“其他”层置为当前层，执行直线命令，绘制图 11-14 中所示的“线 1”，起点在 B 点的正左方 4000 处，长度为 3000，竖直向上。以线 1 的上端点为起点，向右绘制水平直线至道路边线，即图 11-14所示的线 2。

执行矩形阵列命令，将线 2 向下阵列复制，阵列参数为：行数 9，列数 1，行间距－300，不关联。将阵列后的最下方水平直线向下偏移 1500，对偏移后的直线再次向下阵列复制 6 条直线，行间距仍为－300，结果如图 11-14 所示。

利用修剪、延伸命令修整台阶，结果如图 11-15 所示。

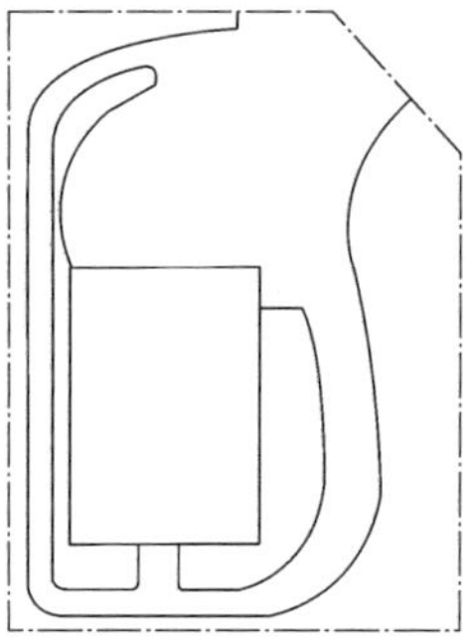

图 11-12　道路绘制结果

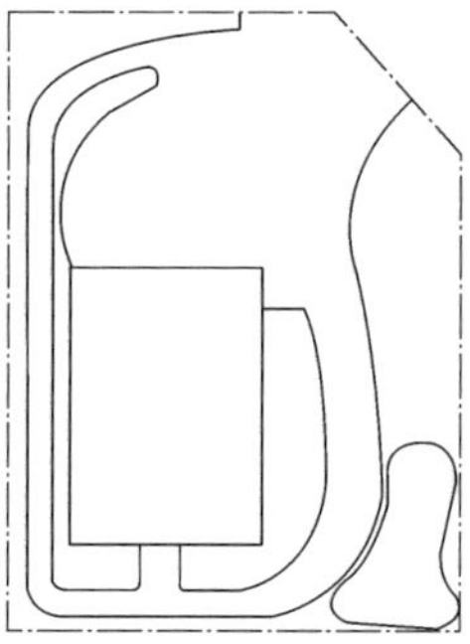

图 11-13　绘制花池

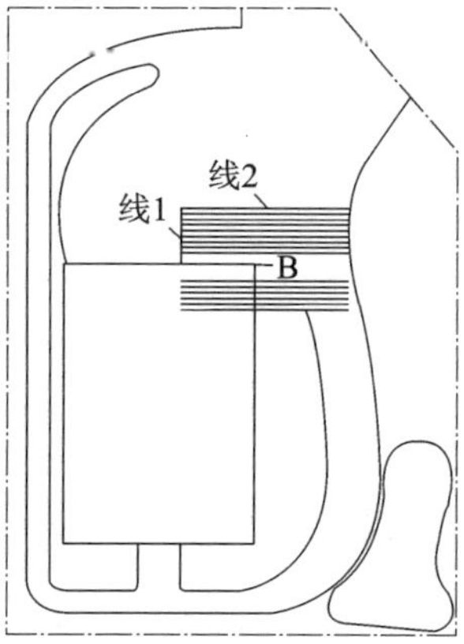

图 11-14　绘制台阶

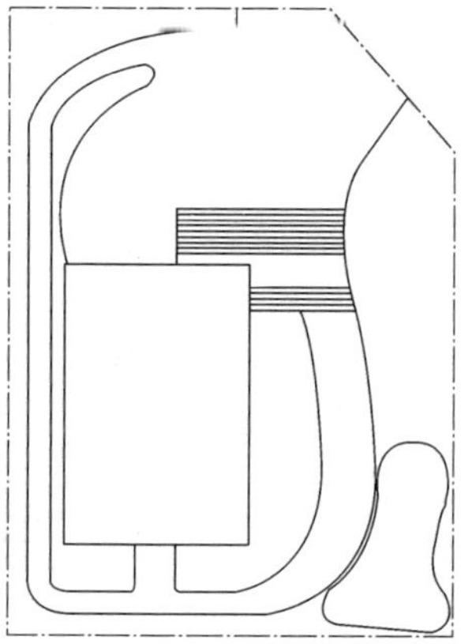

图 11-15　修整台阶

5. 绘制出入口

将“其他”层置为当前层，按图 11-16 所示绘制别墅基地的大门和别墅的出入口符号。

6. 绘制绿化

将“绿化”层置为当前层，首先填充草坪图案，图案名称为“GRASS”，填充比例为 50，然后利用设计中心调用本书配套资源中的“植物图例. dwg”中的植物块，完成植物配植。主要用到“五角枫”“金叶女贞”“银杏”和“荷花”等块，结果如图 11-16 所示。

7. 尺寸、标高、指北针、文字注释

在标注层标注首层绝对标高、室外设计标高、道路标高、建筑定位和定形尺寸、指北针，在“文字”层进行文字注写，结果如图 11-16 所示。

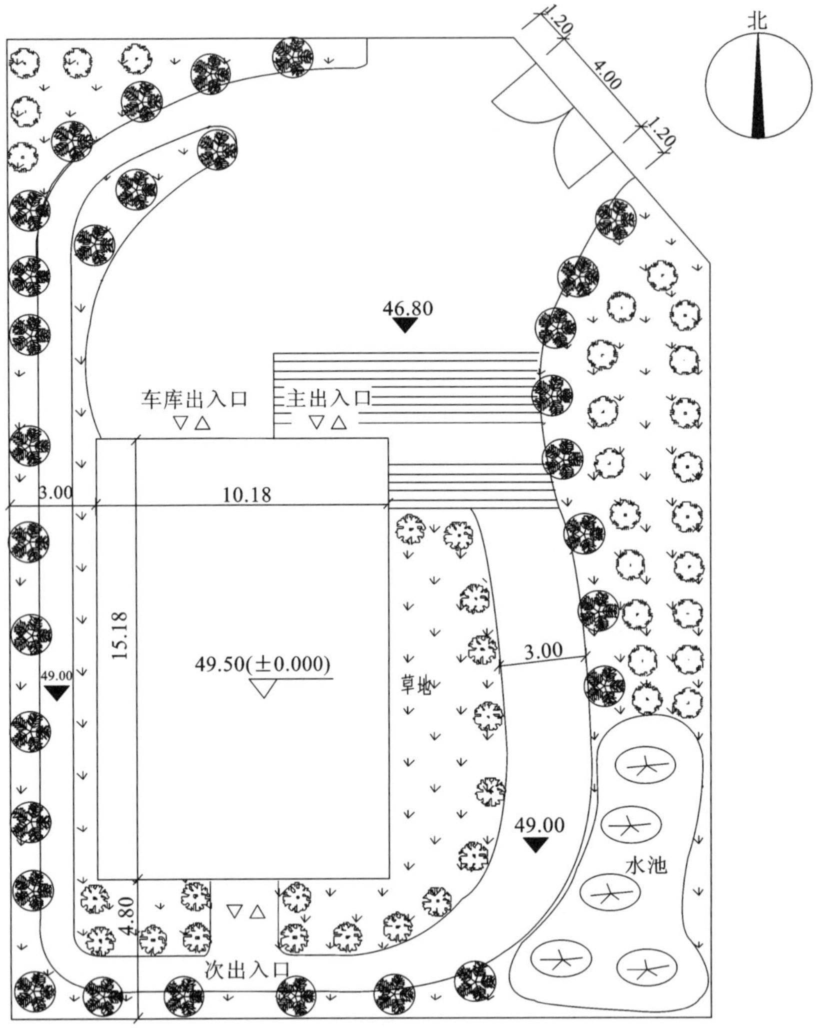

图 11-16 绘制总平面细部

11.2.2 技术经济数据的统计

技术经济指标包含用地面积、建筑面积、绿化面积、建筑密度、容积率等重要信息，这些信息可以用文字说明或以列表方式给出，下面利用 AutoCAD 的表格和字段功能，自动测算这些信息，当设计发生变化时，这些信息可自动更新。

1. 创建测量边界

在如图 11-17 所示的各封闭区域中，1 为用地红线，2 为占地面积，3 为道路面积，其余为绿化面积。

将“0”层置为当前层，关闭“标注”“绿化”“文字”“其他”层，单击“绘图”面板→“边界”命令，弹出“边界创建”对话框，在“对象类型”下拉列表中选择“多段线”，单击“确定”，切换到绘图窗口，在线框 3 内单击，回车结束命令，完成道路封闭边界的创建。注意，此时创建了内外两个封闭的边界，如图 11-17 粗线所示。用外边界面积减去内边界面积，即为道路面积。

2. 创建技术经济表格

1)插入表格

执行表格命令，弹出“插入表格”对话框，在“表格样式”下拉列表中选中“技术经济表”，设置 4 列，列宽为 1500，9 行，行高为 1 行，将表格插入到适当位置，如图 11-18 所示。

2)调整表格

选中 B 列的任意一个单元格，右击鼠标，在快捷菜单中选择“特性”，在“特性”选项板中将单元宽度改为 3000，然后按图 11-19 所示合并单元格。

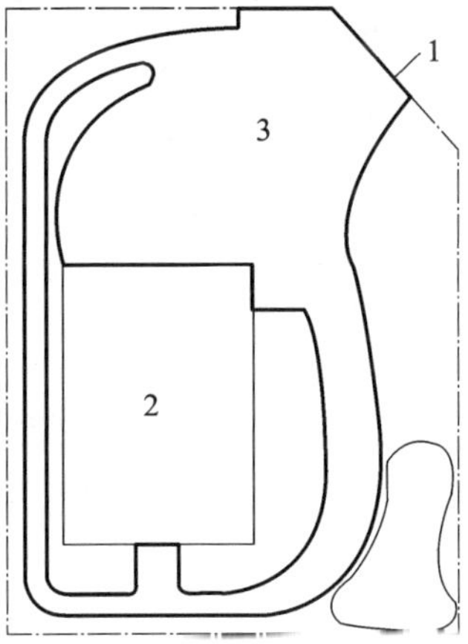

图 11-17　封闭区域的划分

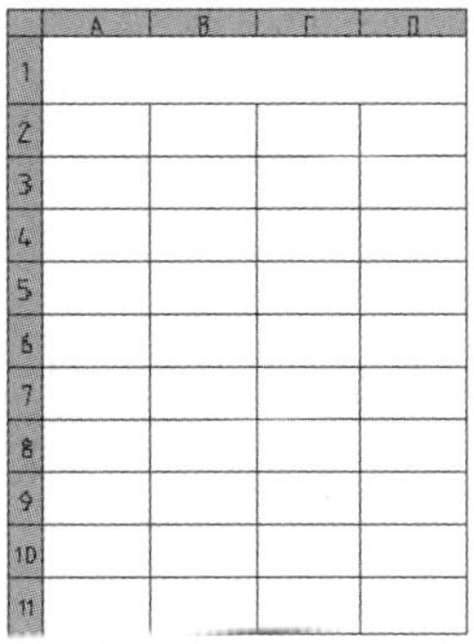

图 11-18　插入表格

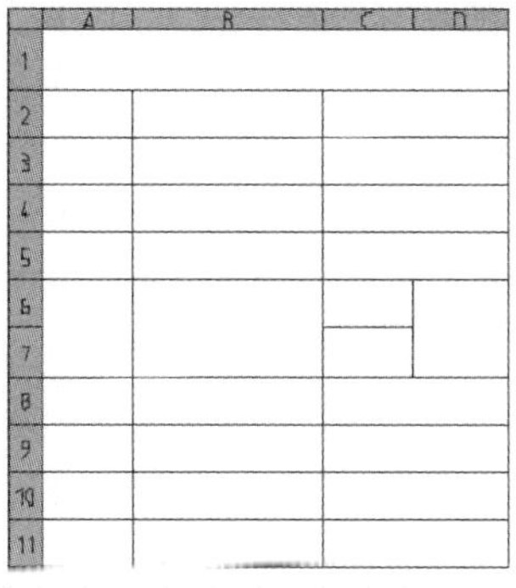

图 11-19　调整表格

3)输入文字

双击第 1 行单元格(A1 单元格)，输入文字“技术经济指标”，回车后激活 A2 单元格，输入“序号”，按键盘上的制表键(Tab 键)，激活下一列单元格，依次输入文字“项目”“指标值”。然后在“序号”列依次输入 1～8 的序号，在“项目”列输入项目名称和单位。结果如图 11-20 所示。

4)创建字段

双击序号 1 后面的空白单元格(C3 单元格)，然后右击鼠标，在弹出的快捷菜单中选中“插入字段”，弹出“字段”对话框，在“字段类别”下拉列表中选中“对象”，然后单击“对象类型”后面的选择对象按钮，切换到绘图窗口，拾取图 11-17 所示的用地红线 1，回到“字段”对话框，可以看到对象类型为“多段线”，在“特性”列表中选中“面积”，在“格式”列表中选中“小数”，在“精度”下拉列表中选择精度为“0.00”。单击“其他格式”按钮，弹出“其他格式”对话框，将“转换系数”值修改为“0.000001”，即将面积以平方米的形式显示。单击“确定”回到“字段”对话框，单击“确定”完成用地面积字段的创建，结果如图 11-21 所示，可以看到系统自动计算出了用地面积为 793.15。

双击序号 2 对应的空白单元格(C4 单元格)，然后右击鼠标，在弹出的快捷菜单中选中“插入字段”，弹出“字段”对话框，在“字段类别”下拉列表中选中“对象”，在“字段名称”列表中选中“公式”，在“公式”文本框中输入“395000000”，然后单击“计算”按钮，此时“格式”列表被激活，选择“小数”格式，精度为“0.00”，单击“其他格式”按钮，弹出“其他格式”对话框，将“转换系数”设置为“0.000001”，单击“确定”按钮，回到“字段”对话框，单击“确定”，完成总建筑面积字段的创建，结果如图11-21所示。

按照用地面积字段的创建方法，创建占地面积(图 11-17 所示边界 2)字段，结果如图11-21所示。

下面计算道路面积。在 C6 单元格创建道路外围边界的字段，在 C7 单元格创建道路内边界的字段，然后在 D6 单元格中插入字段，“字段类别”为“对象”，“字段名称”为“公式”，在公式文本框中输入“C6－C7”，然后单击“计算”按钮，在“格式”列表中选中“小数”，在“精度”下拉列表中选择精度为“0.00”，将“转换系数”值修改为“0.000001”，效果如图 11-22 所示。

	A	B	C	D
1		技术经济指标		
2	序号	项目	指标值	
3	1	用地面积（m^2）		
4	2	总建筑面积（m^2）		
5	3	占地面积（m^2）		
6	4	道路面积（m^2）		
7				
8	5	绿化面积（m^2）		
9	6	绿化率（%）		
10	7	建筑密度（%）		
11	8	容积率		

图 11-20　添加文字

	A	B	C	D
1		技术经济指标		
2	序号	项目	指标值	
3	1	用地面积（m^2）	793.15	
4	2	总建筑面积（m^2）	395.00	
5	3	占地面积（m^2）	154.53	
6	4	道路面积（m^2）		
7				
8	5	绿化面积（m^2）		
9	6	绿化率（%）		
10	7	建筑密度（%）		
11	8	容积率		

图 11-21　创建字段

	A	B	C	D
1		技术经济指标		
2	序号	项目	指标值	
3	1	用地面积（m^2）	793.15	
4	2	总建筑面积（m^2）	395.00	
5	3	占地面积（m^2）	154.53	
6	4	道路面积（m^2）	572.07	318.37
7			253.70	
8	5	绿化面积（m^2）	320.25	
9	6	绿化率（%）	40.38	
10	7	建筑密度（%）	19.48	
11	8	容积率	0.50	

图 11-22　技术经济表最终效果

用同样的方法在 C8 单元格计算绿化面积，计算公式为“C3－C5－D6”；在 C9 单元格计算绿化率，计算公式为“C8/C3 * 100”；在 C10 单元格计算建筑密度，计算公式为“C5/C3 * 100”；在 C11 单元格计算容积率，计算公式为“C4/C3”。结果如图 11-22 所示。

打开所有关闭的图层，总平面图最终效果如图 11-23 所示。

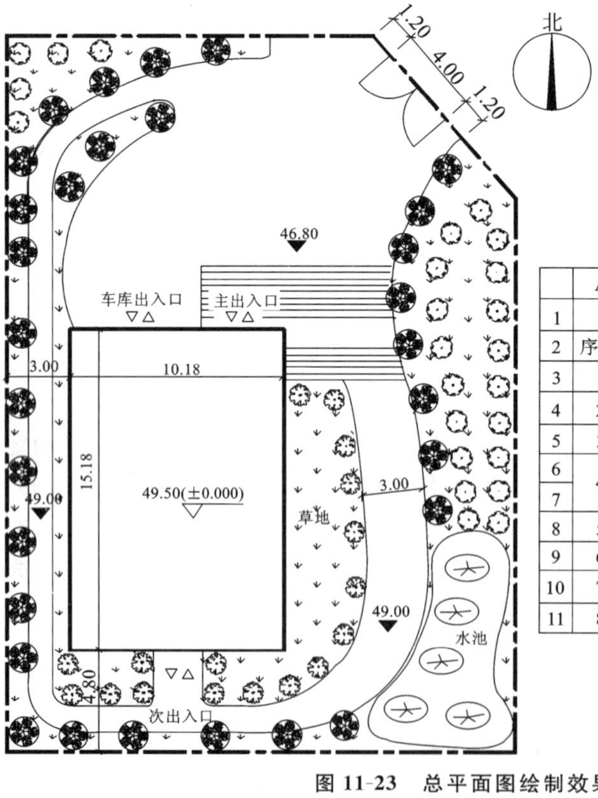

	A	B	C	D
1		技术经济指标		
2	序号	项目	指标值	
3	1	用地面积（m^2）	793.15	
4	2	总建筑面积（m^2）	395.00	
5	3	占地面积（m^2）	154.53	
6	4	道路面积（m^2）	572.07	318.37
7			253.70	
8	5	绿化面积（m^2）	320.25	
9	6	绿化率（%）	40.38	
10	7	建筑密度（%）	19.48	
11	8	容积率	0.50	

图 11-23　总平面图绘制效果

技能训练题

1. 绘制图 11-24 所示的某学校学生宿舍楼总平面图，图中的绿化可以调用本书配套资源中的“植物图例. dwg”文件(在“第 11 章”文件夹中)中的植物块，图中未明确尺寸自定。

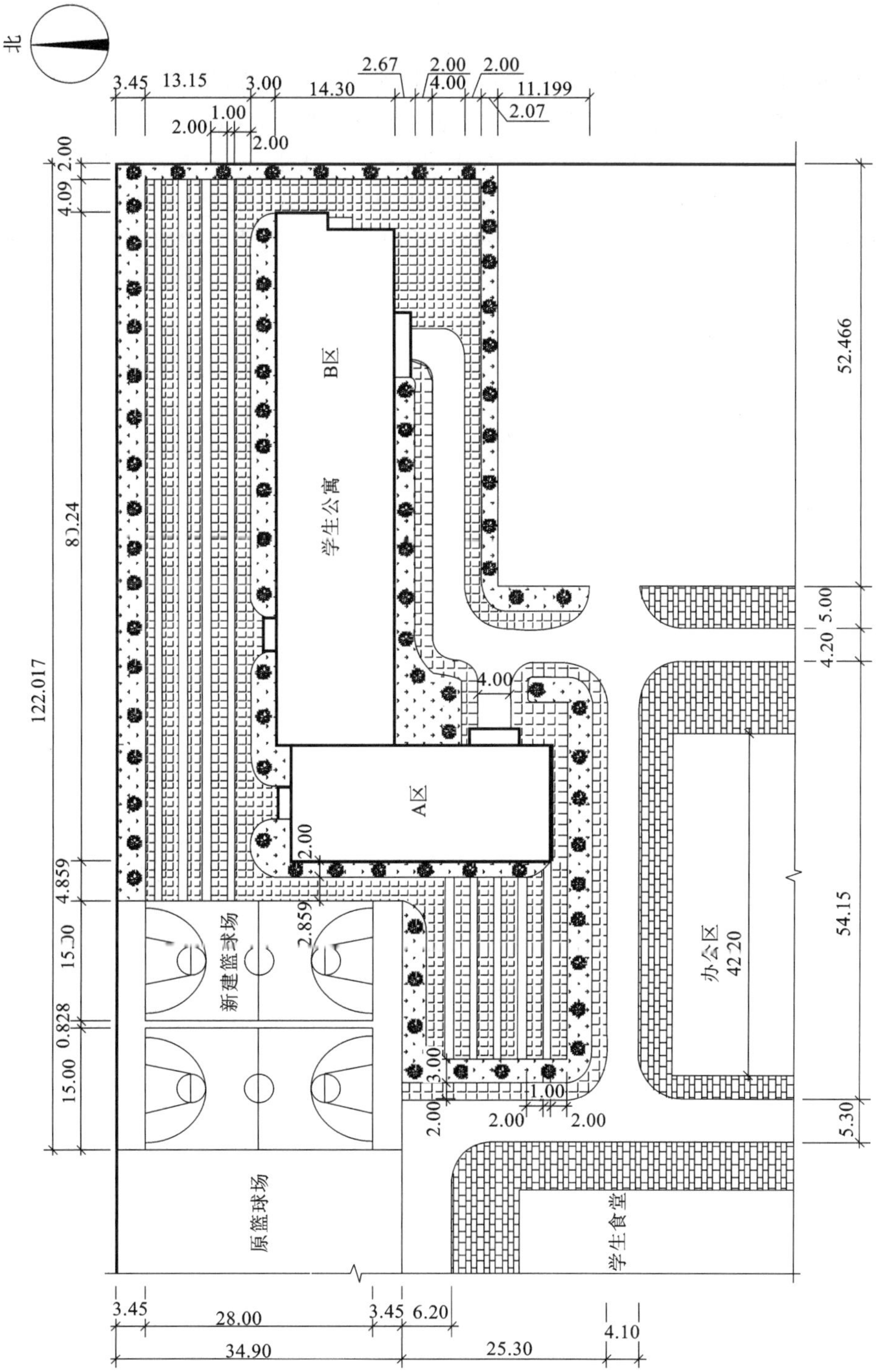

图 11-24　题 1 图

参 考 文 献

[1] 中华人民共和国住房和城乡建设部,中华人民共和国国家质量监督检验检疫总局.房屋建筑制图统一标准,GB 50001—2017[S].北京:中国建筑工业出版社,2018.

[2] 程绪琦,王建华等. AutoCAD 2016 中文版标准教程[M].北京:电子工业出版社,2016.

[3] 张日晶,王敏. AutoCAD 市政施工图设计与工程项目实战[M].北京:机械工业出版社,2011.

[4] 王芳,李井永. AutoCAD 2006 建筑制图实例教程[M].北京:清华大学出版社,北京交通大学出版社,2006.